完全精通教程

晓汉 主编
保银 副主编
琼 主审

化学工业出版社
·北京·

图书在版编目（CIP）数据

三菱FX系列PLC完全精通教程 / 向晓汉主编. —北京：化学工业出版社，2012.2（2021.1重印）

ISBN 978-7-122-13007-5

Ⅰ. 三…　Ⅱ. 向…　Ⅲ. 可编程序控制器-教材　Ⅳ. TM571.6

中国版本图书馆CIP数据核字（2011）第261207号

责任编辑：李军亮　　文字编辑：云　雷

责任校对：宋　玮　　装帧设计：尹琳琳

出版发行：化学工业出版社（北京市东城区青年湖南街13号　邮政编码100011）

印　　装：北京盛通商印快线网络科技有限公司

787mm×1092mm　1/16　印张16　字数395千字　2021年1月北京第1版第15次印刷

购书咨询：010-64518888　　售后服务：010-64518899

网　　址：http: // www. cip. com. cn

凡购买本书，如有缺损质量问题，本社销售中心负责调换。

定　　价：48.00元

前 言

PREFACE

随着计算机技术的发展，以可编程序控制器、变频器调速和计算机通信等技术为主体的新型电气控制系统已经逐渐取代传统的继电器电气控制系统，并广泛应用于各行业。由于三菱 FX 系列 PLC 具有很高的性价比，因此在工控市场占有比较大的份额，应用十分广泛。

本书内容力求尽可能全面实用，用较多的例子引领读者入门，让读者读完入门部分后，能完成简单的工作。应用部分精选工程应用的实际案例，供读者模仿学习，提高读者解决实际问题的能力。为了使读者能更好地掌握相关知识，我们编写中总结了长期的教学和工程实践经验，并联合企业相关人员，力争使读者通过学习本书就能学会三菱 FX 系列 PLC。

我们在编写过程中，将一些生动的操作实例融入到书中，以提高读者的学习兴趣。本书具有以下特点。

① 用实例引导读者学习，该书的大部分章节精选了典型例子。例如，第 6 章用例子说明现场通信的实现的全过程。

② 重点的例子都包含软硬件的配置方案图、接线图和程序，而且为确保程序的正确性，程序已经在 PLC 上运行通过。

③ 对于比较复杂的例子，配有程序和操作视频，读者可以扫二维码进行学习。

④ 该书内容实用，实例容易被读者进行模仿应用。

本书由向晓汉主编，王宝银副主编，无锡职业技术学院的郭琼教授任主审。其中第 1、2 章无锡雪浪输送机厂王保银编写；第 3、4、5、6 章由无锡职业技术学院的向晓汉编写；第 7、8、9 章由无锡雷华科技有限公司的陆彬编写；第 10 章由无锡雪浪输送机厂的刘摇摇编写；第 11 章无锡雷华科技有限公司的欧阳思惠编写；参加本书编写工作的还有向定汉、王飞飞、曹英强、付东升和唐克彬。

由于编者水平有限，不妥之处在所难免，敬请读者批评指正。

编　者

扫二维码下载部分重点案例的程序及操作视频

目 录

CONTENTS

第一部分 基础入门篇

第二部分 应用提高篇

第一部分

基础入门篇

第1章

可编程控制器的结构和工作原理

1.1 可编程控制器（PLC）的硬件组成

可编程控制器种类繁多，但其基本结构和工作原理相同。可编程控制器的功能结构区由CPU（中央处理器）、存储器和输入模块/输出模块三部分组成，如图 1-1 所示。

（1）中央处理器（CPU）

CPU 的功能是完成 PLC 内所有的控制和监视操作。中央处理器一般由控制器、运算器和寄存器组成。CPU 通过数据总线、地址总线和控制总线与存储器、输入输出接口电路连接。

（2）存储器

在 PLC 中使用两种类型的存储器：一种是只读类型的存储器，如 EPROM 和 EEPROM，另一种是可读/写的随机存储器 RAM。PLC 的存储器分为 5 个区域，如图 1-2 所示。

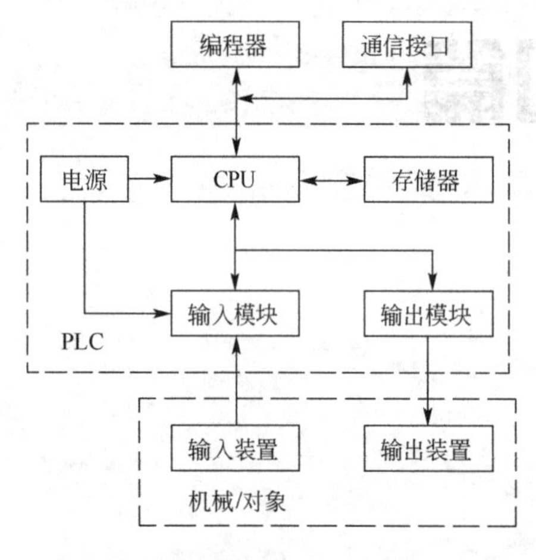

图 1-1　可编程控制器结构框图

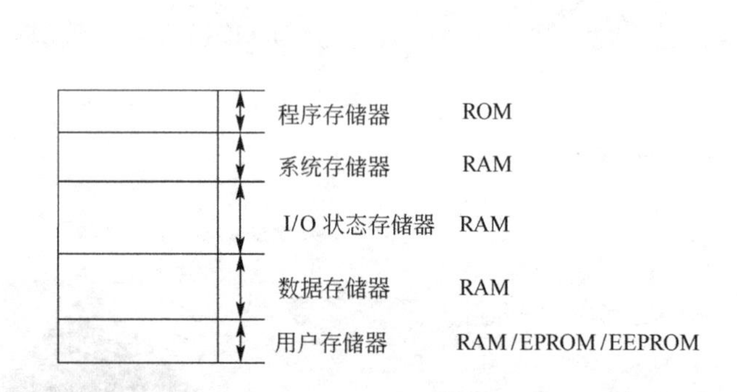

图 1-2　存储器的区域划分

程序存储器的类型是只读存储器（ROM），PLC 的操作系统存放在这里，程序由制造商固化，通常不能修改。存储器中的程序负责解释和编译用户编写的程序、监控 I/O 口的状态、对 PLC 进行自诊断、扫描 PLC 中的程序等。系统存储器属于随机存储器（RAM），主要用于存储中间计算结果和数据、系统管理，有的 PLC 厂家用系统存储器存储一些系统信息，如错误代码等，系统存储器不对用户开放。I/O 状态存储器属于随机存储器，用于存储 I/O 装置的状态信息，每个输入模块和输出模块都在 I/O 映像表中分配一个地址，而且这个地址是唯一的。数据存储器属于随机存储器，主要用于数据处理功能，为计数器、定时器、算术计算和过程参数提供数据存储。有的厂家将数据存储器细分为固定数据存储器和可变数据存储器。用户编程存储器，其类型可以是随机存储器、可擦除存储器（EPROM）和电擦除存储器

（EEPROM），高档的 PLC 还可以用 FLASH。用户编程存储器主要用于存放用户编写的程序。存储器的关系如图 1-3 所示。

只读存储器可以用来存放系统程序，PLC 断电后再上电，系统内容不变且重新执行。只读存储器也可用来固化用户程序和一些重要参数，以免因偶然操作失误而造成程序和数据的破坏或丢失。随机存储器中一般存放用户程序和系统参数。当 PLC 处于编程工作时，CPU 从 RAM 中取指令并执行。用户程序执行过程中产生的中间结果也在 RAM 中暂时存放。RAM 通常由 CMOS 型集成电路组成，功耗小，但断电时内容消失，所以一般使用大电容或后备锂电池保证掉电后 PLC 的内容在一定时间内不丢失。

（3）输入/输出接口

可编程控制器的输入和输出信号可以是开关量或模拟量。输入/输出接口是 PLC 内部弱电（low power）信号和工业现场强电（high power）信号联系的桥梁。输入/输出接口主要有两个作用，一是利用内部的电隔离电路将工业现场和 PLC 内部进行隔离，起保护作用；二是调理信号，可以把不同的信号（如强电、弱电信号）调理成 CPU 可以处理的信号（5V、3.3V 或 2.7V 等），如图 1-4 所示。

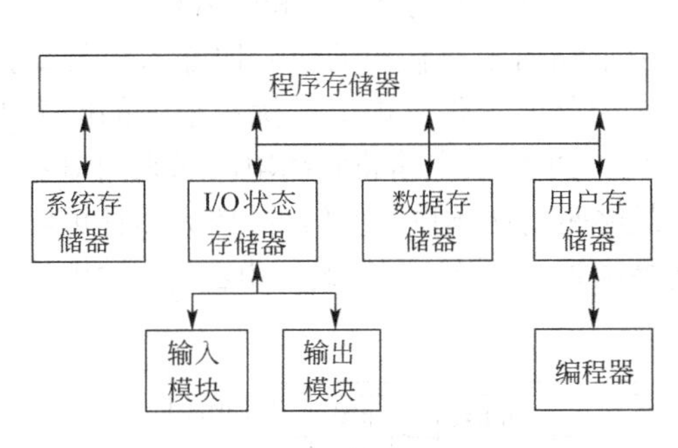

图 1-3 存储器的关系

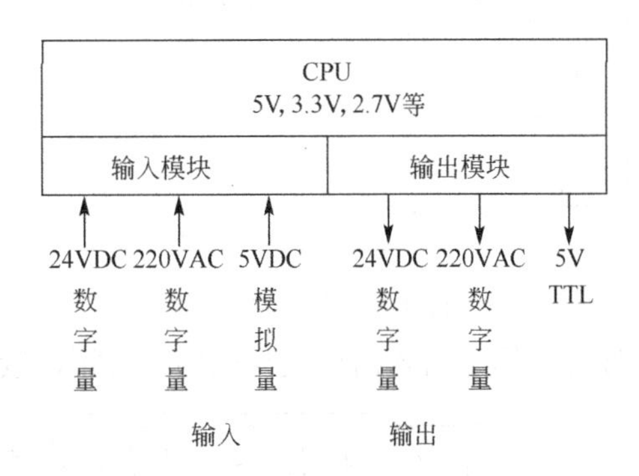

图 1-4 输入/输出接口

输入/输出接口模块是 PLC 系统中最大的部分，输入/输出接口模块通常需要电源，输入电路的电源可以由外部提供，对于模块化的 PLC 还需要背板（安装机架）。

① 输入接口电路

a. 输入接口电路的组成和作用。输入接口电路由接线端子、输入调理和电平转换电路、模块状态显示、电隔离电路和多路选择开关模块组成，如图 1-5 所示。现场的信号必须连接在输入端子才可能将信号输入到 CPU 中，它提供了外部信号输入的物理接口；调理和电平转换电路十分重要，可以将工业现场的信号（如强电 220V AC 信号）转化成电信号（CPU 可以识别的弱电信号）；电隔离电路主要利用电隔离器件将工业现场的机械或者电输入信号和 PLC 的 CPU 的信号隔开，它能确保过高的电干扰信号和浪涌不串入 PLC 的微处理器，起保护作用，有三种隔离方式，用得最多的是光电隔离，其次是变压器隔离和干簧继电器隔离；当外部有信号输入时，输入模块上有指示灯显示，这个电路比较简单，当线路中有故障时，它帮助用户查找故障，由于氖灯或 LED 灯的寿命比较长，所以这个灯通常是氖灯或 LED 灯；多路选择开关接受调理完成的输入信号，并存储在多路开关模块中，当输入循环扫描时，多路开关模块中信号输送到 I/O 状态寄存器中。

b. 输入信号的设备的种类。输入信号可以是离散信号和模拟信号。当输入端是离散信号时，输入端的设备类型可以是限位开关、按钮、压力继电器、继电器触点、接近开关、选择开关、光电开关等，如图 1-6 所示。当输入为模拟量输入时，输入设备的类型可以是压力传感器、温度传感器、流量传感器、电压传感器、电流传感器、力传感器等。

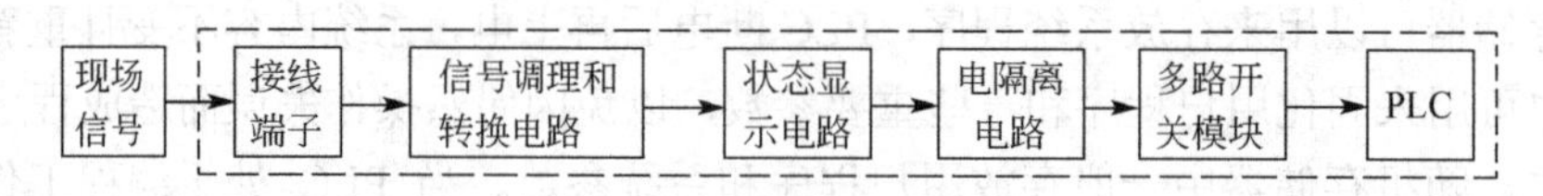

图 1-5　输入接口的结构

② 输出接口电路

a. 输出接口电路的组成和作用。输出接口电路由多路选择开关模块、信号锁存器、电隔离电路、模块状态显示、输出电平转换电路和接线端子组成，如图 1-7 所示。在输出扫描期间，多路选择开关模块接受来自映像表中的输出信号，并对这个信号的状态和目标地址进行译码，最后将信息送给锁存器；信号锁存器是将多路选择开关模块的信号保存起来，直到下一次更新；输出接口的电隔离电路作用和输入模块的一样，但是由于输出模块输出的信号比输入信号要强得多，因此要求隔离电磁干扰和浪涌的能力更高；输出电平转换电路将隔离电路送来的信号放大成足够驱动现场设备的信号，放大器件可以是双向晶闸管、三极管和干簧继电器等；输出的接线端子用于将输出模块与现场设备相连接。

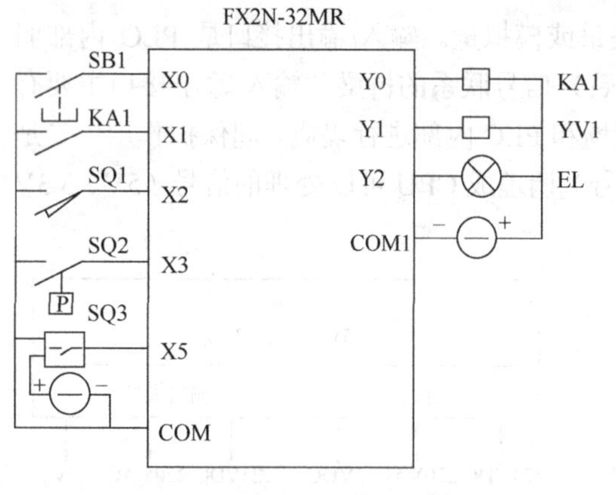

图 1-6　输入/输出接口

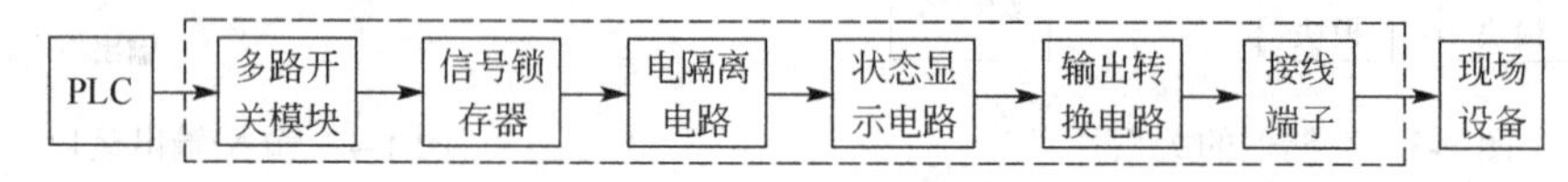

图 1-7　输出接口的结构

可编程控制器有三种输出接口形式，继电器输出、晶体管输出和晶闸管输出形式。继电器输出形式的 PLC 的负载电源可以是直流电源或交流电源，但其输出频率较慢。晶体管输出的 PLC 负载电源是直流电源，其输出频率较快。晶闸管输出形式的 PLC 的负载电源是交流电源。选型时要特别注意 PLC 的输出形式。

b. 输出信号的设备的种类。输出信号可以是离散信号和模拟信号。当输出端是离散信号时，输出端的设备类型可以是电磁阀的线圈、电动机启动器、控制柜的指示器、接触器线圈、LED 灯、指示灯、继电器线圈、报警器和蜂鸣器等，如图 1-6 所示。当输出为模拟量输出时，输出设备的类型可以是流量阀、AC 驱动器（如交流伺服驱动器）、DC 驱动器、模拟量仪表、温度控制器和流量控制器等。

1.2　可编程控制器的工作原理

PLC 是一种存储程序的控制器。用户根据某一对象的具体控制要求，编制好控制程序后，用编程器将程序输入到 PLC（或用计算机下载到 PLC）的用户程序存储器中寄存。PLC 的控制功能就是通过运行用户程序来实现的。

PLC运行程序的方式与微型计算机相比有较大的不同，微型计算机运行程序时，一旦执行到END指令，程序运行结束。而PLC从0号存储地址所存放的第一条用户程序开始，在无中断或跳转的情况下，按存储地址号递增的方向顺序逐条执行用户程序，直到END指令结束。然后再从头开始执行，并周而复始地重复，直到停机或从运行(RUN)切换到停止(STOP)工作状态。把PLC这种执行程序的方式称为扫描工作方式。每扫描完一次程序就构成一个扫描周期。另外，PLC对输入、输出信号的处理与微型计算机不同。微型计算机对输入、输出信号实时处理，而PLC对输入、输出信号是集中批处理。下面具体介绍PLC的扫描工作过程。其运行和信号处理示意如图1-8所示。

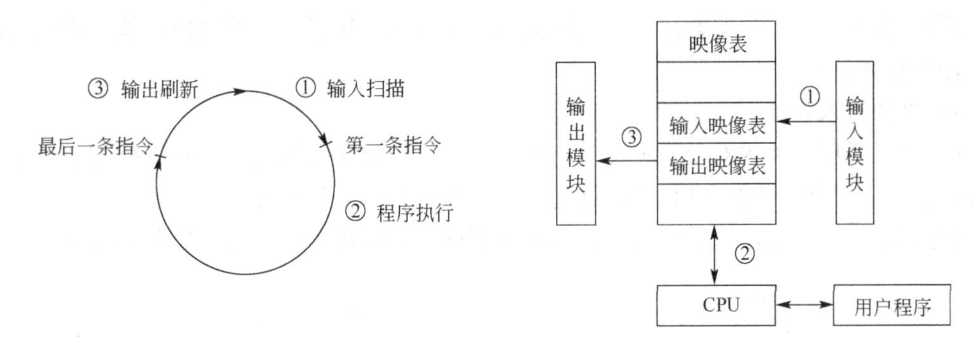

图1-8　PLC内部运行和信号处理示意图

PLC扫描工作方式主要分为三个阶段：输入扫描、程序执行、输出刷新。

（1）输入扫描

PLC在开始执行程序之前，首先扫描输入端子，按顺序将所有输入信号，读入到寄存器-输入状态的输入映像寄存器中，这个过程称为输入扫描。PLC在运行程序时，所需的输入信号不是现时取输入端子上的信息，而是取输入映像寄存器中的信息。在本工作周期内这个采样结果的内容不会改变，只有到下一个扫描周期输入扫描阶段才被刷新。PLC的扫描速度很快，取决于CPU的时钟速度。

（2）程序执行

PLC完成了输入扫描工作后，按顺序从0号地址开始的程序进行逐条扫描执行，并分别从输入映像寄存器、输出映像寄存器以及辅助继电器中获得所需的数据进行运算处理。再将程序执行的结果写入输出映像寄存器中保存。但这个结果在全部程序未被执行完毕之前不会送到输出端子上，也就是物理输出是不会改变的。扫描时间取决于程序的长度、复杂程度和CPU的功能。

（3）输出刷新

在执行到END指令，即执行完用户所有程序后，PLC上将输出映像寄存器中的内容送到输出锁存器中进行输出，驱动用户设备。扫描时间取决于输出模块的数量。

从以上的介绍可以知道，PLC程序扫描特性决定了PLC的输入和输出状态并不能在扫描的同时改变，例如一个按钮开关的输入信号的输入刚好在输入扫描之后，那么这个信号只有在下一个扫描周期才能被读入。

上述三个步骤是PLC的软件处理过程，可以认为就是程序扫描时间（扫描周期）。扫描时间通常由三个因素决定：一是CPU的时钟速度，越高档的CPU，时钟速度越高，扫描时间越短；二是I/O模块的数量，模块数量越少，扫描时间越短；三是程序的长度，程序长度越短，扫描时间越短。一般的PLC执行容量为1K的程序约需要的扫描时间是1～10ms。

1.3 可编程控制器的立即输入、输出功能

比较高档的PLC都有立即输入、输出功能。

（1）立即输出功能

所谓立即输出功能就是输出模块在处理用户程序时，能立即被刷新。PLC临时挂起（中断）正常运行的程序，将输出映像表中的信息输送到输出模块，立即进行输出刷新，然后再回到程序中继续运行，立即输出的示意图如图1-9所示。注意，立即输出功能并不能立即刷新所有的输出模块。

（2）立即输入功能

立即输入适用于要求对反应速度很严格的场合，例如几毫秒的时间对于控制来说十分关键的情况下。立即输入时，PLC立即挂起正在执行的程序，扫描输入模块，然后更新特定的输入状态到输入映像表，最后继续执行剩余的程序，立即输入的示意图如图1-10所示。

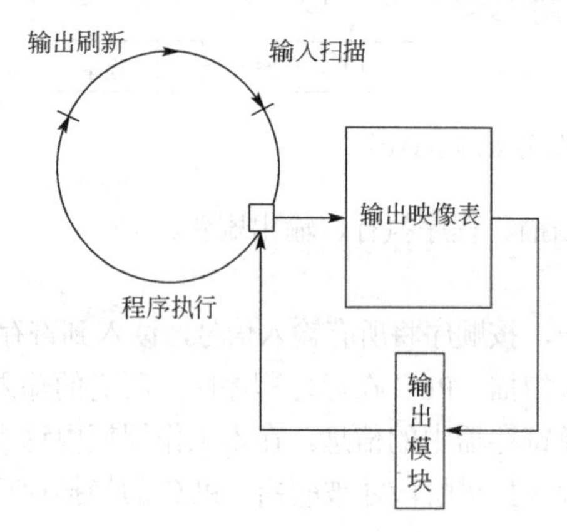

图1-9 立即输出过程

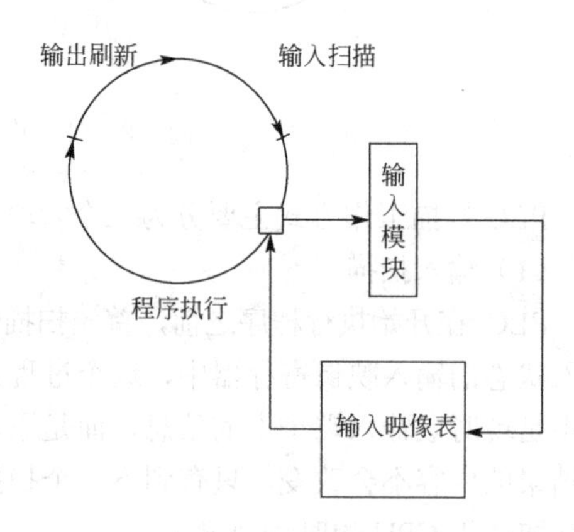

图1-10 立即输入过程

小结

重点难点总结：

1. PLC的应用范围。
2. PLC的工作机理和结构。

习题

1. PLC的主要性能指标有哪些？
2. PLC主要用在哪些场合？
3. PLC是怎样分类的？
4. PLC的发展趋势是什么？
5. PLC的结构主要由哪几个部分组成？
6. PLC的输入和输出模块主要由哪几个部分组成？每部分的作用是什么？
7. PLC的存储器可以细分为哪几个部分？

8．PLC 是怎样进行工作的？

9．举例说明常见的哪些设备可以作为 PLC 的输入设备和输出设备？

10．什么是立即输入和立即输出？在何种场合应用？

11．PLC 控制与继电器控制有何优缺点？

12．PLC 是在什么控制系统的基础上发展起来的？

A．继电控制系统　　B．单片机　　C．工业电脑　　D．机器人

13．工业中控制电压一般是多少伏？

A．24V　　B．36V　　C．110V　　D．220V

14．工业中控制电压一般是：

A．交流　　B．直流　　C．混合式　　D．交变电压

15．请写出电磁兼容性的英文缩写。

A．MAC　　B．EMC　　C．CME　　D．AMC

16．三菱 FX 系列 PLC 普通输入点的输入响应时间大约是多少 ms?

A．100 ms　　B．10ms　　C．15 ms　　D．30 ms

三菱 FX 系列 PLC

本章介绍三菱 FX 系列 PLC 的产品系列和硬件接线，由于 FX3U 和 FX2N 是 FX 系列中最具代表性的产品，所以重点介绍 FX3U 和 FX2N 系列 PLC，这是学习本书后续内容的必要准备。

2.1 三菱可编程控制器简介

2.1.1 三菱可编程控制器系列

三菱的可编程控制器是较早进入国内市场的产品，由于三菱 PLC 有较高的性价比，而且易学易用，所以在国内的 PLC 市场上有很大的份额，特别是 FX 系列小型 PLC，有比较大的市场占有率。以下将简介三菱的 PLC 的常用产品系列。

（1）FX 系列 PLC

FX 系列 PLC 是从 F 系列、F1 系列、F2 系列发展起来的小型 PLC 产品，FX 系列 PLC 包括 FX1S/FX1N/FX2N/FX3U/FX3G 五种基本类型产品。以前还有 FX0S 和 FX0N 系列产品，三菱公司已经于 2006 年宣布停产。

FX1S 系列：是一种集成型小型单元式 PLC。且具有完整的性能和通信功能等扩展性。如果考虑安装空间和成本是一种理想的选择。它是 FX 系列中的低端 PLC，除了可以扩展通信模块外，不能扩展其他模块，最大 I/O 点为 40 点。

FX1N 系列：是三菱电机推出的功能强大的普及型 PLC。具有扩展输入输出，模拟量控制和通信、链接功能等扩展性。是一款广泛应用于一般的顺序控制三菱 PLC。

FX2N 系列：是三菱 PLCFX 家族中较先进的系列，是第二代产品。具有高速处理及可扩展大量满足单个需要的特殊功能模块等特点，为工厂自动化应用提供很大的灵活性和控制能力。

FX3U 系列：是三菱电机公司推出的新型第三代 PLC，可能称得上是小型至尊产品。基本性能大幅提升，晶体管输出型的基本单元内置了 3 轴独立最高 100kHz 的定位功能，并且增加了新的定位指令，从而使得定位控制功能更加强大，使用更为方便。

FX3G 系列：是三菱电机公司 2008 年才推出的新型第三代 PLC，基本单元自带两路高速通信接口（RS422&USB）； 内置高达 32K 大容量存储器 ；标准模式时基本指令处理速度可达 0.21μs；控制规模:14~256 点（包括 CC-LINK 网络 I/O）；定位功能设置简便（最多三轴）；基本单元左侧最多可连接 4 台 FX3U 特殊适配器；可实现浮点数运算；可设置两级密码，每级 16 字符，增强密码保护功能。增加了新的定位指令，从而使得定位控制功能更加强大，使用更为方便。

FX1NC/FX2NC/FX3UC 系列：在保持了原有强大功能的基础上，连接方式采用插接方式，其体积更小。此外，其供电电源只能采用 DC24V 电源。其价格较 FX1N/FX2N/FX3U 低。

（2）A系列PLC

三菱A系列PLC使用了三菱专用顺控芯片（MSP），速度/指令可媲美大型三菱PLC。A2AS CPU支持32个PID回路。而QnASCPU的回路数目无限制，可随内存容量的大小而改变；程序容量由8K步至124K步，如使用存储器卡，QnASCPU的内存量可扩充到2M字节；有多种特殊模块可选择，包括网络、定位控制、高速计数、温度控制等模块。三菱A系列PLC是模块式的PLC，其功能比FX系列PLC要强大得多。

（3）Q系列PLC

三菱Q系列PLC是三菱电机公司推出的大型PLC，CPU类型有基本型CPU、高性能型CPU、过程控制CPU、运动控制CPU、冗余CPU等。可以满足各种复杂的控制需求。为了更好地满足国内用户对三菱PLCQ系列产品高性能、低成本的要求，三菱电机自动化特推出经济型QUTESET型三菱PLC，即一款以自带64点高密度混合单元的5槽Q00JCOUSET；另一款自带2块16点开关量输入及2块16点开关量输出的8槽Q00JCPU-S8SET，其性能指标与Q00J完全兼容，也完全支持GX-Developer等软件，故具有极佳的性价比。

（4）L系列PLC

L系列可编程控制器机身小巧，但集高性能、多功能及大容量等特点于一身。CPU具备9.5ns的基本运算处理速度和260K步的程序容量，最大I/O可扩展8129点。内置定位、高速计数器、脉冲捕捉、中断输入、通用I/O等功能，集众多功能于一体。硬件方面，内置以太网及USB接口，便于编程及通信，配置了SD存储卡，可存放最大4G的数据。无需基板，可任意增加不同功能的模块。L系列PLC与Q系列PLC相比，性能更加强大。

2.1.2 三菱FX可编程控制器的特点

三菱FX可编程控制器的特点如下：

- 系统配置即固定又灵活；
- 编程简单；
- 备有可自由选择，丰富的品种；
- 令人放心的高性能；
- 高速运算；
- 使用于多种特殊用途；
- 外部机器通信简单化；
- 共同的外部设备。

2.2 三菱FX系列PLC及其接线

前面已经叙述过，三菱FX系列PLC有五大类基本产品，其中第一代和第二代产品（FX1S/FX1N/FX2N）的使用和接线比较类似，加之限于篇幅，本书主要以使用较为广泛的FX2N为例讲解，第三代PLC有FX3U/FX3G，本书则主要以FX3U为例讲解。

2.2.1 FX2N系列PLC模块介绍

（1）FX2N系列PLC型号的说明

FX2N系列PLC型号的说明如图2-1所示。

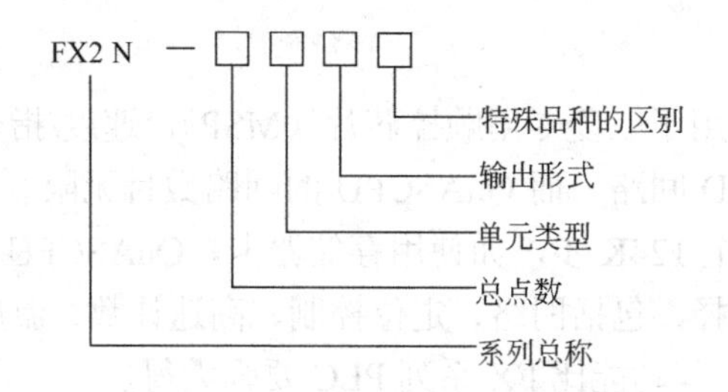

图 2-1 FX2N 系列 PLC 型号的说明

其中系列总称中还有 FX0、FX2、FX0S、FX1S、FX0N、FX1N、FX2NC 等。

单元类型：M — 基本单元；
E — 输入/输出混合扩展单元；
Ex — 扩展输入模块；
EY — 扩展输出模块。

输出形式：R — 继电器输出；
S — 晶闸管输出；
T — 晶体管输出。

特殊品种：D — DC 电源，DC 输出；
A1 — AC 电源，AC（AC100～120V）输入或 AC 输出模块；
H — 大电流输出扩展模块；
V — 立式端子排的扩展模块；
C — 接插口输入/输出方式；
F — 输入滤波时间常数为 1ms 的扩展模块。

如果特殊品种一项无符号，为 AC 电源、DC 输入、横式端子排、标准输出。例如，FX2N-48MR-D 表示 FX2N 系列，48 个 I/O 点基本单元，继电器输出，使用直流电源，24V 直流输出型。

（2）FX2N 系列 PLC 硬件介绍

FX2N 系列 PLC 的硬件包括基本单元、扩展单元、扩展模块、模拟量输入/输出模块、各种特殊功能模块及外部设备等。

① FX2N 系列的基本单元　FX2N 系列是 FX 家族中很常用的 PLC 系列。FX2N 基本单元有 16 点、32 点、48 点、64 点、80 点、128 点，共 6 种，FX2N 基本单元的每个单元都可以通过 I/O 扩展单元扩充到 256 个 I/O 点。FX2N 基本单元又可分为：AC 供电，DC 输入型、DC 供电，DC 输入型和 AC 供电，AC 输入型，共三种。其中 AC 供电，DC 输入型基本单元，有 17 个规格，见表 2-1。

表 2-1　FX2N 系列的基本单元（AC 供电，DC 输入型）

型号			输入点数	输出点数	扩展模块可用点数
继电器输出	晶闸管输出	晶体管输出			
FX2N-16MR	FX2N-16MS	FX2N-16MT	8	8	24～32
FX2N-32MR	FX2N-32MS	FX2N-32MT	16	16	24～32
FX2N-48MR	FX2N-48MS	FX2N-48MT	24	24	48～64
FX2N-64MR	FX2N-64MS	FX2N-64MT	32	32	48～64
FX2N-80MR	FX2N-80MS	FX2N-80MT	40	40	48～64
FX2N-128MR		FX2N-128MT	64	64	48～64

DC供电，DC输入型基本单元，有10个规格的产品，见表2-2。

表2-2 FX2N系列的基本单元（DC供电，DC输入型）

型号		输入点数	输出点数	扩展模块可用点数
继电器输出	晶体管输出			
FX2N-32MR-D	FX2N-32MT-D	16	16	24～32
FX2N-48MR-D	FX2N-48MT-D	24	24	48～64
FX2N-64MR-D	FX2N-64MT-D	32	32	48～64
FX2N-80MR-D	FX2N-80MT-D	40	40	48～64

AC供电，AC输入型基本单元，有4个规格的产品，见表2-3。

表2-3 FX2N系列的基本单元（AC供电，AC输入型）

型号	输入点数	输出点数	扩展模块可用点数
FX2N-16MR-UA1/UL	16	16	24～32
FX2N-32MR-UA1/UL	24	24	48～64
FX2N-48MR- UA1/UL	32	32	48～64
FX2N-64MR- UA1/UL	40	40	48～64

FX2N具有丰富的元件资源，有3072点辅助继电器。提供了多种特殊功能模块，可实现过程控制位置控制。有RS-232C、RS-422、RS-485等多种串行通信模块或功能扩展板支持网络通信。FX2N具有较强的数学指令集，使用32位处理浮点数。

② FX2N 系列的扩展单元 FX2N 系列的扩展单元见表 2-4。FX2N系列的扩展模块见表2-5。

表2-4 FX2N系列的扩展单元

型号	总I/O数目	输入			输出	
		数目	电压	类型	数目	类型
FX2N-32ER	32	16	24V直流	漏型	16	继电器
FX2N-32ET	32	16	24V直流	漏型	16	晶体管
FX2N-32ES	32	16	24V直流	漏型	16	晶闸管
FX2N-48ER	48	24	24V直流	漏型	24	继电器
FX2N-48ET	48	24	24V直流	漏型	24	晶体管
FX2N-48ER-D	48	24	24V直流	漏型	24	继电器(直流)
FX2N-48ET-D	48	24	24V直流	漏型	24	晶体管（直流）

注：FX2N-48ER-D的模块供电电源是DC24V，而其他的模块供电电源是AC100~240V。

表2-5 FX2N系列的扩展模块

型号	总I/O数目	输入			输出	
		数目	电压	类型	数目	类型
FX2N-16EX	16	16	24V直流	漏型		
FX2N-16EYT	16				16	晶体管
FX2N-16EYR	16				16	继电器

此外，FX系列还有其他的模块，模拟量输入模块（如FX2N-4AD）、模拟量输出模块（如FX2N-2DA）、PID过程控制模块（如FX2N-2LC）、定位控制模块（如定位控制器FX2N-10GM）、

通信模块（如通信扩展板 FX2N-232-BD 和通信扩展板 FX2N-485-BD）和高速计数模块（如 FX2N-1HC）等。这些模块将在用到时列表。

2.2.2 FX2N 系列 PLC 模块的接线

在讲解 FX2N 系列 PLC 基本模块前，先要熟悉基本模块的接线端子。FX 系列的接线端子（以 FX2N-32MT 为例）一般由上下两排交错分布，如图 2-2 所示，这样排列方便接线，接线时一般先接下面一排（对于输入端，先接 X0、X2、X4、X6…接线端子，后接 X1、X3、X5、X7…接线端子）。图 2-2 中，“1”处的三个接线端子是基本模块的交流电源接线端子，其中 L 接交流电源的火线，N 接交流电源的零线，⏚接交流电源的地线；“2”处的 COM 是输入端子的公共端，同时当输入端要接传感器时，COM 也与传感器供电的直流电的 0V 相连；“3”处的 24+是基本模块输出的 DC24V 电源的+24V，这个电源可供传感器使用，也可供扩展模块使用，但通常不建议使用此电源；“4”处的接线端子是数字量输入接线端子，通常与按钮、开关量的传感器相连；“5”处的 COM1 是第一组输出端的公共接线端子，这个公共接线端子是输出点 Y0、Y1、Y2、Y3 的公共接线端子。“6”处是输出点 Y0、Y1、Y2、Y3。很明显“7”处的粗线将第一组输出点和第二组输出点分开。

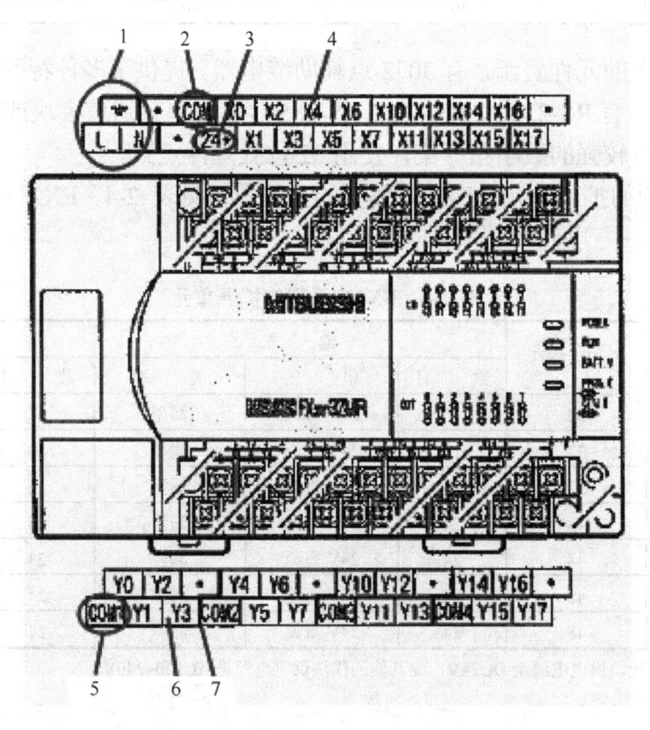

图 2-2 FX2N 系列 PLC 的接线端子

FX2N 系列 PLC 的输入端是 NPN 输入，也就是低电平有效，当输入端与数字量传感器相连时，只能使用 NPN 型传感器，而不能使用 PNP 型传感器，FX2N 的输入端在连接按钮时，并不需要外接电源，这些都有别于西门子的 PLC。FX2N 系列 PLC 的输入端的接线示例如图 2-3 所示。

【关键点】 FX 系列 PLC 的输入端和 PLC 的供电电源很近，特别是使用交流电源时，要注意不要把交流电误接入到信号端子。

【例 2-1】 有一台 FX2N-32MR，输入端有一只三线 NPN 接近开关和一只二线 NPN 式接近开关，应如何接线？

【解】 对于 FX2N-32MR，公共端接电源的负极。而对于三线 NPN 接近开关，只要将其正负极分别与电源的正负极相连，将信号线与 PLC 的“X1”相连即可；而对于二线 NPN 接近开关，只要将电源的负极分别与其蓝色线相连，将信号线（棕色线）与 PLC 的“X0”相连即可（图 2-4）。

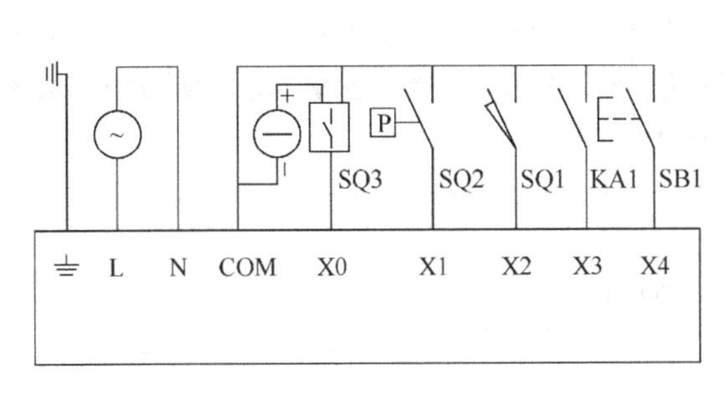

图 2-3　FX2N 系列 PLC 的输入端的接线示例

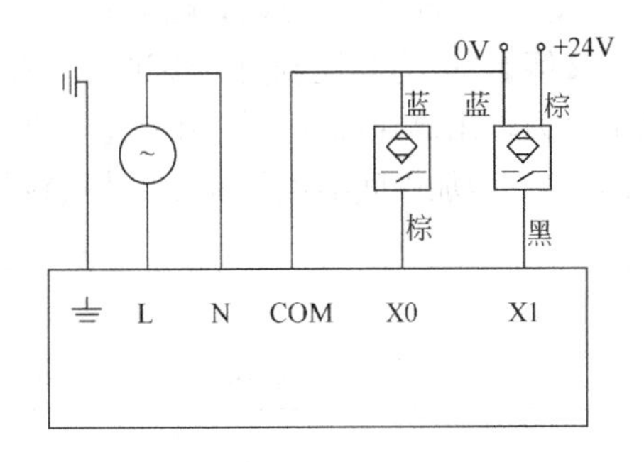

图 2-4　例 2-1 输入端子的接线图

FX2N 系列 PLC 的输出形式有三种：继电器输出、晶体管输出和晶闸管输出。继电器型输出用得比较多，输出端可以连接直流或者交流电源，无极性之分，但交流电源不超过 220V，FX2N 系列 PLC 的继电器型输出端的接线示例如图 2-5 所示。

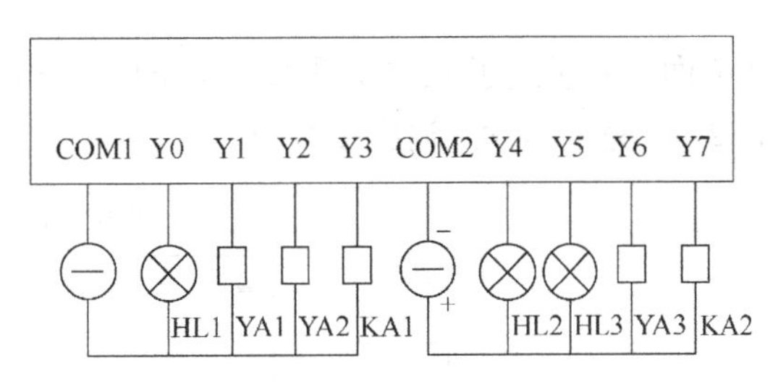

图 2-5　FX2N 系列 PLC 的输出端的接线示例（继电器型输出）

晶体管输出只有 NPN 输出一种形式，也就是低电平输出（西门子 PLC 多为 PNP 型输出），用于输出频率高的场合，通常，相同点数的三菱 PLC，晶体管输出形式的要比继电器输出形式的贵一点。晶体管输出的 PLC 的输出端只能使用直流电源，而且公共端子和电源的 0V 接在一起，FX2N 系列 PLC 的晶体管型输出端的接线示例如图 2-6 所示。

晶闸管输出的 PLC 的输出端只能使用交流电源，FX2N 系列 PLC 的晶闸管型输出端的接线示例如图 2-7 所示。

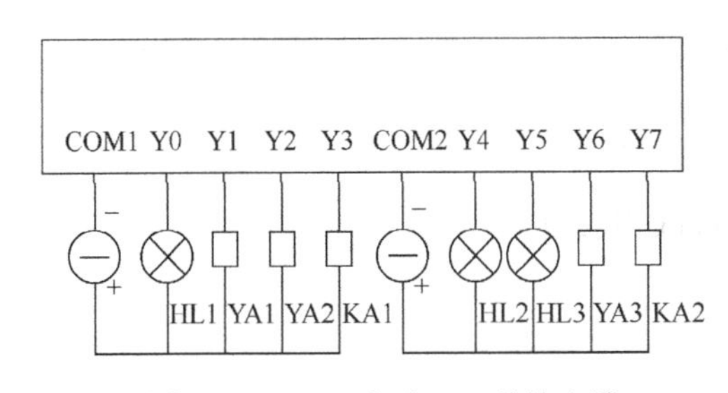

图 2-6　FX2N 系列 PLC 的输出端的接线示例（晶体管型输出）

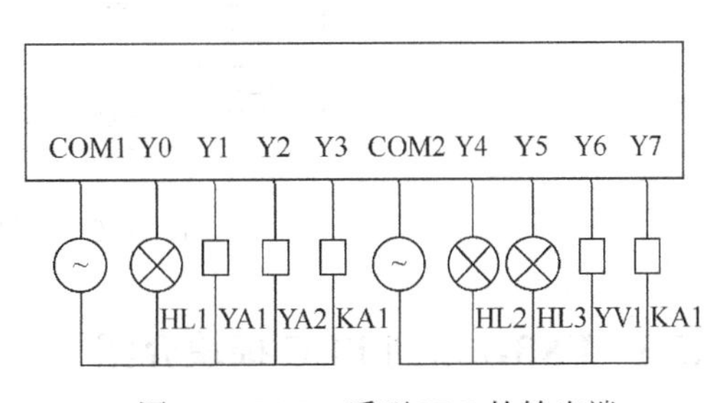

图 2-7　FX2N 系列 PLC 的输出端的接线示例（晶闸管型输出）

【例 2-2】 有一台 FX2N-32MR，控制一只线圈电压 24V DC 的电磁阀和一只线圈电压 220V AC 电磁阀，输出端应如何接线？

【解】 因为两个电磁阀的线圈电压不同，而且有直流和交流两种电压，所以如果不经过转换，只能用继电器输出的 PLC，而且两个电磁阀分别在两个组中。其接线如图 2-8 所示。

【例 2-3】 有一台 FX2N-32M，控制两台步进电动机和一台三相异步电动机的启停，三相电动机的启停由一只接触器控制，接触器的线圈电压为 220V AC，输出端应如何接线（步进电动机部分的接线可以省略）？

【解】 因为要控制两台步进电动机，所以要选用晶体管输出的 PLC，而且必须用 Y0 和 Y1 作为输出高速脉冲点控制步进电动机。但接触器的线圈电压为 220V AC，所以电路要经过转换，增加中间继电器 KA，其接线如图 2-9 所示。

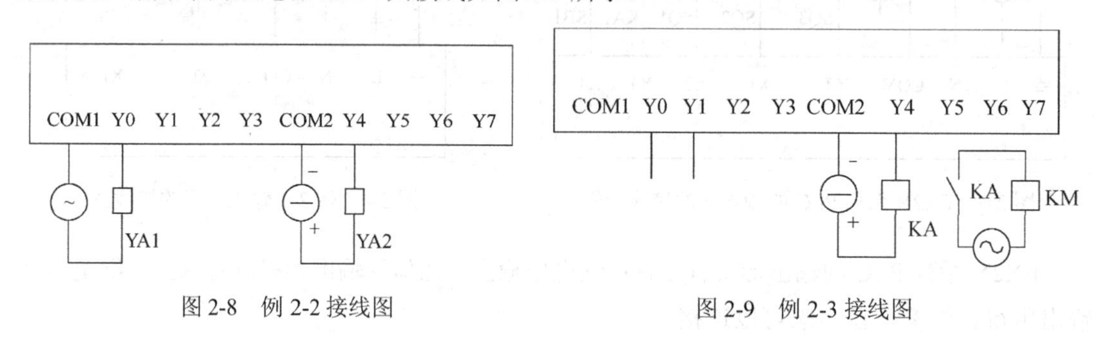

图 2-8 例 2-2 接线图

图 2-9 例 2-3 接线图

在前面分别讲述了 FX2N 系列 PLC 的输入端或者输出端的接线图，如图 2-10 所示，是 FX2N-32MT 完整的输入输出接线图。

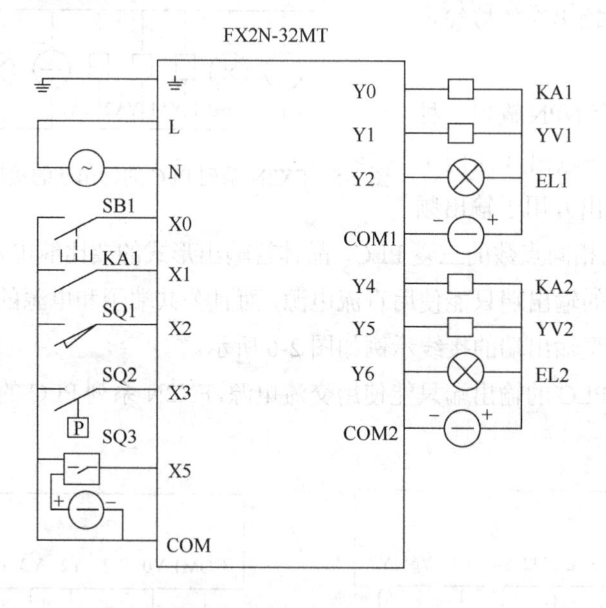

图 2-10 FX2N 系列 PLC 的接线

2.2.3 FX3U 系列 PLC 模块介绍

FX3U 是三菱电机公司推出的新型第三代 PLC，可称得上是小型至尊产品。基本性能大幅提升，晶体管输出型的基本单元内置了 3 轴独立最高 100kHz 的定位功能，并且增加了新的定位指令，从而使得定位控制功能更加强大，使用更为方便。

（1）基本单元

FX3U系列PLC基本单元的型号的说明如图2-11所示。

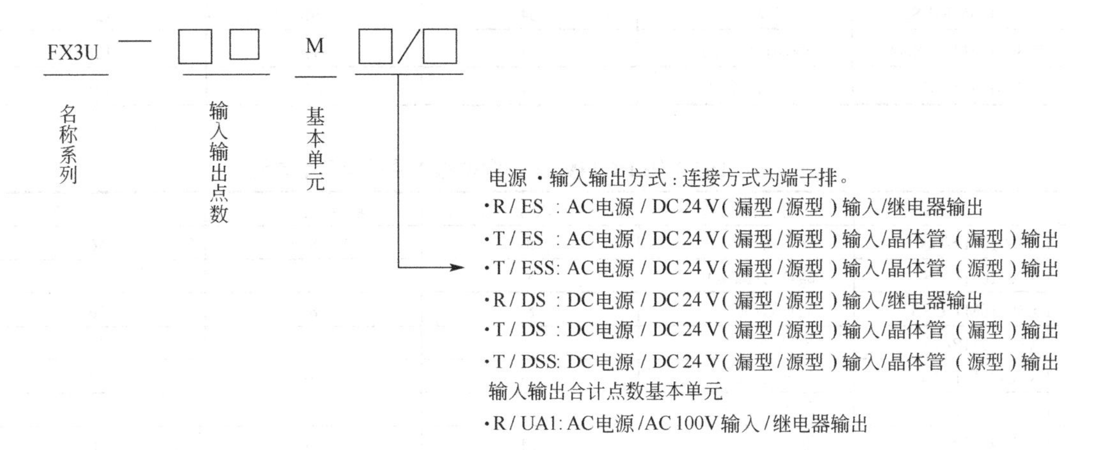

图2-11 FX3U系列PLC的基本单元型号说明

FX3U系列PLC的基本单元有多种类型。

按照点数分，有16点、32点、48点、64点、80点和128点共六种。

按照供电电源分，有交流电源和直流电源两种。

按照输出形式分，有继电器输出、晶体管输出和晶闸管输出三种。晶体管输出的PLC又分为源型输出和漏型输出。

按照输入形式分，有直流源型输入和漏型输入。没有交流电输入形式。

AC电源/DC24V漏型/源型输入通用型基本单元见表2-6，DC电源/DC24V漏型/源型输入通用型基本单元见表2-7。

表2-6 AC电源/DC24V漏型/源型输入通用型基本单元

型号	输出形式	输入点数	输出点数	合计点数
FX3U-16MR/ES(-A)	继电器	8	8	16
FX3U-16MT/ES(-A)	晶体管(漏型)	8	8	16
FX3U-16MT/ESS	晶体管(源型)	8	8	16
FX3U-32MR/ES(-A)	继电器	16	16	32
FX3U-32MT/ES(-A)	晶体管(漏型)	16	16	32
FX3U-32MT/ESS	晶体管(源型)	16	16	32
FX3U-32MS/ES	晶闸管	16	16	32
FX3U-48MR/ES(-A)	继电器	24	24	48
FX3U-48MT/ES(-A)	晶体管(漏型)	24	24	48
FX3U-48MT/ESS	晶体管(源型)	24	24	48
FX3U-64MR/ES(-A)	继电器	32	32	64
FX3U-64MT/ES(-A)	晶体管(漏型)	32	32	64
FX3U-64MT/ESS	晶体管(源型)	32	32	64
FX3U-64MS/ES	晶闸管	32	32	64
FX3U-80MR/ES(-A)	继电器	40	40	80
FX3U-80MT/ES(-A)	晶体管(漏型)	40	40	80

续表

型　　号	输 出 形 式	输 入 点 数	输 出 点 数	合 计 点 数
FX3U-80MT/ESS	晶体管(源型)	40	40	80
FX3U-128MR/ES(-A)	继电器	64	64	128
FX3U-128MT/ES(-A)	晶体管(漏型)	64	64	128
FX3U-128MT/ESS	晶体管(源型)	64	64	128

表 2-7　DC 电源/DC24V 漏型/源型输入通用型基本单元

型　　号	输 出 形 式	输 入 点 数	输 出 点 数	合 计 点 数
FX3U-16MR/DS	继电器	8	8	16
FX3U-16MT/DS	晶体管(漏型)	8	8	16
FX3U-16MT/DSS	晶体管(源型)	8	8	16
FX3U-32MR/DS	继电器	16	16	32
FX3U-32MT/DS	晶体管(漏型)	16	16	32
FX3U-32MT/DSS	晶体管(源型)	16	16	32
FX3U-48MR/DS	继电器	24	24	48
FX3U-48MT/DS	晶体管(漏型)	24	24	48
FX3U-48MT/DSS	晶体管(源型)	24	24	48
FX3U-64MR/DS	继电器	32	32	64
FX3U-64MT/DS	晶体管(漏型)	32	32	64
FX3U-64MT/DSS	晶体管(源型)	32	32	64
FX3U-80MR/DS	继电器	40	40	80
FX3U-80MT/DS	晶体管(漏型)	40	40	80
FX3U-80MT/DSS	晶体管(源型)	40	40	80

【关键点】 FX2N 系列 PLC 的直流输入为漏型（即低电平有效），但 FX3U 直流输入为源型输入和漏型输入可选，也就是说通过不同的接线选择是源型输入还是漏型输入，这无疑为设计带来极大的便利。FX3U 的晶体管输出也有漏型输出和源型输出两种，但在订购设备时就必须确定需要购买哪种输出类型的 PLC。

（2）扩展单元

当基本单元的输入输出点不够用时，通常用添加扩展单元的办法解决，FX3U 系列 PLC 扩展单元型号的说明如图 2-12 所示。

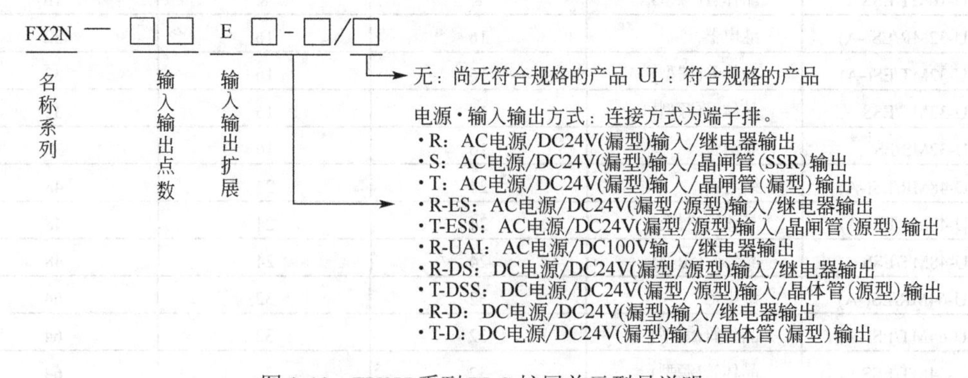

图 2-12　FX3U 系列 PLC 扩展单元型号说明

扩展单元也有多种类型，按照点数分有 32 点和 48 点两种。

按照供电电源分，有交流电源和直流电源两种。

按照输出形式分，有继电器输出、晶闸管和晶体管输出共三种。

按照输入形式分，有交流电源和直流电源两种。直流电源输入又可分为源型输入和漏型输入。

AC电源/DC24V漏型/源型输入通用型扩展单元见表2-8、AC电源/DC24V漏型输入专用型扩展单元见表2-9、DC电源/DC24V漏型/源型输入通用型扩展单元见表2-10、DC电源/DC24V漏型输入专用型扩展单元见表2-11、AC电源/110V交流输入专用型扩展单元见表2-12。

表2-8 AC电源/DC24V漏型/源型输入通用型扩展单元

型号	输出形式	输入点数	输出点数	合计点数
FX2N-32ER-ES/UL	继电器	16	16	32
FX2N-32ET-ESS/UL	晶体管(源型)	16	16	32
FX2N-48ER-ES/UL	继电器	24	24	48
FX2N-48ET-ESS/UL	晶体管(源型)	24	24	48

表2-9 AC电源/DC24V漏型输入专用型扩展单元

型号	输出形式	输入点数	输出点数	合计点数
FX2N-32ER	继电器	16	16	32
FX2N-32ET	晶体管(漏型)	16	16	32
FX2N-32ES	晶闸管	16	16	32
FX2N-48ER	继电器	24	24	48
FX2N-48ET	晶体管(漏型)	24	24	48

表2-10 DC电源/DC24V漏型/源型输入通用型扩展单元

型号	输出形式	输入点数	输出点数	合计点数
FX2N-48ER-DS	继电器	24	24	48
FX2N-48ET-DSS	晶体管(源型)	24	24	48

表2-11 DC电源/DC24V漏型输入专用型扩展单元

型号	输出形式	输入点数	输出点数	合计点数
FX2N-48ER-D	继电器	24	24	48
FX2N-48ET-D	晶体管(漏型)	24	24	48

表2-12 AC电源/110V交流输入专用型扩展单元

型号	输出形式	输入点数	输出点数	合计点数
FX2N-48ER-UA1/UL	继电器	24	24	48

2.2.4 FX3U系列PLC模块的接线

在讲解FX3U系列PLC基本模块前，先要熟悉基本模块的接线端子。FX系列的接线端子（以FX3U-32MR为例）一般由上下两排交错分布，如图2-13所示，这样排列方便接线，接线时一般先接下面一排（对于输入端，先接X0、X2、X4、X6…接线端子，后接X1、X3、

X5、X7…接线端子）。图 2-13 中，“1”处的三个接线端子是基本模块的交流电源接线端子，其中 L 接交流电源的火线，N 接交流电源的零线，⏚接交流电源的地线；“2”处的 24V 是基本模块输出的 DC24V 电源的+24V，这个电源可供传感器使用，也可供扩展模块使用，但通常不建议使用此电源；“3”处的接线端子是数字量输入接线端子，通常与按钮、开关量的传感器相连；“4”处的圆点表示此处是空白端子，不用；很明显“5”处的粗线是分割线，将第三组输出点和第四组输出点分开；“6”处的 Y5 是数字量输出端子；“7”处的 COM1 是第一组输出端的公共接线端子，这个公共接线端子是输出点 Y0、Y1、Y2、Y3 的公共接线端子。

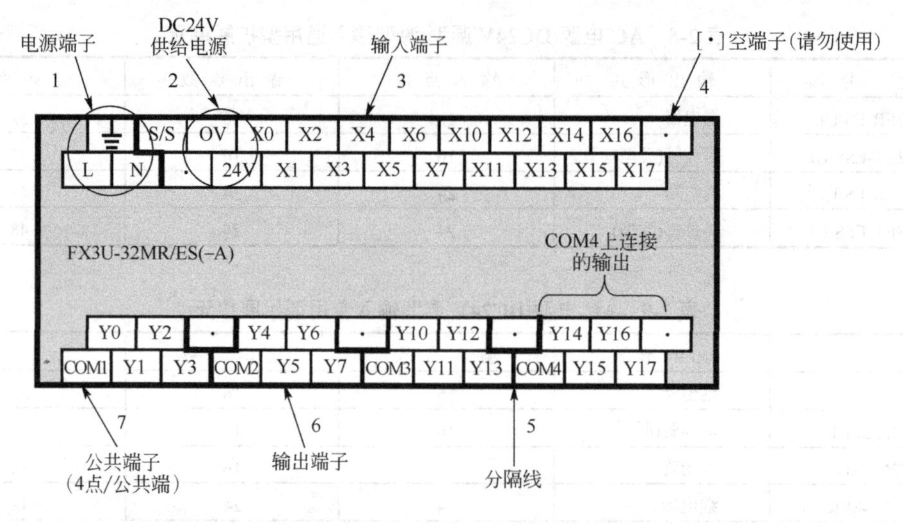

图 2-13　FX3U-32MR 的端子分布图

FX3U 系列 PLC 基本模块的输入端是 NPN（漏型，低电平有效）输入和 PNP（源型，高电平有效）输入可选，只要改换不同的接线即可选择不同的输入形式。当输入端与数字量传感器相连时，能使用 NPN 和 PNP 型传感器， FX3U 的输入端在连接按钮时，并不需要外接电源。FX3U 系列 PLC 的输入端的接线示例如图 2-14～图 2-17 所示，不难看出 FX3U 系列 PLC 基本模块的输入端接线和 FX2N 系列 PLC 基本模块的输入端有所不同。

如图 2-14 所示，模块供电电源为交流电，输入端是漏型接法，24V 端子与 SS 端子短接，0V 端子是输入端的公共端子，这种接法是低电平有效，也叫 NPN 输入。

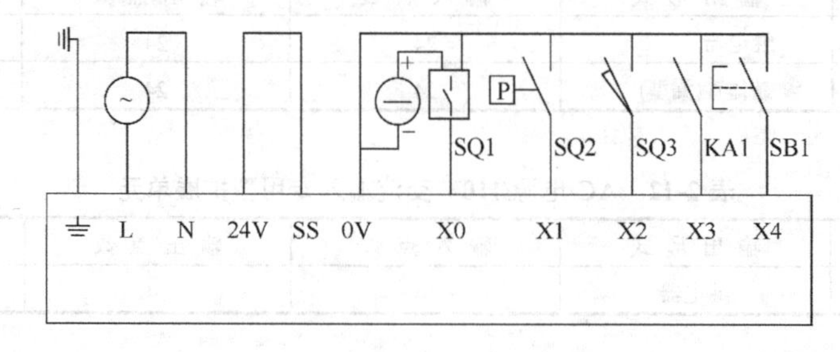

图 2-14　FX3U 系列 PLC 的输入端的接线图（漏型，交流电源）

如图 2-15 所示，模块供电电源为交流电，输入端是源型接法，0V 端子与 SS 端子短接，24V 端子是输入端的公共端子，这种接法是高电平有效，也叫 PNP 输入。

如图 2-16 所示，模块供电电源为直流电，输入端是漏型接法，SS 端子与模块供电电源的 24V 短接，模块供电电源 0V 是输入端的公共端子，这种接法是低电平有效，也叫 NPN 输入。

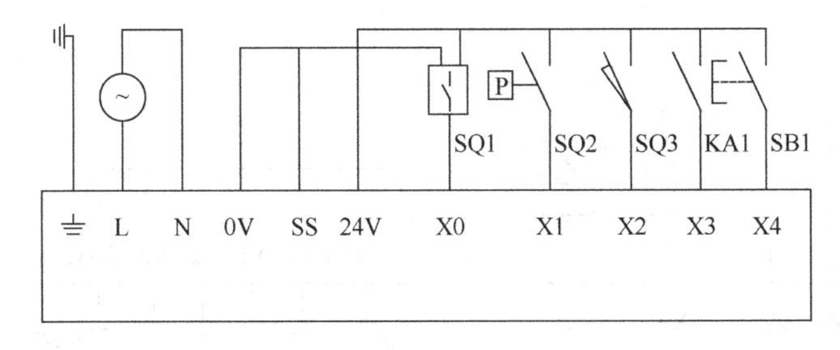

图 2-15 FX3U 系列 PLC 的输入端的接线图（源型，交流电源）

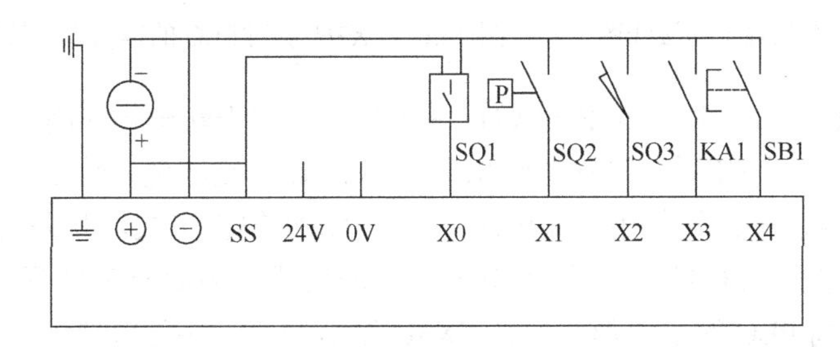

图 2-16 FX3U 系列 PLC 的输入端的接线图（漏型，直流电源）

如图 2-17 所示，模块供电电源为直流电，输入端是源型接法，SS 端子与模块供电电源的 0V 短接，模块供电电源 24V 是输入端的公共端子，这种接法是高电平有效，也叫 PNP 输入。

FX3U 系列中还有 AC100V 输入型 PLC，也就是输入端使用不超过 120V 的交流电源，其接线图如图 2-18 所示。

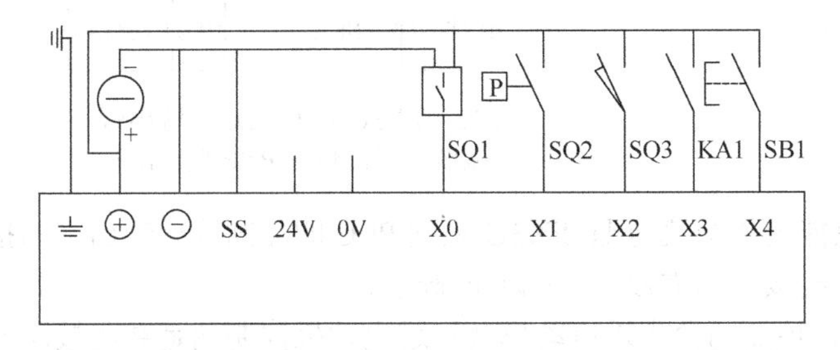

图 2-17 FX3U 系列 PLC 的输入端的接线图（源型，直流电源）

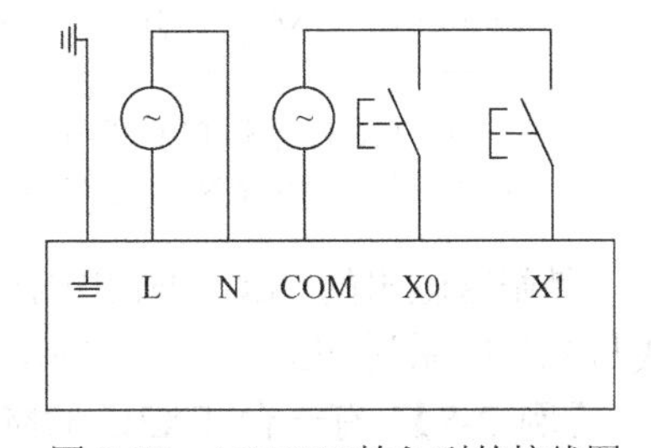

图 2-18 AC100V 输入型的接线图

【关键点】 FX 系列 PLC 的输入端和 PLC 的供电电源很近，特别是使用交流电源时，要注意不要把交流电误接入到信号端子。

【例 2-4】 有一台 FX3U-32MR，输入端有一只三线 NPN 接近开关和一只二线 NPN 式接近开关，应如何接线？

【解】 对于 FX3U-32MR，公共端是 0V 端子。而对于三线 NPN 接近开关，只要将其棕线与 24V 端子、蓝线与 0V 端子相连，将信号线与 PLC 的“X1”相连即可；而对于二线 NPN 接近开关，只要将 0V 端子与其蓝色线相连，将信号线（棕色线）与 PLC 的“X0”相连即可，如图 2-19 所示。

FX3U 系列 PLC 的输出形式有三种：继电器输出、晶体管输出和晶闸管输出。继电器型输出用得比较多，输出端可以连接直流或者交流电源，无极性之分，但交流电源不超过220V，FX3U系列PLC的继电器型输出端接线与FX2N系列PLC的继电器型输出端的接线类似，如图2-20所示。

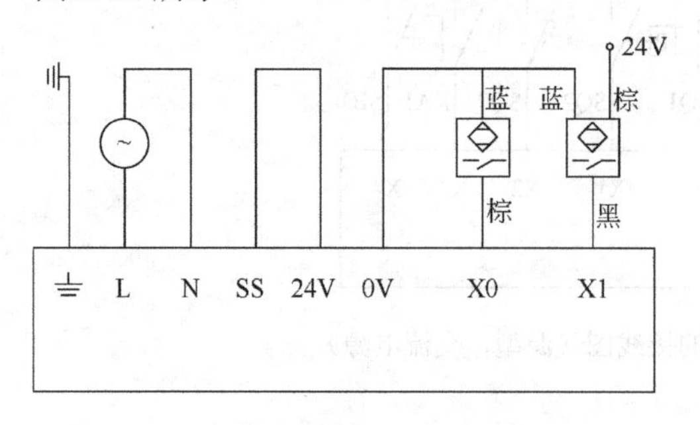

图2-19 例2-4输入端子的接线图

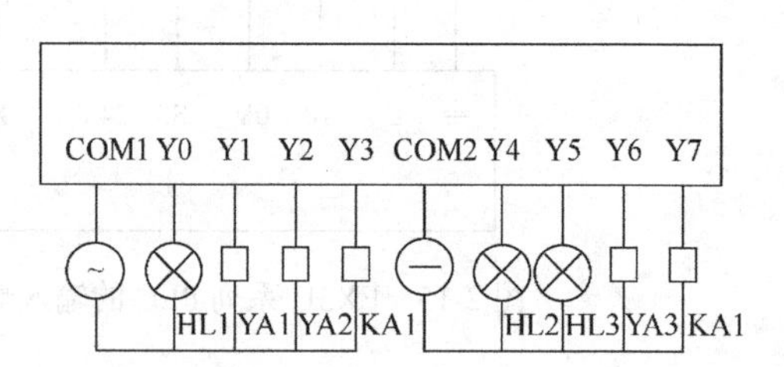

图2-20 FX3U系列PLC的输出端的接线图（继电器型输出）

晶体管输出只有NPN输出和PNP输出两种形式，用于输出频率高的场合，通常，相同点数的三菱PLC，三菱FX系列晶体管输出形式的PLC要比继电器输出形式的贵一点。晶体管输出的PLC的输出端只能使用直流电源，对于NPN输出形式，其公共端子和电源的0V接在一起，FX3U系列PLC的晶体管型NPN输出的接线示例如图2-21所示。晶体管型NPN输出是三菱FX系列PLC的主流形式，在FX3U以前的FX系列PLC的晶体管输出形式中，只有NPN输出一种。此外，在FX3U系列PLC中，晶体管输出中增加了PNP型输出，其公共端子是+V，接线如图2-22所示。

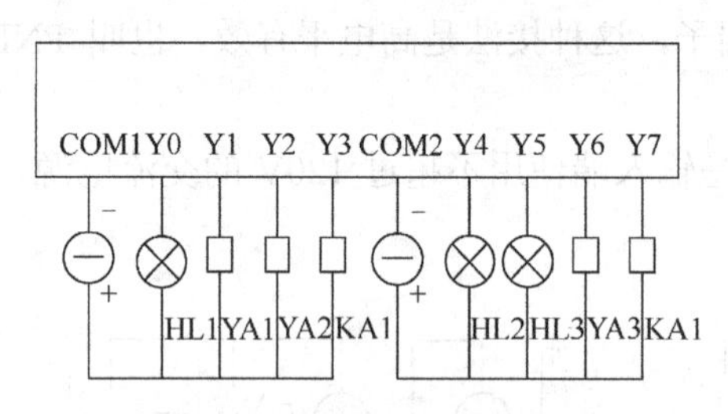

图2-21 FX3U系列PLC的输出端的接线图（晶体管NPN型输出）

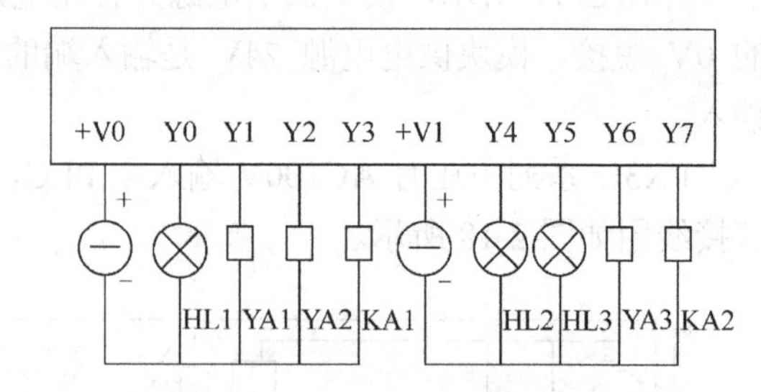

图2-22 FX3U系列PLC的输出端的接线图（晶体管PNP型输出）

晶闸管输出的PLC的输出端只能使用交流电源，FX3U系列PLC的晶闸管型输出端的接线与FX2N系列PLC的晶闸管型输出接线图类似，在此不再赘述。

【例2-5】有一台FX3U-32M，控制两台步进电动机（步进电动机控制端是共阴接法）和一台三相异步电动机的启停，三相电动机的启停由一只接触器控制，接触器的线圈电压为220V AC，输出端应如何接线（步进电动机部分的接线可以省略）？

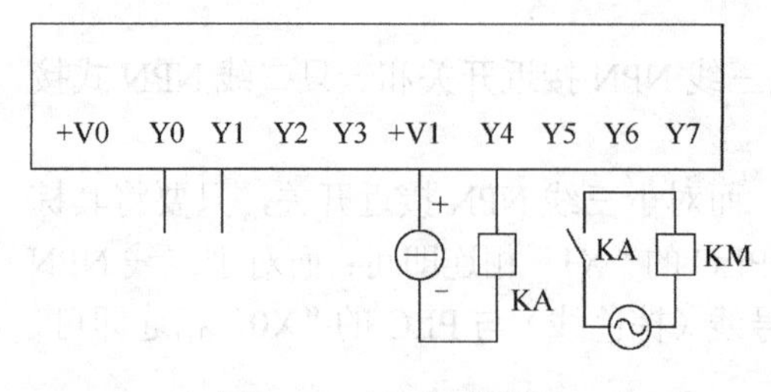

图2-23 例2-5接线图

【解】因为要控制两台步进电动机，所以要选用晶体管输出的PLC，而且必须用Y0和Y1作为输出高速脉冲点控制步进电动机，又由于步进电动机控制端是共阴接法，所以PLC的输出端要采用PNP输出型。接触器的线圈电压为220V AC，所以电路要经过转换，增加中间继电器KA，其接线如图2-23所示。

小结

① FX2N 系列 PLC 的产品系列，外部接线、扩展模块的接线，特别是数字量输入、输出模块的接线至关重要。

② FX3U 系列 PLC 的产品系列，扩展模块的接线，特别是数字量输入、输出模块的接线至关重要。

③ FX 系列 PLC 的漏型输入、源型输入、漏型输出和源型输出的概念是难点和重点。

习题

1. 三菱的 PLC 有哪些大类?

2. 三菱 FX 系列 PLC 有哪几类?

3. 什么是漏型输入、源型输入、漏型输出和源型输出?

4. 三菱 FX2N 系列 PLC 是否可以直接与 NPN 接近开关相连？若不能，应怎样解决此问题?

5. 三菱 FX2N 系列 PLC 是否可以直接与 PNP 接近开关相连？若不能，应怎样解决此问题?

6. 三菱 FX3U 系列 PLC 是否可以直接与 PNP 接近开关相连?

7. 三菱 FX3U 系列 PLC 是否可以直接与 NPN 接近开关相连?

8. 能否通过改变接线方式，将 FX3U 系列 PLC 源型输入改为漏型输入？能否通过改变接线方式，将 FX3U 系列 PLC 源型输出改为漏型输出？为什么?

9. 举例说明常见的哪些设备可以作为 PLC 的输入设备和输出设备?

10. 什么是立即输入和立即输出？它们分别在何种场合应用?

11. 指出下列几种型号中数字与字母的含义：FX2N-16MR-001、FX2N-16MS、FX2N-16MT、FX2N-32ET、FX2N-4AD。

12. FX 系列 PLC 的基本单元、扩展单元和扩展模块三者之间有什么区别?

13. FX 系列 PLC 主要有哪些特殊功能模块?

14. FX2N 系列 PLC 定时器有几种类型？它们各自有哪些特点?

15. 什么叫软元件?

16. FX2N 系列高速计速器有几种类型？哪些输入端可作为其计数输入?

17. PLC 的主要技术指标有哪些?

18. PLC 自控系统中，温度控制，可用什么扩展模块?

A. FX2N-4AD　　B. FX2N-4DA　　C. FX2N-4AD-TC　　D. FX0N-3A

19. 三菱 FX 系列 PLC 普通输入点，输入响应时间大约是多少 ms?

A. 100 ms　　B. 10ms　　C. 15 ms　　D. 30 ms

20. FX1S 系列最多可以有多少个点 PLC?

A. 30　　B. 128　　C. 256　　D. 1000

21. FX1N 系列最多能扩展到多少个点?

A. 30　　B. 128　　C. 256　　D. 1000

22. FX2N 系列最多能扩展到多少个点?

A．30　　B．128　　C．256　　D．1000

23．M8013脉冲输出周期是多少?

A．5s　　B．13s　　C．10s　　D．1s

24．M8013脉冲占空比是多少?

A．50%　　B．100%　　C．40%　　D．60%

25．PLC电池电压降低至下限，应怎么处理？

A．没关系　　B．及时更换电池　　C．拆下电池

第3章 三菱 PLC 的编程软件使用入门

PLC 是一种工业计算机，不能只有硬件，还必须有软件程序，PLC 的程序分为系统程序和用户程序，系统程序已经固化在 PLC 内部。一般而言用户程序要用编程软件输入，编程软件是编写、调试用户程序不可或缺的软件，本章介绍两款常用的三菱可编程控制器的编程软件的安装、使用，为后续章节奠定学习基础。

3.1 GX Developer 编程软件的安装

3.1.1 GX Developer 编程软件的概述

目前常用于 FX 系列 PLC 的编程软件有三款，分别是 FX-GP/WIN-C、GX Developer 和 GX Works2，其中 FX-GP/WIN-C 是一款简易的编程软件，虽然易学易用，适合初学者使用，但其功能比较少，使用的人相对较少，因此本章不做介绍。GX Developer 编程软件功能比较强大，应用广泛，因此本书将重点介绍。GX Works2 推出时间不久，此软件吸收了欧系 PLC 编程软件结构化的优点，是一款功能强大的软件，本书后面将作介绍。

（1）软件简介

GX Developer 编程软件可以在三菱电机自动化（中国）有限公司的官方网站上免费下载（http://www.mitsubishielectric-automation.cn），并可免费申请安装序列号。

GX Developer 编程软件能够完成 Q 系列、QnA 系列、A 系列、FX 系列(含 FX0、FX0S、FX0N 系列，FX1、FX2、FX2C 系列，FX1S，FX1N、FX2N、FX2NC、FX3G、FX3U、FX3UC 系列) 的 PLC 的梯形图、指令表和 SFC 的编辑。该编程软件能将编辑的程序转换成 GPPQ、GPPA 等格式文档，当使用 FX 系列 PLC 时，还能将程序存储为 FXGP（DOS）和 FXGP（WIN）格式的文档。此外，该软件还能将 EXCEL、WORD 文档等软件编辑的说明文字、数据，通过复制等简单的操作导入程序中，使得软件的使用和程序编辑变得更加便捷。

（2）GX Developer 编程软件的特点

① 操作简单

a. 标号编程。用标号，就不需要认识软元件的号码（地址）而能根据标识制成标准程序。

b. 功能块。功能块是为了提高程序的开发效率而开发的一种功能。把需要反复执行的程序制成功能块，使得顺序程序的开发变得容易。功能块类似于 C 语言的子程序。

c. 使用宏。只要在任意的回路模式上加上名字（宏定义名）登录（宏登录）到文档，然后输入简单的命令，就能读出登陆过的回路模式，变更软元件就能灵活利用了。

② 与 PLC 连接的方式灵活

a. 通过串口（RS-232C、RS-422、RS-485）通信与可编程控制器 CPU 连接；

b. 通过 USB 接口通信与可编程控制器 CPU 连接；

c. 通过 MELSEC NET/10（H）与可编程控制器 CPU 连接；

d. 通过 MELSEC NET（II）与可编程控制器 CPU 连接；

e. 通过 CC-LINK 与可编程控制器 CPU 连接；

f. 通过 Ethernet 与可编程控制器 CPU 连接；

g. 通过计算机接口与可编程控制器 CPU 连接。

③ 强大的调试功能

a. 由于运用了梯形图逻辑测试功能，能够更加简单地进行调试作业。通过该软件能进行模拟在线调试，不需要真实的 PLC。

b. 在帮助菜单中有 CPU 的出错信息、特殊继电器/特殊存储器的说明内容，所以对于在线调试过程中发生的错误，或者在程序编辑过程中想知道特殊继电器/特殊存储器的内容的情况下，通过帮助菜单可非常容易查询到相关信息。

c. 程序编辑过程中发生错误时，软件会提示错误信息或者错误原因，所以能大幅度缩短程序编辑的时间。

（3）操作界面

如图 3-1 所示为 GX Developer 编程软件的操作界面，该操作界面由下拉菜单、工具条、编程区、工程数据列表、状态条等部分组成。整个程序在 GX Developer 编程软件中成为工程。

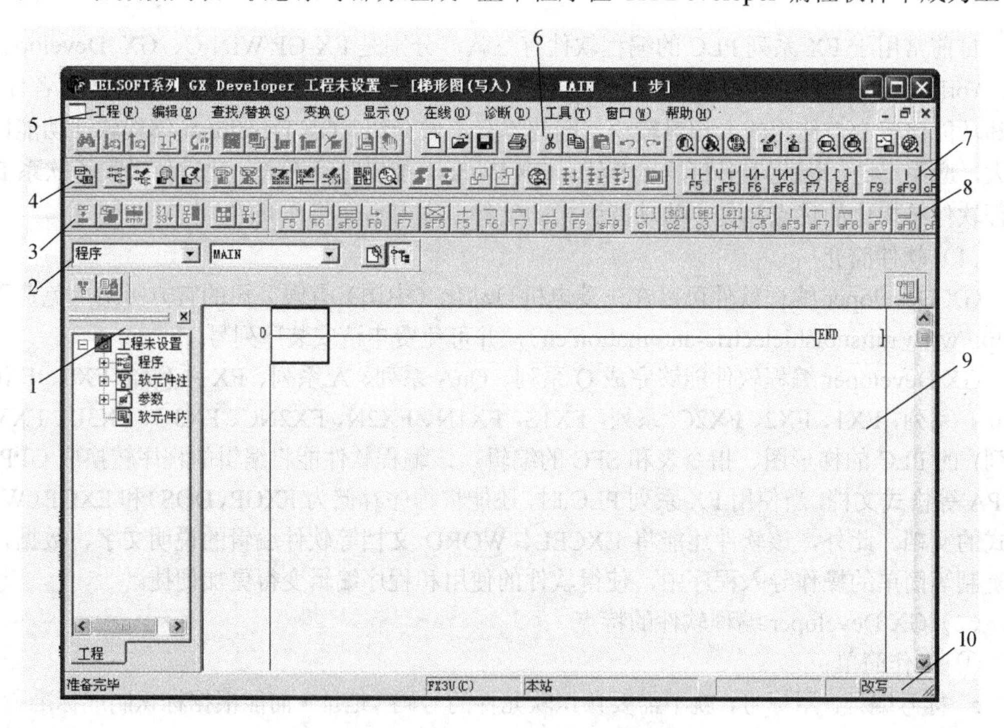

图 3-1 GX Developer 编程软件操作界面

图 3-1 中各个序号对应名称和含义见表 3-1。

表 3-1 GX Developer 编程软件操作界面中名称及其含义

序号	名 称	含 义
1	工程参数列表	显示程序、编程元件注释、参数、编程元件内存等内容，可实现这项目数据设定
2	数据切换工具条	可在程序、注释、参数、编程元件内存之间切换
3	SFC 工具条	可对 SFC 程序进行块变换、块信息设置、排序、块监视操作

续表

序号	名　称	含　义
4	程序工具条	可进行梯形图模式、指令表模式转换；进行读出模式、写入模式、监视模式和监视写入模式转换
5	菜单栏	包括工程、编辑、查找/替换、交换、显示、在线、诊断、工具、窗口、帮助等菜单
6	标准工具条	由工具菜单、编辑菜单、在线菜单等组成
7	梯形图标记工具条	包含梯形图所需要的常开触点、常闭触点、应用指令等内容
8	SFC 符号工具条	包含 SFC 程序编辑所需要使用的步、块启动步、结束步、选择合并、平行合并等功能键
9	操作编辑区	完成程序编辑、修改、监控的区域
10	状态栏	提示当前操作，显示 PLC 的类型以及当前操作状态

3.1.2　GX Developer 编程软件的安装

（1）计算机的软硬件条件

① 软件：WINDOWS 98/2000/XP；

② 硬件：至少需要 512MB 内存，以及 100MB 空余的硬盘。

（2）安装方法

打开安装目录，先安装环境包，具体为：EnvMEL\SETUP.EXE，再返回主目录，安装主目录下的 SETUP.EXE 即可。安装前最好关闭杀毒监控软件。安装的具体过程如下。

① 安装环境包。先单击环境包 EnvMEL 中的可执行文件 SETUP.EXE，弹出“欢迎”界面，如图 3-2 所示；单击“下一个”按钮，弹出“信息”界面，如图 3-3 所示；单击“下一个”按钮，弹出“设置完成”界面，如图 3-4 所示，单击“结束”，环境包安装完成。

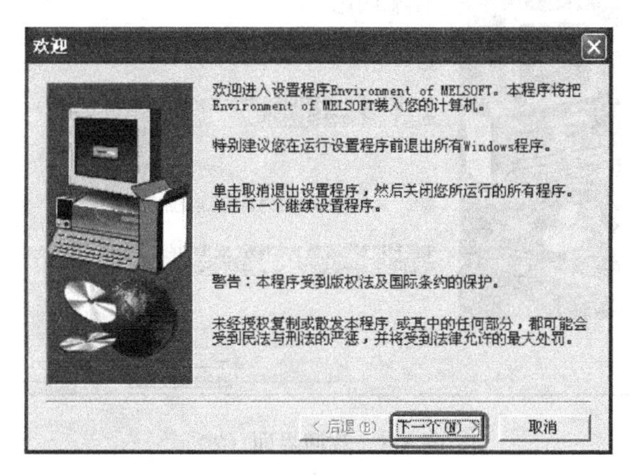

图 3-2　欢迎界面（1）

图 3-3　信息界面

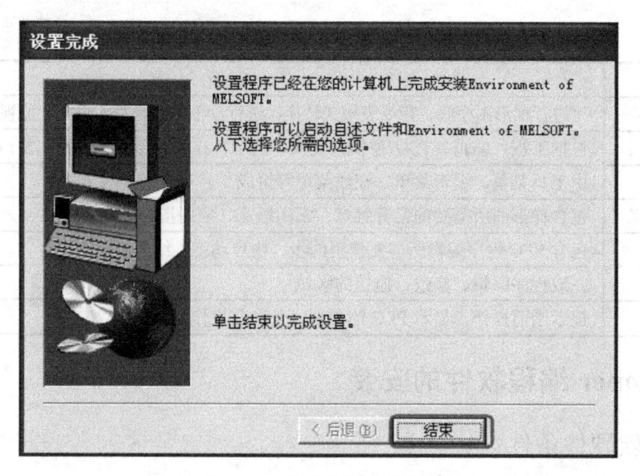

图 3-4　设置完成界面

② 安装主目录下的文件。先单击主目录中的可执行文件 SETUP.EXE，弹出“欢迎”界面，如图 3-5 所示；单击“下一个”按钮，弹出“用户信息”界面，如图 3-6 所示，在“姓名”中填入操作者的姓名，也可以是默认值；在“公司”中填入您的公司名称，也可以是系统默认值，最后单击“下一个”按钮即可。

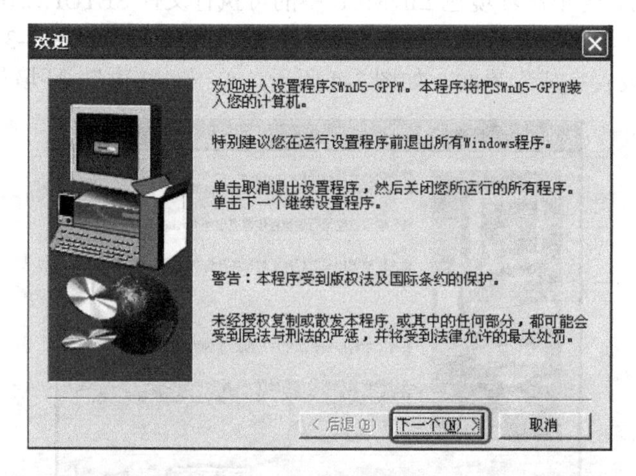

图 3-5　欢迎界面（2）

图 3-6　用户信息界面

③ 注册信息。如图 3-7 所示的“注册确认”界面，单击“是”按钮，弹出“输入产品序列号”界面，如图 3-8 所示，输入序列号，此序列号可到三菱公司免费申请，再单击“下一个”按钮。

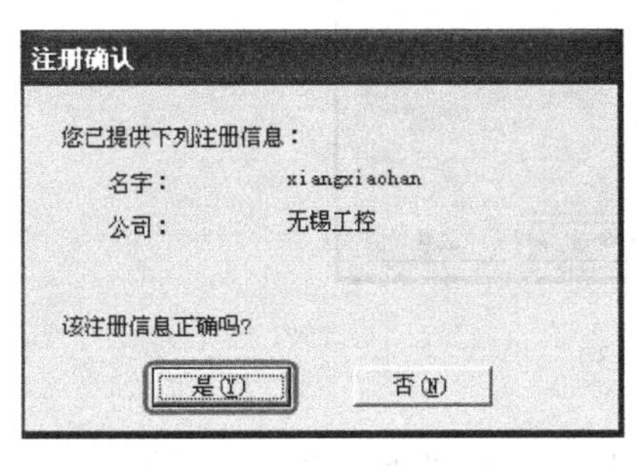

图 3-7 注册确认界面

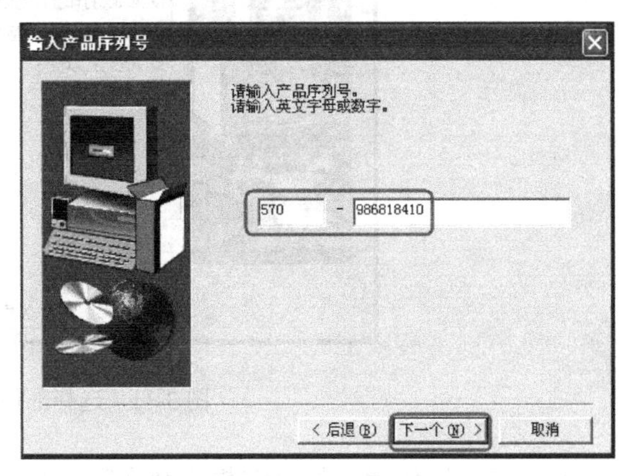

图 3-8 输入产品序列号界面

④ 选择部件。如图 3-9 所示，先勾选“ST 语言程序功能”，再单击“下一个”按钮，弹出“选择部件”界面，如图 3-10 所示，一定不能勾选“监视专用 GX Developer”，单击“下一个”按钮，弹出“选择部件”界面，如图 3-11 所示，三个选项都要勾选，单击“下一个”按钮。

图 3-9 选择部件界面（1）

图 3-10 选择部件界面（2）

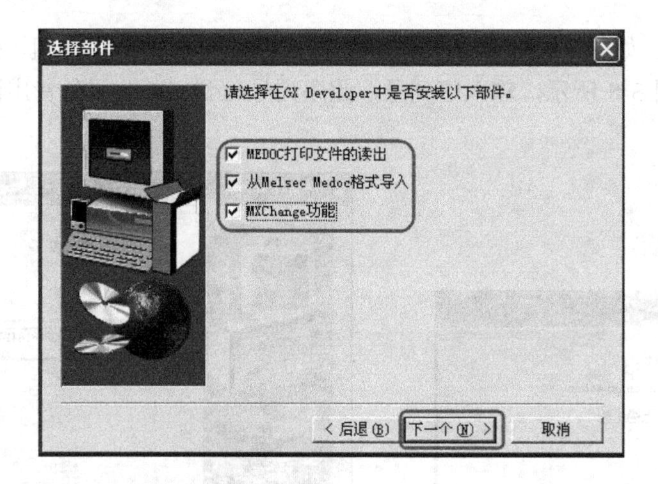

图 3-11 选择部件界面（3）

⑤ 选择目标位置。如果您想安装在默认目录下，只要单击“下一个”按钮就可以等待程序完成安装，如果您的 C 盘不够大，希望把软件安装在其他目录下，则先单击“浏览”按钮指定所希望安装的目录，再单击“下一个”按钮（图 3-12）。

图 3-12 选择目标位置界面

3.2 GX Developer 编程软件的使用

3.2.1 GX Developer 编程软件工作界面的打开

打开工作界面通常有三种方法，一是从开始菜单中打开，二是直接双击桌面上的快捷图标打开，三是通过双击已经创建完成的程序打开工作界面，以下先介绍前两种方法。

① 用鼠标左键单击“开始”→“GX Developer”，如图 3-13 所示，弹出 GX Developer 工作界面，如图 3-14 所示。

② 如图 3-15 所示，双击桌面上的“GX Developer”图标，弹出 GX Developer 工作界面，如图 3-14 所示。

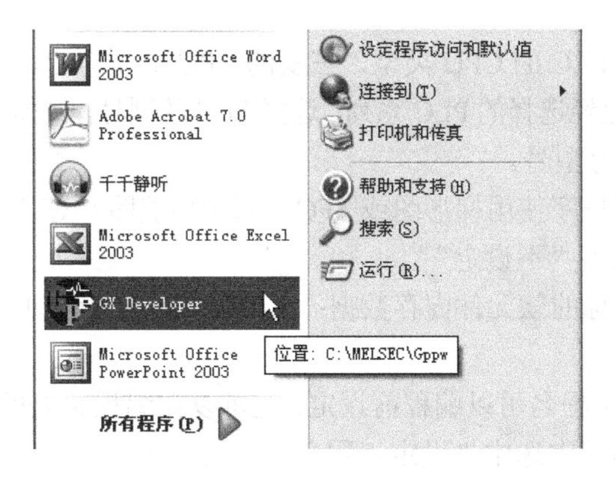

图 3-13 选中软件图标

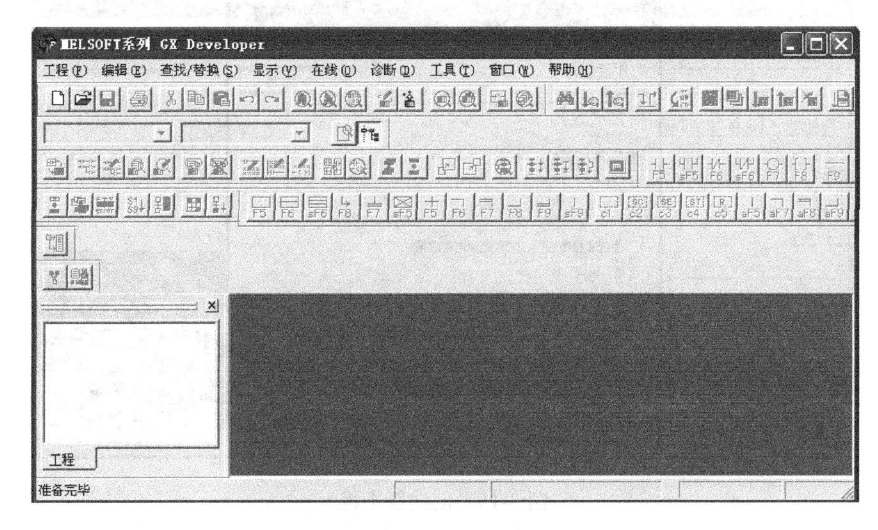

图 3-14 GX Developer 工作界面

图 3-15 用鼠标左键双击“GX Developer”

3.2.2 创建新工程

① 在创建新工程前，先将对话框中的内容简要说明一下。

a. PLC 系列：选择 PLC 的 CPU 类型，三菱的 CPU 类型有 Q、A、FX 和 QnA 等系列。

b. PLC 类型：根据已经选择的 PLC 系列，选择 PLC 的型号，例如三菱的 FX 系列有 FX3U、FX3G、FX2N 和 FX1S 等型号。

c. 程序类型：编写程序使用梯形图或 SFC（顺序功能图）等。

d. 标签设定：默认为“不设定”。

e. 生成和程序同名称的软元件内存数据：选中后，新建工程时生成和程序同名的软元件内存数据。

f. 工程名称设定：工程名可以编程前设定，也可以在编程完成后设定，在编程前设定时，在如图 3-16 所示的对话框中选中“设定工程名”。

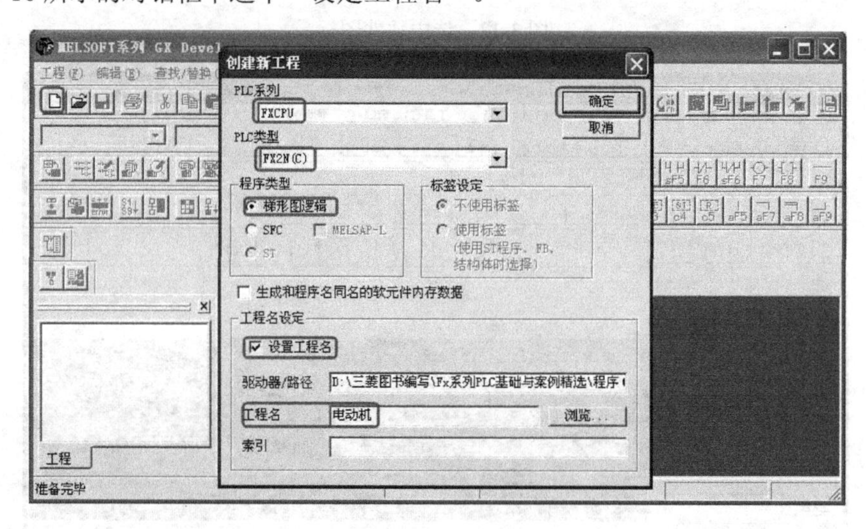

图 3-16 创建新工程

图 3-17 对话框

② 单击工具栏上的“新建”按钮，弹出“创建新工程”对话框，如图 3-16 所示。先点击下三角，选中“PLC 系列”中的选项，本例为：FXCPU，再选中“PLC 类型”中的选项，本例为：FX2N，再勾选“设置工程名称”，在工程名栏中输入“电动机”，再单击“确定”按钮，弹出对话框，如图 3-17 所示，最后单击“是”按钮。

3.2.3 保存工程

保存工程是至关重要的，在构建工程的过程中，要养成经常保存工程的好习惯。保存工程很简单，如果一个工程已经存在，只要单击“保存”按钮即可，如图 3-18 所示。如果这个工程没有保存过，那么单击“保存”按钮后会弹出“另存工程为”界面，如图 3-19 所示，在“工程名”中输入要保存的工程名称，本例为：电动机，单击“保存”按钮即可。

3.2.4 打开工程

打开工程就是读取已保存的工程的程序。操作方法是在编程界面上点击“工程”→“打开工程”，如图 3-20 所示，之后弹出“打开工程”对话框，如图 3-21 所示，先选取要打开的工程，再单击“打开”按钮，被选取的工程（本例为“电动机”）便可打开。

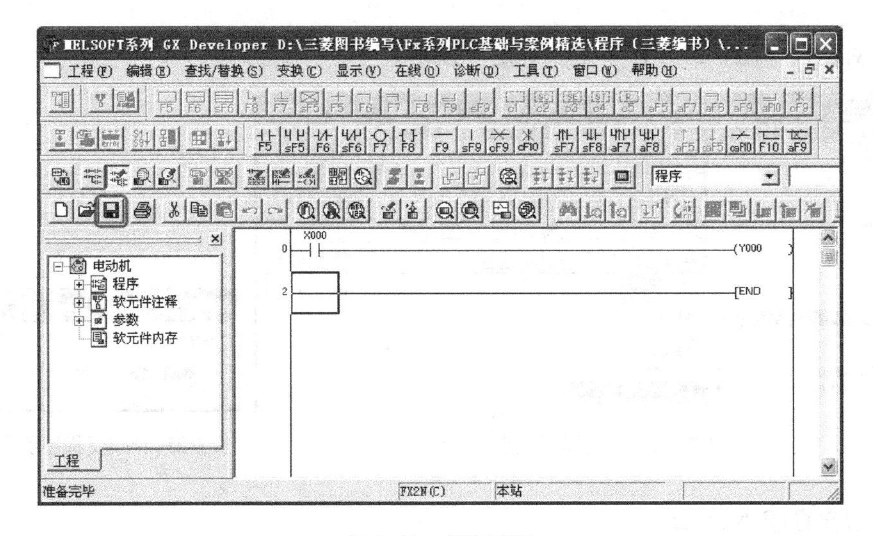

图 3-18 保存工程

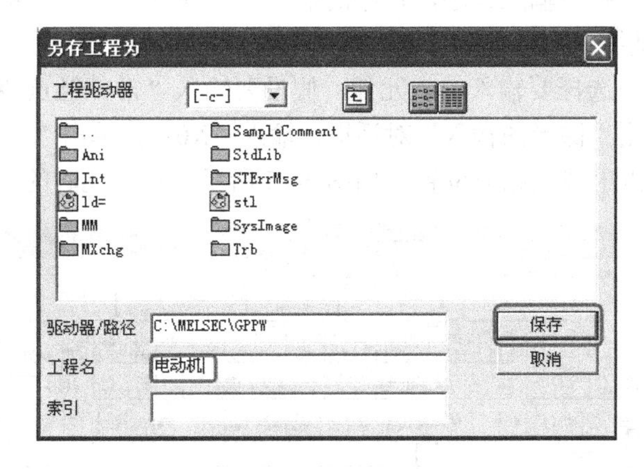

图 3-19 另存工程为

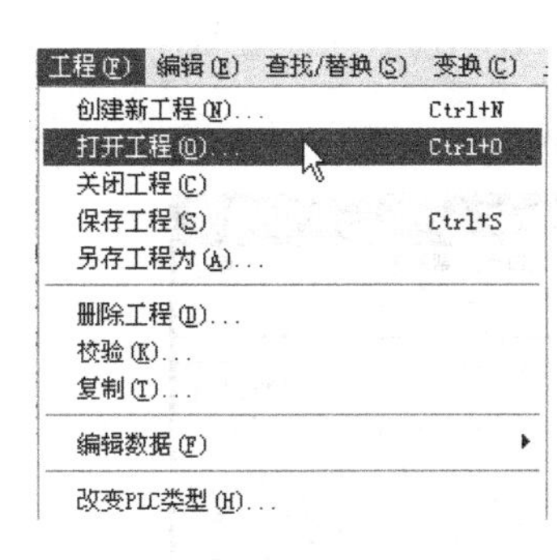

图 3-20 打开工程

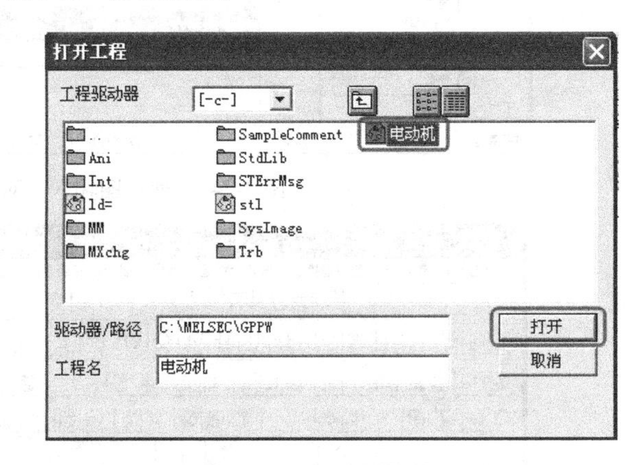

图 3-21 “打开工程”对话框

3.2.5 改变程序类型

可以把梯形图程序的类型改为 SFC 程序，或者把 SFC 程序改为梯形图程序。操作方法是：点击“工程”→“编辑数据”→“改变程序类型”，如图 3-22 所示，之后弹出“改变程序类型”对话框（图 3-23），单击“确定”按钮即可。

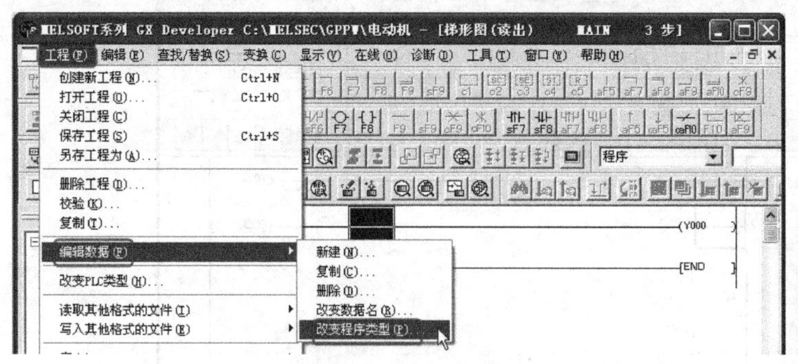

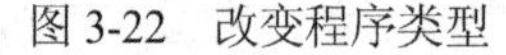

图 3-22 改变程序类型

图 3-23 “改变程序类型”对话框

3.2.6 程序的输入方法

要编译程序，必须要先输入程序，程序的输入有四种方法，以下分别进行介绍。

（1）直接从工具栏输入

在软元件工具栏中选择要输入的软元件，假设要输入“常开触点 X0”，则单击工具栏中的“F5”按钮，弹出“梯形图输入”对话框，输入“X0”，单击“确定”按钮，如图 3-24 所示。之后，常开触点出现在相应位置，如图 3-25 所示，不过此时的触点是灰色的。

图 3-24 “梯形图输入”对话框

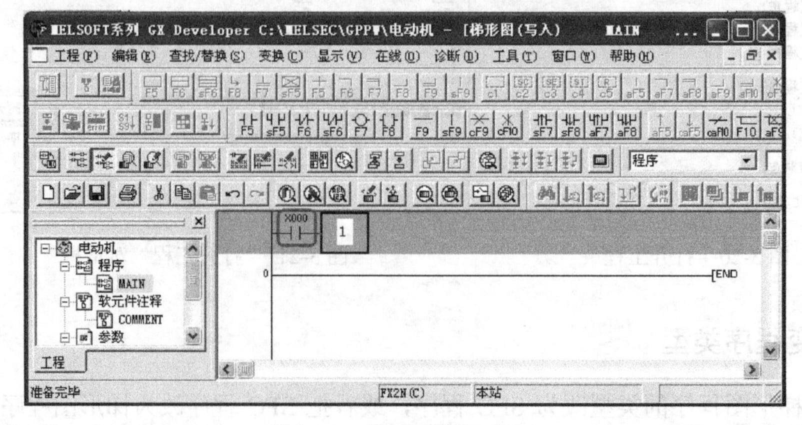

图 3-25 梯形图输入（1）

（2）直接双击输入

如图 3-25 所示，双击“1”处，弹出“梯形图输入”对话框，单击下拉按钮，选择输出线圈，如图 3-26 所示。之后在“梯形图输入”对话框中输入“Y0”，单击“确定”按钮，如图 3-27 所示，则一个输出线圈“Y0”输入完成。

（3）用键盘上的功能键输入

用功能键输入是比较快的输入方式，但并不适合初学者，一般被比较熟练的编程者使用。软元件和功能键的对应关系如图 3-28 所示，单击键盘上的 F5 功能键和单击按钮 F5 的作用是一致的，都会弹出常开触点的梯形图对话框，同理单击键盘上的 F6 功能键和单击按钮 F6 的作用是一致的，都会弹出常闭触点的梯形图对话框。sF5、cF9、aF7、caF10 中的 s、c、a、ca 分别表示按下键盘上的 Shift、Ctr、Alt、Ctr+Alt。caF10 的含义是同时按下键盘上的 Ctr、Alt 和 F10，就是运算结果取反。

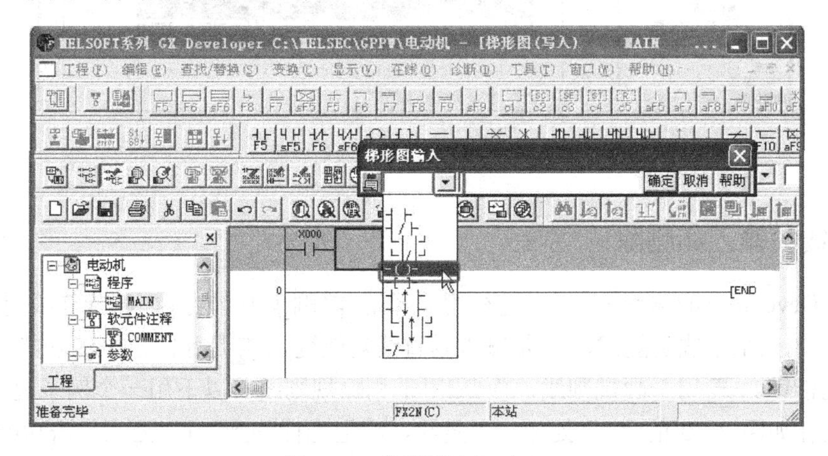

图 3-26 梯形图输入（2）

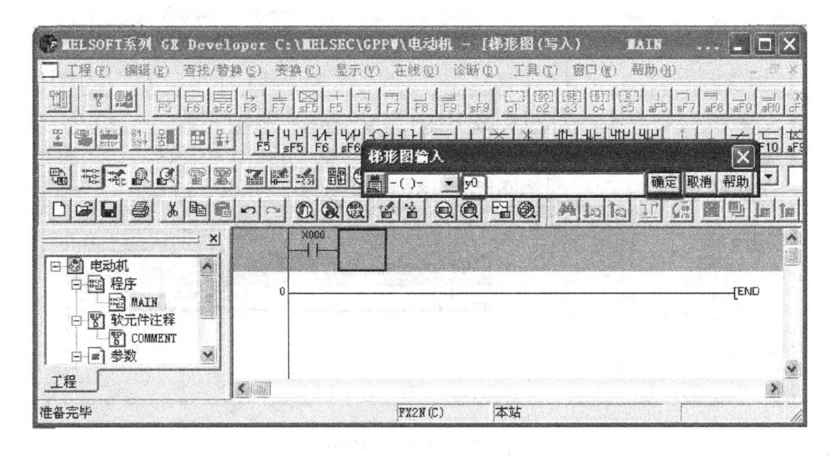

图 3-27 梯形图输入（3）

F5 sF5 F6 sF6 F7 F8 F9 sF9 cF9 cF10 sF7 sF8 aF7 aF8 aF5 caF5 caF10 F10 aF9

图 3-28 软元件和功能键的对应关系

（4）指令直接输入对话框

指令直接输入对话框方式如图 3-29 所示，只要在要输入的空白处输入“and x2”（指令表），则自动弹出梯形图对话框，单击“确定”按钮即可。指令直接输入对话框方式是很快的输入方式，适合对指令表比较熟悉的用户。

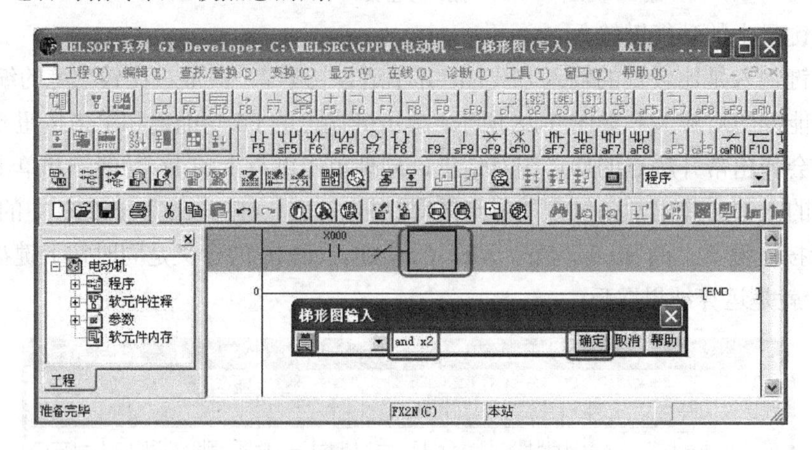

图 3-29　指令直接输入对话框

3.2.7　连线的输入和删除

在 GX Developer 的编程软件中，连线的输入用 F9 和 sF9 功能键，而删除连线用 cF9 和 cF10 功能键。F9 是输入水平线功能键，sF9 是输入垂直线功能键，cF9 是删除水平线功能键，cF10 是删除垂直线功能键。F10 用于画规则线，而 aF9 用于删除规则线。以下用一个例子说明连接竖线的方法。要在如图 3-30 的“1”处加一条竖线，先把光标移到“1”处，单击功能键 F9，弹出“竖线输入”对话框，单击“确定”按钮即可。

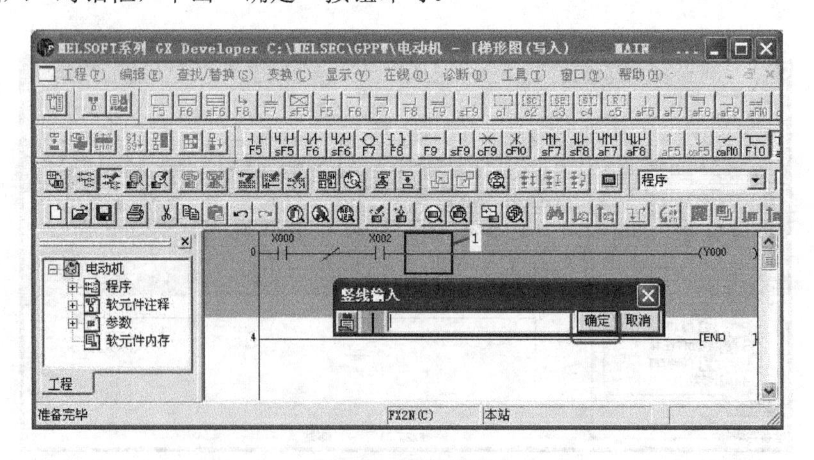

图 3-30　连接竖线

3.2.8　注释

一个程序，特别是比较长的程序，要容易被别人读懂，做好注释是很重要的。注释编辑的实现方法是：单击“编辑”→“文档生成”→“注释编辑”，如图 3-31 所示，之后梯形图的间距加大。

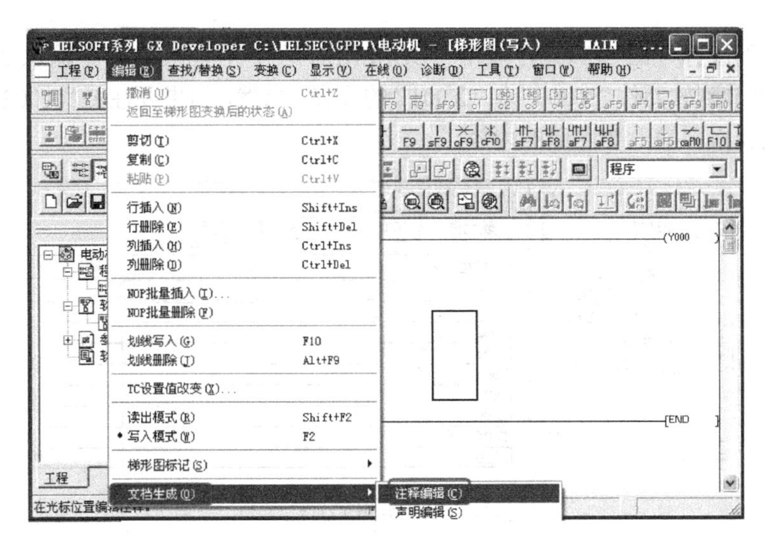

图 3-31　注释编辑的方法（1）

双击要注释的软元件，弹出“注释输入”对话框（图 3-32），输入 X0 的注释（本例为“启动”），单击“确定”按钮，弹出如图 3-33 所示的界面，可以看到 X000 下方有“启动”字样，其他的软元件的注释方法类似。

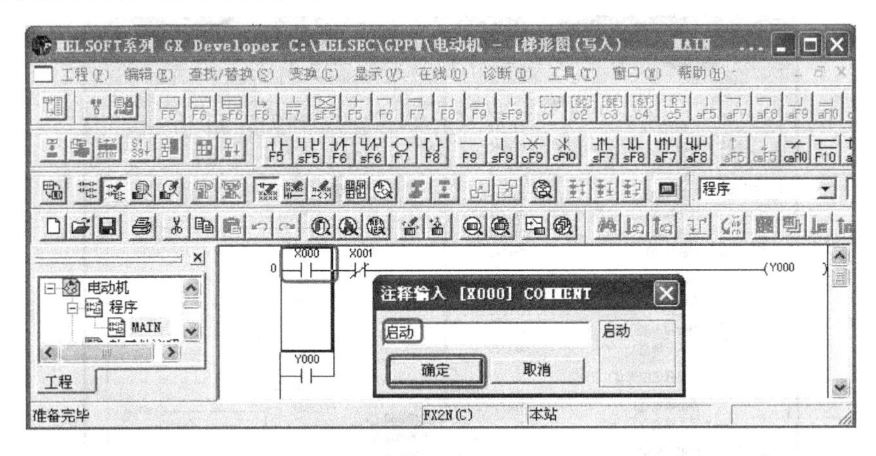

图 3-32　注释编辑的方法（2）

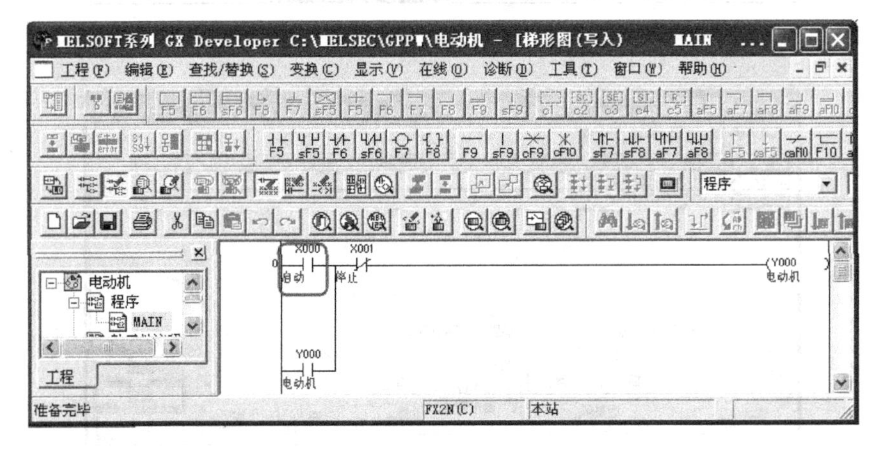

图 3-33　注释编辑的方法（3）

展开软元件注释（图 3-34），双击“COMMENT”，在软元件名中输入 X0，单击“显示”按钮，可以看到软元件“X000”和“X001”的注释。当然，如果要注释“X002”和“X003”，也可以直接在表格中输入要注释的内容。

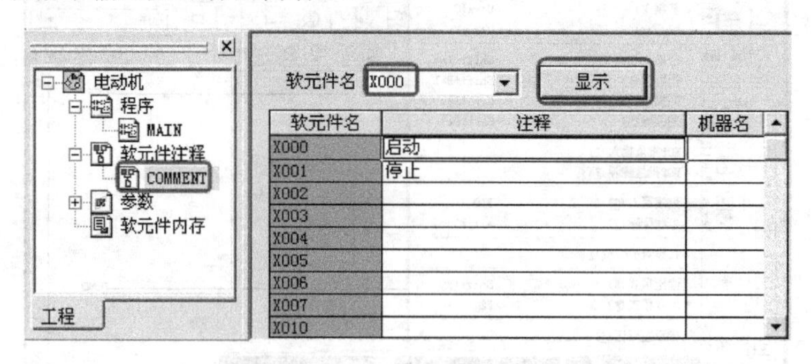

图 3-34　注释编辑的方法（4）

声明和注解编辑的方法与元件注释类似，主要用于大程序的注释说明，以利于读懂程序和运行监控。具体做法是：单击“编辑”→“文档生成”→“声明/注释批量编辑”，如图 3-35 所示，之后弹出声明/注释批量编辑界面，如图 3-36 所示，输入每一段程序的说明，单击“确定”按钮，最终程序的注释如图 3-37 所示。

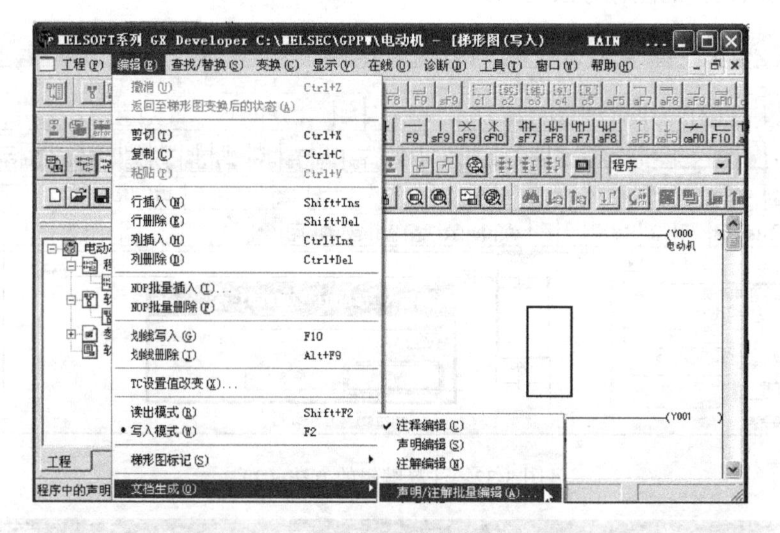

图 3-35　声明/注释批量编辑（1）

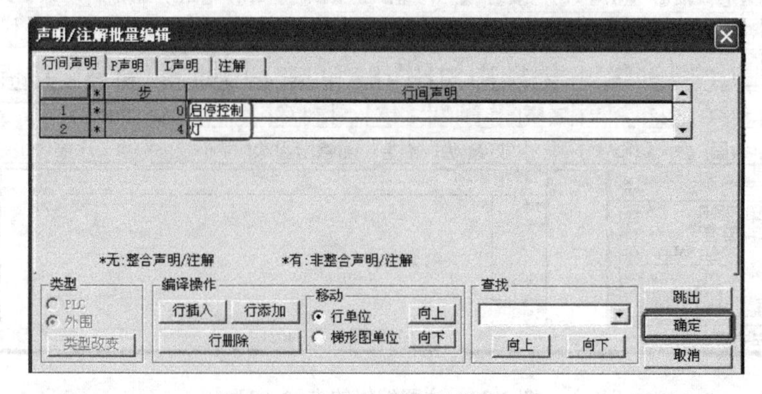

图 3-36　声明/注释批量编辑（2）

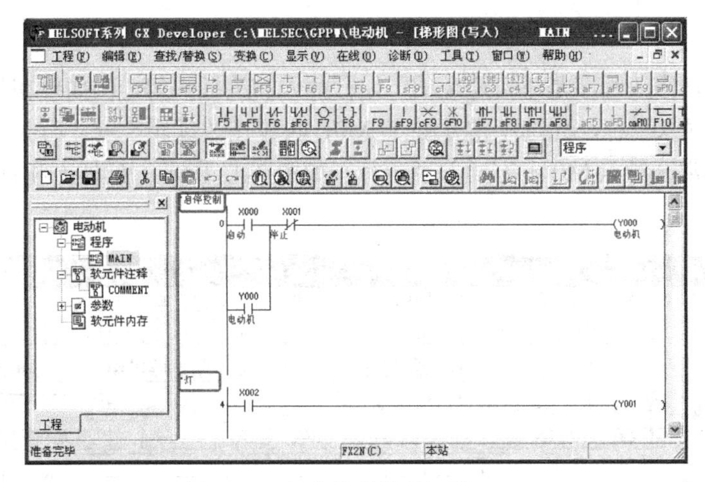

图 3-37　声明/注释批量编辑（3）

3.2.9　程序的复制、修改与清除

程序的复制、修改与清除的方法与 office 中的文档的编辑方法是类似的，下面分别介绍。

（1）复制

用一个例子来说明，假设要复制一个常开触点。先选中如图 3-38 所示的常开触点 X0，再单击工具栏中的“复制”按钮，接着选中将要粘贴的地方，最后单击工具栏中的“粘贴”按钮，如图 3-39 所示，这样常开触点 X0 就复制到另外一个位置了。当然以上步骤也可以使用快捷键的方式实现，此方法类似 office 中的复制和粘贴的操作。

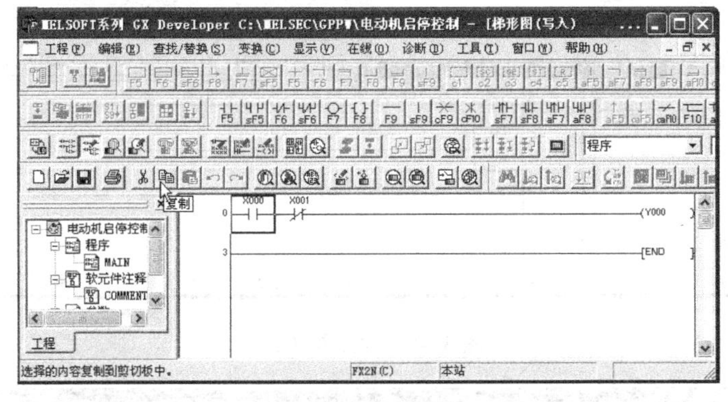

图 3-38　复制

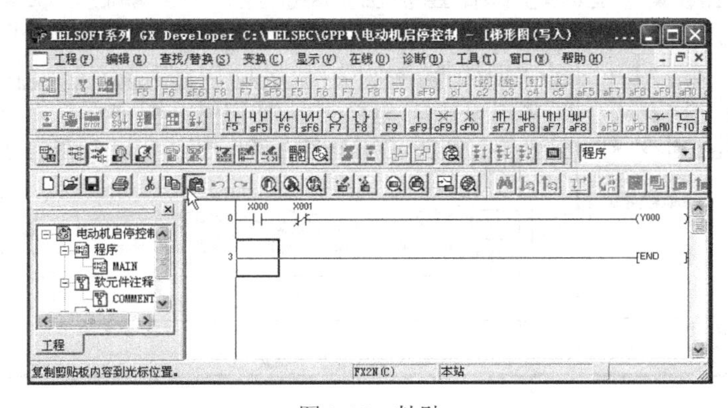

图 3-39　粘贴

（2）修改

编写程序时，修改程序是不可避免的，如行插入和列插入等。例如要在如图 3-40 所示的 M0 触点的上方插入一行，先选中常开触点 M0，再单击“编辑”→“行插入”，如图 3-41 所示，可以看到常开触点 M0 上方插入了一行，如图 3-42 所示。列插入和行插入是类似的，在此不再赘述。

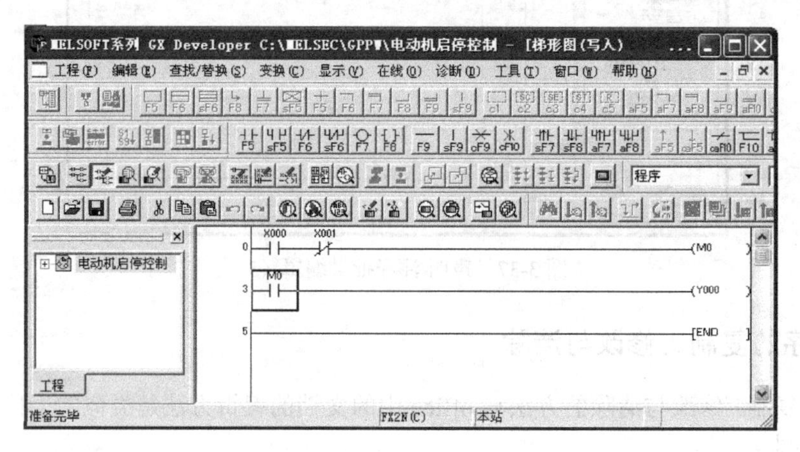

图 3-40 行插入（1）

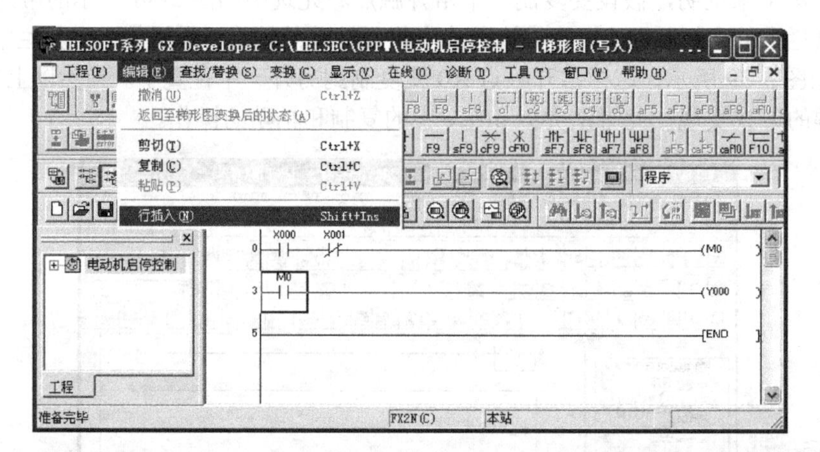

图 3-41 行插入（2）

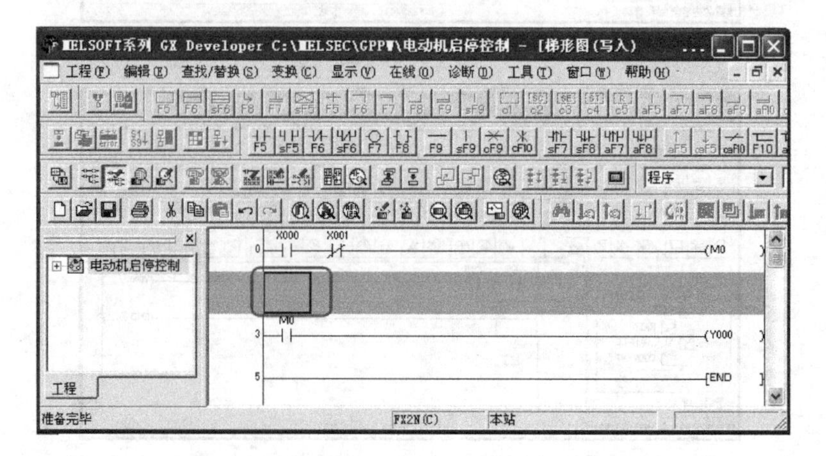

图 3-42 行插入（3）

行的删除。例如要在如图 3-42 所示的 M0 触点的上方删除一行，先选中常开触点 M0 上方的一行，再单击“编辑”→“行删除”，如图 3-43 所示，可以看到常开触点 M0 上方删除了一行。

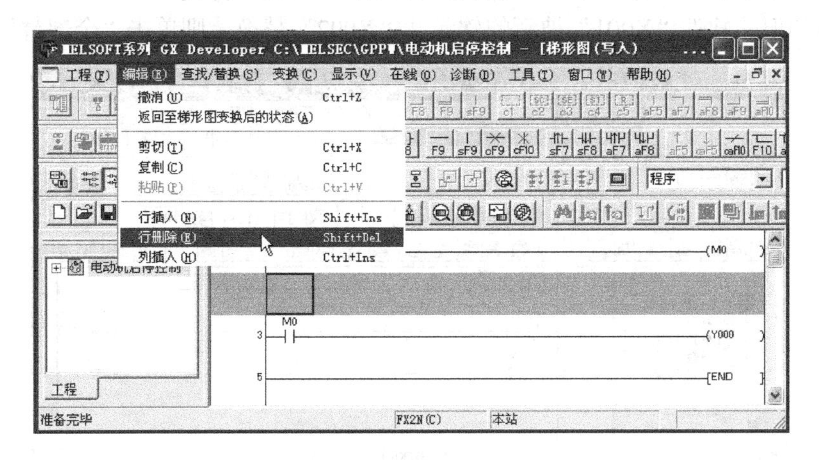

图 3-43　行删除

撤销操作。撤销操作就是把上一步的操作撤销。操作方法是：单击“操作返回到原来”按钮，如图 3-44 所示。

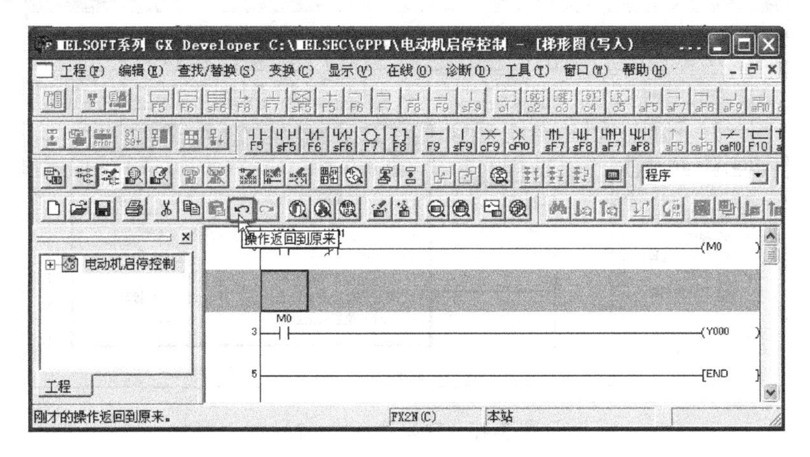

图 3-44　撤销操作

3.2.10　软元件查找与替换

软元件查找与替换与 office 中的“查找与替换”的功能和使用方法是一致，以下分别介绍。

（1）元件的查找

如果一个程序比较长，查找一个软元件是比较困难的，但使用 GX Developer 软件中的查找功能就很方便了。使用方法是：单击“查找/替换”→“软元件查找”，如图 3-45 所示，弹出“软元件查找”对话框，在方框中输入要查找的软元件（本例为 X001），单击“查找下一个”按钮，可以看到，光标移到要查找的软元件上，如图 3-46 所示。

（2）元件的替换

如果一个程序比较长，要将一个软元件替换成另一个软元件，使用 GX Developer 软件中的替换功能就很方便，而且不容易遗漏。操作方法是：单击“查找/替换”→“软元件替换”，如图 3-47 所示，弹出“软元件替换”对话框，在“旧软元件”方框中输入被替换的软元件（本例为 X001），在“新软元件”对话框中输入新软元件（本例为 X002），单击“替换”按钮一次，则程序中的旧的软件“X001”被新的软元件“X002”替换一个，如图 3-48 所示。如果要把所有的旧的软件“X001”被新的软元件“X002”替换，则单击“全部替换”按钮。

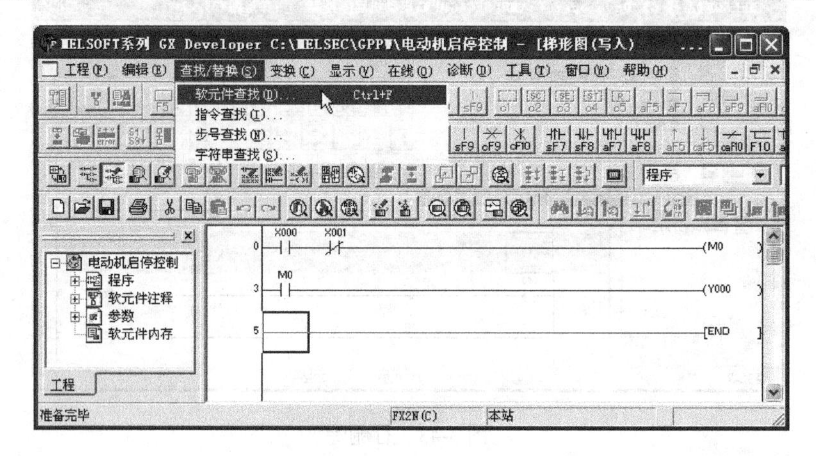

图 3-45　软元件查找（1）

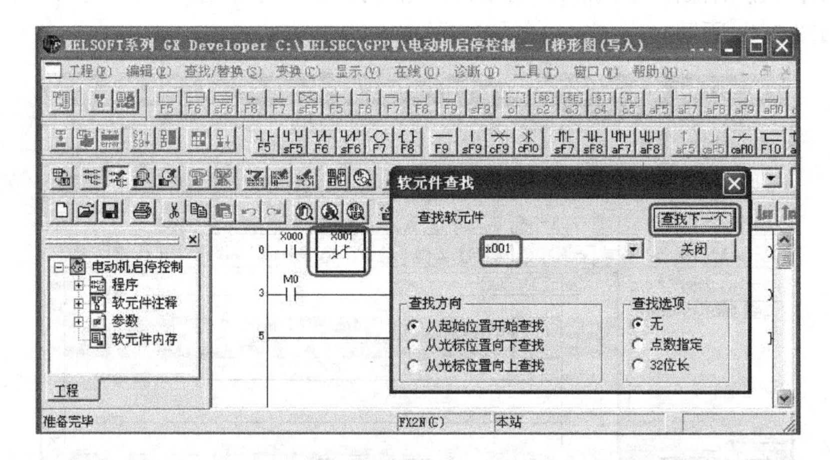

图 3-46　软元件查找（2）

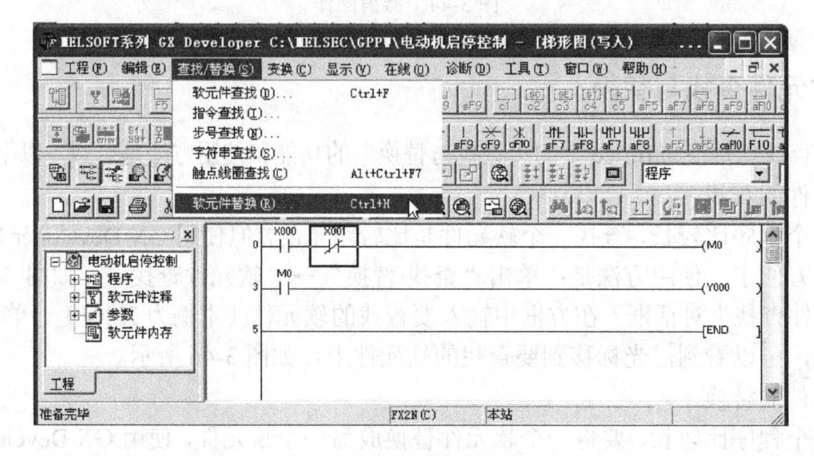

图 3-47　软元件替换（1）

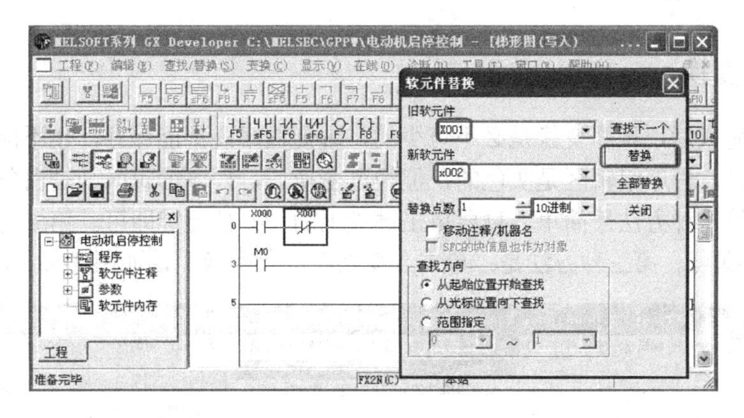

图 3-48　软元件替换（2）

3.2.11　常开常闭触点互换

在许多编程软件中常开触点称为 A 触点，常闭触点称为 B 触点，所以有的资料上将常开常闭触点互换称为 A/B 触点互换。操作方法是：单击“查找/替换”→“常开常闭触点互换”，如图 3-49 所示，弹出“常开常闭触点互换”对话框，单击“替换”按钮，如图 3-50 所示，则图中的 X001 常闭触点替换成常开触点。替换完成后弹出如图 3-51 所示的界面，单击“确定”按钮即可。

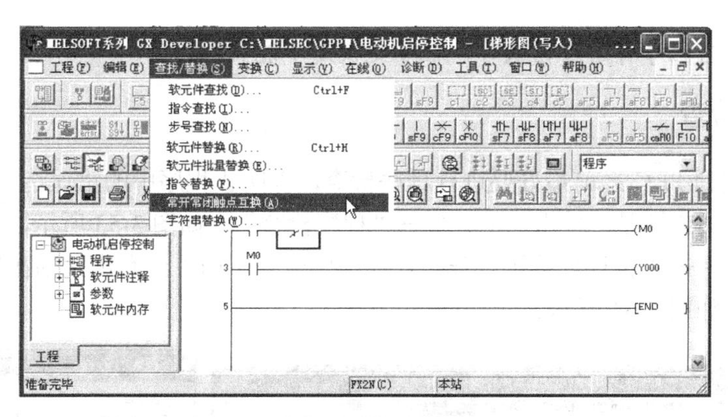

图 3-49　常开常闭触点互换（1）

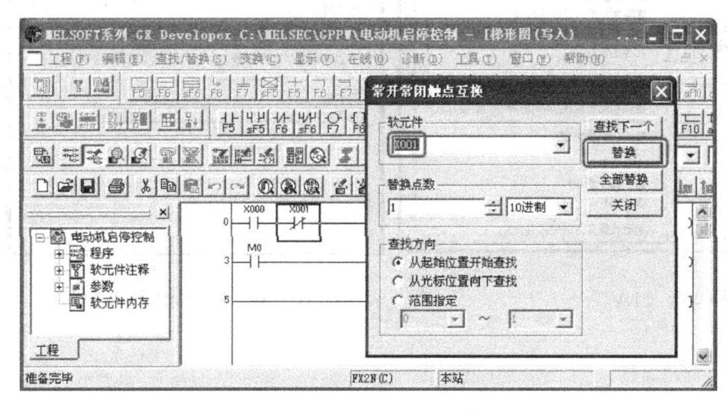

图 3-50　常开常闭触点互换（2）

图 3-51　常开常闭触点互换（3）

3.2.12　程序变换

程序输入完成后，程序变换是必不可少的，否则程序既不能保存，也不能下载。当程序没有经过变换时，程序编辑区是灰色的，但经过变换后，程序编辑区则是白色的。程序变换有三种方法。第一种方法最简单，只要单击键盘上的 F4 功能键即可。第二种方法是单击程序变换按钮即可。第三种方法是：单击“变换”→“变换”，如图 3-52 所示。

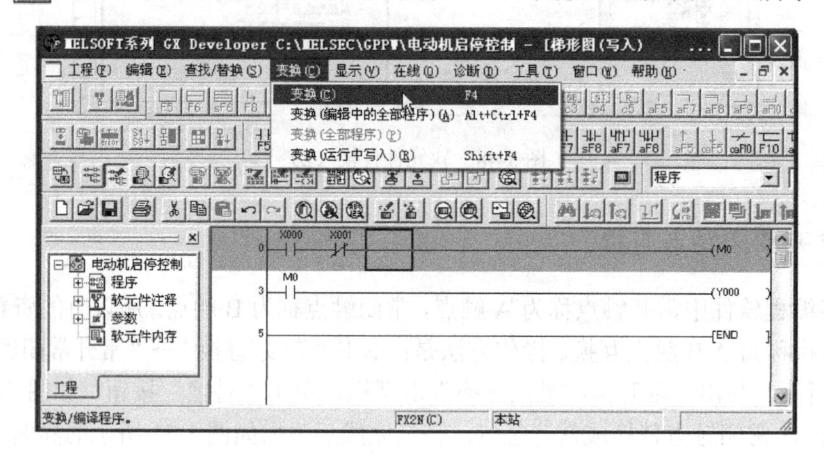

图 3-52　程序变换

【关键点】当程序有语法错误时，程序变换是不能被执行的。

3.2.13　程序检查

在程序下载到 PLC 之前最好要进行程序检查，以防止程序中的错误造成 PLC 无法正常运行。程序检查的方法是：单击“工具”→“程序检查”，如图 3-53 所示，之后弹出“程序检查”对话框，单击“执行”按钮，开始执行程序检查，如果没有错误则在界面中显示“没有错误”字样，如图 3-54 所示。

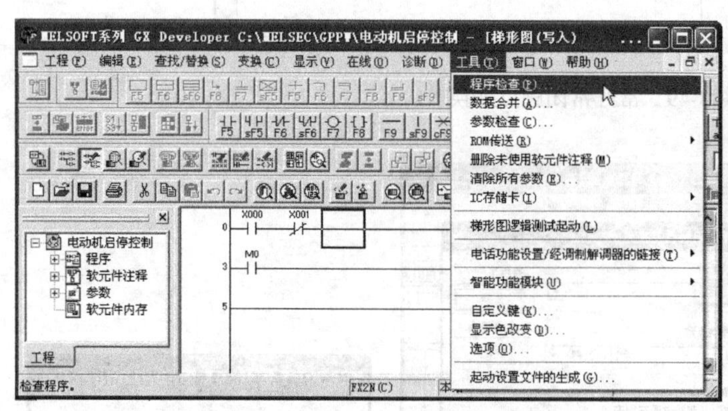

图 3-53　程序检查（1）

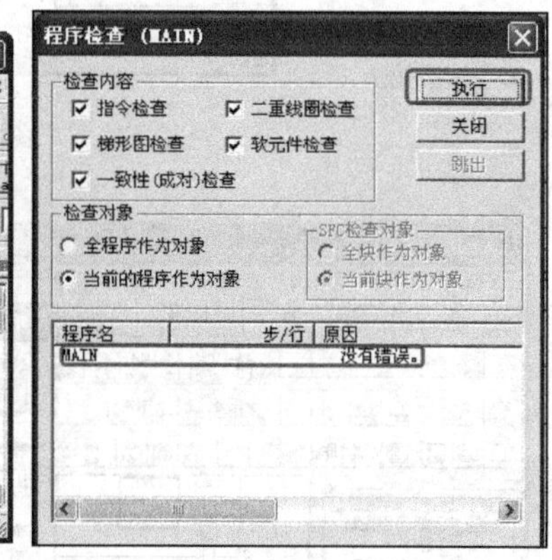

图 3-54　程序检查（2）

3.2.14　程序的下载和上传

程序下载是把编译好的程序写入到 PLC 内部，而上传（也称上载）是把 PLC 内部的程序读出到计算机的编程界面中。在上传和下载前，先要将 PLC 的编程口和计算机的通信口用编程电缆进行连接，FX 系列 PLC 常用的编程电缆是 SC-09。

（1）下载程序

先单击工具栏中的“PLC 写入”按钮，弹出如图 3-55 所示的界面，勾选图中左侧的三个选项，单击“传输设置”按钮，弹出“传输设置”界面，如图 3-56 所示。有多种下载程序的方法，本例采用串口下载，因此单击“串行”，如图 3-56 所示，弹出“串口详细设置”窗口，可设置详细参数，本例使用默认值，单击“确认”按钮。返回图 3-55，单击“执行”按钮，弹出“是否执行写入”界面，如图 3-57 所示，单击“是”按钮；弹出“是否停止 PLC 运行”界面，如图 3-58 所示，单击“是”按钮，PLC 停止运行；程序、参数和注释开始向 PLC 中下载，下载过程如图 3-59 所示；当下载完成后，弹出如图 3-60 所示的界面，最后单击“是”按钮。

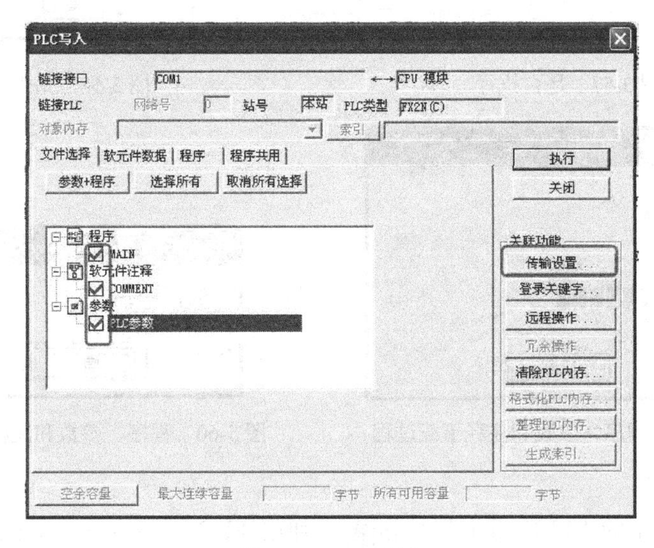

图 3-55　PLC 写入

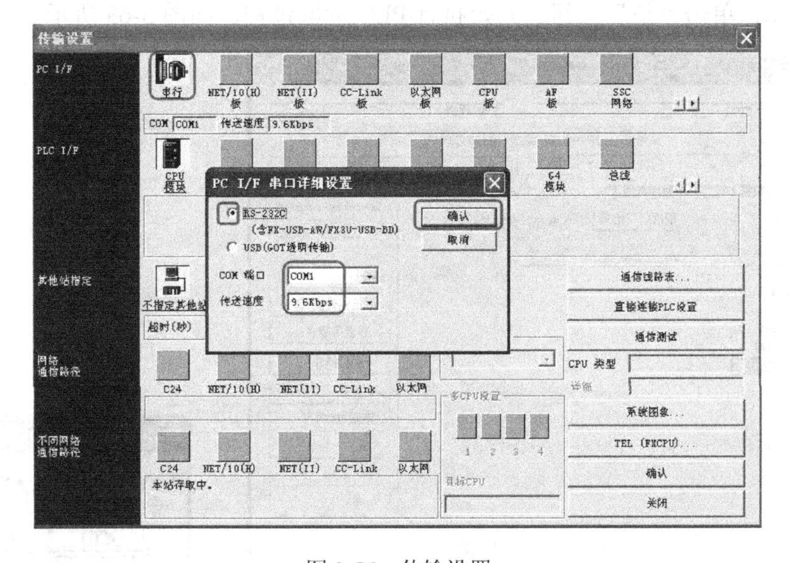

图 3-56　传输设置

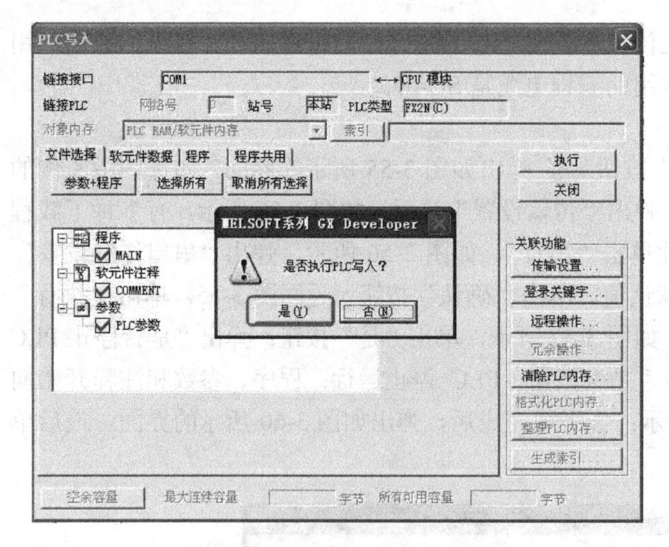

图 3-57 是否执行写入

图 3-58 是否停止 PLC 运行

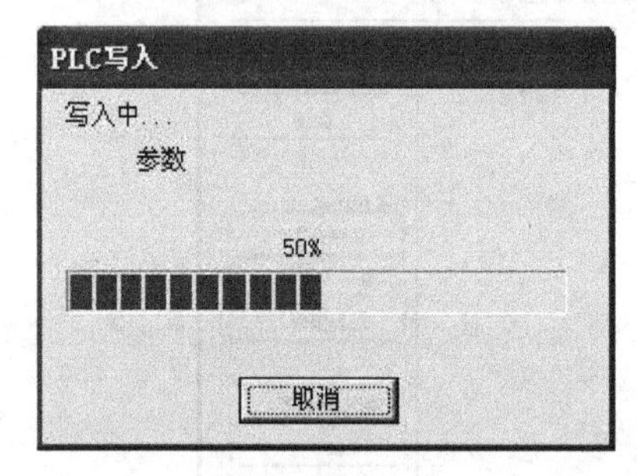

图 3-59 程序、参数和注释下载过程

图 3-60 程序、参数和注释下载完成

（2）上传程序

先单击工具栏中的“PLC 读取”按钮，弹出 PLC 读取界面，如图 3-61 所示，勾选“MAIN”、“PLC 参数”、“软元件数据”，单击“执行”按钮，弹出是否执行 PLC 读取界面，如图 3-62 所示，单击“是”按钮，开始执行 PLC 读取过程，如图 3-63 所示。

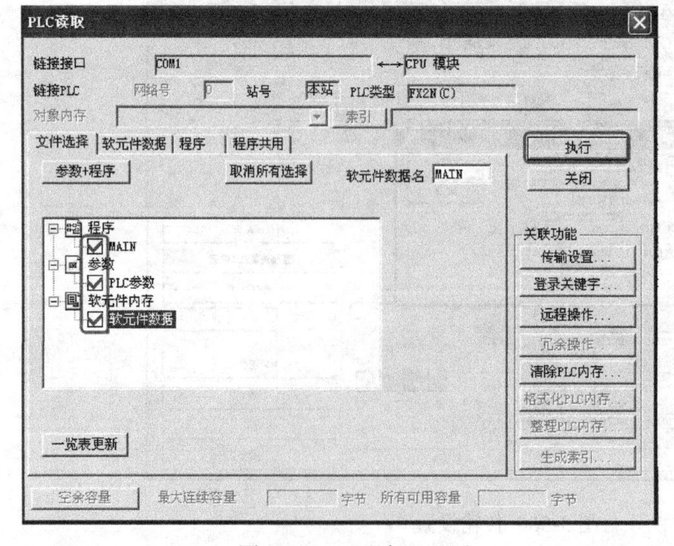

图 3-61 PLC 读取界面

图 3-62 是否执行 PLC 读取界面

3.2.15 远程操作（RUN/STOP）

FX 系列 PLC 上有拨指开关，可以将拨指开关拨到 RUN 或者 STOP 状态，当 PLC 安装在控制柜中时，用手去搬动拨指开关就显得不那么方便，GX Developer 编程软件提供了 RUN/STOP 相互切换的远程操作功能，具体做法是：单击“在线”→“远程操作”，如图 3-64 所示，弹出远程操作界面，如图 3-65 所示，将目前的“RUN”状态改为“STOP”状态，再单击“执行”按钮，弹出是否要执行远程操作界面，如图 3-66 所示，单击“是”按钮，PLC 就会由目前的“RUN”状态改为“STOP”状态。

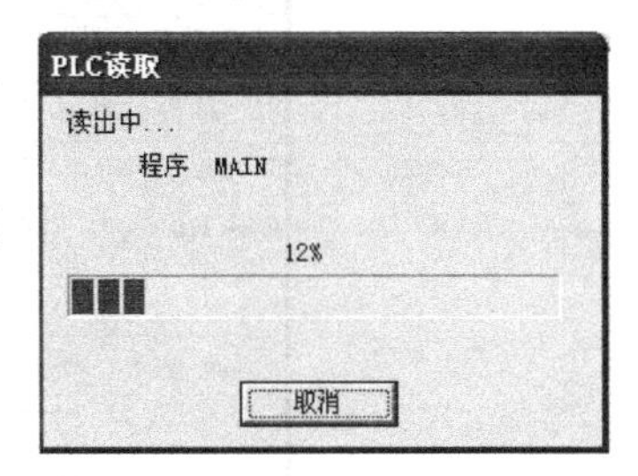

图 3-63 执行 PLC 读取过程

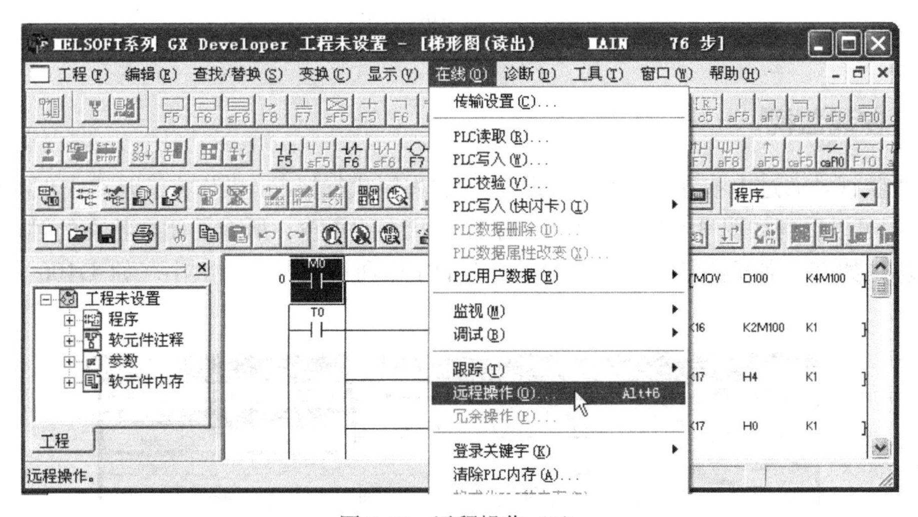

图 3-64 远程操作（1）

图 3-65 远程操作（2）

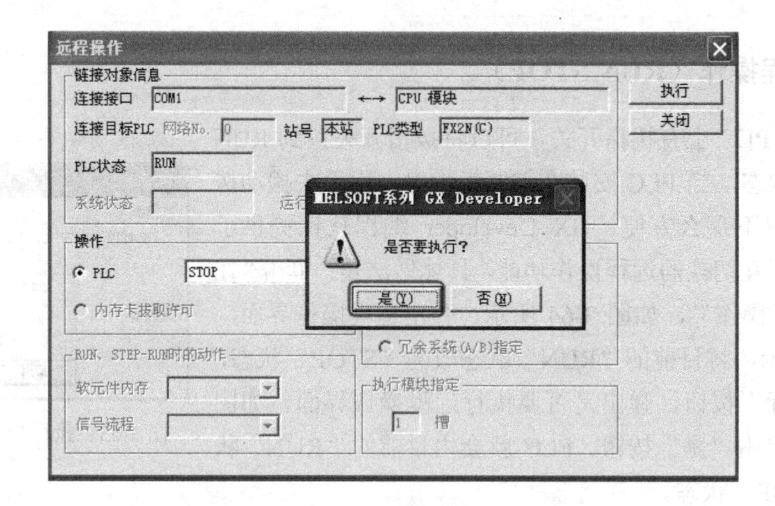

图 3-66 远程操作（3）

3.2.16 在线监视

在线监视是通过电脑界面，实时监视 PLC 的程序执行情况。操作方法是单击“监视模式”按钮，可以看到如图 3-67 的界面中弹出监视状态的小窗，所有的闭合状态的触点显示为蓝色方块（如 T0 常开触点），实时显示所有的字中所存储数值的大小（如 D100 中的数值为 0）。

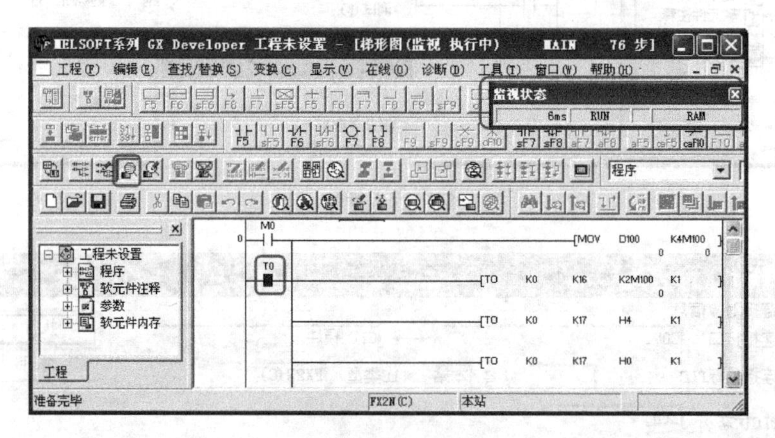

图 3-67 在线监视

3.2.17 软元件测试

软元件测试的作用是通过 GX Developer 的界面强制执行 PLC 中的位软元件的 ON/OFF 操作和变更字软元件的当前值。操作方法是：单击“在线”→“调试”→“软元件测试”，如图 3-68 所示，弹出软元件测试界面，如图 3-69 所示，在位软元件的方框中输入软元件“M0”，然后单击“强制 ON”按钮，在字软元件的方框中输入软元件“D100”，在设置值方框中输入“100”，最后单击“设置”按钮，可以看到 M0 常开触点闭合，D100 中的数值为 100。

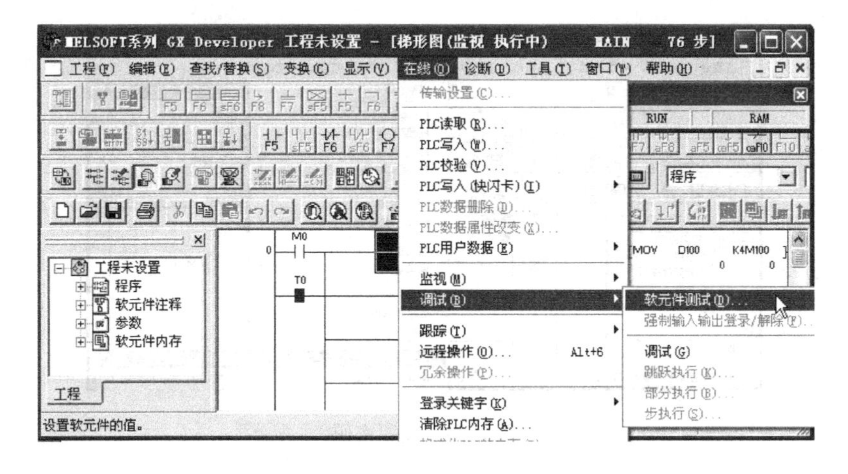

图 3-68 软元件测试（1）

图 3-69 软元件测试（2）

3.2.18 设置密码

（1）设置密码

为了保护知识产权和设备的安全运行，设置密码是有必要的。操作方法是：单击“在线”→“登录关键字”→“新建登录，改变”，如图 3-70 所示，弹出“新建登录关键字”界面，如图 3-71 所示，在“关键字”中输入 8 位由数字和 A～F 字母组成的密码，单击“执行”按钮，弹出“关键字确认”界面，在关键字中输入 8 位由数字和 A～F 字母组成的密码，单击“确定”按钮，如图 3-72 所示，密码设置完成。

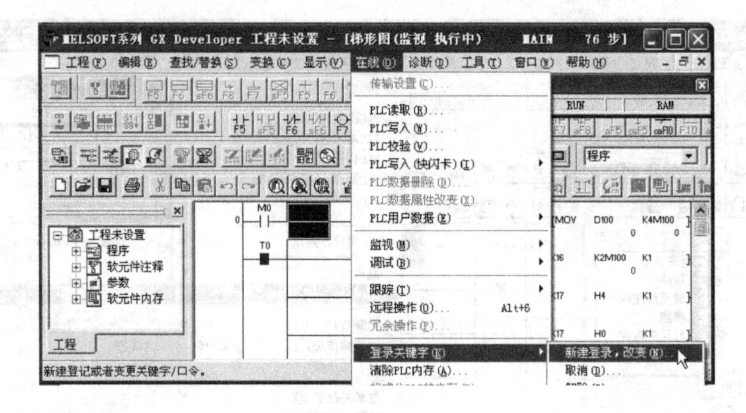

图 3-70　设置密码

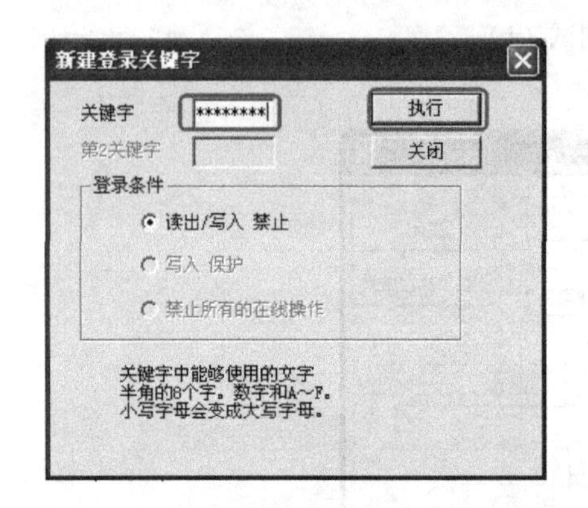

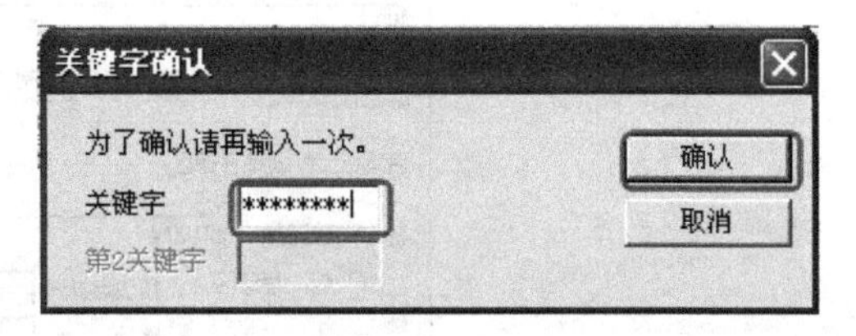

图 3-71　新建登录关键字　　　图 3-72　关键字确认

（2）取消密码

如果 PLC 的程序进行了加密，如果要查看和修改程序，首先要取消密码，取消密码的方法是：单击“在线”→“登录关键字”→“取消”，如图 3-73 所示，弹出“取消关键字”对话框，如图 3-74 所示，在关键字中输入 8 位由数字和 A~F 字母组成的密码，单击“执行”按钮，弹出“关键字确认”界面，在关键字中输入 8 位由数字和 A～F 字母组成的密码，单击“执行”按钮，密码取消完成。

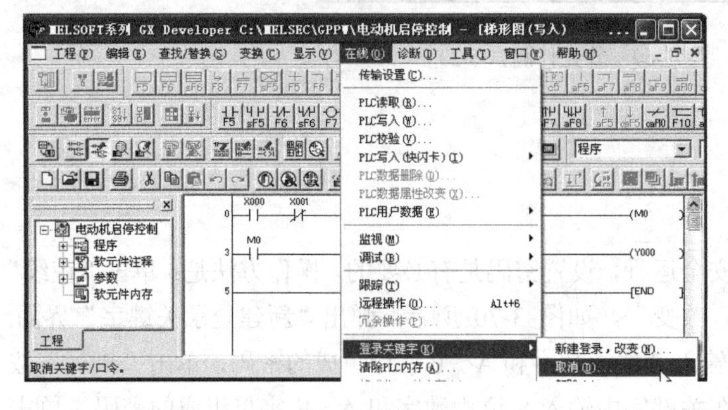

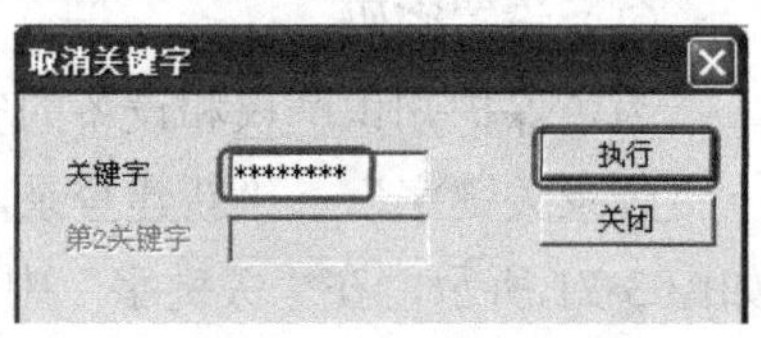

图 3-73　取消密码（1）　　　图 3-74　取消密码（2）

【关键点】 设置密码并不能完全保证程序的安全，很多网站上都提供 PLC 的解密软件，可以很轻易地破解 FX 系列 PLC 的密码，在此强烈建议读者尊重他人的知识产权。

3.2.19 仿真

（1）GX-Simulator 简介

三菱为 PLC 设计了一款可选仿真软件程序 GX-Simulator，此仿真软件包可以在计算机中模拟可编程控制器运行和测试程序，它不能脱离 GX Developer 独立运行。如果 GX Developer 中已经安装仿真软件，工具栏中的“仿真开关”按钮是亮色的，否则是灰色的，只有“仿真开关”按钮是亮色才可以用于仿真。

GX-Simulator 提供了简单的用户界面，用于监视和修改在程序中使用各种参数（如开关量输入和开关量输出）。当程序由 GX-Simulator 处理时，也可以在 GX Developer 软件中使用各种软件功能，如使用变量表监视、修改变量和断点测试功能。

（2）GX-Simulator 应用

GX-Simulator 仿真软件使用比较简单，以下用一个简单的例子介绍其使用方法。

【例 3-1】 将如图 3-75 所示的程序，用 GX-Simulator 进行仿真。

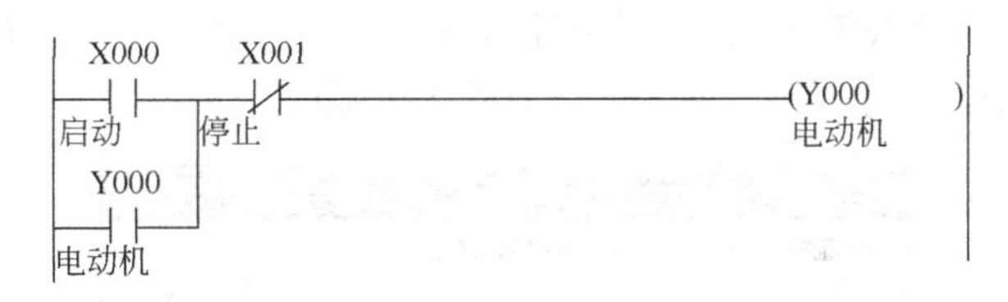

图 3-75 取消密码

【解】

打开位软元件测试界面，如图 3-76 所示，在软元件方框中输入“X0”，再单击“强制 ON”按钮，可以看到梯形图中的常开触点 X0 闭合，线圈 Y0 得电，自锁后 Y0 线圈持续得电输出，如图 3-77 所示。

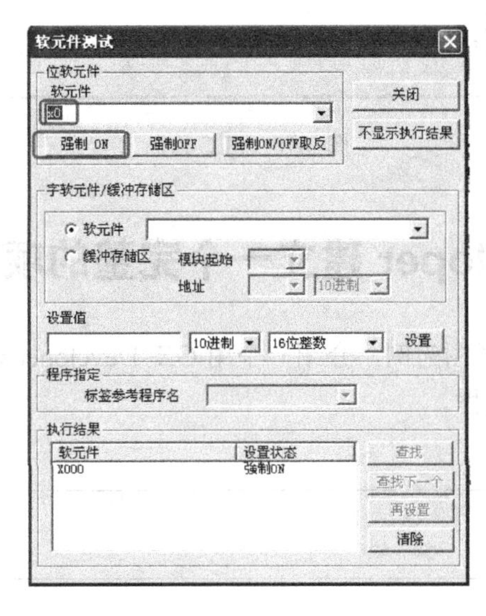

图 3-76 位软元件测试

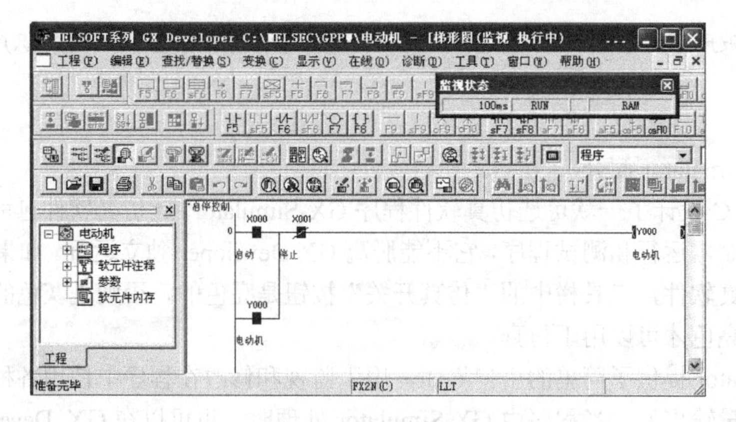

图 3-77　程序仿真效果

3.2.20　PLC 诊断

PLC 诊断主要是通过“PLC 诊断窗口”来检测 PLC 是否出错、扫描周期时间以及运行/中止状态等相关信息。其关键做法是：在编程界面中点击“诊断”→“PLC 诊断”，弹出如图 3-78 所示的对话框，诊断结束，单击“关闭”按钮即可。

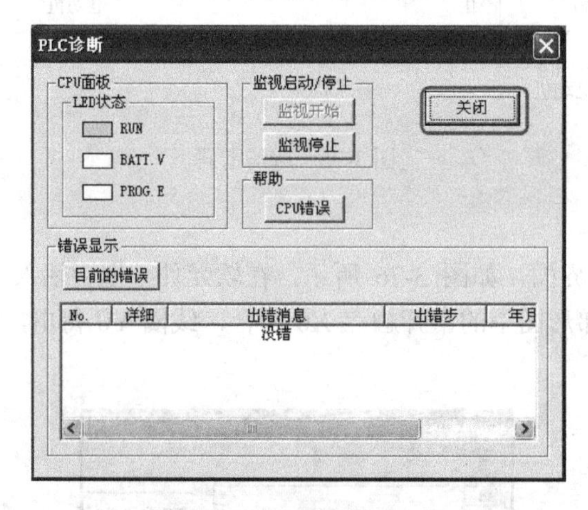

图 3-78　PLC 诊断

3.3　用 GX Developer 建立一个完整的项目

以如图 3-79 所示的梯形图为例，介绍一个用 GX Developer 建立项目、输入梯形图、调试程序和下载程序的完整过程。

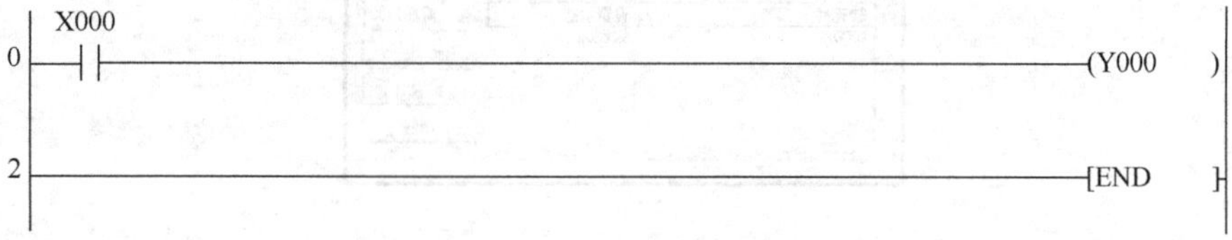

X000
0 ─┤├─ (Y000)
2 ─ [END]

图 3-79　梯形图

① 新建项目。先打开 GX Developer 编程软件，如图 3-80 所示。单击“工程”→“创建新工程”菜单，如图 3-81 所示，弹出“新建工程（2）”，如图 3-82 所示，在 PLC 系列中选择所选用的 PLC 系列，本例为“FXCPU”；PLC 的类型中输入具体类型，本例为“FX2N”；程序类型选择“梯形图”，单击“确定”按钮，完成创建一个新的项目。

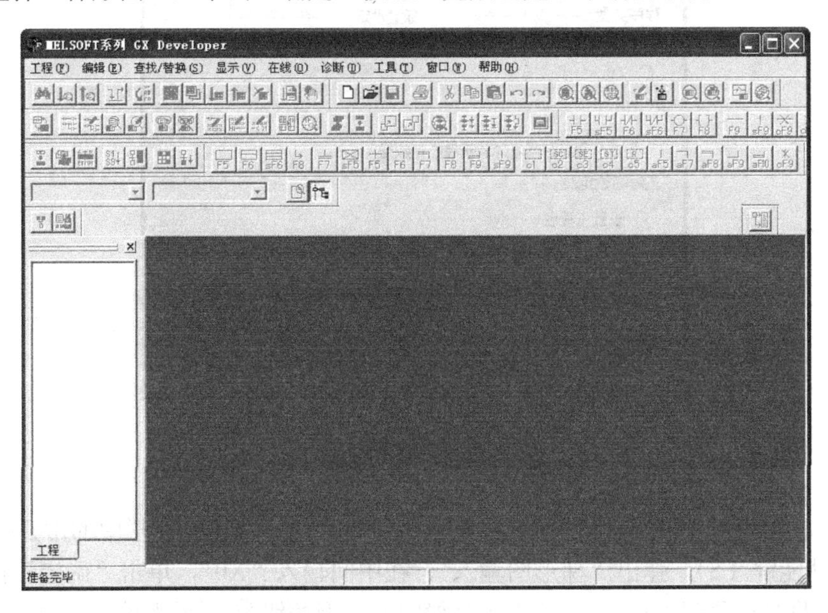

图 3-80 打开 GX Developer

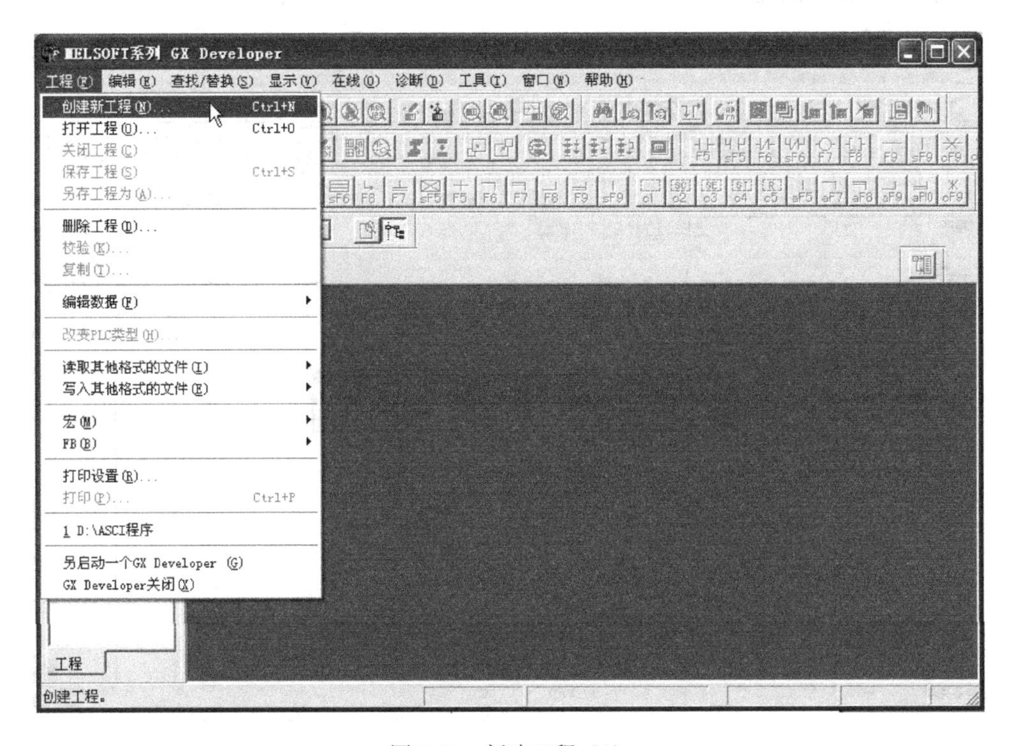

图 3-81 新建工程（1）

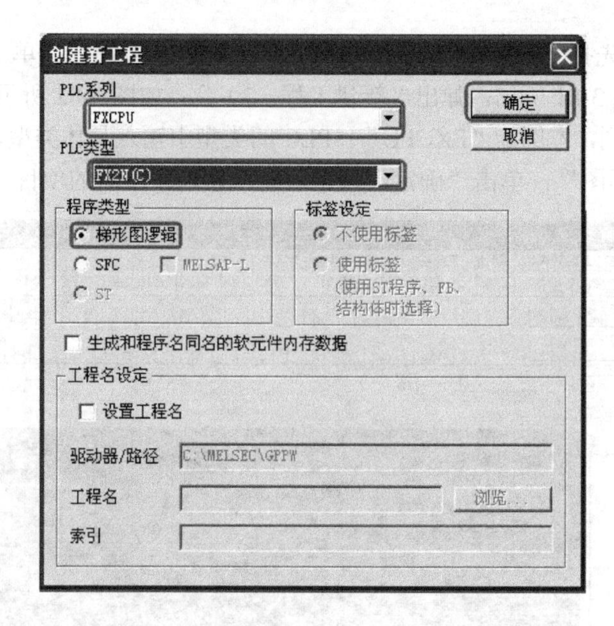

图 3-82　新建工程（2）

② 输入梯形图。如图 3-83 所示，将光标移到“1”处，单击工具栏中的常开触点按钮（或者单击功能键 F5），弹出“梯形图输入”，在中间输入“X0”，单击“确定”按钮。如图 3-84 所示，将光标移到“1”处，单击工具栏中的线圈按钮（或者单击功能键 F7），弹出“梯形图输入”，在中间输入“Y0”，单击“确定”按钮，梯形图输入完成。

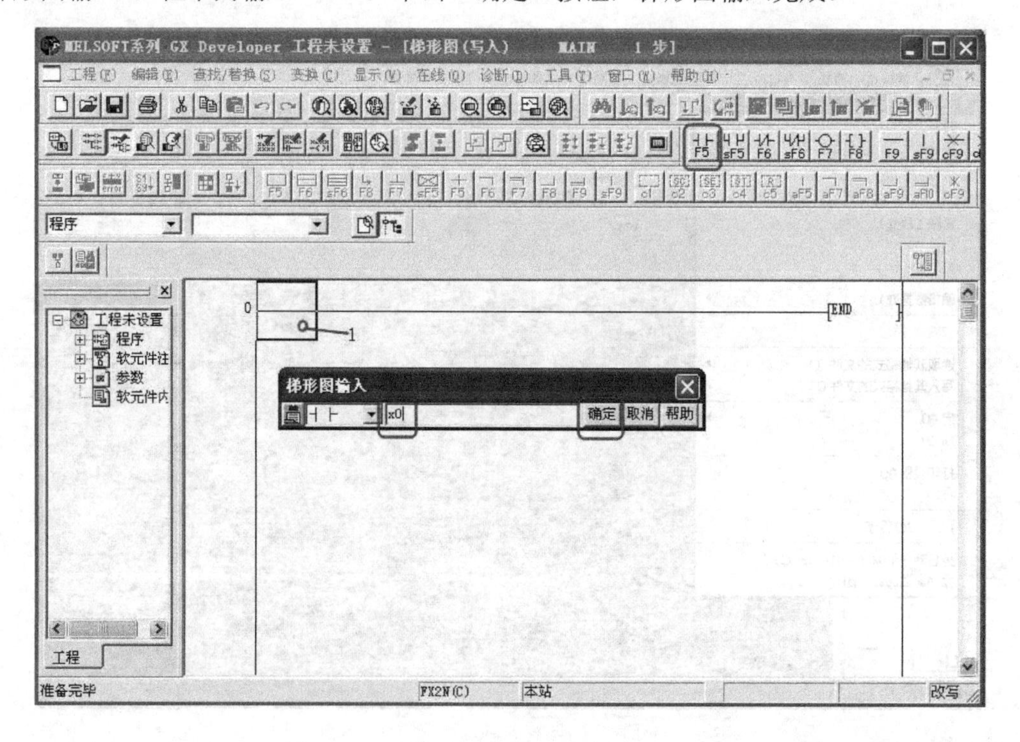

图 3-83　输入程序（1）

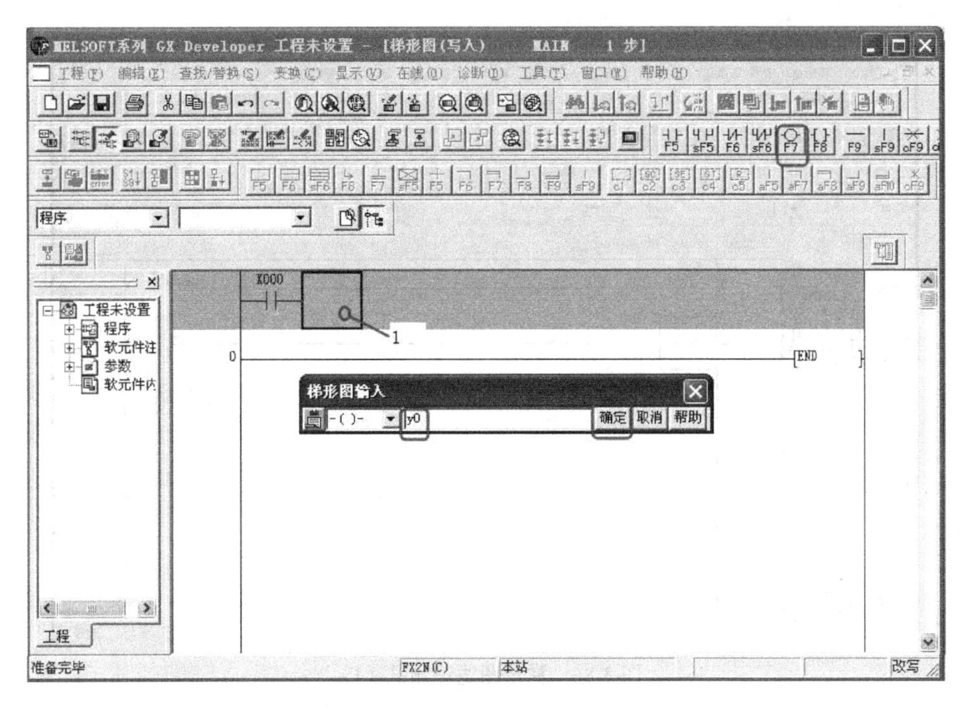

图 3-84　输入程序（2）

③ 程序编译。如图 3-85 所示，刚输入完成的程序，程序区是灰色的，是不能下载到 PLC 中去的，还必须进行编译。如果程序没有语法错误，只要单击编译按钮，即可完成编译，编译成功后，程序区变成白色，如图 3-86 所示。

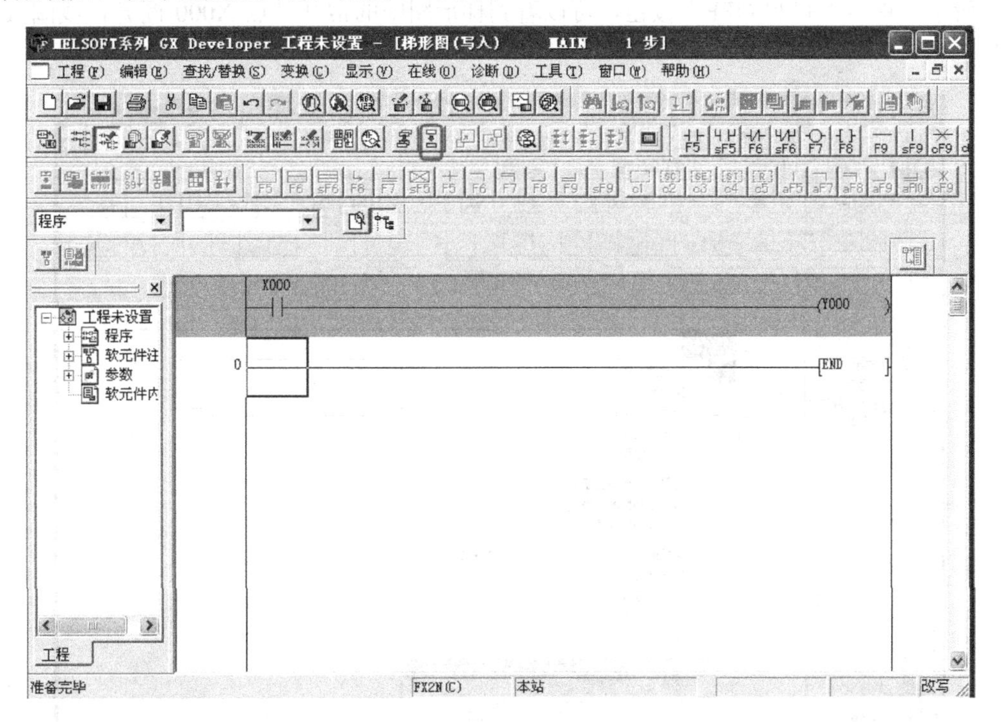

图 3-85　程序编译

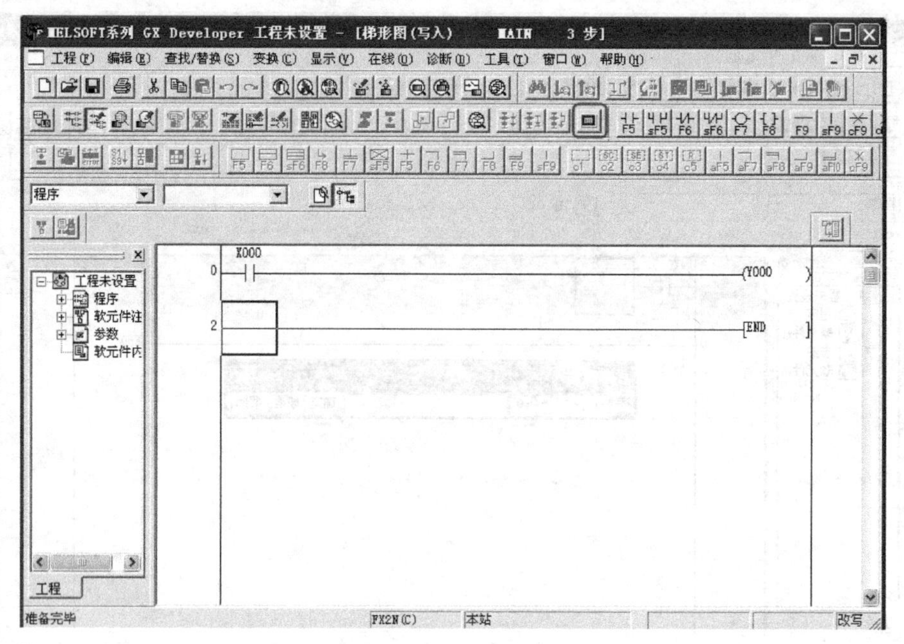

图 3-86　梯形图逻辑测试（1）

④ 梯形图逻辑测试（仿真）。如图 3-86 所示，单击梯形图逻辑测试启动/停止按钮，启动梯形图逻辑测试功能。如图 3-87 所示，选中梯形图中的常开触点“X000”，单击鼠标右键，弹出快捷菜单，单击“软元件测试”菜单，弹出“软元件测试”界面，如图 3-88 所示，单击“强制 ON”按钮，可以看到，图 3-89 中的常开触点 X000 接通，线圈 Y000 得电。如图 3-90 所示，单击“强制 OFF”按钮，可以看到梯形图中的常开触点 X000 断开，线圈 Y000 断电。

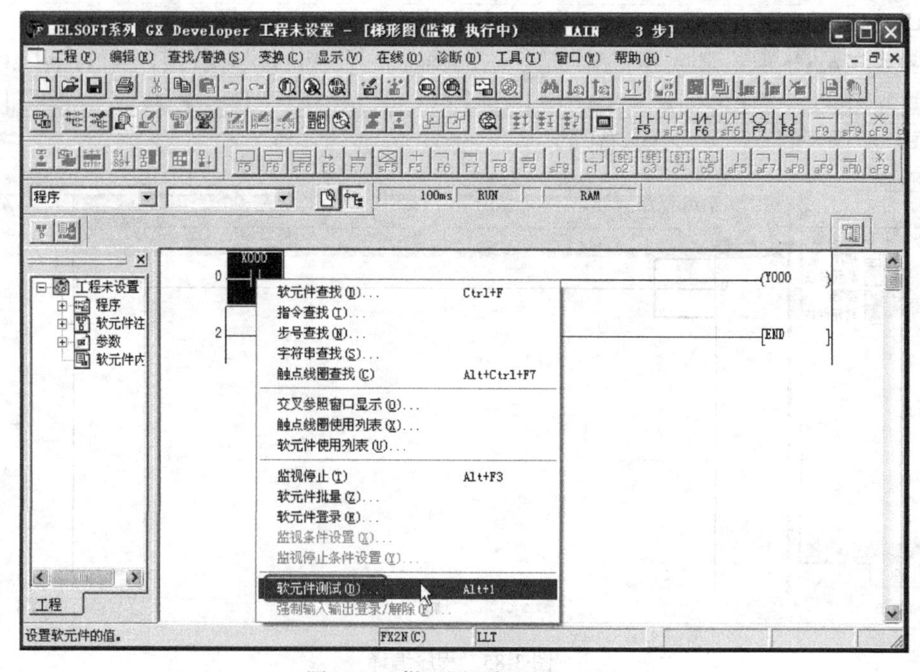

图 3-87　梯形图逻辑测试（2）

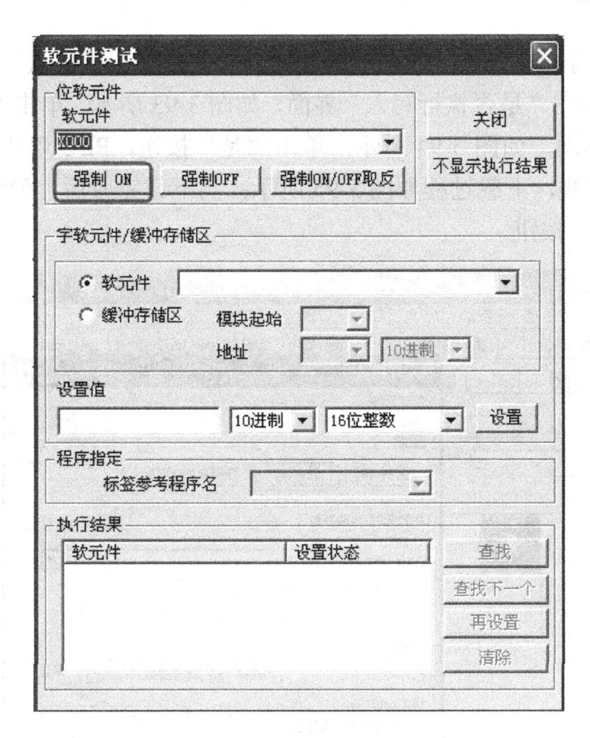

图 3-88　软元件测试（1）

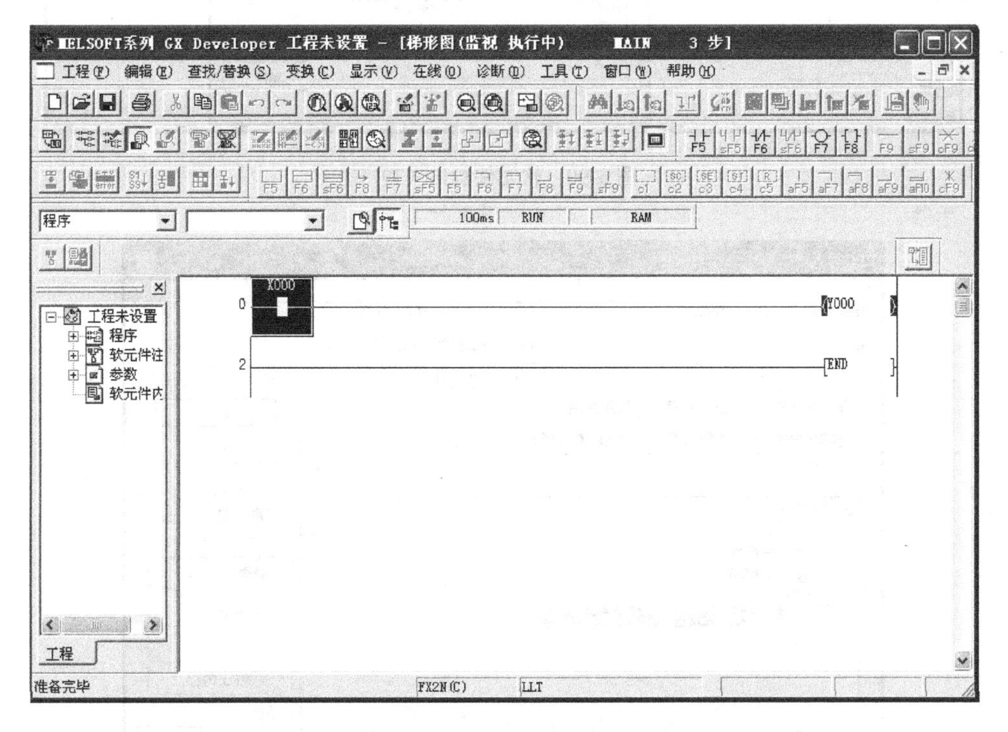

图 3-89　软元件测试（2）

⑤ 下载程序。先单击工具栏中的“PLC 写入”按钮，弹出如图 3-91 所示的界面，勾选图中左侧的三个选项，单击“传输设置”按钮，弹出“传输设置”界面，如图 3-92 所示。有多种下载程序的方法，本例采用串口下载，因此单击“串口”，如图 3-92 所示，弹出“串

口详细设置”窗口，可设置详细参数，本例使用默认值，单击“确认”按钮。返回图 3-91，单击“执行”按钮，弹出“是否执行写入”界面，如图 3-93 所示，单击“是”按钮；弹出“是否停止 PLC 运行”界面，如图 3-94 所示，单击“是”按钮，PLC 停止运行；程序、参数和注释开始向 PLC 中下载，下载过程如图 3-95 所示；当下载完成后，弹出如图 3-96 所示的界面，最后单击“确定”按钮。

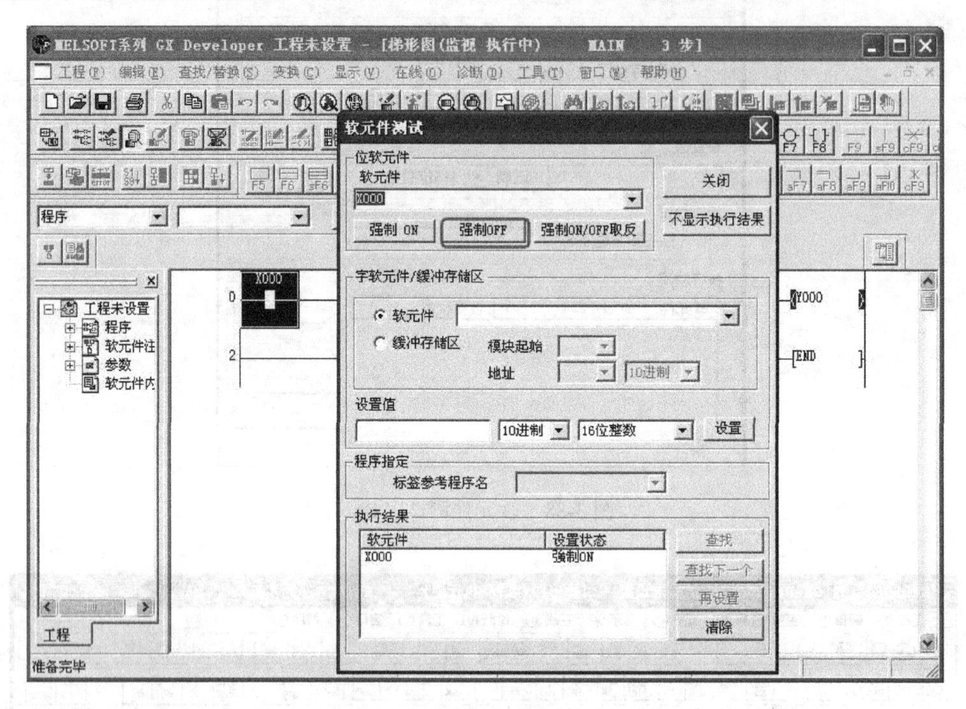

图 3-90 软元件测试（3）

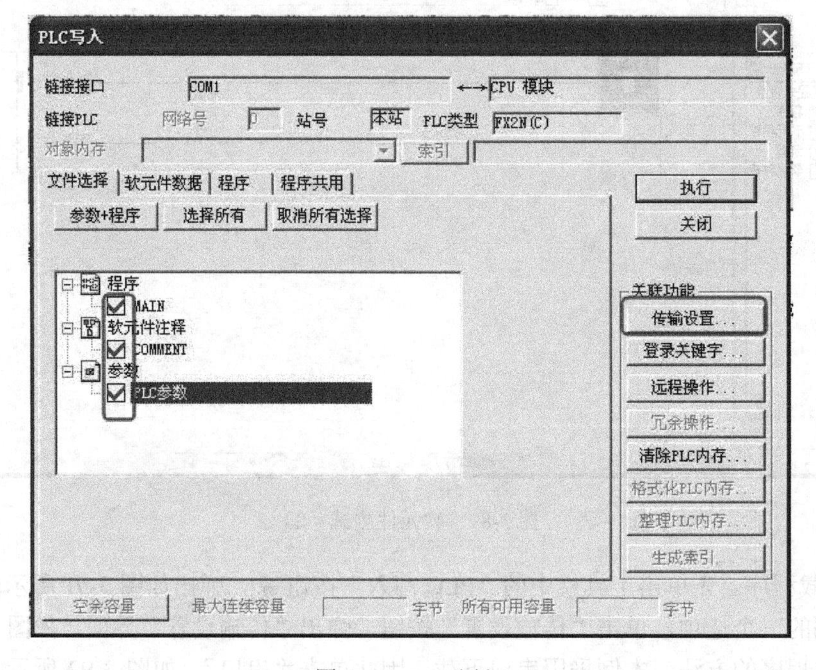

图 3-91 PLC 写入

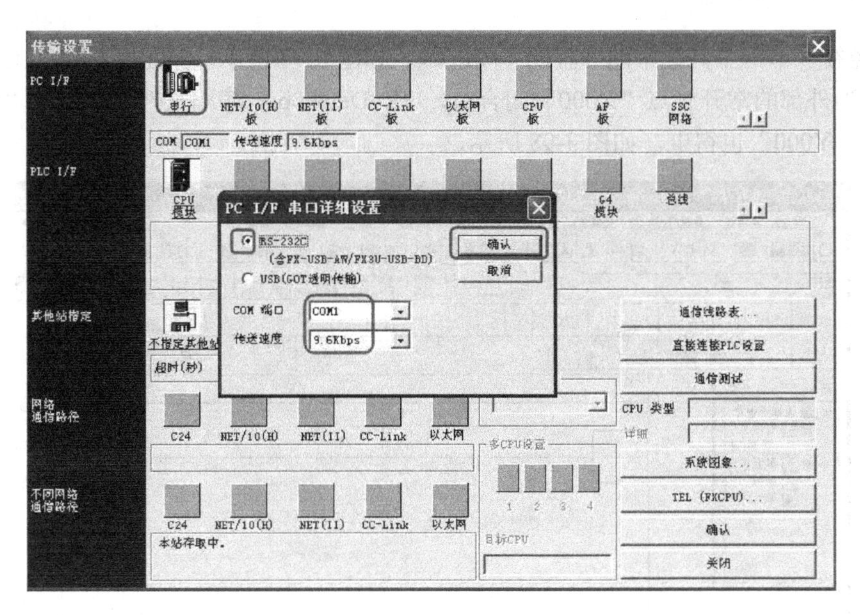

图 3-92　传输设置

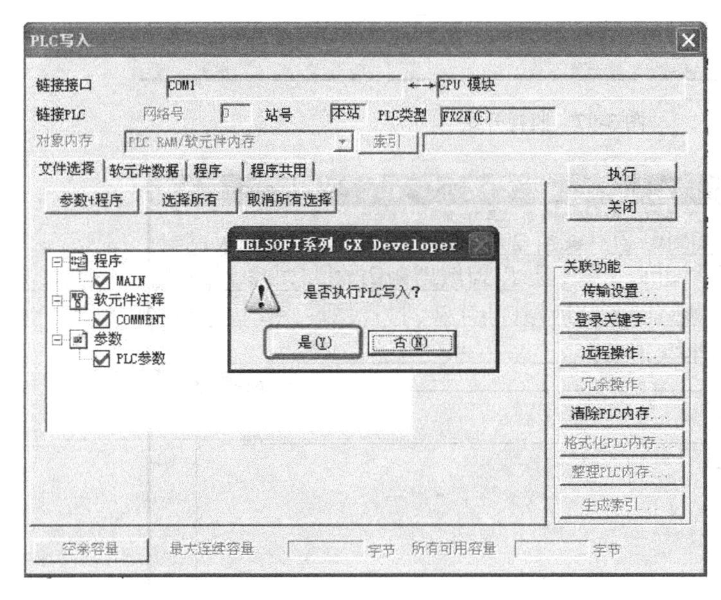

图 3-93　是否执行写入

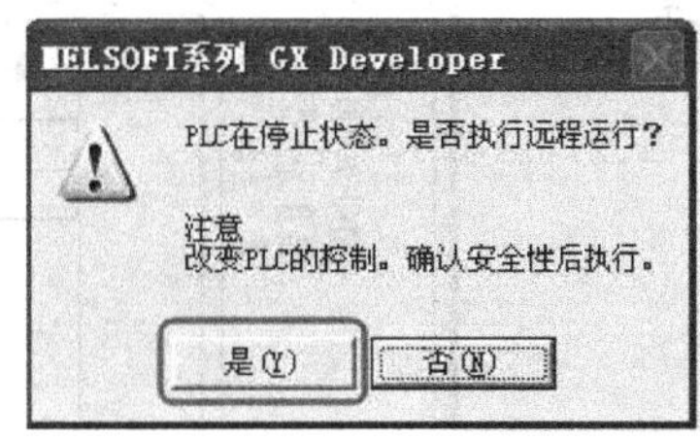

图 3-94　是否停止 PLC 运行

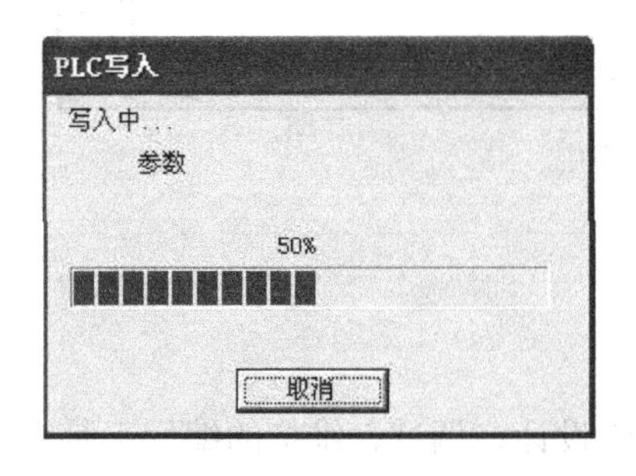

图 3-95　程序、参数和注释下载过程

图 3-96　程序、参数和注释下载完成

⑥ 监视。单击工具栏中的“监视”按钮，如图 3-97 所示，界面可监视 PLC 的软元件和参数，当外部的常开触点“X000”闭合时，GX Developer 编程软件界面中的“X000”闭合，线圈“Y000”也得电，如图 3-98 所示。

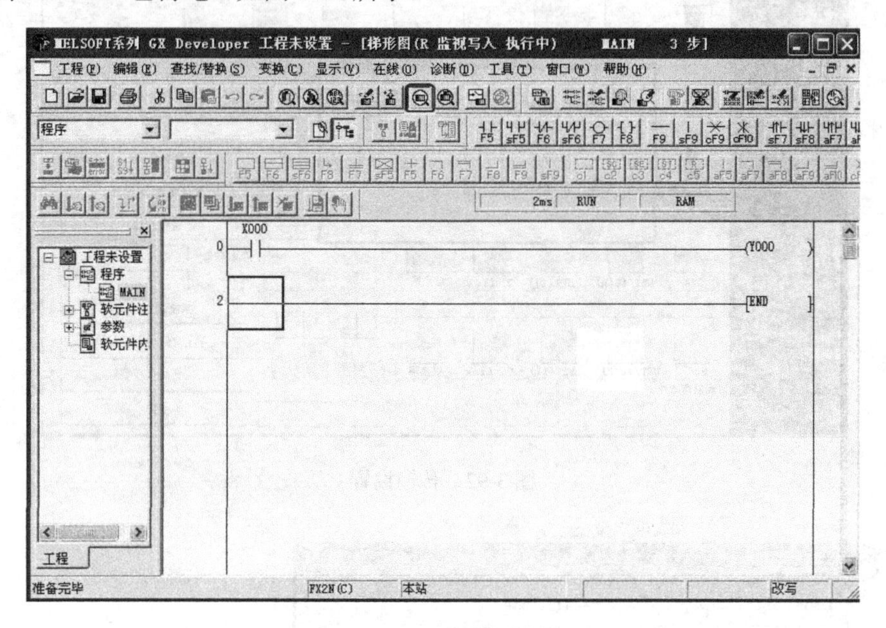

图 3-97 监视开始

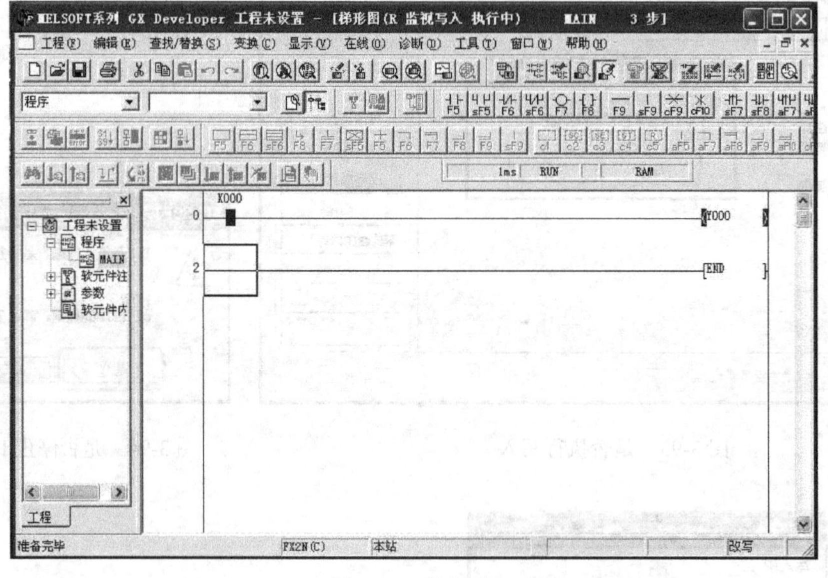

图 3-98 监视中

3.4 GX Works 使用入门

GX Works2 是基于 Windows 运行的，是用于设计、调试、维护的编程工具。与传统的 GX Developer 相比，提高了功能及操作性能，变得更加容易使用。

3.4.1 GX Works2 的功能

（1）程序创建

通过简单工程可以与传统 GX Developer 一样进行编程以及通过结构化工程进行结构化编程。

（2）参数设置

可以对可编程控制器 CPU 的参数及网络参数进行设置。此外，也可对智能功能模块的参数进行设置（FXCPU 中没有网络参数设置）。

（3）可编程控制器 CPU 的写入/读取功能

通过可编程控制器读取/写入功能，可以将创建的顺控程序写入/读取到可编程控制器 CPU 中。此外，通过运行中写入功能，可以在可编程控制器 CPU 处于运行状态下对顺控程序进行变更。

（4）监视/调试

将创建的顺控程序写入到可编程控制器 CPU 中，可对运行时的软元件值等进行离线/在线监视。

（5）诊断

可以对可编程控制器 CPU 的当前出错状态及故障履历等进行诊断。通过诊断功能，可以缩短恢复作业的时间。此外，通过系统监视[QCPU(Q 模式)/LCPU 的情况下]，可以了解智能功能模块等的相关详细信息。由此，可以减少出错时的恢复作业所需时间。

3.4.2 GX Works2 的特点

（1）在 GX Works2 中，可以对简单工程及结构化工程进行选择

在简单工程中，可以通过与传统 GX Developer 相同的操作创建程序。

对于结构化工程，可以通过结构化编程创建程序。

通过将控制细分化，将程序的公共部分执行部件化，可以实现易于阅读的、高引用性的编程（结构化编程）。

（2）已有程序资源的利用

在简单工程中，可以对传统 GX Developer 中创建的工程进行引用。通过利用已有资源，提高了程序的设计效率。

（3）丰富的程序语言

通过丰富的程序语言，可以在 GX Works2 中根据控制选择最合适的程序语言。有梯形图、SFC、结构化梯形图和 ST。

（4）离线调试

在 GX Works2 中，通过模拟功能可以进行离线调试。由此，可以在不连接可编程控制器 CPU 的状况下，对创建的顺控程序进行调试以确认能否正常动作。

（5）可以根据用户喜好进行画面排列

通过拖动悬浮窗口，可以对 GX Works2 的画面排列进行自由变更。

3.4.3 GX Works2 的使用简介

由于 GX Works2 继承了 GX Developer 的一些特点，所以其使用方法和 GX Developer 类似，以下将用一个简单的例子介绍 GX Works2 的使用方法，梯形图如图 3-99 所示。

① 新建工程。启动 GX Works2 软件，如图 3-100 所示，单击“新建”按钮，弹出“新建工程”对话框，如图 3-101 所示，工程类型中有简单工程和结构化工程两个选项，如果选择简单工程选项，后续的程序编辑与 GX Developer 软件类似，在此不做介绍，选择完“PLC 系列”和“PLC 类型”后，单击“确定”按钮。

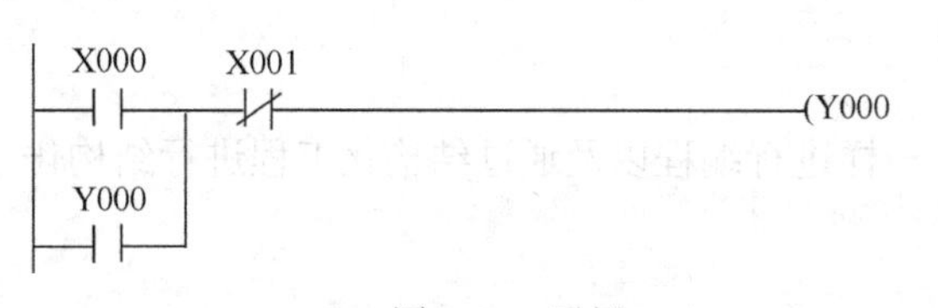

图 3-99 示例

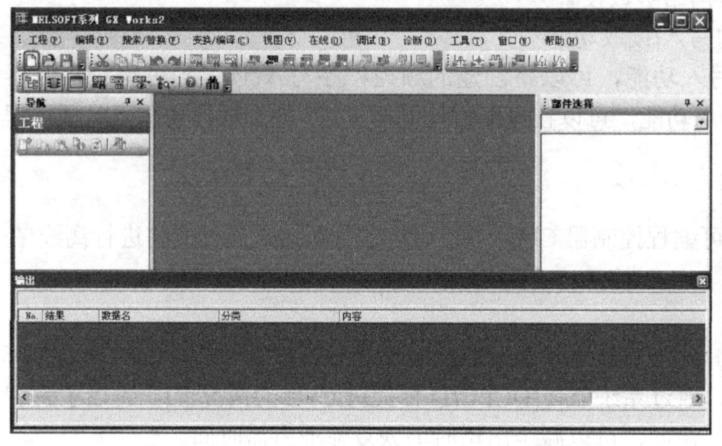

图 3-100 新建工程（1）

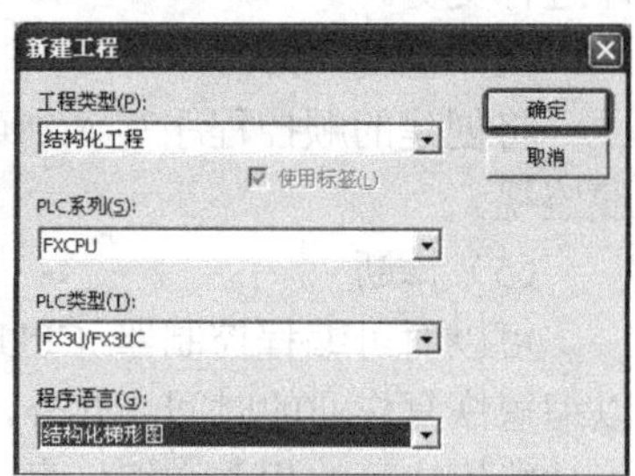

图 3-101 新建工程（2）

② 输入程序。单击工具栏中的常开触点按钮，将其放在编辑窗口中的合适位置，再依此单击常闭触点按钮 和线圈按钮，也将其放在编辑窗口中的合适位置，如图 3-102 所示，单击软元件上的“？”，分别输入“X0”、“X1”和“Y0”，如图 3-103 所示，再单击“划线写入模式”按钮，将 X0、X1、Y0 连接起来，如图 3-104 所示，最后将并联触点输入完成。

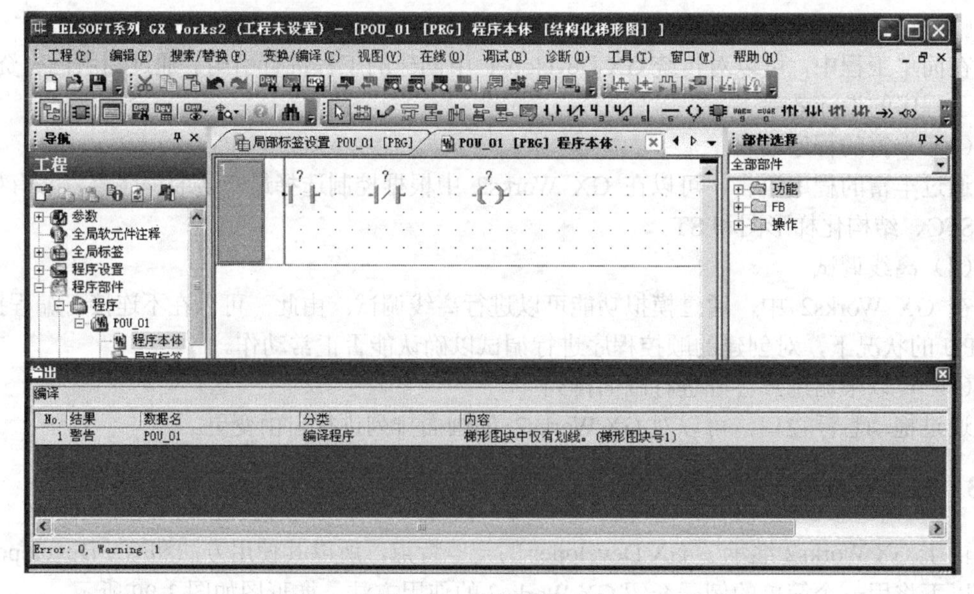

图 3-102 输入程序（1）

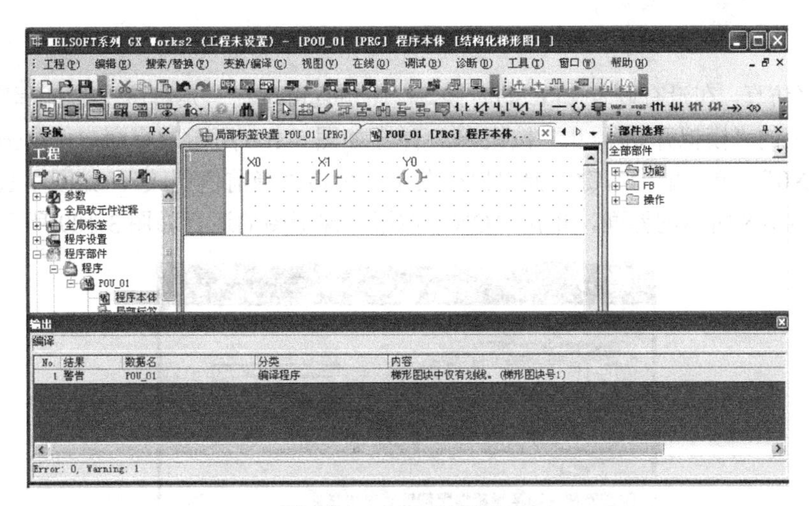

图 3-103　输入程序（2）

③ 程序变换和编译。程序输入完成后，必须进行变换和编译，单击工具栏上的“变换和全编译”按钮即可，如图 3-105 所示。

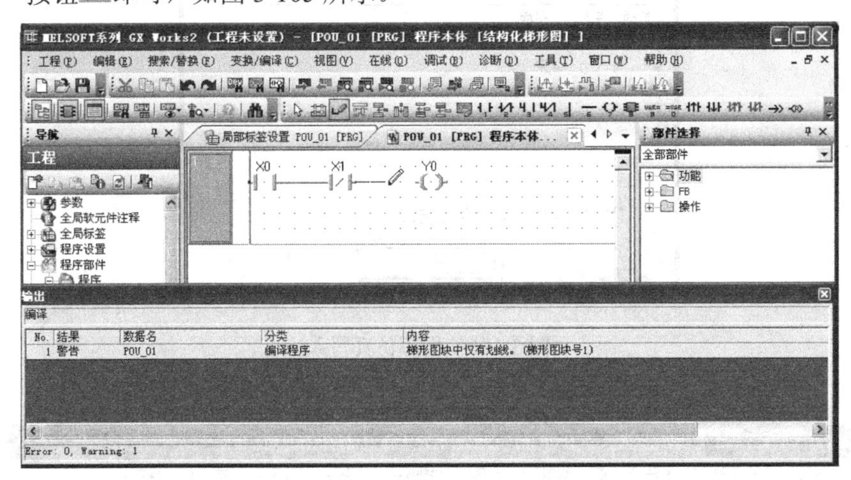

图 3-104　输入程序（3）

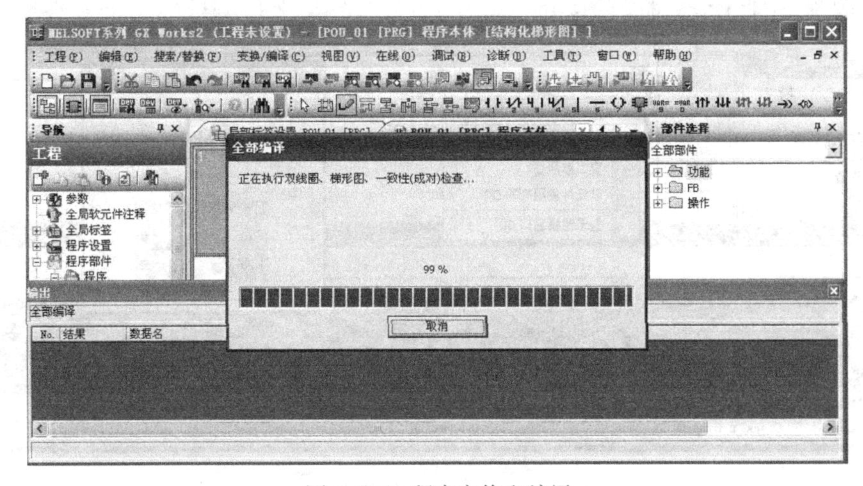

图 3-105　程序变换和编译

④ 程序仿真。在没有硬件PLC的时候，程序仿真可以在一定程度上验证程序的正确性，单击工具栏上的“模拟开始/停止”按钮，弹出如图3-106所示的界面，再单击“关闭”按钮。选中“X0”，单击鼠标右键，弹出快捷菜单，单击“当前值更改”，如图3-107所示，之后弹出如图3-108所示的界面，单击“ON”按钮，梯形图的运行如图3-109所示。

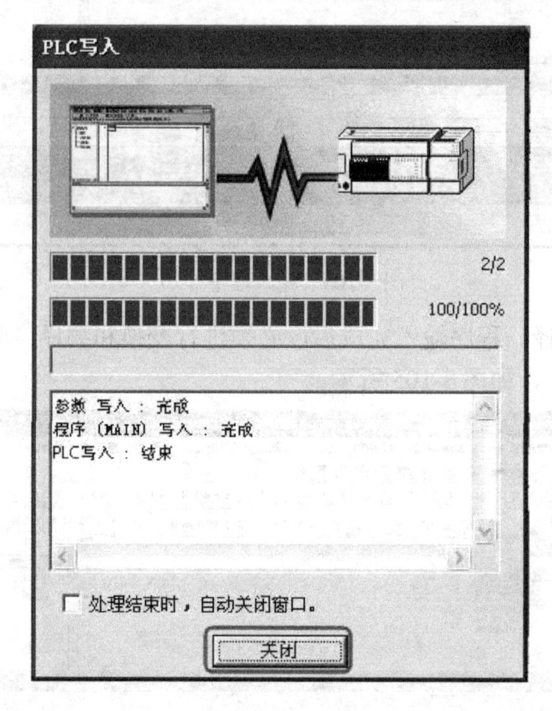

图3-106 程序仿真写入

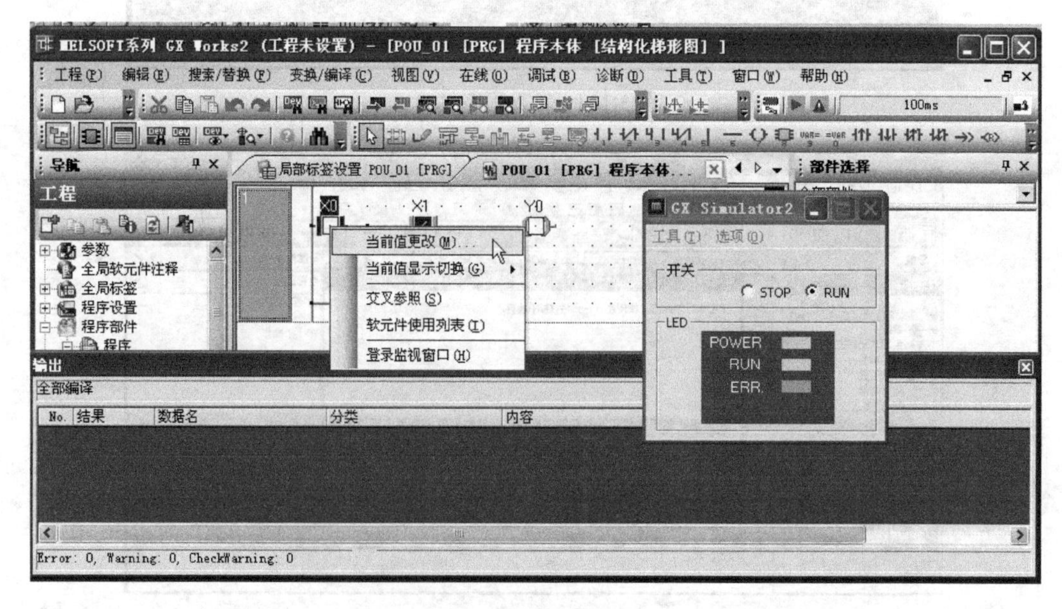

图3-107 改变X0的状态（1）

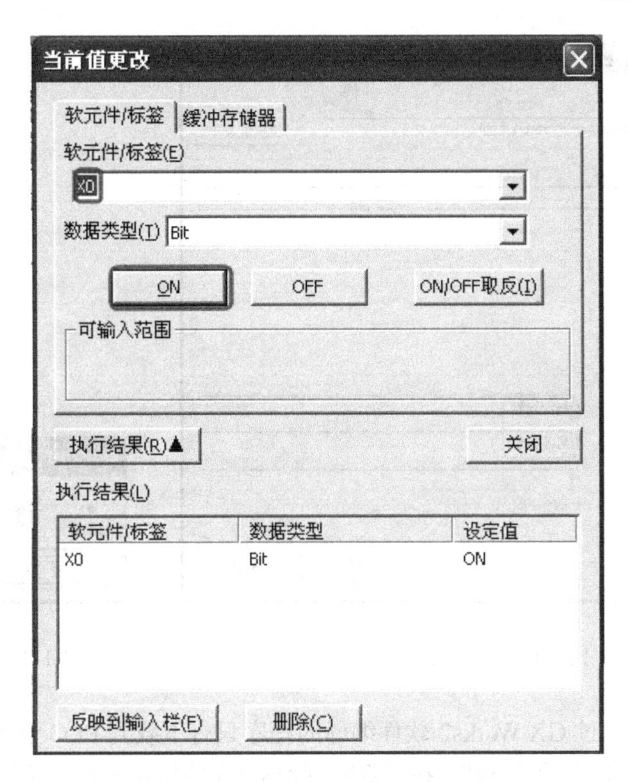

图 3-108 改变 X0 的状态（2）

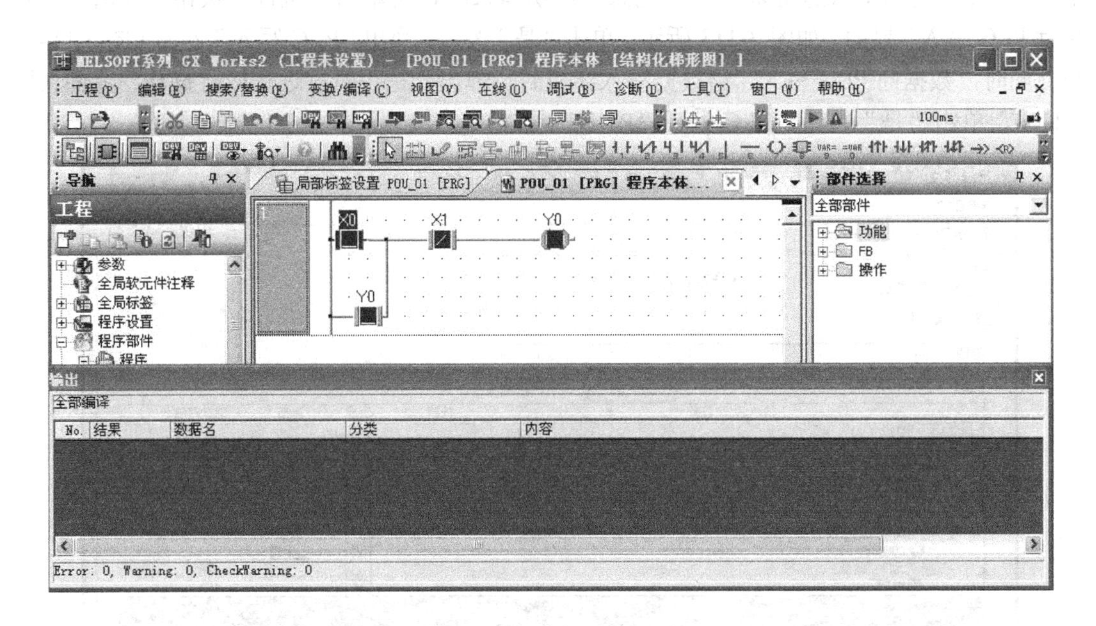

图 3-109 梯形图仿真

⑤ 工程保存。单击工具栏中的“保存”按钮，弹出“工程另存为”对话框，如图 3-110 所示，在工作区名和工程名后的方框中填入“启停控制”，再单击“保存”按钮，弹出“是否新建工程”对话框，单击“是”按钮，如图 3-111 所示，工程保存完成。

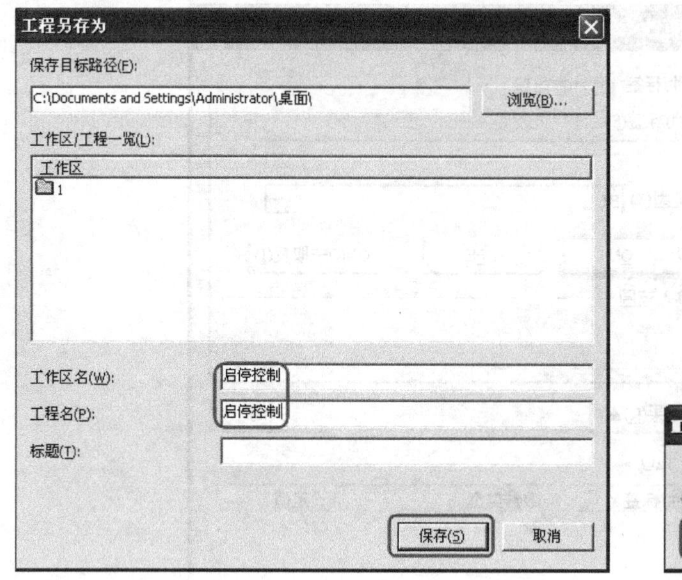

图 3-110　工程另存为

图 3-111　是否新建工程

⑥ 程序下载。经过 GX Works2 软件编译的程序只有下载到 PLC 中才有意义。下载程序的方法是：单击工具栏上的“下载”按钮，弹出“在线数据操作”界面，如图 3-112 所示，单击“全选”按钮，意思是将选中“勾选”的所有选项，再单击“执行”按钮。弹出“是否执行 PLC 写入”界面，如图 3-113 所示，单击“是”按钮，弹出“PLC 写入”界面（图 3-114），与此同时，数据向 PLC 写入，当数据写入结束时，弹出“是否执行远程运行操作”界面（图 3-115），单击“是”按钮，PLC 处于“RUN”状态。

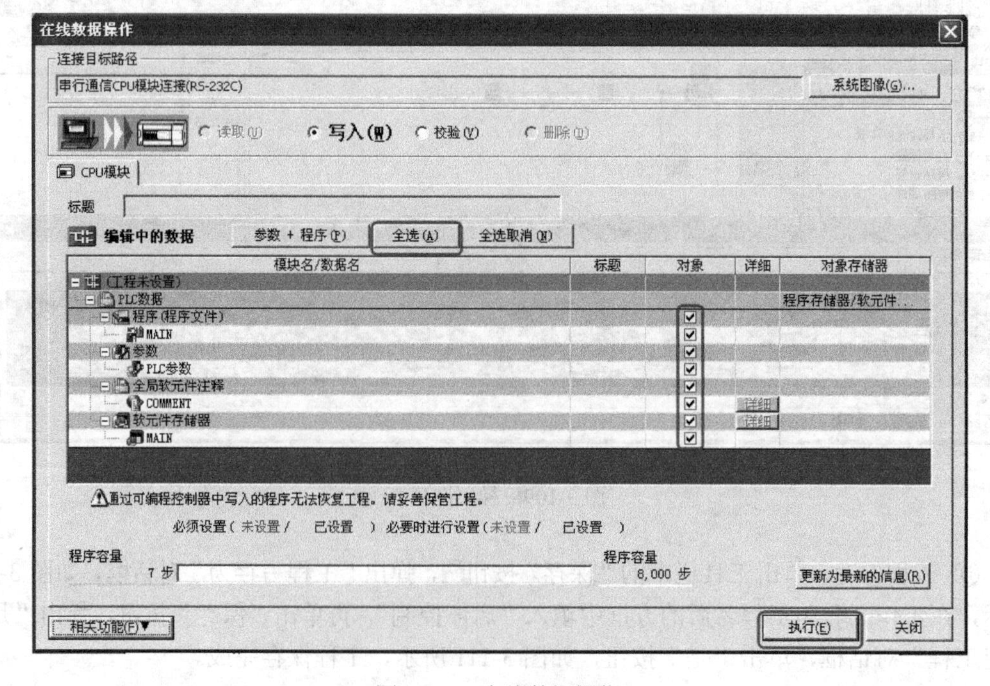

图 3-112　在线数据操作

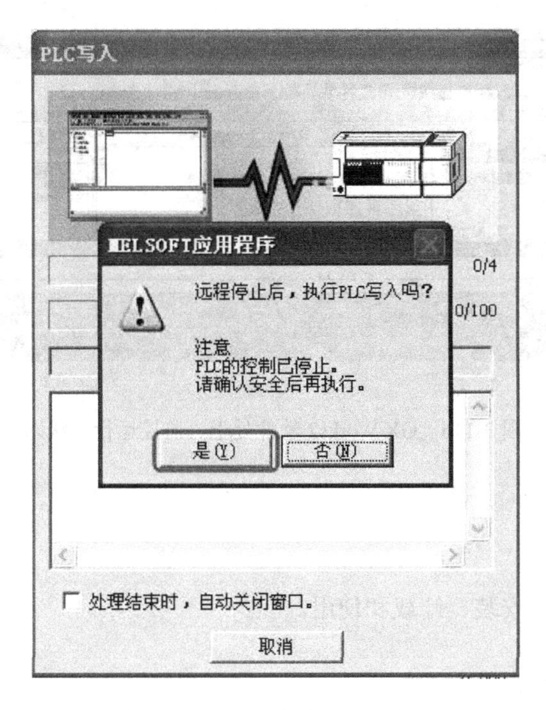

图 3-113　是否执行 PLC 写入

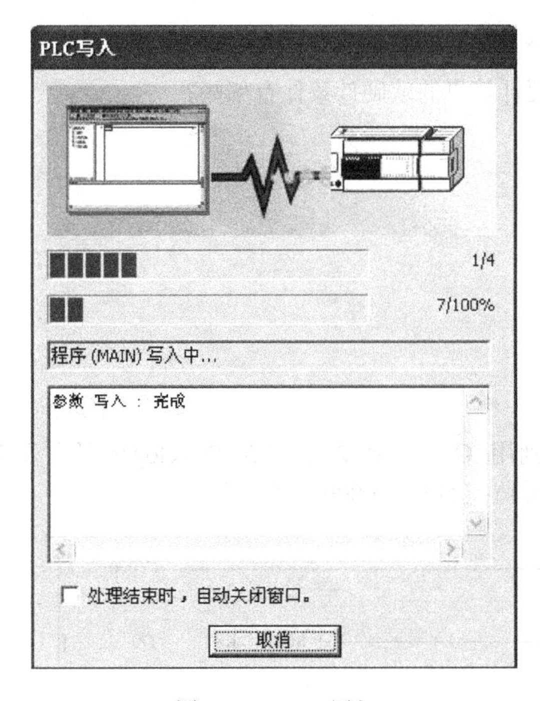

图 3-114　PLC 写入

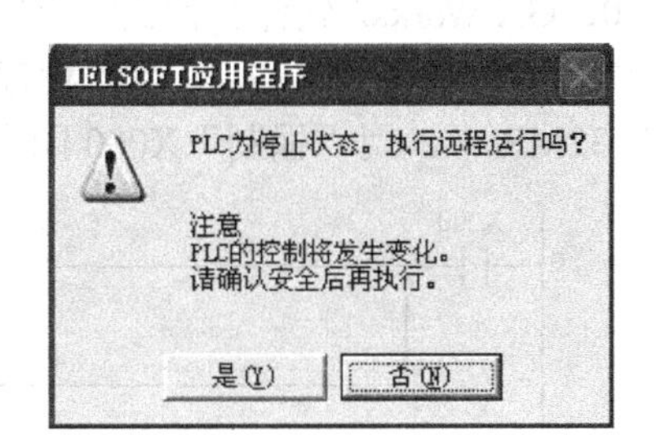

图 3-115　是否执行远程运行操作

⑦ 监控运行。将 GX Works2 软件置于“监控运行”状态的操作方法是：单击工具栏上的“监视开始”按钮，GX Works2 软件开始监视 PLC 的状态，如图 3-116 所示。如果要停止监视 PLC 的运行状态，则单击“监视停止”按钮即可。

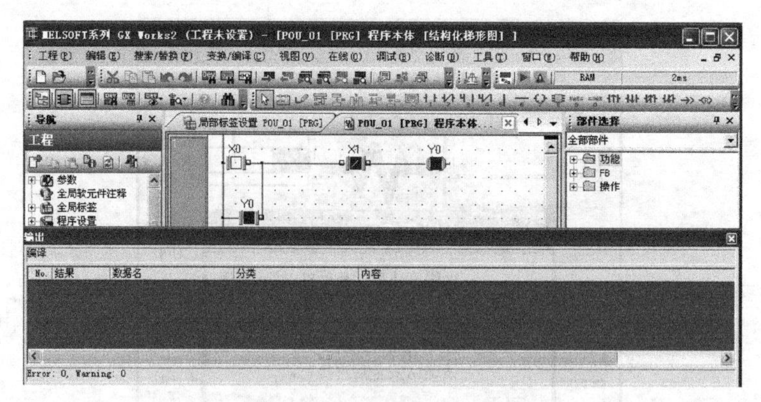

图 3-116 GX Works2 软件处于“监控运行”状态

小结

重点难点总结

① GX Developer 的安装、卸载和使用。

② 仿真软件的使用。

③ GX Works 的使用。

习题

1．GX Developer 编程软件与 PLC 连接的方式有哪些？

2．安装 GX Developer 编程软件，需要计算机的软硬件条件有哪些？

3．程序的输入有哪些方法？

4．注释有什么作用？

5．仿真软件在什么场合使用？

6．软元件测试在什么情况下使用？

7．怎样进行密码设置和密码取消？

8．怎样进行程序监控？

9．GX Works2 软件有哪些功能？

10．GX Works2 软件有什么特点？

11．请将如图 3-117 所示的程序分别用 GX Works2 和 GX Developer 软件下载到 FX3U-32MR 中，用“强制”X000 闭合，并监控 D0 和 Y000 中的数值。

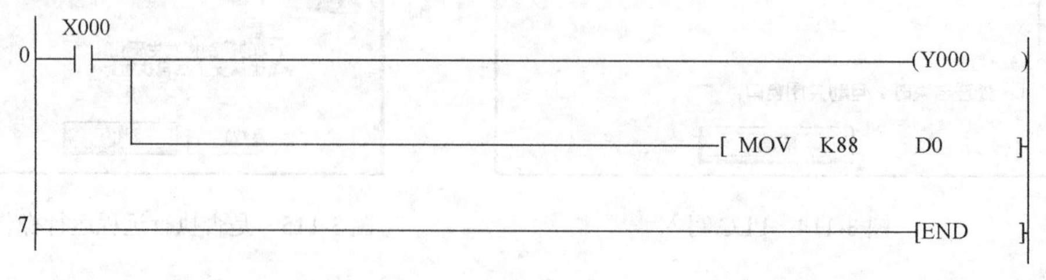

图 3-117 程序

12．PLC 外部接点坏了以后，换到另外一个好点上后，要用软件中哪个菜单进行操作？

A．寻找 B．替换 C．指令寻找

第4章 三菱FX系列PLC的指令系统

用户程序是用户根据控制要求，利用PLC厂家提供的程序编辑语言编写的应用程序。因此，所谓编程就是编写用户程序。本章将对编程语言、存储区分配、指令系统进行介绍。

4.1 编程基础

4.1.1 编程语言简介

PLC的控制作用是靠执行用户程序来实现的，因此须将控制系统的控制要求用程序的形式表达出来。程序编制就是通过PLC的编程语言将控制要求描述出来的过程。

国际电工委员会（IEC）规定的PLC的编程语言有5种：分别是梯形图编程语言、指令语句表编程语言、顺序功能图编程语言（也称状态转移图）、功能块图编程语言、结构文本编程语言，其中最为常用的是前3种，下面将分别介绍。

（1）梯形图编程语言

梯形图编程语言是目前用得最多的PLC编程语言。梯形图是在继电器-接触器控制电路的基础上简化符号演变而来的，也就是说，它是借助类似于继电器的常开、常闭触点、线圈及串联与并联等术语和符号，根据控制要求连接而成的表示PLC输入与输出之间逻辑关系的图形，在简化的同时还增加了许多功能强大、使用灵活的基本指令和功能指令等，同时将计算机的特点结合进去，使得编程更加容易，而实现的功能却大大超过传统继电器控制电路，梯形图形象、直观、实用。触点、线圈的表示符号见表4-1。

表4-1 触点、线圈的表示符号

符 号	说 明	符 号	说 明
┤├	常开触点	☐☐☐	功能指令用
┤/├	常闭触点	( )	编程软件的线圈
◯	输出线圈	[ ]	编程软件中功能指令用

FX系列PLC的一个梯形图例子如图4-1所示。

（2）指令语句表编程语言

指令语句表编程语言是一种类似于计算机汇编语言的助记符编程方式，用一系列操作指令组成的语句将控制流程表达出来，并通过编程器送到PLC中去。需要指出的是，不同的厂家的PLC的指令语句表使用助记符有所不同。下面用图4-1所示的梯形图来说明指令语句表语言，见表4-2。

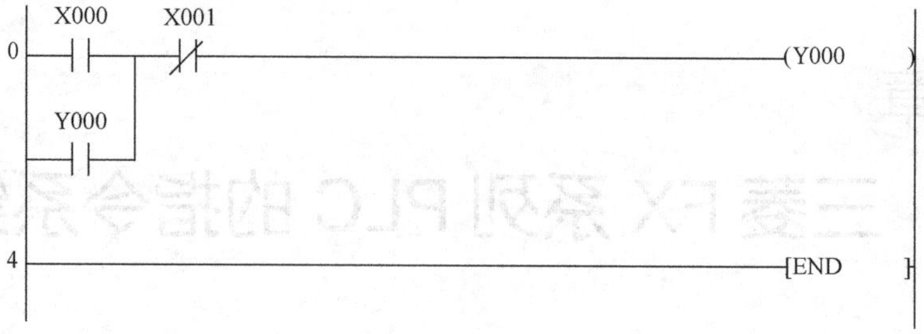

图 4-1 梯形图

表 4-2 指令表编程语言

助 记 符	编程软元件	说 明
LD	X000	逻辑行开始，输入 X000 常开触点
OR	Y000	并联常开触点
ANI	X001	串联常闭触点
OUT	Y000	输出线圈 Y000
END		结束程序

指令语句表是由若干个语句组成的程序。语句是程序的最小独立单元。PLC 的指令语句表的表达式与一般的微机编程语言的表达式类似，也是由操作码和操作数两部分组成。操作码由助记符表示如 LD、ANI 等，用来说明要执行的功能。操作数一般由标识符和参数组成。标识符表示操作数的类型，例如表明输入继电器、输出继电器、定时器、计数器、数据寄存器等。参数表明操作数的地址或一个预先设定值。

（3）顺序功能图编程语言

顺序功能图编程语言是一种比较通用的流程图编程语言，主要用于编制比较复杂的顺序控制程序。顺序功能图提供了一种组织程序的图形方法，在顺序功能图中可以用别的语言嵌套编程。其最主要的部分是步、转换条件和动作三种元素，如图 4-2 所示。顺序功能图是用来描述开关量控制系统的功能，根据它可以很容易地画出顺序控制梯形图。

（4）功能块图编程语言

功能块图编程语言是一种类似于数字逻辑门的编程语言，用类似与门、或门的方框表示逻辑运算关系，方框的左侧为逻辑运算输入变量，右侧为输出变量，输入、输出端的小圆圈表示“非”运算，方框被“导线”连接在一起，信号从左向右流动，西门子系列的 PLC 把功能块图作为三种最常用的编程语言之一，在其编程软件中配置，如图 4-3 所示，是西门子 S7-200 的功能块图。

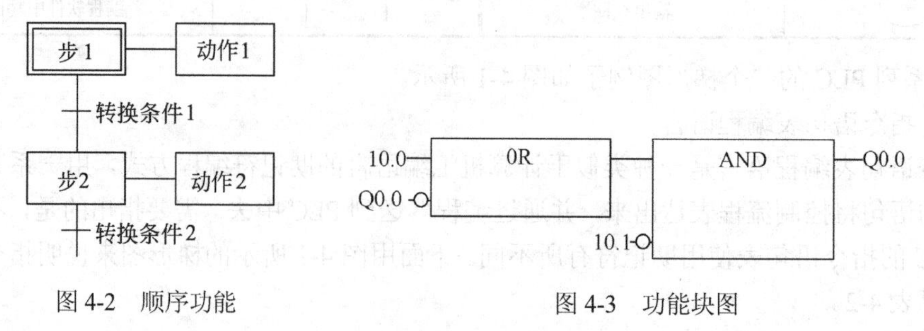

图 4-2 顺序功能　　图 4-3 功能块图

（5）结构文本编程语言

随着PLC的飞速发展，如果很多高级的功能还用梯形图表示，会带来很大的不方便。为了增强PLC的数字运算、数据处理、图标显示和报表打印等功能，为了方便用户的使用，许多大中型PLC（如GE的RX3i，西门子的S7-300/400）都配备了PASCAL、BASIC和C等语言。这些编程方式叫做结构文本。与梯形图相比，结构文本有很大的优点。

① 能实现复杂的数学运算，编程逻辑也比较容易实现。

② 编写的程序简洁和紧凑。

除了以上的编程语言外，有的PLC还有状态图、连续功能图等编程语言。有的PLC允许一个程序中有几种语言，如西门子的指令表功能比梯形图功能强大，所以其梯形图中允许有不能被转化成梯形图的指令表。

4.1.2 三菱FX系列PLC内部软组件

在FX系列的PLC中，对于每种继电器都用一定的字母来表示，X表示输入继电器，Y表示输出继电器，M表示辅助继电器，D表示数据继电器，T表示时间继电器，S表示状态继电器等，并对这些软继电器进行编号，X和Y的编号用八进制表示。

（1）输入继电器（X）

输入继电器与输入端相连，它是专门用来接受PLC外部开关信号的元件。PLC通过输入接口将外部输入信号状态（接通时为“1”，断开时为“0”）读入并存储在输入映象寄存器中。如图4-4所示，当按钮闭合时，硬件线路中的X1线圈得电，经过PLC内部电路一系列的变换，使得梯形图（软件）中X1常开触点闭合，而常闭触点X1断开。正确理解这一点是十分关键的。

输入继电器是用八进制编号的，如X0～X7，不可以出现X8和X9。FX2N系列PLC输入/输出继电器编号见表4-3。但Q系列用十六进制编号，则可以有X8和X9。

【关键点】 在FX系列PLC的梯形图中不能出现输入继电器X的线圈，否则会出错，但有的PLC的梯形图中允许输入线圈。

表4-3 FX2N系列PLC输入/输出继电器编号

型号	FX2N-16M	FX2N-48M	FX2N-16M	FX2N-64M	FX2N-80M	FX2N-128M	扩展单元
输入继电器X	X000～X007	X000～X017	X000～X027	X000～X037	X000～X047	X000～X077	X000～X267
输出继电器Y	Y000～Y007	Y000～Y017	Y000～Y027	Y000～Y037	Y000～Y047	Y000～Y077	Y000～Y267

（2）输出继电器（Y）

输出继电器是用来将PLC内部信号输出传送给外部负载（用户输出设备）。输出继电器线圈是由PLC内部程序的指令驱动，其线圈状态传送给输出单元，再由输出单元对应的硬触点来驱动外部负载，其等效电路如图4-5所示。简单地说，当梯形图的Y0线圈（软件）得电时，经过PLC内部电路的一系列转换，使得继电器Y0常开触点（硬件，即真实的继电器，不是软元件）闭合，从而使得PLC外部的输出设备得电。正确理解这一点是十分关键的。

输入继电器是用八进制编号的，如Y0～Y7，不可以出现Y8和Y9。但Q系列用十六进制编号，则可以有Y8和Y9。

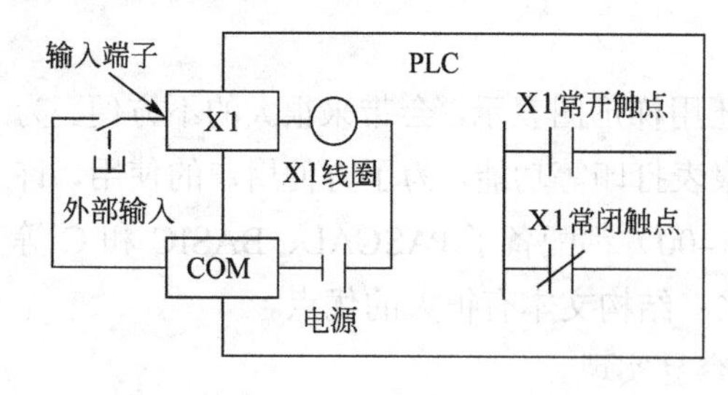

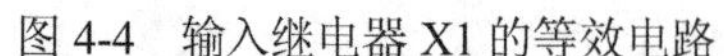

图 4-4 输入继电器 X1 的等效电路

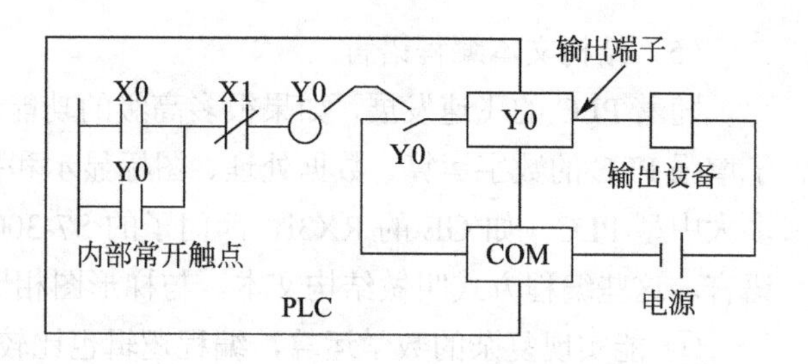

图 4-5 输出继电器 Y0 的等效电路

以下将对 PLC 是怎样读入输入信号和输出信号做一个完整的说明，输入输出继电器的等效电路如图 4-6 所示。当按钮闭合时，硬件线路中的 X0 线圈得电，经过 PLC 内部电路一系列的转换，使得梯形图（软件）中 X0 常开触点闭合，从而 Y0 线圈得电，自锁。由于梯形图的 Y0 线圈（软件）得电时，经过 PLC 内部电路的一系列转换，使得继电器 Y0 常开触点（硬件，即真实的继电器，不是软元件）闭合，从而使得 PLC 外部的输出设备得电。这实际就是信号从输入端送入 PLC，经过 PLC 逻辑运算，把逻辑运算结果送到输出设备的一个完整的过程。

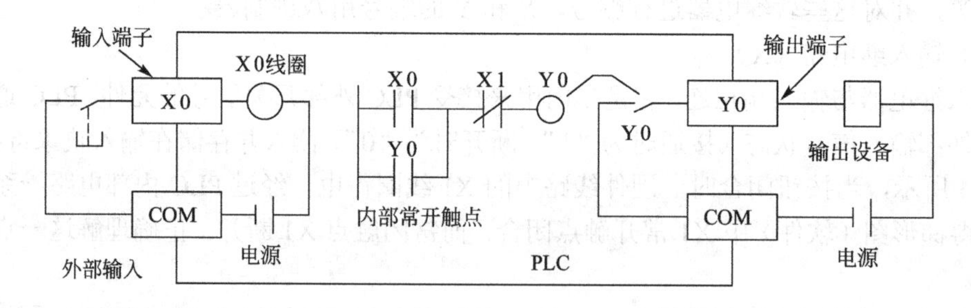

图 4-6 输入输出继电器的等效电路

【关键点】 如图 4-6 所示，左侧的 X0 线圈和右侧的 Y0 触点都是真实硬件，而中间的梯形图是软件，弄清楚这点十分重要。

（3）辅助继电器（M）

辅助继电器是 PLC 中数量最多的一种继电器，一般的辅助继电器与继电器控制系统中的中间继电器相似。辅助继电器不能直接驱动外部负载，负载只能由输出继电器的外部触点驱动。辅助继电器的常开与常闭触点在 PLC 内部编程时可无限次使用。辅助继电器采用 M 与十进制数共同组成编号（只有输入/输出继电器才用八进制数）。

1）通用辅助继电器（M0～M499）

FX2N 系列共有 500 点通用辅助继电器。通用辅助继电器在 PLC 运行时，如果电源突然断电，则全部线圈均断电（OFF）。当电源再次接通时，除了因外部输入信号而变为通电（ON）的以外，其余的仍将保持断电状态，它们没有断电保护功能。通用辅助继电器常在逻辑运算中作为辅助运算、状态暂存、移位等。根据需要可通过程序设定，将 M0～M499 变为断电保持辅助继电器。

【例 4-1】 图 4-7 的梯形图，Y0 控制一盏灯，请分析：当系统上电后，接通 X0 和系统断电后接着系统又上电，灯的明暗情况。

【解】 当系统上电后接通 X0，M0 线圈带电，并自锁，灯亮；系统断电后接着系统又上电，M0线圈断电，灯不亮。

2）断电保持辅助继电器（M500～M3071）

FX2N系列有M500～M3071共2572个断电保持辅助继电器。它与普通辅助继电器不同的是具有断电保护功能，即能记忆电源中断瞬时的状态，并在重新通电后再现其状态。它之所以能在电源断电时保持其原有的状态，是因为电源中断时用PLC中的锂电池保持它们映像寄存器中的内容。其中M500～M1023可由软件将其设定为通用辅助继电器。

【例4-2】 图4-8的梯形图，Y0控制一盏灯，请分析：当系统上电后合上按钮X0和系统断电后接着系统又上电，灯的明暗情况。

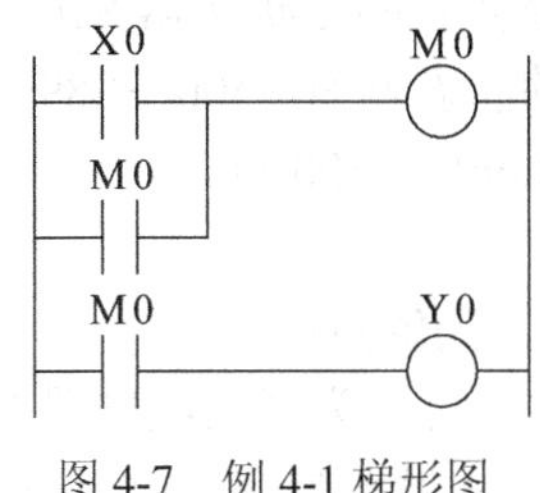

图4-7 例4-1梯形图

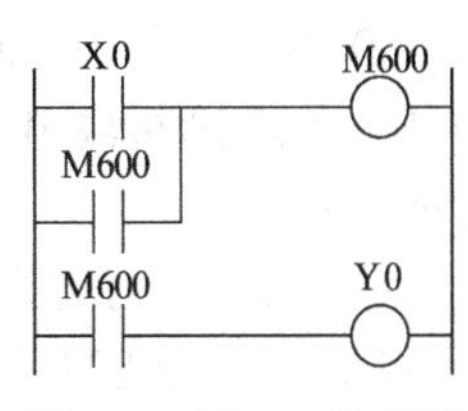

图4-8 例4-2梯形图

【解】 当系统上电后接通X0，M600线圈带电，并自锁，灯亮；系统断电后，Y0线圈断电，灯不亮，但系统内的电池仍然使线圈M600带电；接着系统又上电，即使X0不接通，Y0线圈也会因为M600的闭合而上电，所以灯亮。

一旦M600上电，要M600断电，应使用复位指令，关于这点将在后续课程中讲解。

将以上两个例题对比，不难区分通用辅助继电器和断电保持辅助继电器。

3）特殊辅助继电器

PLC内有大量的特殊辅助继电器，它们都有各自的特殊功能。FX2N系列中有256个特殊辅助继电器，可分成触点型和线圈型两大类。

①触点型　其线圈由PLC自动驱动，用户只可使用其触点。例如：

M8000：运行监视器(在PLC运行中接通)，M8001与M8000相反逻辑。

M8002：初始脉冲（仅在运行开始时瞬间接通），M8003与M8002相反逻辑。

M8011、M8012、M8013和M8014分别是产生10ms、100ms 、1s和1min时钟脉冲的特殊辅助继电器。

M8000、M8002、M8012的波形图如图4-9所示。

【例4-3】 图4-10的梯形图，Y0控制一盏灯，请分析：当系统上电后灯的明暗情况。

【解】 因为M8013是周期为1s的脉冲信号，所以灯亮0.5s，然后暗0.5s，以1s为周期闪烁。

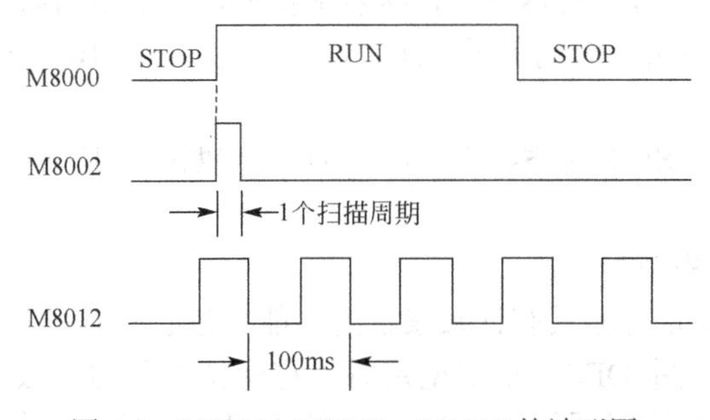

图4-9 M8000、M8002、M8012的波形图

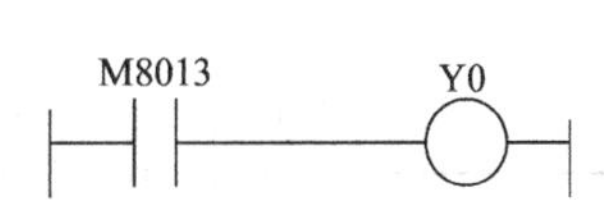

图4-10 例4-3的梯形图

M8013 常用于报警灯的闪烁。

②线圈型 由用户程序驱动线圈后 PLC 执行特定的动作。例如：

M8033：若使其线圈得电，则 PLC 停止时保持输出映象存储器和数据寄存器内容。

M8034：若使其线圈得电，则将 PLC 的输出全部禁止。

M8039：若使其线圈得电，则 PLC 按 D8039 中指定的扫描时间工作。

（4）状态器 S

状态器用来记录系统运行中的状态，是编制顺序控制程序的重要编程元件，它与后述的步进顺控指令 STL 配合应用。

状态器有五种类型：初始状态器 S0～S9 共 10 点；回零状态器 S10～S19 共 10 点；通用状态器 S20～S499 共 480 点；具有状态断电保持的状态器有 S500～S899，共 400 点；供报警用的状态器（可用作外部故障诊断输出）S900～S999 共 100 点。

在使用状态器时应注意：

① 状态器与辅助继电器一样有无数的常开和常闭触点；

② 状态器不与步进顺控指令 STL 配合使用时，可作为辅助继电器 M 使用；

③ FX2N 系列 PLC 可通过程序设定将 S0～S499 设置为有断电保持功能的状态器。

（5）定时器 T

PLC 中的定时器 T 相当于继电器控制系统中的通电型时间继电器。它可以提供无限对常开常闭延时触点，这点有别于中间继电器，中间继电器的触点通常少于 8 对。定时器中有一个设定值寄存器（一个字长），一个当前值寄存器（一个字长）和一个用来存储其输出触点的映象寄存器（一个二进制位），这三个量使用同一地址编号。但使用场合不一样，意义也不同。

FX2N 系列中定时器时可分为通用定时器、累积型定时器两种。它们是通过对一定周期的时钟脉冲的进行累计而实现定时的，时钟脉冲有周期为 1ms、10ms、100ms 三种，当所计数达到设定值时触点动作。设定值可用常数 K 或数据寄存器 D 的内容来设置。

1）通用定时器

通用定时器的特点是不具备断电的保持功能，即当输入电路断开或停电时定时器复位。通用定时器有 100ms 和 10ms 通用定时器两种。

① 100ms 通用定时器（T0～T199）共 200 点。其中，T192～T199 为子程序和中断服务程序专用定时器。这类定时器是对 100ms 时钟累积计数，设定值为 1～32767，所以其定时范围为 0.1～3276.7s。

② 10ms 通用定时器（T200～T245）共 46 点。这类定时器是对 10ms 时钟累积计数，设定值为 1～32767，所以其定时范围为 0.01～327.67s。

【例 4-4】 如图 4-11 所示的梯形图，Y0 控制一盏灯，当输入 X0 接通时，请分析：灯的明暗状况。若当输入 X0 接通 5s 时，输入 X0 突然断开，接着又接通，灯的明暗状况如何？

【解】 当输入 X0 接通后，T0 线圈上电，延时开始，此时灯并不亮，10s（100×0.1＝10s）后 T0 的常开触点闭合，灯亮。

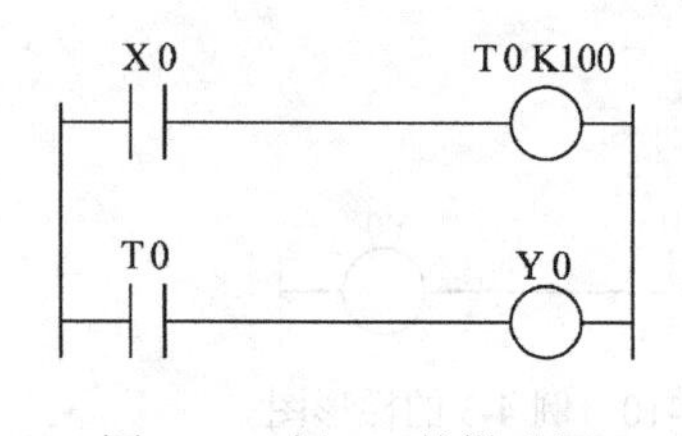

图 4-11 例 4-4 的梯形图

当输入 X0 接通 5s 时，输入 X0 突然断开，接着再接通 10s 后灯亮。

2）累积型定时器

累积型定时器具有计数累积的功能。在定时过程中如果断电或定时器线圈 OFF，累积型定时器将保持当前的计数值（当前值），通电或定时器线圈 ON 后继续累积，即其当前值具有保持功能，只有将累积型定时器复位，当前值才变为 0。

① 1ms 累积型定时器（T246～T249）共 4 点，是对 1ms 时钟脉冲进行累积计数的，定时的时间范围为 0.001～32.767s。

② 100ms 累积型定时器（T250～T255）共 6 点，是对 100ms 时钟脉冲进行累积计数的定时的时间范围为 0.1～3276.7s。

【关键点】初学者经常会提出这样的问题:定时器如何接线？PLC 中的定时器是不需要接线的，这点不同于 J-C 系统中的时间继电器。

【例 4-5】 如图 4-12 所示的梯形图，Y0 控制一盏灯，当输入 X0 接通时，请分析：灯的明暗状况。若当输入 X0 接通 5s 时，输入 X0 突然断开，接着又接通，灯的明暗状况如何。

【解】 当输入 X0 接通后，T250 线圈上电，延时开始，此时灯并不亮，10s（100×0.1＝10 s）后 T250 的常开触点闭合，灯亮。

当输入 X0 接通 5s 时，输入 X0 突然断开，接着再接通 5s 后灯亮。

通用定时器和累积型定时器的区分从例 4-4 和例 4-5 很容易看出。

（6）计数器 C

FX2N 系列计数器分为内部计数器和高速计数器两类。

1）内部计数器

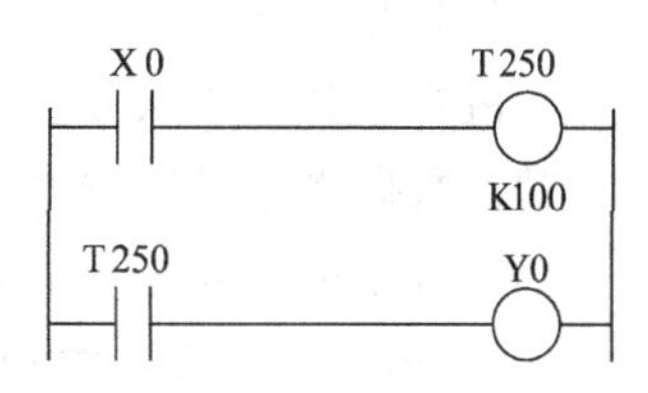

图 4-12 例 4-5 的梯形图

① 16 位增计数器（C0～C199）共 200 点。其中 C0～C99 为通用型，C100～C199 共 100 点为断电保持型（断电保持型即断电后能保持当前值待通电后继续计数)。这类计数器为递加计数，应用前先对其设置设定值，当输入信号（上升沿）个数累加到设定值时，计数器动作，其常开触点闭合、常闭触点断开。计数器的设定值为 1～32767（16 位二进制)，设定值除了用常数 *K* 设定外，还可间接通过指定数据寄存器设定。

【例 4-6】 如图 4-13 所示的梯形图，Y0 控制一盏灯，请分析：当输入 X11 接通 10 次时，灯的明暗状况？若当输入 X11 接通 10 次后，再将 X11 接通，灯的明暗状况如何？

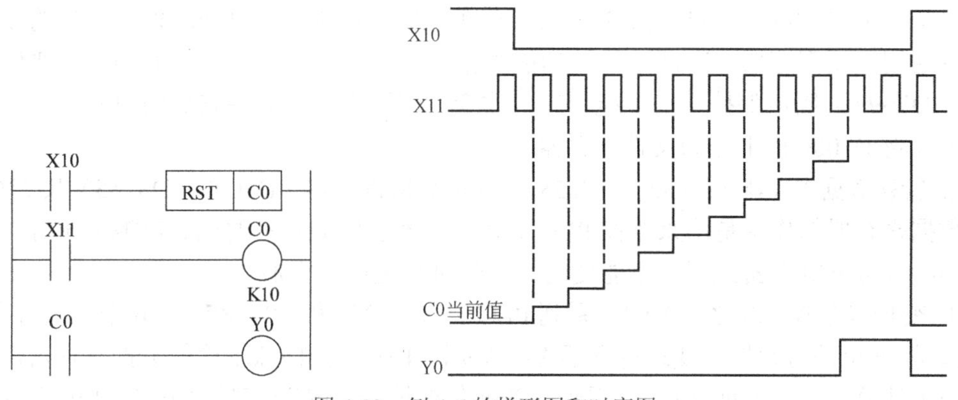

图 4-13 例 4-6 的梯形图和时序图

【解】 当输入 X11 接通 10 次时，C0 的常开触点闭合，灯亮。若当输入 X11 接通 10 次后，灯先亮，再将 X11 接通，灯灭。

② 32 位增、减计数器（C200～C234）共有 35 点 32 位加、减计数器，其中，C200～C219（共 20 点）为通用型，C220～C234（共 15 点）为断电保持型。这类计数器与 16 位增计数器除了位数不同外，还在于它能通过控制实现加、减双向计数。设定值范围均为–214783648～+214783647（32 位）。

C200～C234 是增计数还是减计数，分别由特殊辅助继电器 M8200～M8234 设定。对应的特殊辅助继电器被置为 ON 时为减计数，置为 OFF 时为增计数。

计数器的设定值与 16 位计数器一样，可直接用常数 *K* 或间接用数据寄存器 D 的内容作为设定值。在间接设定时，要用编号紧连在一起的两个数据计数器。

【关键点】 *初学者经常会提出这样的问题：计数器如何接线？PLC 中的计数器是不需要接线的，这点不同于 J-C 系统中的计数器。*

2）高速计数器（C235～C255）

高速计数器与内部计数器相比除了允许输入频率高之外，应用也更为灵活，高速计数器均有断电保持功能，通过参数设定也可变成非断电保持。FX2N 有 C235～C255 共 21 点高速计数器。适合用来作为高速计数器输入的 PLC 输入端口有 X0～X7。X0～X7 不能重复使用，即某一个输入端已被某个高速计数器占用，它就不能再用于其他高速计数器，也不能用做它用。

（7）数据寄存器 D

PLC 在进行输入输出处理、模拟量控制、位置控制时，需要许多数据寄存器存储数据和参数。数据寄存器为 16 位，最高位为符号位。可用两个数据寄存器来存储 32 位数据，最高位仍为符号位。数据寄存器有以下几种类型。

① 通用数据寄存器（D0～D199） 通用数据寄存器（D0～D199）共 200 点。当 M8033 为 ON 时，D0～D199 有断电保护功能；当 M8033 为 OFF 时则它们无断电保护，这种情况 PLC 由 RUN→STOP 或停电时，数据全部清零。数据寄存器是 16 位的，最高位是符号位数据范围–32768～+32767。2 个数据寄存器合并使用可达 32 位，数据范围是–2147483648～+2147483647。数据寄存器通常作为输入输出处理、模拟量控制和位置控制的情况下使用。数据寄存器的内容将在后面章节中讲到。

② 断电保持数据寄存器（D200～D7999） 断电保持数据寄存器（D200～D7999）共 7800 点，其中 D200～D511（共 312 点）有断电保持功能，可以利用外部设备的参数设定改变通用数据寄存器与有断电保持功能数据寄存器的分配；D490～D509 供通信用；D512～D7999 的断电保持功能不能用软件改变，但可用指令清除它们的内容。根据参数设定可以将 D1000 以上作为文件寄存器。

③ 特殊数据寄存器（D8000～D8255） 特殊数据寄存器（D8000～D8255）共 256 点。特殊数据寄存器的作用是用来监控 PLC 的运行状态。例如扫描时间、电池电压等。未加定义的特殊数据寄存器，用户不能使用。具体可参见用户手册。

④ 变址寄存器（V、Z） FX2N 系列 PLC 有 V0～V7 和 Z0～Z7 共 16 个变址寄存器，它们都是 16 位的寄存器。变址寄存器 V、Z 实际上是一种特殊用途的数据寄存器，其作用相当于计算机中的变址寄存器，用于改变元件的编号（变址）。例如 V0=5，则执行 D20V0 时，被执行的编号为 D25（D20+5）。变址寄存器可以像其他数据寄存器一样进行读/写，需要进行 32 位操作时，可将 V、Z 串联使用（Z 为低位，V 为高位）。

（8）指针（P、I）

在 FX 系列中，指针用来指示分支指令的跳转目标和中断程序的入口标号。分为分支用指针、输入中断指针及定时器中断指针和计数器指针。

① 分支用指针（P0～P127） FX2N 有 P0～P127 共 128 点分支用指针。分支指针用来指示跳转指令（CJ）的跳转目标或子程序调用指令（CALL）调用子程序的入口地址。

中断指针是用来指示某一中断程序的入口位置。执行中断后遇到 IRET（中断返回）指令，则返回主程序。中断用指针有以下三种类型：

② 输入中断指针（I00□～I50□）输入中断指针（I00□～I50□）共6点，它是用来指示由特定输入端的输入信号而产生中断的中断服务程序的入口位置，这类中断不受PLC扫描周期的影响，可以及时处理外界信息。

例如：I101为当输入X1从OFF→ON变化时，执行以I101为标号后面的中断程序，并根据IRET指令返回。

③ 定时器中断指针（I6□□～I8□□） 定时器中断指针（I6□□～I8□□）共3点，是用来指示周期定时中断的中断服务程序的入口位置，这类中断的作用是PLC以指定的周期定时执行中断服务程序，定时循环处理某些任务。处理的时间也不受PLC扫描周期的限制。□□表示定时范围，可在10～99ms中选取。

④ 计数器中断指针（I010～I060） 计数器中断指针（I010～I060）共6点，它们用在PLC内置的高速计数器中。根据高速计数器的计数当前值与计数设定值的关系确定是否执行中断服务程序。它常用于利用高速计数器优先处理计数结果的场合。

（9）常数（K、H）

K是表示十进制整数的符号，主要用来指定定时器或计数器的设定值及应用功能指令操作数中的数值；H是表示十六进制数，主要用来表示应用功能指令的操作数值。例如，20用十进制表示为K20，用十六进制则表示为H14。

4.1.3 存储区的寻址方式

PLC将数据存放在不同的存储单元，每个存储单元都有唯一确定地址编号，要想根据地址编号找到相应的存储单元，这就需要PLC的寻址。根据存储单元在PLC中数据存取方式的不同，FX2N系列PLC存储器常见的寻址方式有直接寻址和间接寻址，具体如下。

（1）直接寻址

直接寻址可分为位寻址、字寻址和位组合寻址。

① 位寻址 位寻址是针对逻辑变量存储的寻址方式。FX系列PLC中输入继电器、输出继电器、辅助继电器、状态继电器、定时器和计数器在一般情况下都采用位寻址。位寻址方式地址中含存储器的类型和编号，如X001、Y006、T0和 M600等。

② 字寻址 字寻址在数字数据存储时用。FX系列PLC中的字长一般为16位，地址可表示成存储区类别的字母加地址编号组成，如D0和D200等。FX系列PLC可以双字寻址。在双字寻址的指令中，操作数地址的编号（低位）一般用偶数表示，地址加1（高位）的存储单元同时被占用，双字寻址时存储单元为32位。

③ 位组合寻址 FX系列PLC中，为了编程方便，使位元件联合起来存储数据，提供了位组合寻址方式，位组合寻址是以4个位软元件为一组组合单元，其通用的表示方法是K*n*加起始元件的软元件号组成，起始软元件有输入继电器、输出继电器和辅助继电器等，*n*为单元数，16位数为K1～K4，32位数为K1～K8。例如K2M10表示有M10～M17组成的两个位元件组，它是一个8位的数据，M10是最低位。K4X0表示由X0～X17组成的4个位元件组，它是一个16位数据，X0是最低位。

当一个16位的数据传送到K1M0、K2M0、K3M0时，只传送相应的低位数据，较高位的数据不传送，32位数据也一样。在作16位操作时，参与操作的位元件由K 1 ～K4指定。

若仅由K1～K3指定，不足的部分的高位均作0处理。

（2）间接寻址

间接寻址是指数据存放在变址寄存器（V、Z）中，在指令只出现所需数据的存储单元内存地址即可。关于间接寻址在功能指令章节再介绍。

4.2 三菱FX系列PLC的基本指令

4.2.1 常用基本指令

FX系列PLC有基本逻辑指令20多条、步进指令2条、功能指令100多条（不同系列有所不同）。本节以FX2N为例，介绍其基本逻辑指令和步进指令及其应用。

FX2N共有27条基本逻辑指令，FX2N的指令FX3U都可使用，其中包含了有些子系列PLC的20条基本逻辑指令。

（1）输入指令与输出指令（LD、LDI、OUT）

输入指令与输出指令的含义见表4-4。

表4-4 输入指令与输出指令含义

助记符	名称	软元件	功能
LD	取	X、Y、M、S、T、C	常开触点的逻辑开始
LDI	取反		常闭触点的逻辑开始
OUT	输出	Y、M、S、T、C	线圈驱动

LD是取指令，LDI是取反指令，LD和LDI指令主要用于将触点连接到母线上。其他用法将在后面讲述ANB和ORB指令时介绍，在分支点也可以使用。其目标元件是X、Y、M、S、T和C。

OUT指令是对输出继电器、辅助继电器、状态、定时器、计数器的线圈驱动的指令，对于输入继电器不能使用。其目标软件是Y、M、S、T和C。并列的OUT指令能多次使用。对于定时器的计时线圈或计数器的计数线圈，使用OUT指令后，必须设定常数K。此外，也可以用数据寄存器编号间接指定。

用如图4-14所示的例子来解释输入与输出指令，当常开触点X0闭合时（如果与X0相连的按钮是常开触点，则需要压下按钮），中间继电器M0线圈得电。当常闭触点X1闭合时（如果与X1相连的按钮是常开触点，则不需要压下按钮），输出继电器Y0线圈得电。

【关键点】 PLC中的中间继电器并不需要接线，它通常只参与中间运算，而输入输出继电器是要接线的，这一点请读者注意。

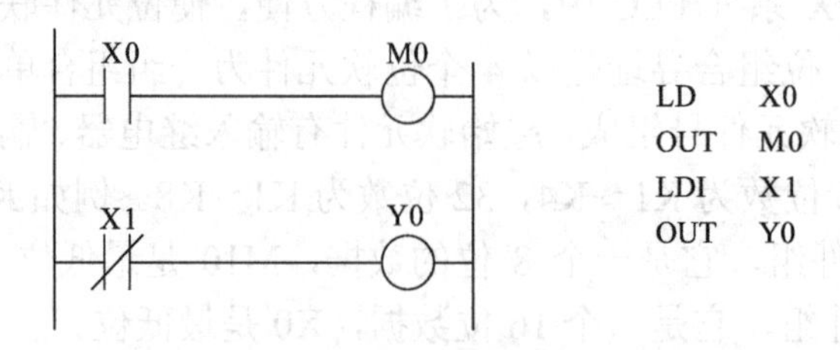

图4-14 输入输出指令的示例

（2）触点的串联指令（AND、ANI）

触点的串联指令的含义见表 4-5。

表 4-5　触点的串联指令含义

助 记 符	名 称	软 元 件	功 能
AND	与	X、Y、M、S、T、C	与常开触点串联
ANI	与非		与常闭触点串联

AND 是与指令，用于一个常开触点串联连接指令，完成逻辑“与”运算。

ANI 是与非指令，用于一个常闭触点串联连接指令，完成逻辑“与非”运算。

触点串联指令的使用说明：

① AND、ANI 都是指单个触点串联连接的指令，串联次数没有限制，可反复使用；

② AND、ANI 的目标元件为 X、Y、M、T、C 和 S。

用如图 4-15 所示的例子来解释触点串联指令。当常开触点 X0、常闭触点 X1 闭合，而常开触点 X2 断开时，线圈 M0 得电，线圈 Y0 断电；当常开触点 X0、常闭触点 X1、常开触点 X2 都闭合时，线圈 M0 和线圈 Y 得电；只要常开触点 X0 或者常闭触点 X1 有一个或者两个断开，则线圈 M0 和线圈 Y 断电。注意如果与 X0、X1 相连的按钮是常开触点，那么按钮不压下时，常开触点 X0 是断开的，而常闭触点 X1 是闭合的，这点读者务必要搞清楚。

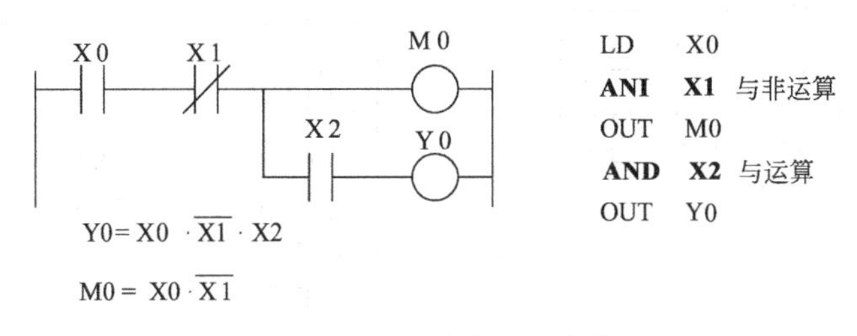

图 4-15　触点串联指令的示例

（3）触点并联指令（OR、ORI）

触点的并联指令的含义见表 4-6。

表 4-6　触点的并联指令含义

助 记 符	名 称	软 元 件	功 能
OR	或	X、Y、M、S、T、C	与常开触点并联
ORI	或非		与常闭触点并联

OR 是或指令，用于单个常开触点的并联，实现逻辑“或”运算。

ORI 是或非指令，用于单个常闭触点的并联，实现逻辑“或非”运算。

触点并联指令的使用说明：

① OR、ORI 指令都是指单个触点的并联，并联触点的左端接到 LD、LDI，右端与前一条指令对应触点的右端相连。触点并联指令连续使用的次数不限；

② OR、ORI 指令的目标元件为 X、Y、M、T、C、S。

用如图 4-16 所示的例子来解释触点并联指令。当常开触点 X0、常闭触点 X1 闭合或者常开触点 X2 有一个或者多个闭合时，线圈 Y0 得电。

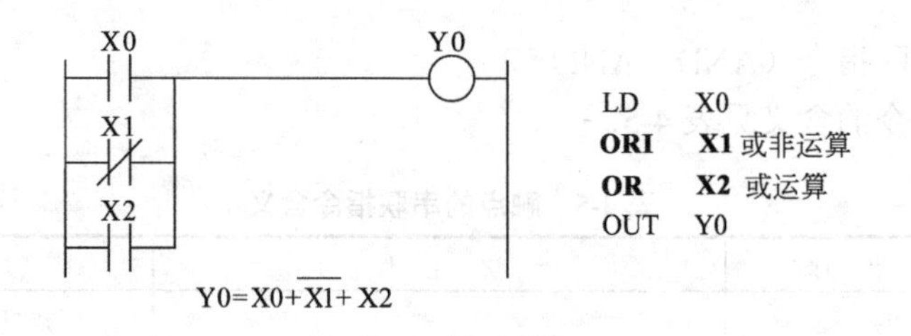

图 4-16　触点并联指令的使用

【例 4-7】 电动机的启/停控制，请画出梯形图和接线图。

【解】 输入点：正转–X0，反转–X1，停止–X2，热继电器–X3；

输出点：正转–Y0，反转–Y1。

接线图如图 4-17 所示，梯形图如图 4-18 所示，梯形图中虽然有 Y0 和 Y1 常闭触点互锁，但由于 PLC 的扫描速度极快，Y0 的断开和 Y1 的接通几乎是同时发生的，若 PLC 的外围电路无互锁触点，就会使正转继电器断开，其触点间电弧未灭时，反转继电器已经接通，可能导致电源瞬时短路。为了避免这种情况的发生，外部电路需要互锁，图 4-17 用 KA1 和 KA2 实现这一功能。

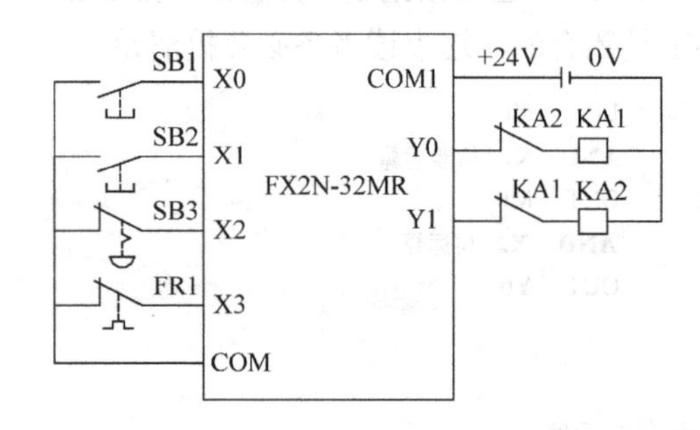

图 4-17　电动机的启/停控制的接线图

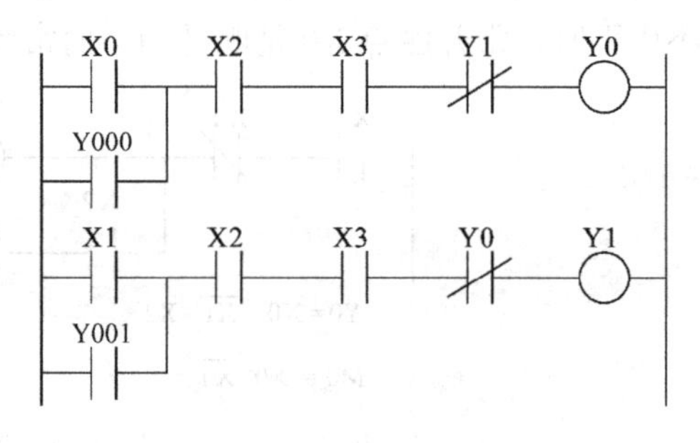

图 4-18　电动机的启/停控制（梯形图）

（4）串联回路的并联块操作指令（ORB）

串联回路的并联块操作指令的含义见表 4-7。

表 4-7　串联回路的并联块操作指令含义

助 记 符	名　称	软 元 件	功　能
ORB	块或	无	串联回路的并联连接

ORB 是块或指令，用于两个或两个以上的触点串联连接的电路之间的并联。

ORB 指令的使用说明：

① 几个串联电路块并联连接时，每个串联电路块开始时应该用 LD 或 LDI 指令；

② 有多个电路块并联回路，如对每个电路块使用 ORB 指令，则并联的电路块数量没有限制；

③ ORB 指令也可以连续使用，但这种程序写法不推荐使用，LD 或 LDI 指令的使用次数不得超过 8 次，也就是 ORB 只能连续使用 8 次以下。

用如图 4-19 所示的例子来解释串联回路的并联块指令。使用串联回路的并联块指令后，实际上就是把常开触点 X0、X1 串联后，当作类似一个触点处理，同理 X2、X3 串联后，X4、X5 串联后，都当作类似一个触点处理。这个指令是在使用指令表时才用到，如果读者使用梯形图，则不必关注这个问题。

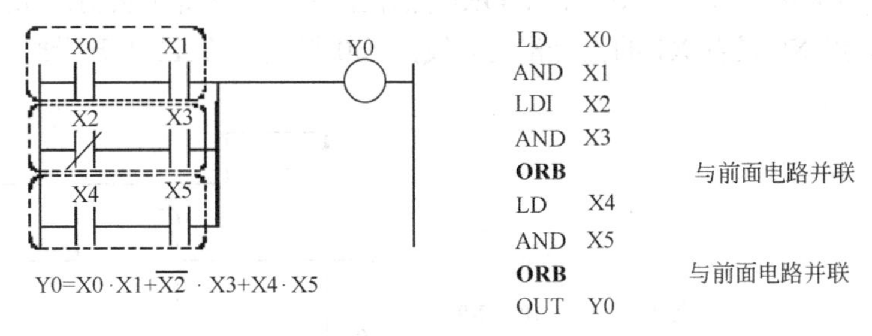

图 4-19 并联回路块操作指令的示例

（5）并联回路的串联块操作指令（ANB）

并联回路的串联块操作指令的含义见表 4-8。

表 4-8 并联回路的串联块操作指令含义

助 记 符	名 称	软 元 件	功 能
ANB	块与	无	并联回路的串联块连接

ANB 是块与指令，用于两个或两个以上触点并联连接的电路之间的串联。并联回路的串联块操作指令的使用如图 4-20 所示，实际上把两个虚线框中的触点先并联，再将两个并联后的块串联在一起。

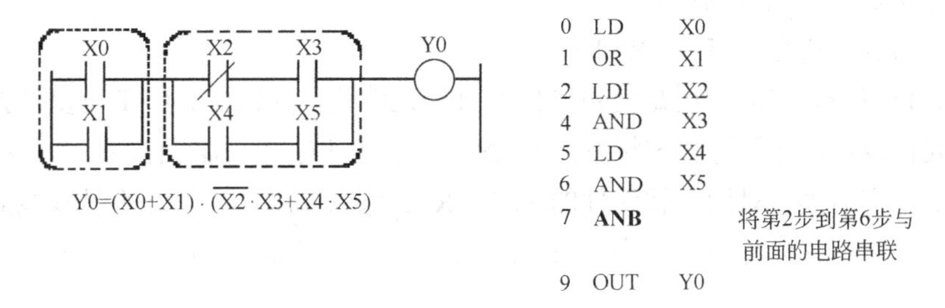

图 4-20 并联回路的串联块的示例

ANB 指令的使用说明：

① 并联电路块串联连接时，并联电路块的开始均用 LD 或 LDI 指令；

② 多个并联回路块连接按顺序和前面的回路串联时，ANB 指令的使用次数没有限制。也可连续使用 ANB，但与 ORB 一样，使用次数在 8 次以下。

（6）脉冲式触点指令（LDP、LDF、ANDP、ANDF、ORP、ORF）

脉冲式触点指令的含义见表 4-9。

表 4-9 脉冲式触点指令含义

助 记 符	名 称	软 元 件	功 能
LDP	取脉冲上升沿	X、Y、M、S、T、C	上升沿检出运算开始
LDF	取脉冲下降	X、Y、M、S、T、C	下降沿检出运算开始
ANDP	与脉冲上升沿	X、Y、M、S、T、C	上升沿检出串联连接
ANDF	与脉冲下降沿	X、Y、M、S、T、C	下降沿检出串联连接
ORP	或脉冲上升沿	X、Y、M、S、T、C	上升沿检出并联连接
ORF	或脉冲下降沿	X、Y、M、S、T、C	下降沿检出并联连接

用一个例子来解释 LDP、 ANDP 、ORP 操作指令，梯形图（左侧）和时序图（右侧）如图 4-21 所示，当 X0 或者 X1 的上升沿时，线圈 M0 得电；当 X2 上升沿时，线圈 Y0 得电。

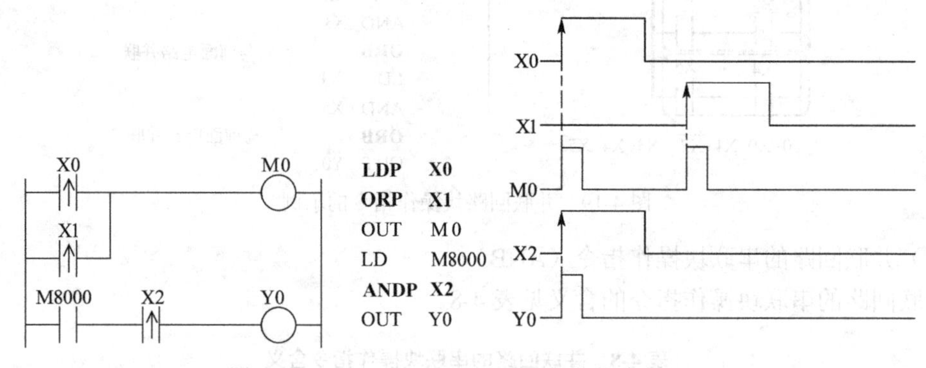

图 4-21 LDP、 ANDP 、ORP 操作指令的示例

LDP、LDF、ANDP、ANDF、ORP、ORF 指令使用注意事项：

① LDP、ANDP、ORP 是上升沿检出的触点指令，仅在指定的软元件的上升沿（OFF→ON 变化时）接通一个扫描周期。

② LDF、ANDF、ORF 是下降沿检出的触点指令，仅在指定的软元件的下降沿（ON→OFF 变化时）接通一个扫描周期。

（7）置位与复位指令（SET、RST）

SET 是置位指令，它的作用是使被操作的目标元件置位并保持。RST 是复位指令，使被操作的目标元件复位，并保持清零状态。用 RST 指令可以对定时器、计数器、数据存储器和变址存储器的内容清零。对同一软元件的 SET、RST 可以使用多次，并不是双线圈输出，但有效的是最后一次。置位与复位指令（SET、RST）的含义见表 4-10。

表 4-10 置位与复位指令含义

助 记 符	名 称	软 元 件	功 能
SET	置位	Y、M、S	动作保持
RST	复位	Y、M、S、D、V、Z、T、C	清除动作保持，当前值及寄存器清零

置位指令与复位指令的使用如图 4-22 所示。当 X0 的常开触点接通时，Y0 变为 ON 状态并一直保持该状态，即使 X0 断开 Y0 的 ON 状态仍维持不变；只有当 X1 的常开触点闭合时，Y0 才变为 OFF 状态并保持，即使 X1 的常开触点断开，Y0 也仍为 OFF 状态。

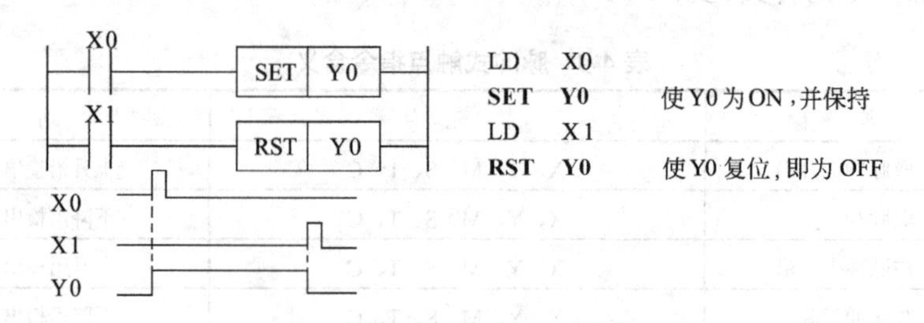

图 4-22 置位指令与复位指令的使用

（8）脉冲输出指令（PLS、PLF）

脉冲输出指令的含义见表4-11。

表4-11 脉冲输出指令含义

助记符	名称	软元件	功能
PLS	上升沿脉冲输出	Y、M（特殊M除外）	产生脉冲
PLF	下降沿脉冲输出	Y、M（特殊M除外）	产生脉冲

PLS是上升沿脉冲输出指令，在输入信号上升沿产生一个扫描周期的脉冲输出。PLF是下降沿脉冲输出指令，在输入信号下降沿产生一个扫描周期的脉冲输出。

PLS、PLF指令的使用说明：

① PLS、PLF指令的目标元件为Y和M；

② 使用PLS时，仅在驱动输入为ON后的一个扫描周期内目标元件ON。如图4-23所示，M0仅在X0的常开触点由断到通时的一个扫描周期内为ON；使用PLF指令时只是利用输入信号的下降沿驱动，其他与PLS相同。

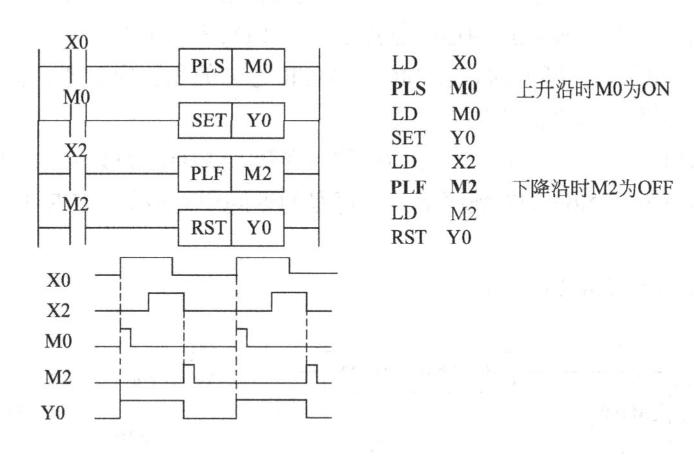

图4-23 脉冲输出指令的示例

【例4-8】 已知两个梯形图及X0的波形图，请画出Y0的输出波形图。

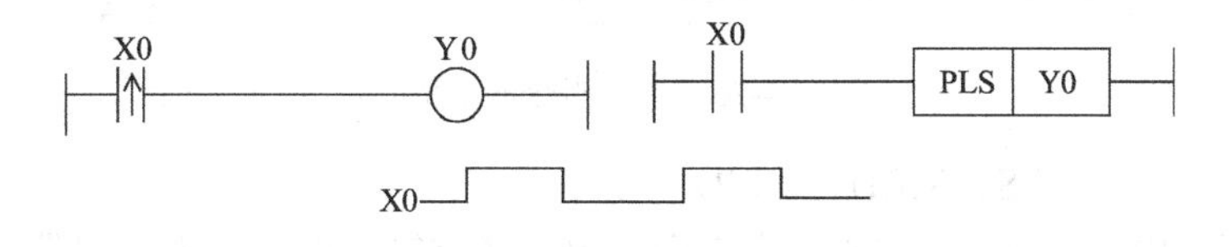

图4-24 例4-8梯形图及X0波形图

【解】 图4-24中的两个梯形图的回路的动作相同，Y0的波形图如图4-25所示。

（9）主控指令（MC、MCR）

在编程时常会遇到多个线圈同时受一个或一组触点控制，如果在每个线圈的控制电路中都串入同样的触点，将占用很多存储单元，使用主控指令就可以解决这一问题。主控指令的含义见表4-12。

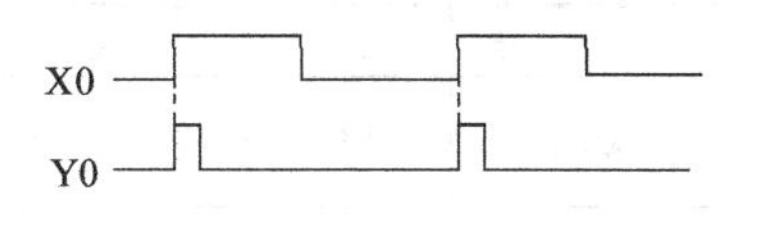

图4-25 X0、Y0的波形图

表 4-12 主控指令含义

助记符	名称	软元件	功能
MC	主控指令	Y、M（特殊 M 除外）	公共串联触点的连接
MCR	主控复位指令	Y、M（特殊 M 除外）	公共串联触点的连接的清除

MC（Master Control）是主控指令，用于公共串联触点的连接。执行 MC 后，左母线移到 MC 触点的后面。

MCR（Master Control Reset）是主控复位指令，用于公共串联触点的连接的清除，即利用 MCR 指令恢复原左母线的位置。

MC、MCR 指令的使用说明：

① MC、MCR 指令的目标元件为 Y 和 M，但不能用特殊辅助继电器。MC 占 3 个程序步，MCR 占 2 个程序步。

② 主控触点在梯形图中与一般触点垂直。主控触点是与左母线相连的常开触点，是控制一组电路的总开关。与主控触点相连的触点必须用 LD 或 LDI 指令。

③ MC 指令的输入触点断开时，在 MC 和 MCR 之内的积算定时器、计数器、用复位、置位指令驱动的元件保持其之前的状态不变。

④ 在一个 MC 指令区内若再使用 MC 指令称为嵌套。嵌套级数最多为 8 级，编号按 N0→N1→N2→N3→N4→N5→N6→N7 顺序增大，每级的返回用对应的 MCR 指令，从编号大的嵌套级开始复位。

主控指令的使用如图 4-26 所示。

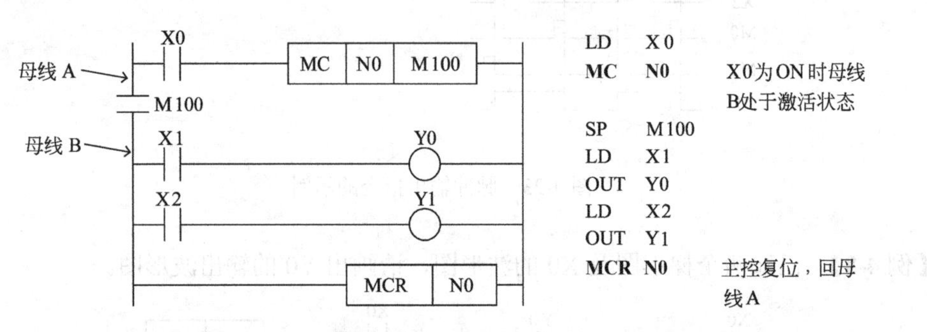

图 4-26 主控指令的示例

（10）堆栈指令（MPS、MRD、MPP）

堆栈指令是 FX 系列中新增的基本指令，用于多重输出电路，为编程带来便利。在 FX 系列 PLC 中有 11 个存储单元，它们专门用来存储程序运算的中间结果，被称为栈存储器。堆栈指令也叫多重回路输出指令。堆栈指令（MPS、MRD、MPP）的含义见表 4-13。

表 4-13 堆栈指令含义

助记符	名称	软元件	功能
MPS	进栈指令	无	将运算结果送入栈存储器的第一段，同时将先前送入的数据依次移到栈的下一段
MRD	读栈指令	无	将栈存储器的最后进栈的数据读出且该数据继续保存在栈存储器的第一段，栈内的数据不发生移动
MPP	出栈指令	无	将栈存储器的最后进栈的数据读出且该数据从栈中消失，同时将栈中其他数据依次上移

堆栈指令的使用说明：

① 堆栈指令没有目标元件；

② MPS 和 MPP 必须配对使用，简单的堆栈指令可以没有读栈指令 MRD；

③ 由于栈存储单元只有 11 个，所以栈的层次最多 11 层。

堆栈指令的使用如图 4-27 所示。

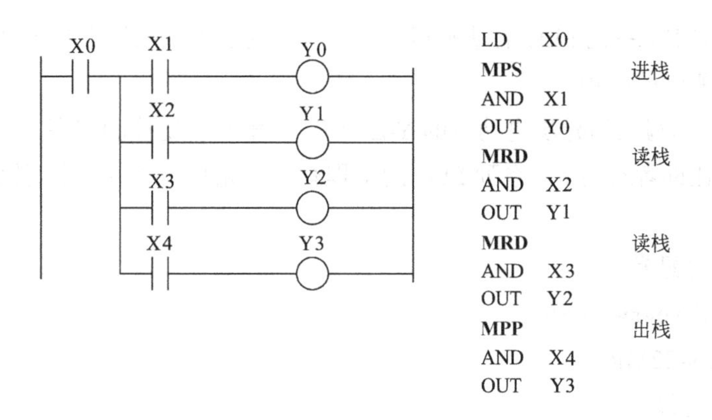

图 4-27 堆栈指令的使用

堆栈指令的使用说明：

① 堆栈指令没有目标元件；

② MPS 和 MPP 必须配对使用，简单的堆栈指令可以没有读栈指令 MRD；

③ 由于栈存储单元只有 11 个，所以栈的层次最多 11 层。

（11）逻辑反、空操作与结束指令（INV、NOP、END）

① INV 是反指令，执行该指令后将原来的运算结果取反。反指令没有软元件，因此使用时不需要指定软元件，也不能单独使用，反指令不能与母线相连。图 4-28 中，当 X0 断开，则 Y0 为 ON，当 X0 接通，则 Y0 断开。

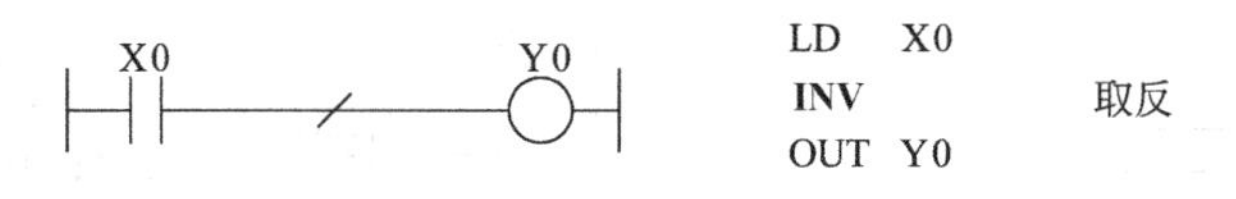

图 4-28 反指令的使用

② NOP 是空操作指令，不执行操作，但占一个程序步。执行 NOP 时并不做任何事，有时可用 NOP 指令短接某些触点或用 NOP 指令将不要的指令覆盖。空操作指令有两个作用：一个作用是当 PLC 执行了清除用户存储器操作后，用户存储器的内容全部变为空操作指令；另一个作用是用于修改程序。

③ END 是结束指令，表示程序结束。若程序的最后不写 END 指令，则 PLC 不管实际用户程序多长，都从用户程序存储器的第一步执行到最后一步。例如，FX2N－48MR PLC 的程序容量有 8000 步，如图 4-28 所示的程序只有三步，没有用 END，所以每次扫描都运行 8000 步，前三步是图 4-28 中的程序，后面的程序是 7997 步 NOP，若有 END 指令，当扫描到 END，则结束执行程序，这样可以缩短扫描周期。在程序调试时，可在程序中插入若干 END 指令，

将程序划分若干段，在确定前面程序段无误后，依次删除 END 指令，直至调试结束。注意程序中没有 END，并不会出错，但使用 GX developer 软件编译程序，该软件会在程序的结尾处加 END 语句。

4.2.2 基本指令应用举例

至此，读者对 FX 系列 PLC 的基本指令有了一定的了解，以下举几个例子供读者模仿学习，以巩固前面所学的知识。

【例 4-9】 请编写三相异步电动机的 Y-△（星-三角）启动控制程序。

【解】 为了让读者对用 FX 系列 PLC 的工程有一个完整的了解，本例比较详细地描述整个控制过程。

（1）软硬件的配置

① 1 套 GX developer 8.86 ；

② 1 台 FX2N-32MR；

③ 1 根编程电缆；

④ 电动机、接触器和继电器等。

（2）硬件接线

电动机 Y-△减压启动主回路图和接线图如图 4-29 和图 4-30 所示。FX2N-32MR 虽然是继电器输出形式，但 PLC 要控制接触器，最好加一级中间继电器。

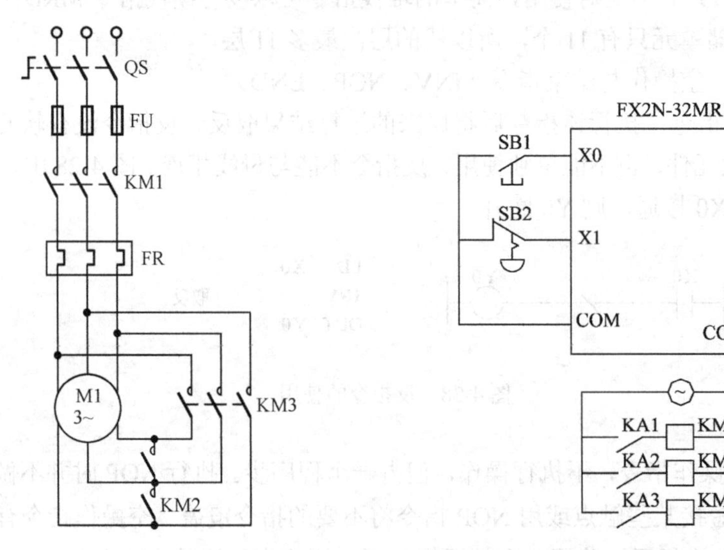

图 4-29 电动机 Y-△减压启动主回路图　　图 4-30 电动机 Y-△减压启动 PLC 接线图

【关键点】 急停按钮一般使用常闭触点，若使用常开触点，单从逻辑上是可行的，但在某些极端情况下，当接线意外断开时，急停按钮是不能起停机作用的，容易发生事故。这一点读者务必注意。

（3）编写程序

① 新建项目。先打开 GX Developer 编程软件，如图 4-31 所示。单击“工程”→“创建

新工程”菜单弹出“新建工程”，如图 4-32 所示，在 PLC 系列中选择所选用的 PLC 系列，本例为“FXCPU”；PLC 的类型中输入具体类型，本例为“FX2N”；程序类型选择“梯形图”，单击“确定”按钮，完成创建一个新的项目。

MELSOFT系列 GX Developer
工程(F) 编辑(E) 查找/替换(S) 显示(V) 在线(O) 诊断(D) 工具(T) 窗口(W) 帮助(H)
工程
准备完毕

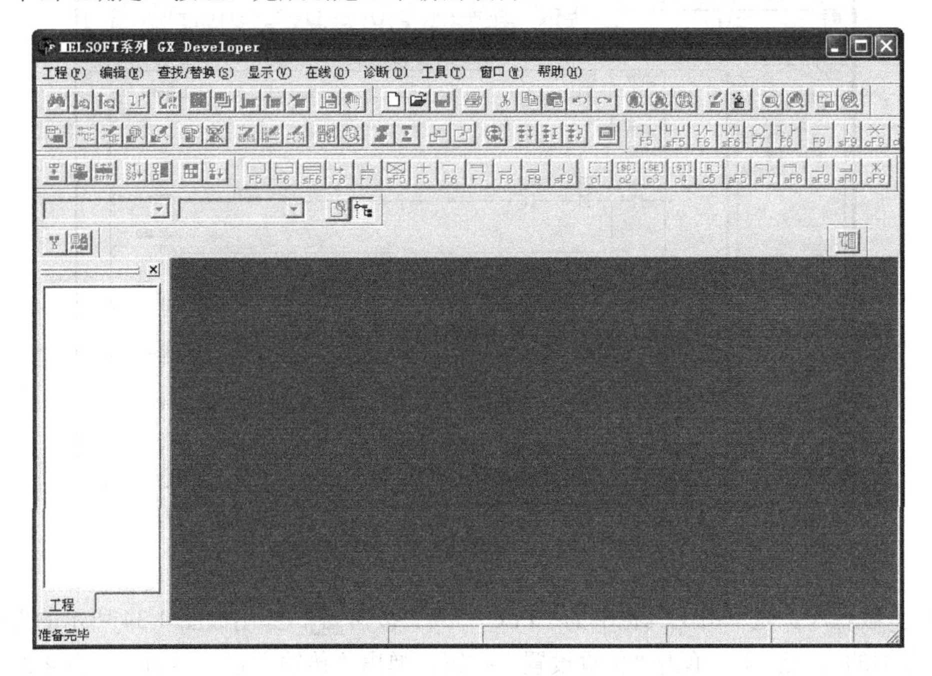

图 4-31　打开 GX Developer

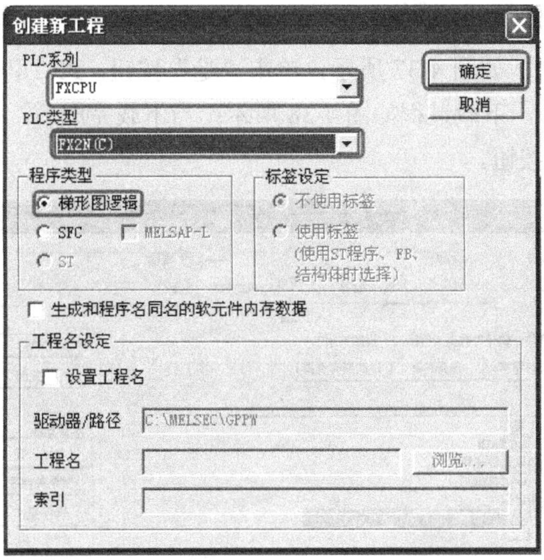

创建新工程
PLC系列
FXCPU
PLC类型
FX2N(C)
确定
取消
程序类型
梯形图逻辑
SFC
MELSAP-L
ST
标签设定
不使用标签
使用标签
(使用ST程序、FB、结构体时选择)
生成和程序名同名的软元件内存数据
工程名设定
设置工程名
驱动器/路径
C:\MELSEC\GPPW
工程名
浏览...
索引

图 4-32　新建工程

② 输入并编译梯形图。刚输入完成的程序，程序区是灰色的，是不能下载到 PLC 中去的，还必须进行编译。如果程序没有语法错误，只要单击编译按钮，即可完成编译，编译成功后，程序区变成白色，如图 4-33 所示。

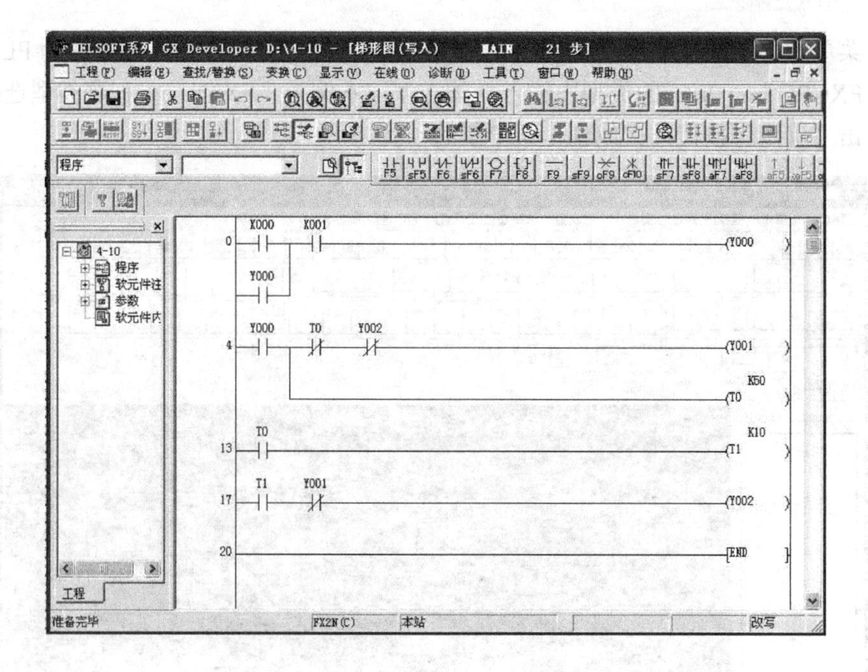

图 4-33 程序输入和编译

③ 下载程序。先单击工具栏中的“PLC 写入”按钮，弹出如图 4-34 所示的界面，勾选图中左侧的三个选项，单击“传输设置”按钮，弹出“传输设置”界面，如图 4-35 所示。有多种下载程序的方法，本例采用串口下载，因此单击“串行”，如图 4-35 所示，弹出“串口详细设置”窗口，可设置详细参数，本例使用默认值，单击“确认”按钮。返回图 4-34，单击“执行”按钮，弹出“是否执行写入”界面，如图 4-36 所示，单击“是”按钮；弹出“是否停止 PLC 运行”界面，如图 4-37 所示，单击“是”按钮，PLC 停止运行；程序、参数和注释开始向 PLC 中下载，下载过程如图 4-38 所示；当下载完成后，弹出如图 4-39 所示的界面，最后单击“确定”按钮。

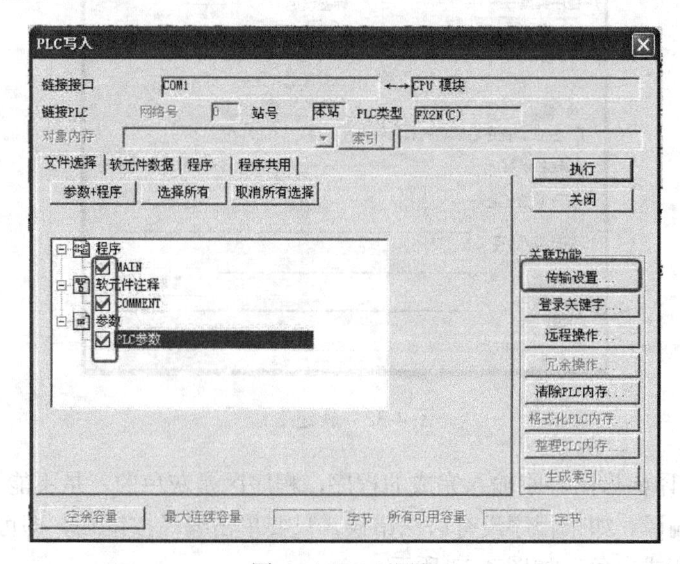

图 4-34 PLC 写入

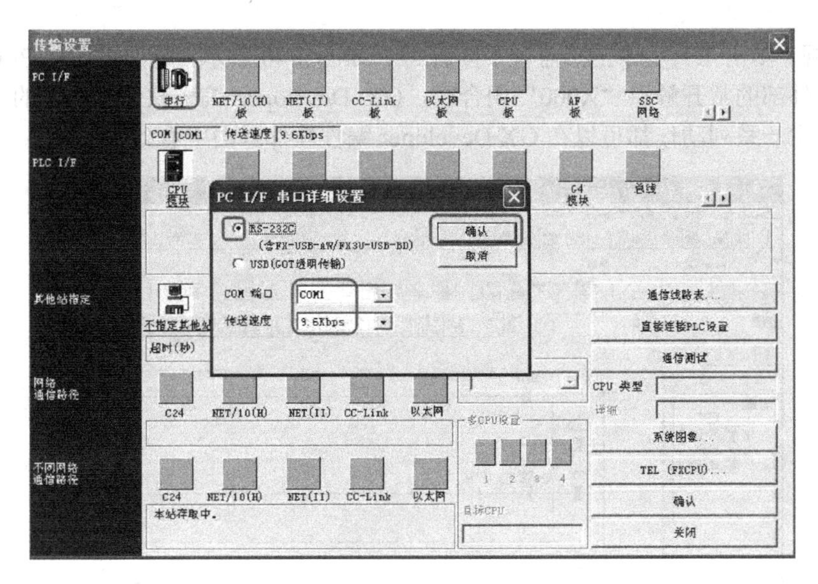

图 4-35　传输设置

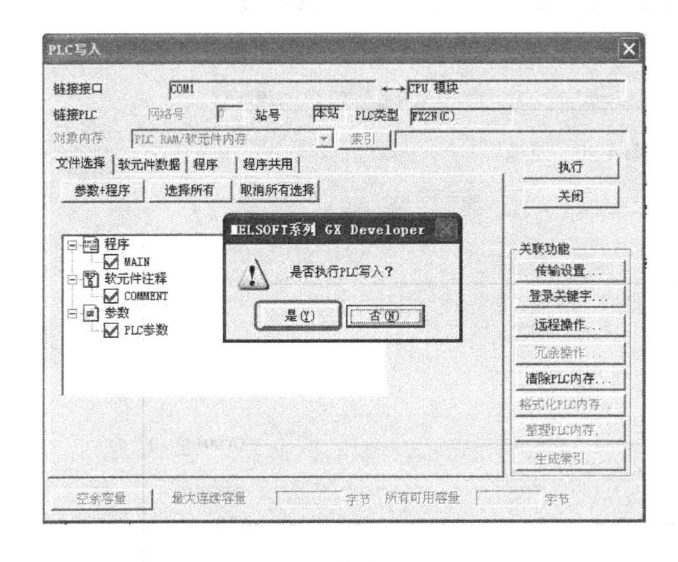

图 4-36　是否执行写入

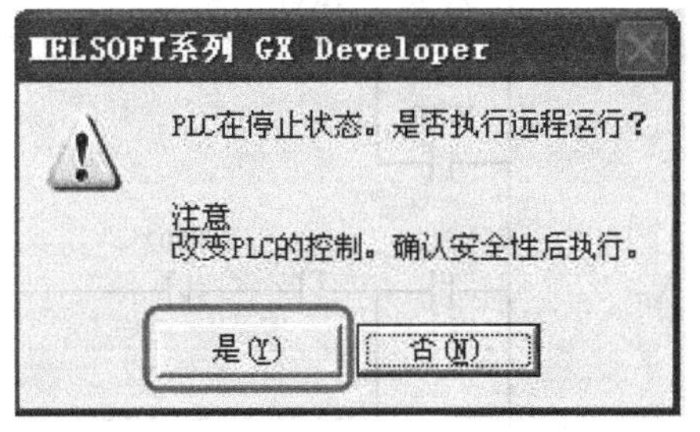

图 4-37　是否停止 PLC 运行

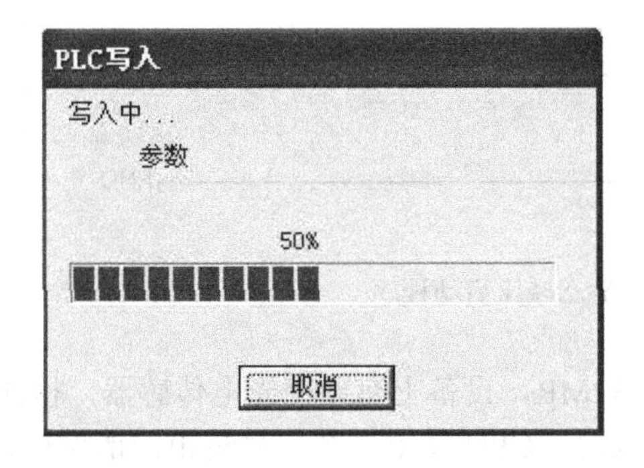

图 4-38　程序、参数和注释下载过程

图 4-39　程序、参数和注释下载完成

④ 监视。单击工具栏中的“监视”按钮，如图 4-40 所示，界面可监视 PLC 的软元件和参数。当外部的常开触点“X000”闭合时，GX Developer 编程软件界面中的“X000”闭合，随后产生一系列动作都可以在 GX Developer 编程软件界面中看到。

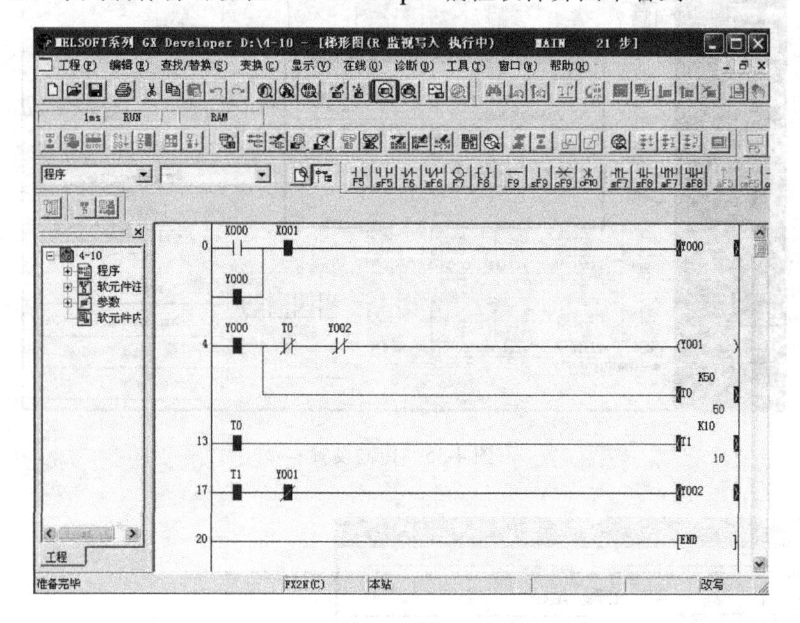

图 4-40　监视

梯形图如图 4-41 所示。

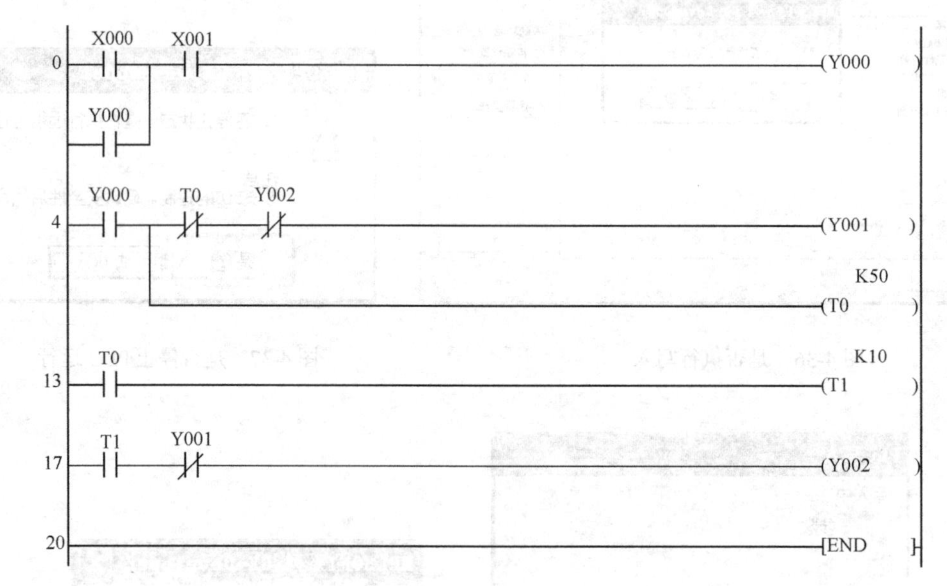

图 4-41　电动机 Y-△减压启动程序

【例 4-10】 某设备上的控制器是 FX2N-32MR，设备上有一个光电传感器，检测工件，每检测到 1 只工件，计数一次，当计数到 3 只时，CPU 发出一个信号装箱，请设计梯形图。

【解】 梯形图如图 4-42 所示。光电传感器每检测一个工件时，计数器 C0 计 1 次数，当前计数值存放在 C0 中，当计数 3 次时，发出装箱信号 Y0，与此同时定时器 T0 开始定时，2

秒后对计数器C0复位，重新计数。

图4-42 程序

【例4-11】 设计一个可以定时12h的程序。

【解】 FX上的定时器最大定时时间是3276.7s，所以要长时间定时不能只简单用一个定时器。本例的方案是用一个定时器定时1800s（半小时），要定时12h，实际就是要定时24个半小时即可，程序如图4-43所示。

图4-43 程序

【例4-12】 十字路口的交通灯控制，当合上启动按钮，东西方向亮4s，闪烁2s后灭；黄灯亮2s后灭；红灯亮8s后灭；绿灯亮4s，如此循环，而对应东西方向绿灯、红灯、黄灯亮时，南北方向红灯亮8s后灭；接着绿灯亮4s，闪烁2s后灭；红灯又亮，如此循环。

【解】 首先根据题意画出东西南北方向三种颜色灯的亮灭的时序图，再进行I/O分配。

输入：启动—X0；停止—X1。

输出（南北方向）：红灯—Y4，黄灯—Y5；绿灯—Y6。

输出（东西方向）：红灯—Y0，黄灯—Y1；绿灯—Y2。

东西方向和南北方向各有3盏，从时序图容易看出，共有6个连续的时间段，因此要用到6个定时器，这是解题的关键，用这6个定时器控制两个方向6盏灯的亮或灭，不难设计梯形图。交通灯时序图、接线图和交通灯梯形图如图4-44、图4-45所示。

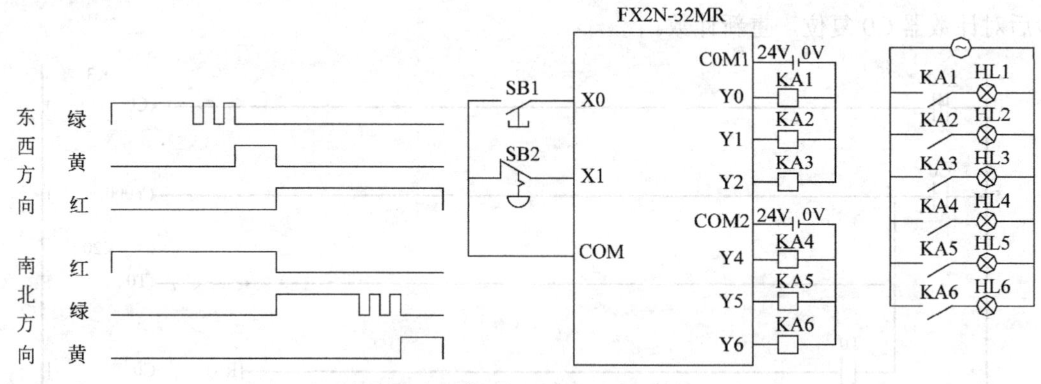

图 4-44 交通灯时序图和接线图

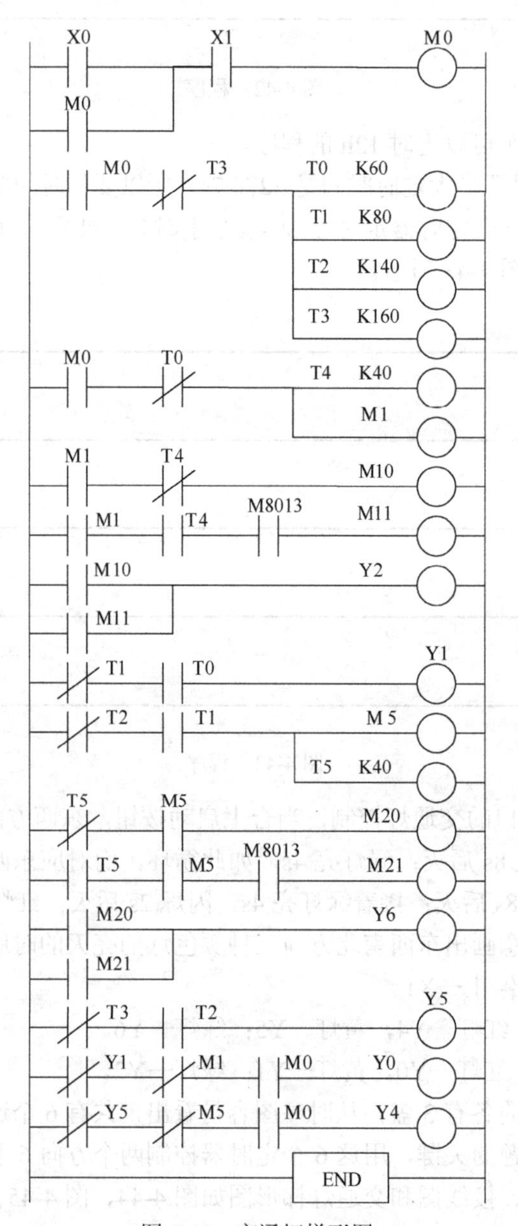

图 4-45 交通灯梯形图

4.3 三菱FX系列PLC的功能指令

前面章节讲述了基本指令，FX系列PLC还有功能指令100多条，功能指令也叫应用指令。相同系列不同型号PLC的功能指令也略有不同。功能指令的出现大大拓宽了PLC的应用范围，也给用户编制程序带来了极大方便。

功能指令主要可分为传送指令与比较指令、程序流指令、四则逻辑运算指令、循环指令、数据处理指令、高速处理指令、方便指令、外围设备指令、浮点数指令、定位指令、接点比较、外围设备I/O指令和外围设备SER指令。本章仅介绍常用的功能指令，其余可以参考三菱公司的应用指令说明书。

4.3.1 功能指令的格式

（1）指令与操作数

FX2N系列PLC的功能指令从FNC0～FNC246，每条功能指令应该用助记符或功能编号（FNC NO.）表示，有些助记符后有1～4个操作数，这些操作数的形式如下：

① 位元件X、Y、M和S，它们只处理ON/OFF状态；

② 常数T、C、D、V、Z，它们可以处理数字数据；

③ 常数K、H或指针P；

④ 由位软元件X、Y、M和S的位指定组成的字软元件。

K1X000：表示X000～X004的4位数，X000是最低位；

K4M10：表示M10～M25的16位数，M10是最低位；

K8M100：表示M100～M131的32位数，M100是最低位。

⑤ [S]表示源操作数，[D]表示目标操作数，若使用变址功能，则用[S・]和[D・]表示。

（2）数据的长度和指令执行方式

处理数据类指令时，数据的长度有16位和32位之分，带有[D]标号的是32位，否则为16位数据。但高速计数器C235～C254本身就是32位的，因此不能使用16位指令操作数。有的指令要脉冲驱动获得，其操作符后要有[P]标记，如图4-46所示。

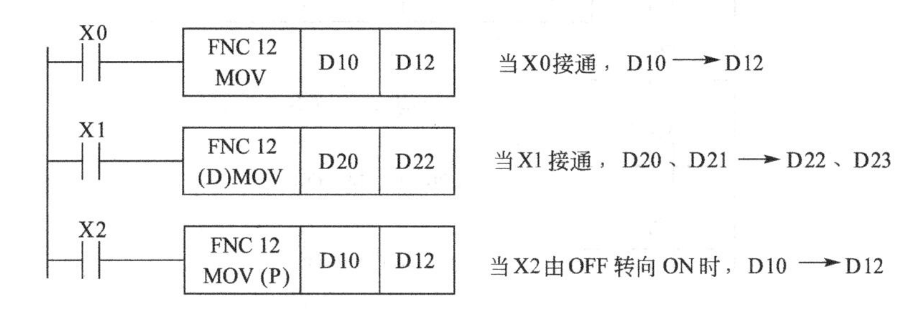

图4-46 数据的长度和指令执行方式举例

（3）变址寄存器的处理

V和Z都是16位寄存器，变址寄存器在传送、比较中用来修改操作对象的元件号。变址寄存器的应用如图4-47所示。

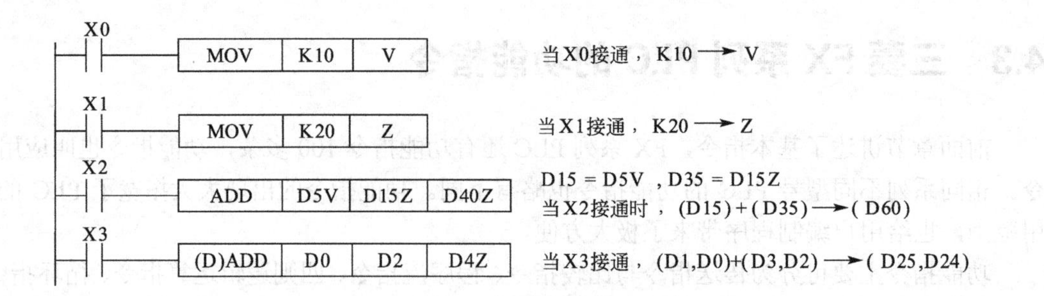

图 4-47　变址寄存器的应用

4.3.2　传送和比较指令

（1）比较指令

1）比较指令（CMP）

比较指令的功能编号为 FNC10，是将源操作数[S1・]和源操作数[S2・]的数据进行比较，比较结果用目标操作数[D・]的状态来表示，其目标元件及指令格式如图 4-48、图 4-49 所示。

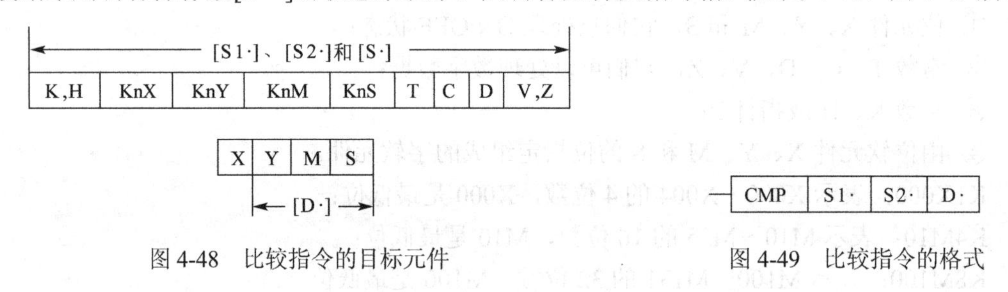

图 4-48　比较指令的目标元件　　　　图 4-49　比较指令的格式

如图 4-50 所示，当 X1 为接通时，把常数 200 与 C20 的当前值进行比较，比较的结果送入 M0～M2 中。X1 为 OFF 时不执行，M0～M2 的状态也保持不变。当 C20>200 时，常开触点 M2 闭合，当 C20=200 时，常开触点 M1 闭合，当 C20<200 时，常开触点 M0 闭合。

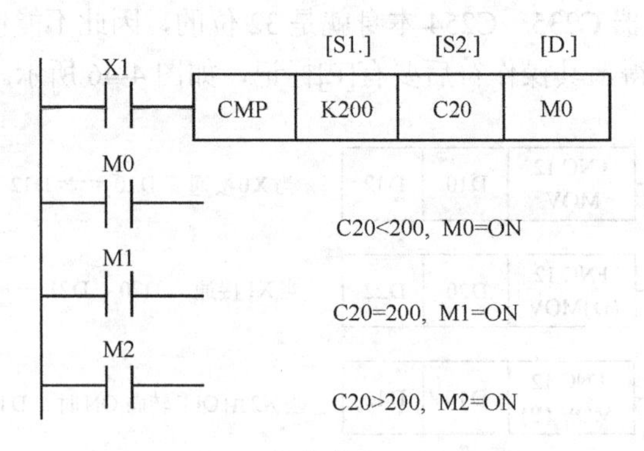

图 4-50　比较指令的示例

使用比较指令 CMP 时应注意：

① [S1・]、[S2・]可取任意数据格式，目标操作数[D・]可取 Y、M 和 S，见图 4-45；

② 所有的源数据都被看成二进制值处理。

【例 4-13】 某设备上有一个三色灯，当水位高于 1000 时，高位报警，红灯亮，并闪烁；

当水位低于 300 时，低位报警，黄灯亮，并闪烁；水位介于 300～1000 时，正常，绿灯亮。请编写此程序实现该功能。

【解】 水位数值存储在数据存储器 D0 中，三色灯的红灯由 Y0 控制，黄灯由 Y1 控制，绿灯由 Y2 控制。程序如图 4-51 所示。

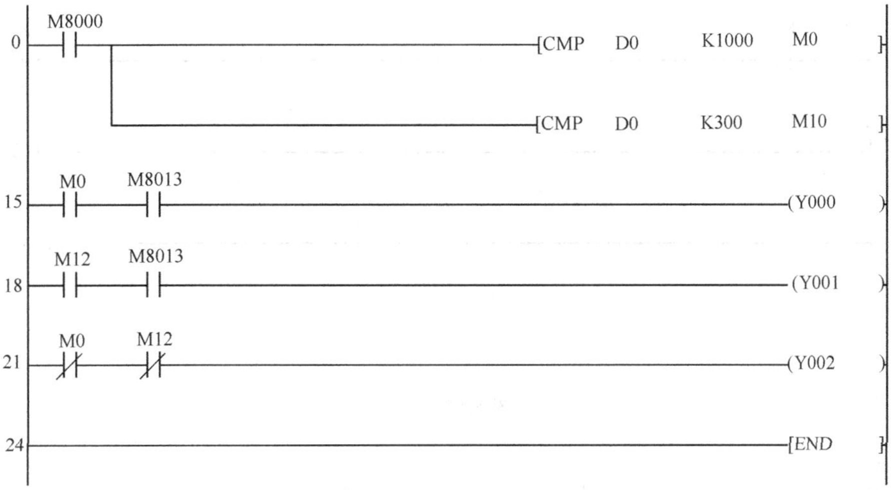

M8000
0
CMP D0 K1000 M0
CMP D0 K300 M10
15
M0
M8013
Y000
18
M12
M8013
Y001
21
M0
M12
Y002
24
END

图 4-51 程序

2）区间比较指令（ZCP）

区间比较指令是将一个操作数[S •]与两个操作数[S1 •] 和[S2 •]形成的区间相比较，[S1 •]不得大于[S2 •]，结果送到[D •]中。区间比较指令的应用如图 4-52 所示。

X2
[S1·]
[S2·]
[S·]
[D·]
ZCP
K0
K10
D0
M0
M0
当 K0>D0 时，M0接通
M1
当 K0<=D0<=K10时，M1 接通
M2
当 K10<D0 时，M2 接通

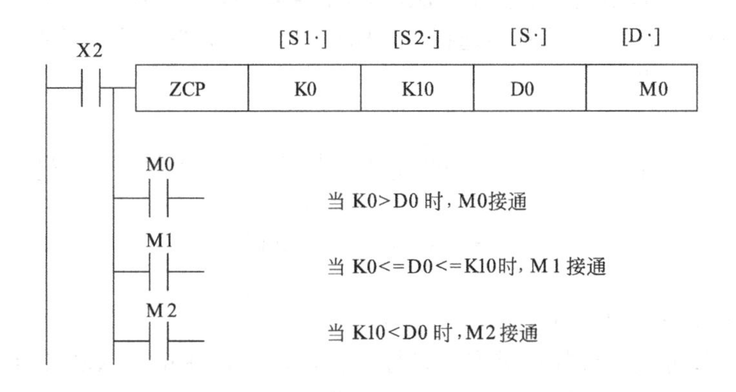

图 4-52 区间比较指令应用示例

【例 4-14】 控制要求同【例 4-13】

【解】 程序如图 4-53 所示，可见要比【例 4-13】的解法容易，指令也少。

（2）传送指令

1）传送指令（MOV）

传送指令 MOV 的功能编号是 FNC12，其功能是把源操作数送到目标元件中去，其目标元件格式及指令格式如图 4-54、图 4-55 所示。

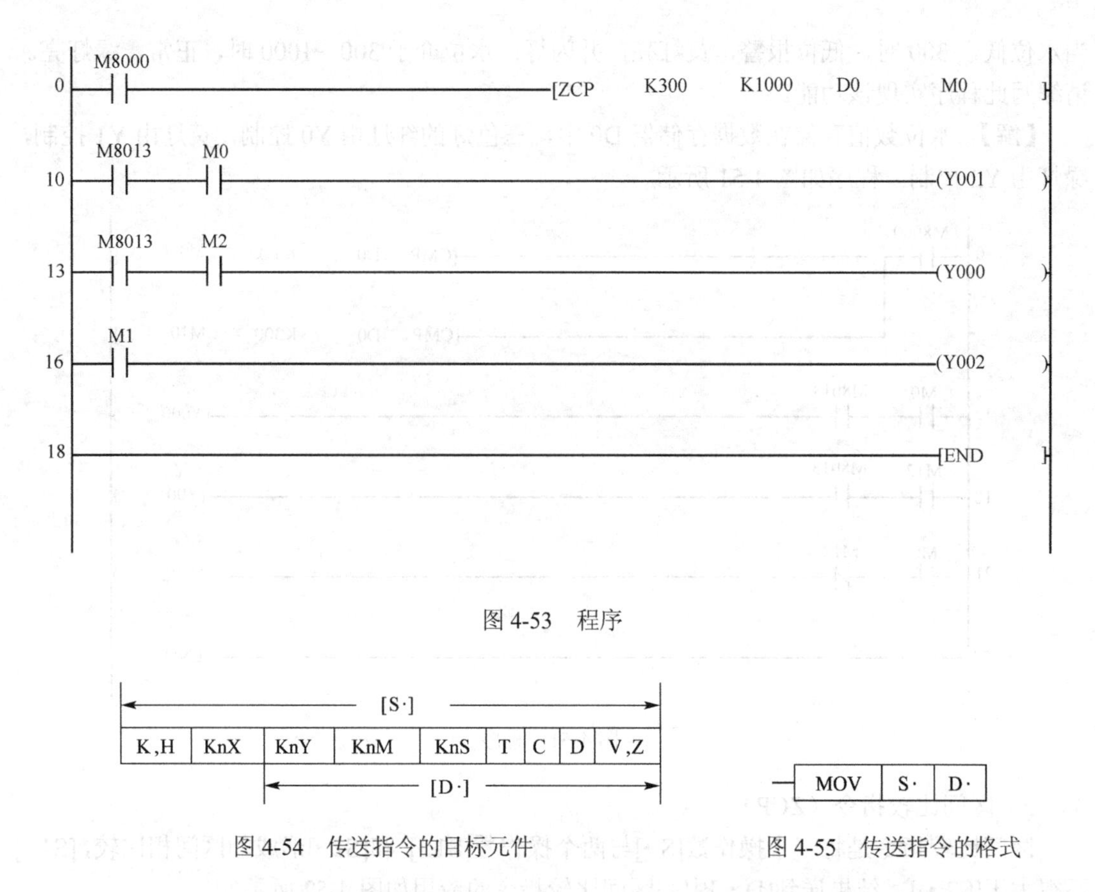

图 4-53 程序

K,H	KnX	KnY	KnM	KnS	T	C	D	V,Z

[S·]：K,H～V,Z；[D·]：KnY～V,Z

图 4-54 传送指令的目标元件

MOV	S·	D·

图 4-55 传送指令的格式

用一个例子说明传送指令的使用方法，如图 4-56 中，当 X0 闭合后，将源操作数 10 传送到目标元件 D10 中，一旦执行传送指令，即使 X0 断开，D10 中的数据仍然不变，有的资料称这个指令是复制指令。

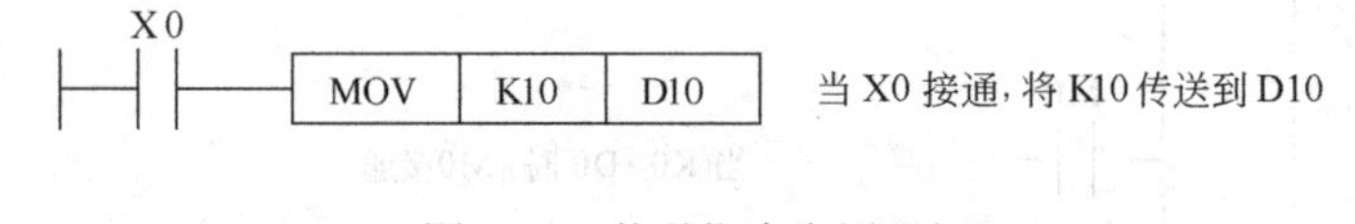

图 4-56 传送指令应用示例

使用 MOV 指令时应注意：

① 源操作数可取所有数据类型，目标操作数可以是 KnY、KnM、KnS、T、C、D、V、Z。

② 16 位运算时占 5 个程序步，32 位运算时则占 9 个程序步。

以上介绍的是 16 位数据传送指令，还有 32 位数据传送指令，格式与 16 位传送指令类似，以下用一个例子说明其应用。如图 4-57 所示，当 X2 闭合，源数据 D1 和 D0 分别传送到目标地址 D11 和 D10 中去。

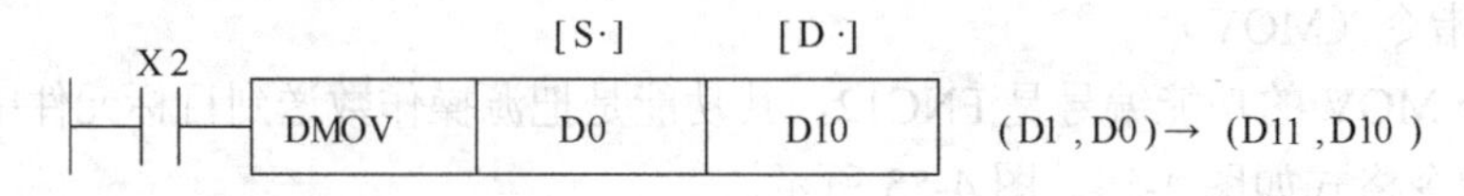

图 4-57 32 位传送指令应用示例

【例 4-15】 将如图 4-58 所示的程序简化成一条指令的程序。

X000
0
Y000
X001
2
Y001
X002
4
Y002
X003
6
Y003
8
END

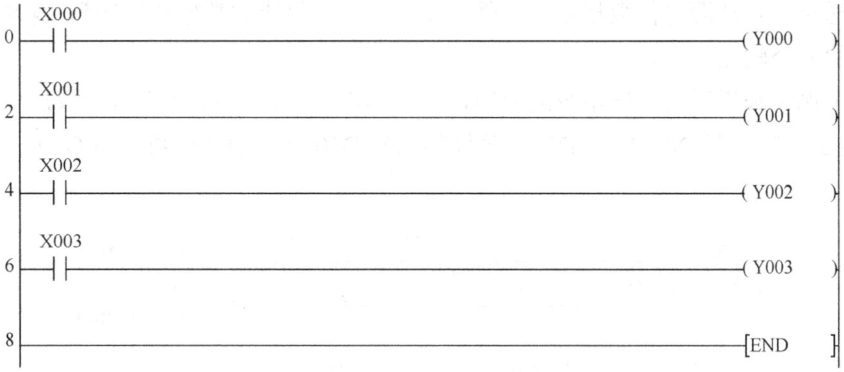

图 4-58　程序

【解】 简化后的程序如图 4-59 所示，其执行效果完全相同。

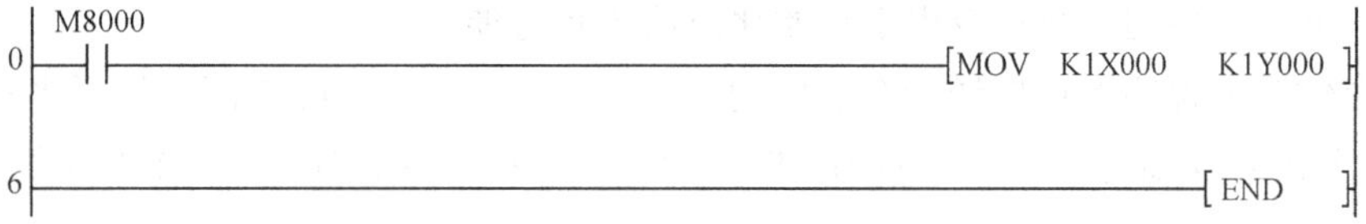

M8000
0
MOV　K1X000　K1Y000
6
END

图 4-59　程序

2）取反传送（CML）

取反传送将源操作数中的数据自动转化成二进制，逐位取反后传送。

用一个例子来说明取反传送指令的应用，如图 4-60 所示，若 D0 中的数据为 1111000011110000，那么当 X2 闭合执行取反传送指令后，D10 中的数据为 0000111100001111。

X2
[S·]
[D·]
CML
D0
D10
(D1)→(D10)

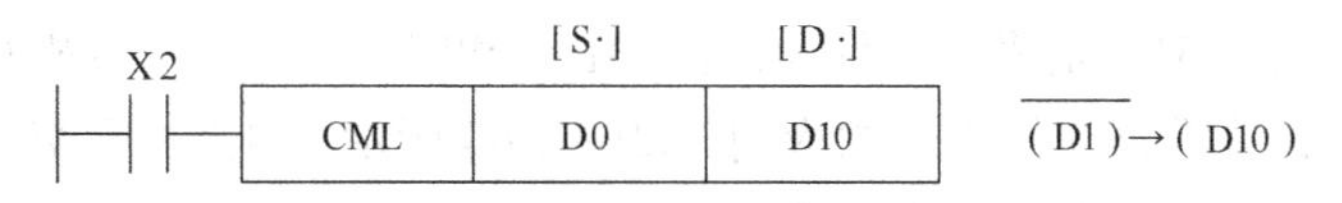

图 4-60　取反传送指令应用示例

【例 4-16】 已知 D0 中的数据为二进制 1111，0000，1100，1100，Y0~Y17 都为 0，请问：执行如图 4-61 所示的程序后，Y0~Y17 中的数据是多少？

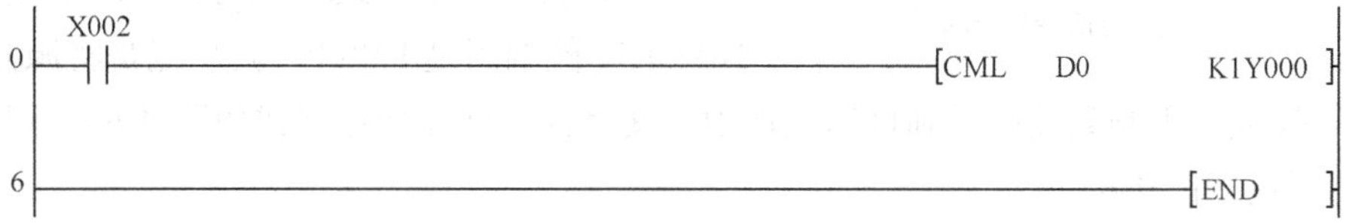

X002
0
CML　D0　K1Y000
6
END

图 4-61　程序

【解】 先对 D0 中的数据取反，取反后的结果是 0000，1111，0011，0011，再把结果送到 K1Y0 中，由于 K1Y0 实际上是 Y0~Y3 共 4 位，所以 Y0、Y1、Y2、Y3 对应 D0 的低四位，Y0=1，Y1=1，Y2=0，Y3=0，从 Y4~Y17 共 12 位并未接收任何数据，所以全为 0。

3）块传送指令（BMOV）

块传送指令是从源操作数指定的元件开始的 *n* 个数组成的数据块传送到目标指定的软元件为开始的 *n* 个软元件中。

用一个例子来说明块传送指令的应用，如图 4-62 所示，当 X2 闭合执行取反传送指令后，D0 开始的 3 个数（即 D0、D1、D2），分别传送到 D10 开始的 3 个数（即 D10、D11、D12）中去。

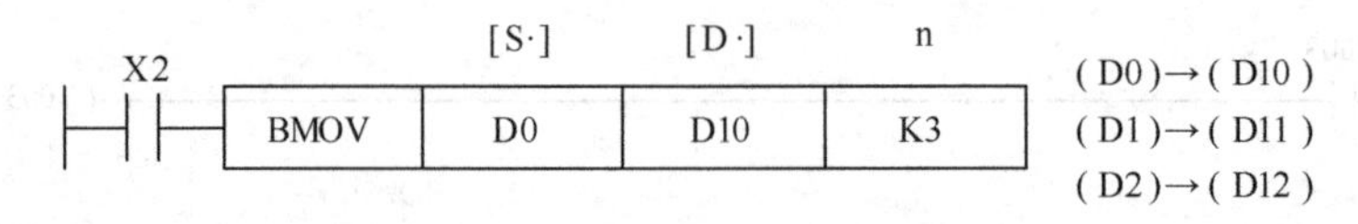

图 4-62　块传送指令应用示例

4）多点传送指令（FMOV）

多点传送指令是将源元件中的数据传送到指定目标开始的 *n* 个目标单元中，这 *n* 个目标单元中的数据完全相同。此指令用于初始化时清零较方便。

用一个例子来说明多点传送指令的应用，如图 4-63 所示，当 X2 闭合执行多点传送指令后，0 传送到 D10 开始的 3 个数（D10、D11、D12）中，D10、D11、D12 中的数为 0，当然就相等。

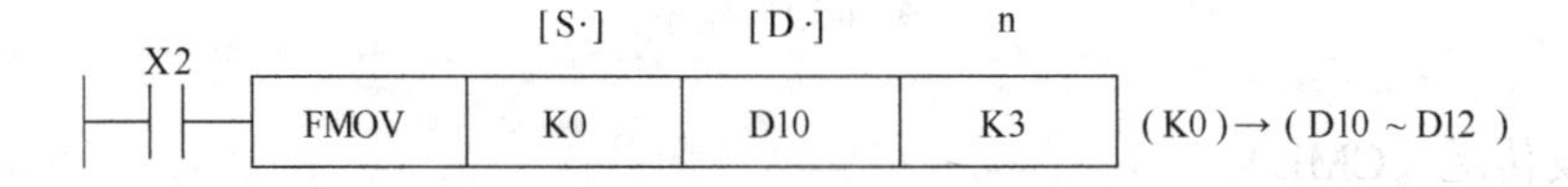

图 4-63　多点传送指令应用示例

5）数据交换指令（XCH）

数据交换指令（XCH）是将两个目标元件[D1·]和[D2·]中的内容相互交换。

用一个例子来说明数据交换指令的应用，如图 4-64 所示，如果执行交换指令前，D0=18、D10=88，当 X2 闭合执行数据交换指令后，D0=88、D10=18。

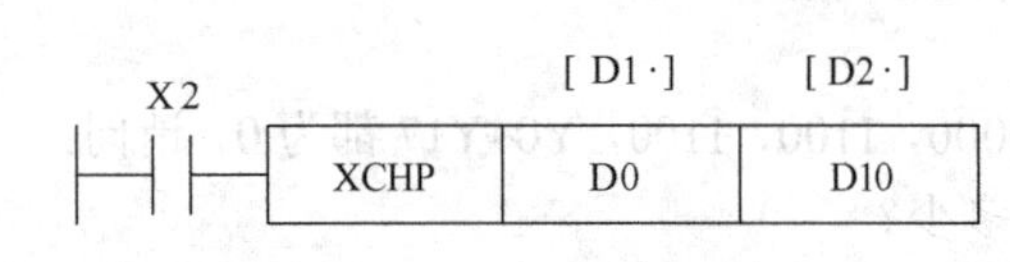

图 4-64　多点传送指令应用示例

6）BCD 与 BIN 指令

BCD 指令的功能编码是 FNC18，其功能是将源元件中的二进制数转换成 BCD 数据，并送到目标元件中。转换成的 BCD 码可以驱动 7 段码显示。BIN 的功能编码是 FNC19，其功能是将源元件中的 BCD 码转换成二进制数数据送到目标元件中。其目标元件及指令格式如图 4-65、图 4-66 所示。应用示例如图 4-67 所示。

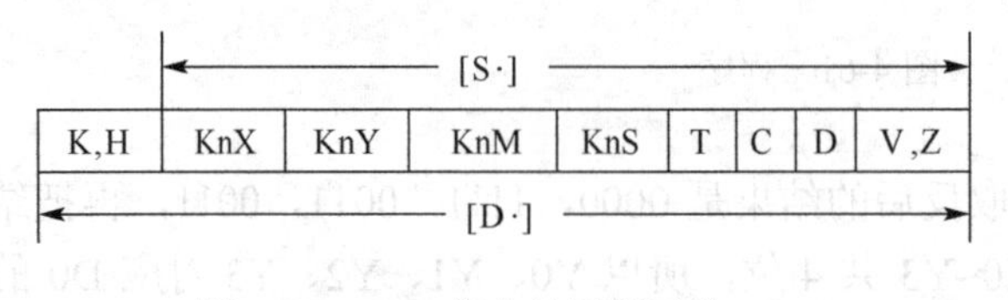

图 4-65　BCD 指令的目标元件

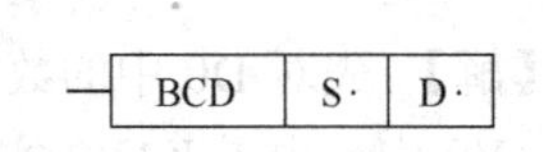

图 4-66　BCD 指令的格式

使用 BCD、BIN 指令时应注意：

① 源操作数可取 KnX、KnY、KnM、KnS、T、C、D、V 和 Z，目标操作数可取 KnY、KnM、KnS、T、C、D、V 和 Z；

② 16 位运算占 5 个程序步，32 位运算占 9 个程序步。

X0 [S.] [D.]
BCD D10 K2Y0
X1 [S.] [D.]
BIN K2X0 D13

图 4-67　BCD 指令的应用示例

4.3.3　程序流指令

程序流功能指令（FNC00~FNC09）主要用于程序的结构及流程控制，这类功能指令包括跳转、子程序、中断和循环等指令。

（1）条件跳转指令（CJ、CJP）

条件跳转指令的功能代码是 FNC00，其操作元件指针是 P0～P127，P×为标号。条件跳转指令的应用如图 4-68 所示，当 X0 接通，程序跳转到 CJ 指令指定的标号 P8 处，CJ 指令与标号之间的程序被跳过，不执行。如果 X0 不接通，则程序不发生跳转，所以 X0 就是跳转的条件。CJ 指令类似于 BASIC 语言重的“GOTO”语句。

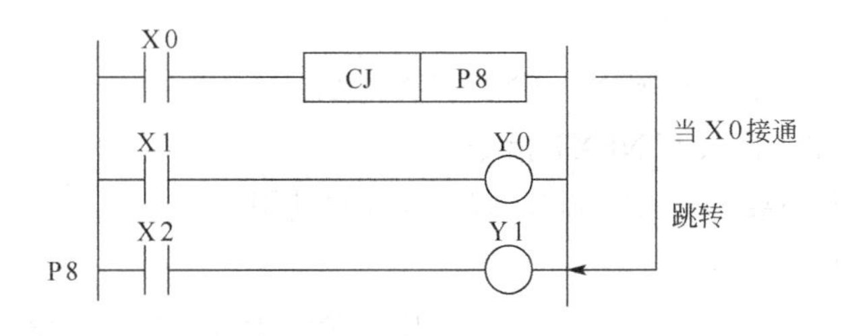

图 4-68　条件跳转指令的应用

图 4-68 的指令表如下：

```
LD    X0
CJ    P8
LD    X1
OUT   Y0
      P8
LD    X2
OUT   Y1
```

使用跳转指令时应注意：

① CJP 指令表示为脉冲执行方式，如图 4-68 所示，当 X0 由 OFF 变成 ON 时执行跳转指令；

② 在一个程序中一个标号只能出现一次，否则将出错；

③ 在跳转执行期间，即使被跳过程序的驱动条件改变，但其线圈（或结果）仍保持跳转前的状态，因为跳转期间根本没有执行这段程序；

④ 如果在跳转开始时，定时器和计数器已在工作，则在跳转执行期间它们将停止工作，到跳转条件不满足后又继续工作。但对于正在工作的定时器 T192～T199 和高速计数器

C235～C255 不管有无跳转仍连续工作；

⑤ 若积算定时器和计数器的复位指令 RST 在跳转区外，即使它们的线圈被跳转，但对它们的复位仍然有效。

（2）循环指令

循环指令的功能代码是 FNC08、FNC09，分别对应 FOR 和 NEXT，其功能是对“FOR－NEXT”间的指令执行 *n* 次处理后，再进行 NEXT 后的步处理。循环指令的目标元件及指令格式如图 4-69、图 4-70 所示。

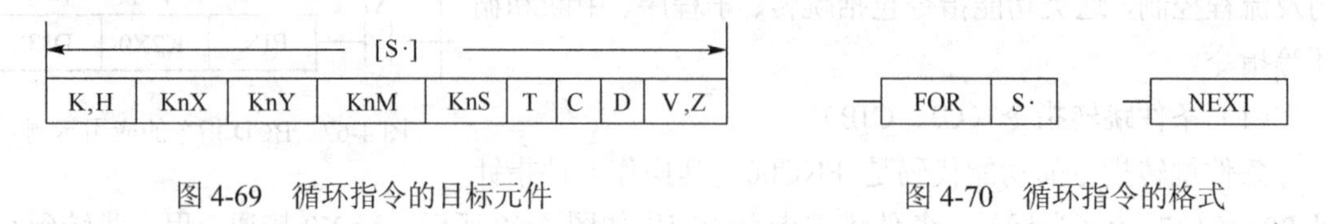

图 4-69 循环指令的目标元件　　图 4-70 循环指令的格式

使用注意事项：

① 循环指令最多可以嵌套 5 层其他循环指令；

② NEXT 指令不能在 FOR 指令之前；

③ NEXT 指令不能用在 FEND 或 END 指令之后；

④ 不能只有 FOR，而没有 NEXT 指令；

⑤ NEXT 指令数量要与 FOR 相同，即必须成对使用；

⑥ NEXT 没有目标元件。

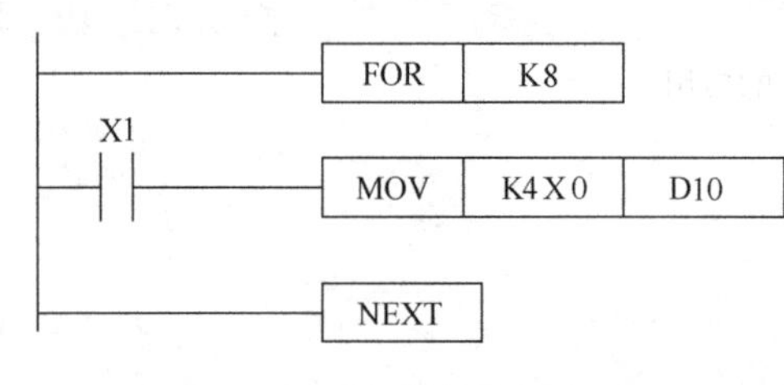

图 4-71 循环指令的应用示例

用一个例子说明循环指令的应用，如图 4-71 所示，当 X1 接通时，连续作 8 次将 X0～X15 的数据传送到 D10 数据寄存器中。

（3）子程序调用和返回指令（CALL、SRET）

子程序应该写在主程序之后，即子程序的标号应写在指令 FEND 之后，且子程序必须以 SRET 指令结束。子程序的格式如图 4-72 所示。把经常使用的程序段做成子程序，可以提高程序的运行效率。

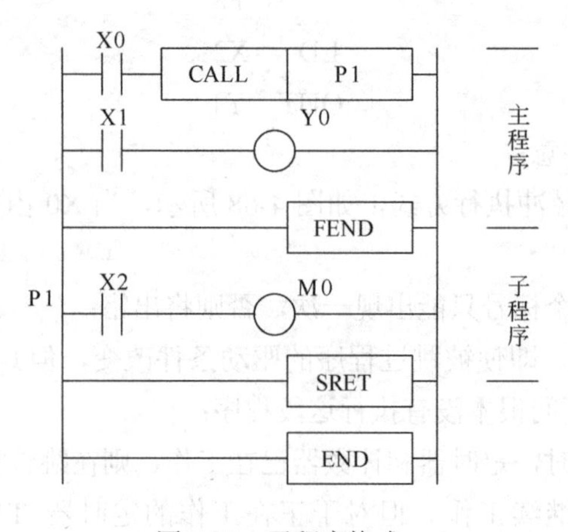

图 4-72 子程序格式

子程序中再次使用 CALL 子程序，形成子程序嵌套。包括第一条 CALL 指令在内，子程序的嵌套最多不大于 5。

用一个例子说明子程序的应用，如图 4-73 所示，当 X0 接通时，调用子程序，K10 传送到 D0 中，然后返回主程序，D0 中的 K10 传送到 D2 中。

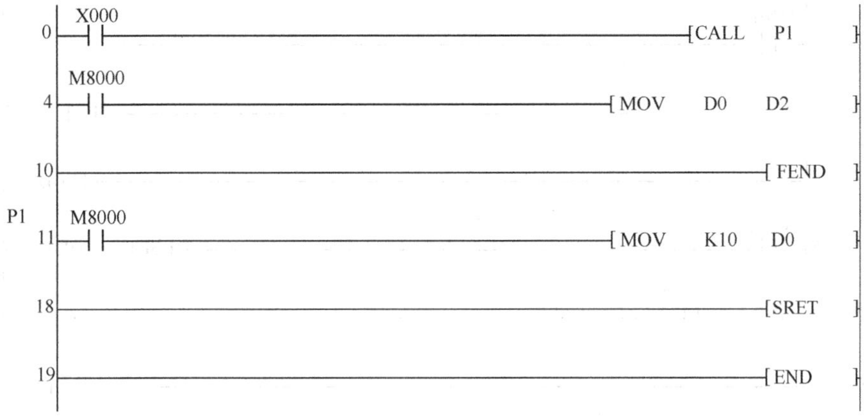

```
        X000
    0 ──┤ ├──────────────────────[CALL   P1    ]
        M8000
    4 ──┤ ├──────────────────────[MOV  D0   D2 ]
   10 ───────────────────────────[FEND         ]
P1      M8000
   11 ──┤ ├──────────────────────[MOV  K10  D0 ]
   18 ───────────────────────────[SRET         ]
   19 ───────────────────────────[END          ]
```

图 4-73　子程序的应用示例

（4）允许中断程序、禁止中断程序和返回指令（EI、DI、IRET）

中断是计算机特有的工作方式，指在主程序的执行过程中，中断主程序，去执行中断子程序。中断子程序是为某些特定的控制功能而设定的。与前叙的子程序不同，中断是为随机发生的且必须立即响应的事件安排的，其响应时间应小于机器周期。引发中断的信号叫中断源。

FX 系列 PLC 中断事件可分为三大类，即输入中断、计数器和定时中断。以下分别予以介绍。

① 输入中断　外部输入中断通常是用来引入发生频率高于机器扫描频率的外部控制信号，或者用于处理那些需要快速响应的信号。输入中断和特殊辅助继电器（M8050～M8055）相关，M8050～M8055 的接通状态（1 或者 0）可以实现对应的中断子程序是否允许响应的选择，其对应关系见表 4-14。

表 4-14　M8050～M8055 与指针编号、输入编号的对应关系

序号	输入编号	指针编号		禁止中断指令
		上升沿	下降沿	
1	X000	I001	I000	M8050
2	X001	I101	I100	M8051
3	X002	I201	I200	M8052
4	X003	I301	I300	M8053
5	X004	I401	I400	M8054
6	X005	I501	I500	M8055

用一个例子来解释输入中断的应用，如图 4-74 所示，主程序在前面，而中断程序在后面。当 X010=OFF（断开）时，特殊继电器 M8050 为 OFF，所以中断程序不禁止，也就是说与之对应的标号为 I001 的中断程序允许执行，即每当 X000 接收到一次上升沿中断申请信号时，就执行中断子程序一次，使 Y001=ON；从而使 Y002 每秒接通和断开一次，中断程序执行完

成后返回主程序。

```
0                                              [EI]
   X010
1 ─┤├──────────────────────────────────────── (M8050)
   M8013
4 ─┤├──────────────────────────────────────── (Y000)
6                                              [DI]
7                                              [FEND]
I1 M8000
8 ─┤├──────────────────────────────── [SET    Y001]
   Y001     M8013
11─┤├───────┤├────────────────────────────── (Y002)
14                                             [IRET]
15                                             [END]
```

图 4-74 输入中断程序的应用示例

② 定时器中断 定时器中断就是每隔一段时间（10～99ms），执行一次中断程序。特殊继电器 M8056～M8058 与输入编号的对应关系见表 4-15。

表 4-15 M8056～M8058 与输入编号的对应关系

序号	输入编号	中断周期（毫秒）	禁止中断指令
1	I6□□	在指针名称的□□部分中，输入 10～99 的整数，I610=每 10ms，执行一次定时器中断	M8056
2	I7□□		M8057
3	I8□□		M8058

用一个例子来解释定时器中断的应用，如图 4-75 所示，主程序在前面，而中断程序在后面。当 X001 闭合，M0 置位，每 10ms 执行一次定时器中断程序，D0 的内容加 1，当 D0=100 时，M1=ON，M1 常闭触点断开，D0 的内容不再增加。

③ 计数器中断 计数器中断是用 PLC 内部的高速计数器对外部脉冲计数，若当前计数值与设定值进行比较相等时，执行子程序。计数器中断子程序常用于利用高速计数器计数进行优先控制的场合。

计数器中断指针为 I0□0(□=1～6)共六个，它们的执行与否会受到 PLC 内特殊继电器 M8059 状态控制。

4.3.4 四则运算

（1）加法运算指令

加法运算指令的功能代码为 FNC20，其功能是将两个源数据的二进制相加，并将结果送入目标元件中，其目标元件及指令格式如图 4-76、图 4-77 所示。如图 4-78 所示，当 X0 接通将 D5 与 D15 的内容相加结果送入 D40 中。

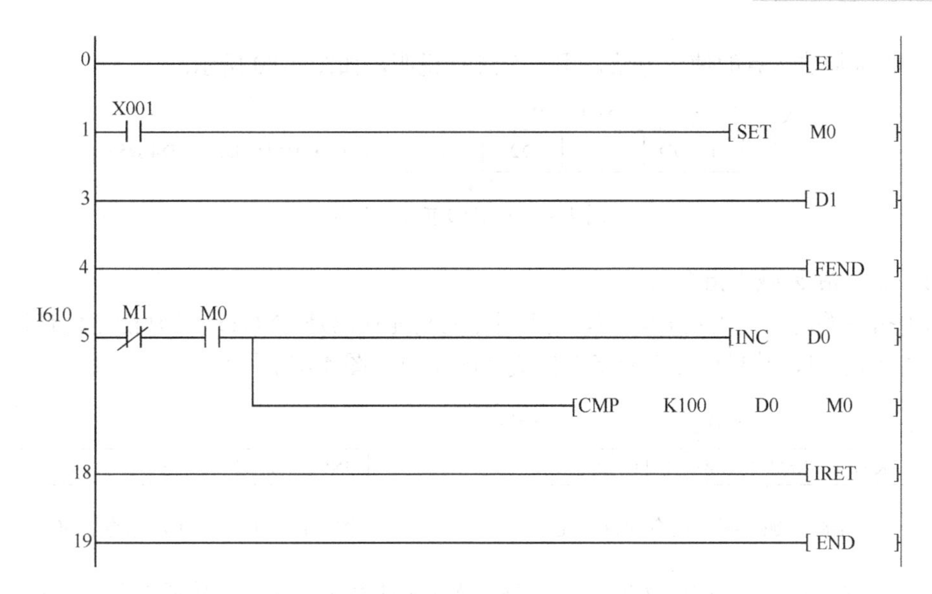

图 4-75 定时器中断程序的应用示例

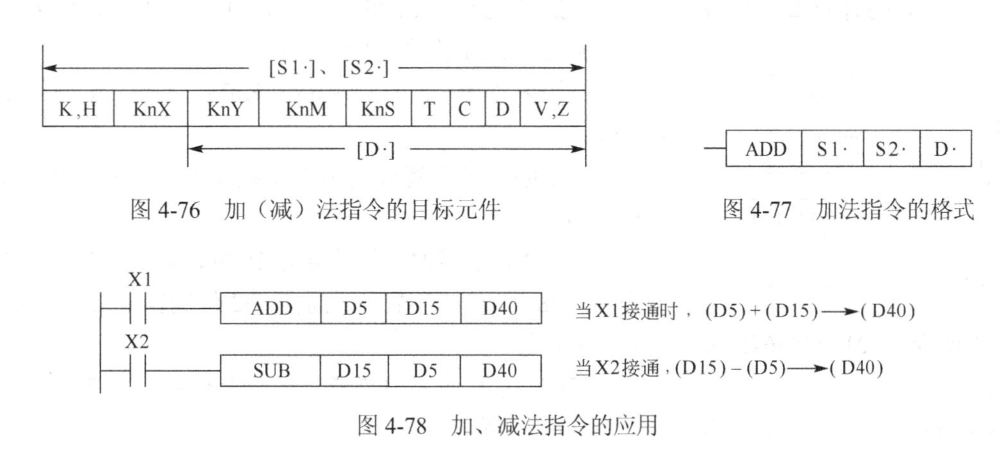

图 4-76 加（减）法指令的目标元件

图 4-77 加法指令的格式

图 4-78 加、减法指令的应用

使用加法和减法指令时应该注意：

① 操作数可取所有数据类型，目标操作数可取 KnY、KnM、KnS、T、C、D、V 和 Z，如图 4-76 所示；

② 16 位运算占 7 个程序步，32 位运算占 13 个程序步；

③ 数据为有符号二进制数，最高位为符号位（0 为正，1 为负）；

④ 数据的最高位是符号位，0 为正，1 为负。如果运算结果为 0，则 0 标志 M8020 置 ON，若为 16 位运算，结果大于 32767，或 32 位运算结果大于 2147483642 时，则进位标志位 M8022 为 ON。如果为 16 位运算，结果小于–32767，或 32 位运算结果小于–2147483642 时，则借位标志位 M8021 为 ON；

⑤ ADDP 的使用与 ADD 类似，为脉冲加法，用一个例子说明其使用方法，如图 4-79 所示。当 X2 从 OFF 到 ON，执行一次加法运算，此后即使 X2 一直闭合也不执行加法运算；

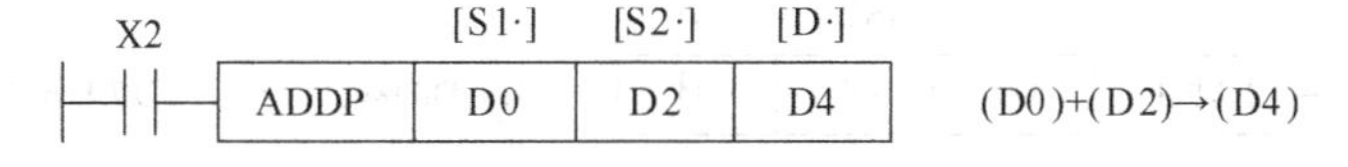

图 4-79 ADDP 指令的应用

⑥ 32 位加法运算的使用方法，用一个进行说明，如图 4-80 所示。

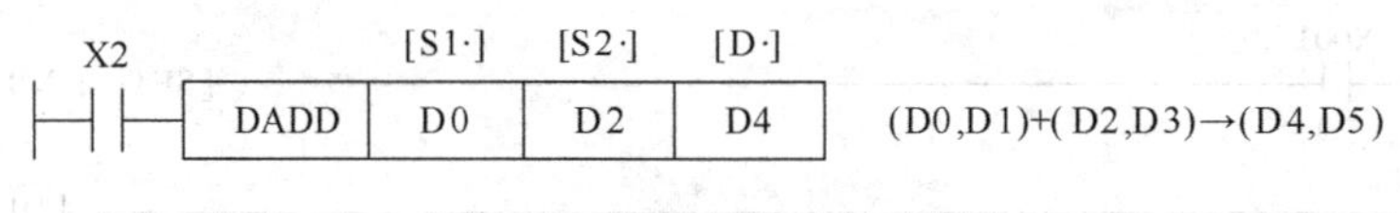

图 4-80 DADD 指令的应用

（2）加 1 指令/减 1 指令

加 1 指令的功能代码是 FNC24，减 1 指令的功能代码是 FNC25，其功能是使目标元件中的内容加（减）1，其目标元件及指令格式如图 4-81、图 4-82 所示。

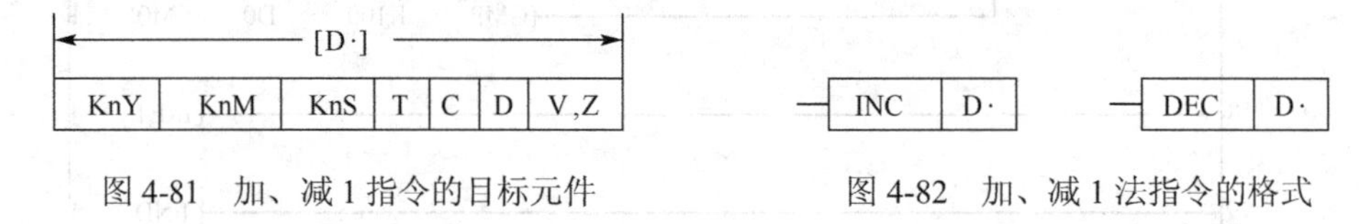

图 4-81 加、减 1 指令的目标元件

图 4-82 加、减 1 法指令的格式

加、减 1 指令的应用如图 4-83 所示，每次 X0 接通产生一个 M0 接通的脉冲，从而使 D10 的内容加 1，同时 D12 的内容减 1。加（减）1 指令与 MCS–51 单片机中加（减）1 指令类似。

图 4-83 加、减 1 指令的应用

使用加 1/减 1 指令时应注意：

① 指令的操作数可为 KnY、KnM、KnS、T、C、D、V、Z。

② 当进行 16 位操作时为 3 个程序步，32 位操作时为 5 个程序步。

③ 在 INC 运算时，如数据为 16 位，则由+32767 再加 1 变为–32768，但标志不置位；同样，32 位运算由+2147483647 再加 1 就变为–2147483648 时，标志也不置位。

④ 在 DEC 运算时，16 位运算–32768 减 1 变为+32767，且标志不置位；32 位运算由–2147483648 减 1 变为 2147483647，标志也不置位。

（3）乘法和除法指令（MUL、DIV）

乘法指令是将两个源元件中的操作数的乘积送到指定的目标元件。如果是 16 位的乘法，乘积是 32 位，如果是 32 位的乘法，乘积是 64 位，数据的最高位是符号位。

用两个例子说明乘法指令的应用方法。如图 4-84 所示，是 16 位乘法，若 D0=2，D2=3，执行乘法指令后，乘积为 32 位占用 D5 和 D4，结果是 6。如图 4-85 所示，是 32 位乘法，若（D1，D0）=2，（D3，D2）=3，执行乘法指令后，乘积为 64 位占用 D7、D6、D5 和 D4，结果是 6。

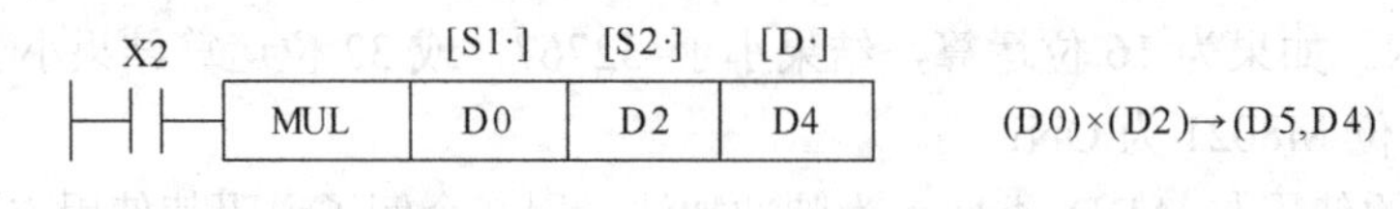

图 4-84 16 位乘法指令的应用示例

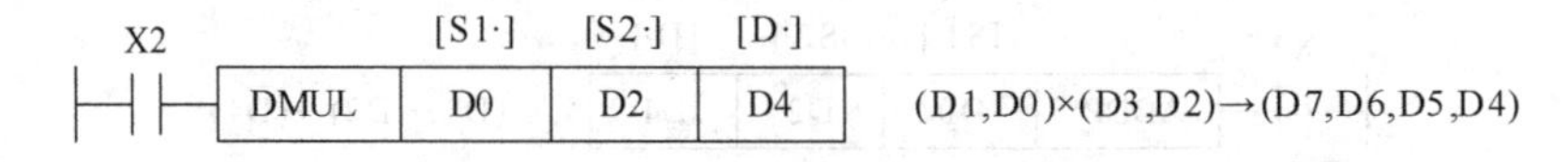

图 4-85 32 位乘法指令的应用示例

除法也有 16 位和 32 位除法，得到商和余数。如果是 16 位除法，商和余数都是 16 位，商在低位，而余数在高位。

用两个例子说明讲解除法指令的应用方法。如图 4-86 所示，是 16 位除法，若 D0=7，D2=3，执行除法指令后，商为 2，在 D4 中，余数为 1，在 D5 中。如图 4-87 所示，是 32 位除法，若（D1，D0）=7，（D3，D2）=3，执行除法指令后，商为 32 位在（D5、D4），余数为 1，在（D7，D6）中。

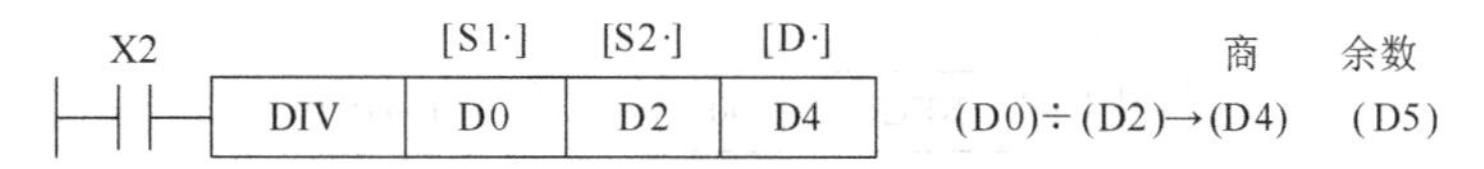

图 4-86　16 位除法指令的应用示例

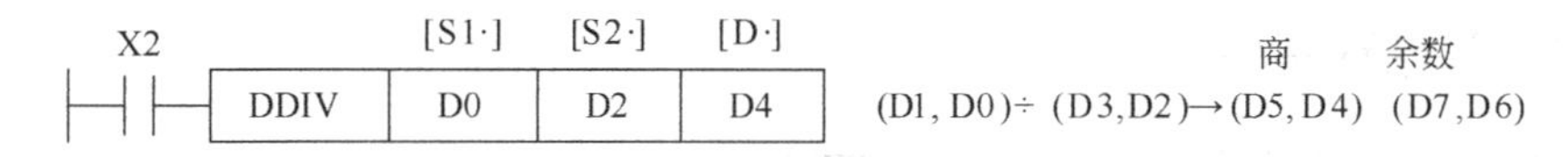

图 4-87　32 位除法指令的应用示例

（4）字逻辑运算指令（WAND、WOR、WXOR、NEG）

字逻辑运算指令是以位为单位作相应运算的指令，其逻辑运算关系见表 4-16。

表 4-16　字逻辑运算关系

与（WAND）			或（WOR）			异或（WXOR）		
C=A·B			C=A+B			C=A⊕B		
A	B	C	A	B	C	A	B	C
0	0	0	0	0	0	0	0	0
0	1	0	0	1	1	0	1	1
1	0	0	1	0	1	1	0	1
1	1	1	1	1	1	1	1	0

用一个例子解释逻辑字与指令的使用方法，如图 4-88 所示，若 D0=0000,0000,0000,0101，D2=0000,0000,0000,0100，每个对应位进行逻辑与运算，结果为 0000,0000,0000,0100（即 4）。

X2
[S1·] [S2·] [D·]
WAND D0 D2 D4
(D1)·(D2)→(D4)

图 4-88　逻辑与运算指令的应用示例

用一个例子解释逻辑字或指令的使用方法，如图 4-89 所示，若 D0=0000,0000,0000,0101，D2=0000,0000,0000,0100，每个对应位进行逻辑或运算，结果为 0000,0000,0000,0101（即 7）。

X2
[S1·] [S2·] [D·]
WOR D0 D2 D4
(D1)+(D2)→(D4)

图 4-89　逻辑字或指令的应用示例

用一个例子解释逻辑字异或指令的使用方法，如图 4-90 所示，若 D0=0000,0000,0000,0101，D2=0000,0000,0000,0100，每个对应位进行逻辑异或运算，结果为 0000,0000,0000,0001（即 1）。

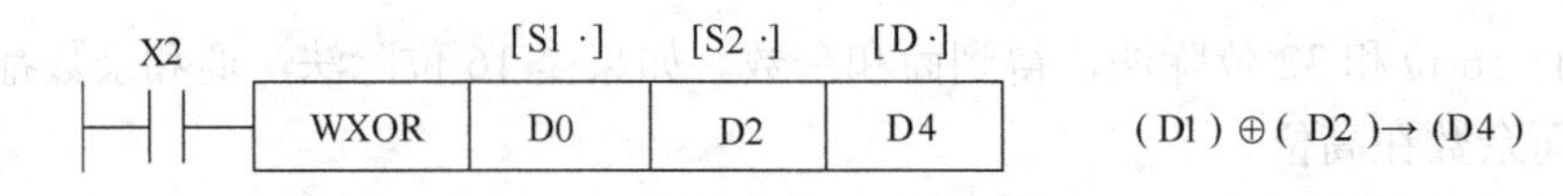

图 4-90 逻辑字异或指令的应用示例

求补指令（NEG）只有目标操作元件。它的目标元件的内容中的每一位取反（0 变 1，1 变 0）再加 1，结果仍然保存在此元件中。求补指令的应用示例如图 4-91 所示。

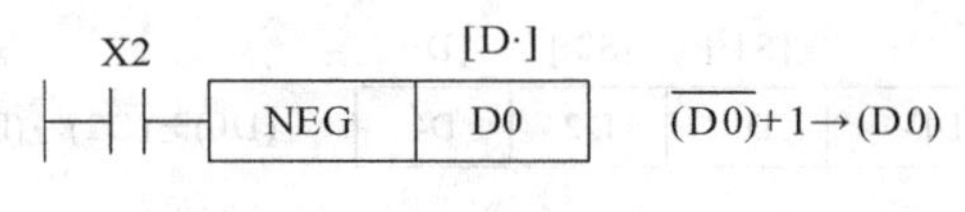

图 4-91 求补指令的应用示例

4.3.5 移位和循环指令

（1）左移位和右移位指令（SFTL、SFTR）

左移位指令的功能代码是 FNC35，其功能是使元件中的状态向左移位，由 n1 指定移位元件的长度，由 n2 指定移位的位数。一般将驱动输入换成脉冲。若连续执行移位指令，则在每个运算周期都要移位 1 次，其目标元件及指令格式如图 4-92、图 4-93 所示。左移位指令的应用如图 4-94，当 X6 接通后，M15～M12 输出，M11～M8 的内容送入 M15～M12，M7～M4 的内容送入 M11～M8，M3～M0 的内容送入 M7～M4，X3～X0 的内容送入 M3～M0。其功能示意图如图 4-95 所示。

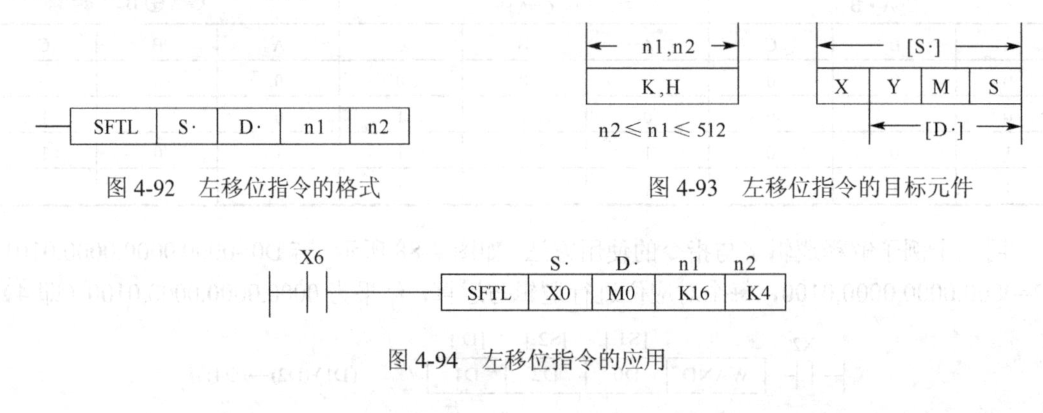

图 4-92 左移位指令的格式

图 4-93 左移位指令的目标元件

图 4-94 左移位指令的应用

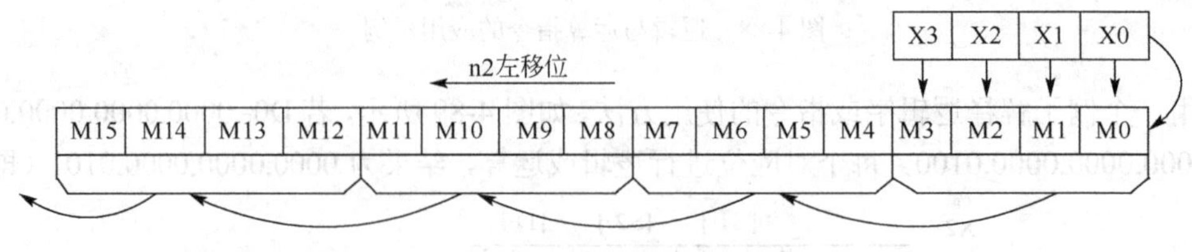

图 4-95 左移位指令的示意图

使用右位移和左位移指令时应注意：

① 源操作数可取 X、Y、M 和 S，目标操作数可取 Y、M、S；

② 只有 16 位操作，占 9 个程序步；

③ 右移位指令除了移动方向与左移指令相反外，其他的使用规则与左移指令相同。

（2）左循环和右循环指令（ROL、ROR）

左循环指令 ROL 和左移位指令 STFL 类似，只不过 STFL 高位数据会溢出，而循环则不会。用一个例子说明 ROL 的使用方法，如图 4-96 所示，当 X2 闭合一次，D0 中的数据向左移动 4 位，最高 4 位移到最低 4 位。

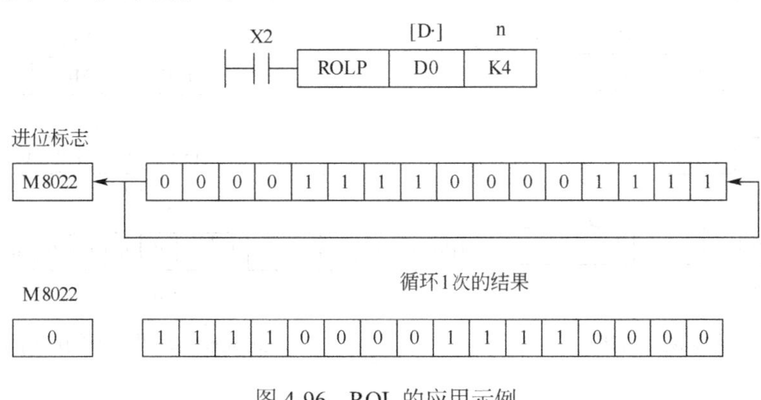

图 4-96　ROL 的应用示例

4.3.6　数据处理指令

数据处理指令（FNC40～FNC49、FNC147）用于处理复杂数据或作为满足特殊功能的指令。

（1）区间复位指令（ZRST）

区间复位指令的功能是使[D1・]～[D2・]区间的元件复位，[D1・]～[D2・]指定的应该是同类元件，一般[D1・]的元件号小于[D2・]的元件号，若[D1・]的元件号大于 [D2・]的元件号，则只对[D1・]复位。区间复位指令参数见表 4-17。

表 4-17　区间复位指令参数

指令名称	FNC NO.	[D1・]	[D2・]
区间复位	FNC40	Y、M、S、T、C、D（D1≤D2）	

用一个例子解释区间复位指令（ZRST）的使用方法，如图 4-97 所示，PLC 上电后，将 M0～M10 共 11 点继电器整体复位。

M8002　[D1·]　[D2·]

ZRST　M0　M10　将M0~M10整体复位

图 4-97　区间复位指令的应用示例

（2）解码和编码指令（DECO、ENCO）

解码指令（DECO）把目标元件的指定位置位。编码指令（ENCO）把源元件的 ON 位最高位存放在目标元件中。解码和编码指令参数见表 4-18。

表 4-18　解码和编码指令参数

指令名称	FNC NO.	[S・]	[D・]	n
解码	FNC41	K、H、X、Y、M、S、T、C、D、VZ	Y、M、S、T、C、D	K、H n 为 1～8
编码	FNC42	X、Y、M、S、T、C、D、VZ	T、C、D、VZ	

用一个例子解释解码指令的使用方法，如图4-98所示，源操作数（X2,1,X0）=2时，从M0开始的第2个元件置位，即M2置位，注意M0是第0个元件。

用一个例子解释编码指令的使用方法，如图4-99所示，当源操作数的第三位为1（从第0位算起），经过解码后，将3存放在D0中，所以D0的最低两位都为1，即为3。

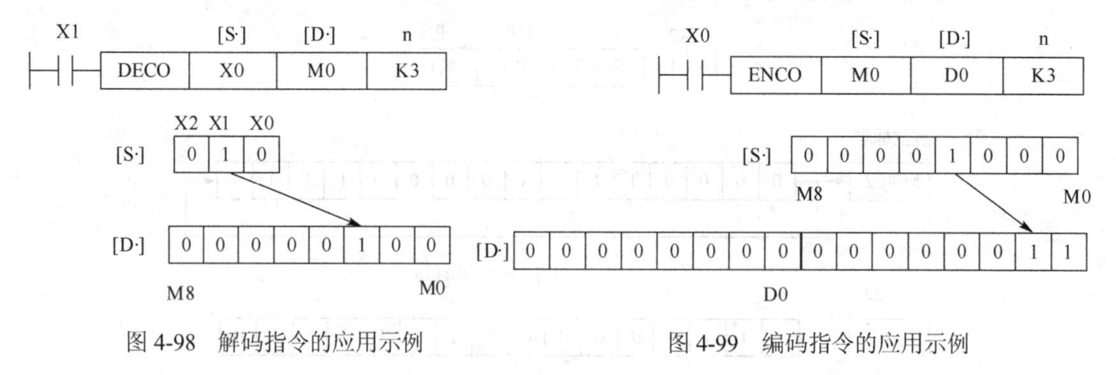

图4-98 解码指令的应用示例　　图4-99 编码指令的应用示例

（3）求置位ON位的总个数指令（SUM）

求置位ON位的总个数指令的功能是统计源操作数中ON位的个数，并将结果存入目标元件中。求置位ON位的总个数指令参数见表4-19。

表4-19 求置位ON位的总个数指令参数

指令名称	FNC NO.	[S·]	[D·]
求置位ON位的总个数	FNC43	K、H、KnX、KnY、KnM、KnS、T、C、D、VZ	KnX、KnY、KnM、KnS、T、C、D、VZ

用一个例子解释求置位ON位的总个数指令的使用方法，如图4-100所示，当X0闭合后，执行求置位ON位的总个数指令，假设D0=HFFFF，很显然D0中二进制时，1的个数是16个，那么D2=16。

X0　[S·]　[D·]

SUM　D0　D2

图4-100 求置位ON位的总个数指令的应用示例

（4）平均值指令（MEAN）

平均值指令就是计算指定范围源操作数的平均值。平均值指令参数见表4-20。

表4-20 平均值指令参数

指令名称	FNC NO.	[S·]	[D·]	n
求平均值	FNC45	KnX、KnY、KnM、KnS、T、C、D	KnY、KnM、KnS、T、C、D、VZ	K、H 1～32767

用一个例子解释平均值指令（MEAN）的使用方法，如图4-101所示，将源操作数D0、D1、D2的算数平均值，存入目标元件D10中，余数不计。如果平均值是33.3，那么D10中结果为33。

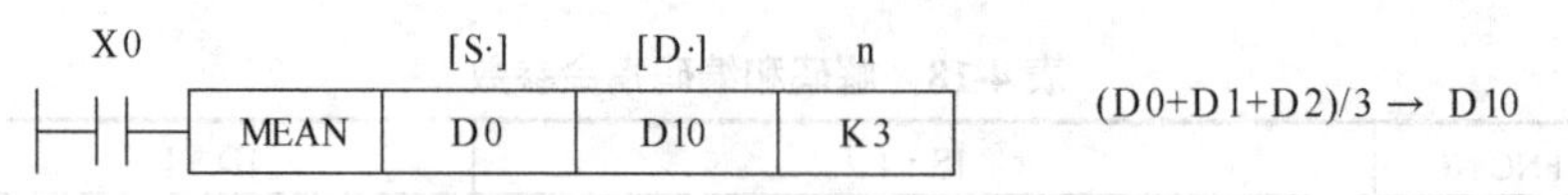

图4-101 求平均值指令的应用示例

（5）报警置位和报警复位指令（ANS、ANR）

报警置位指令（ANS）就是启动定时，时间到则把状态元件（如S900）置ON。报警复位指令（ANR）就是把激活的报警器复位。报警置位和报警复位指令参数见表 4-21。

表 4-21 报警置位和报警复位指令参数

指令名称	FNC NO.	[S •]	[D •]	n
报警置位	FNC46	T T0～T199	S S900～S999	K、H 1～32767
报警复位	FNC47	无		

用一个例子解释报警置位指令的使用方法，如图 4-102 所示，当 X0 闭合 1s 以上时，S900 置位（即使 X0 断开也，S900 也不复位），如果 X0 闭合时间不足 1s 时，S900 不置位。

用一个例子解释报警复位指令的使用方法，如图 4-103 所示，当 X0 闭合时，S900～S999 之间被置位的编号最小的复位，再闭合 X0 一次，下一个被置位复位。

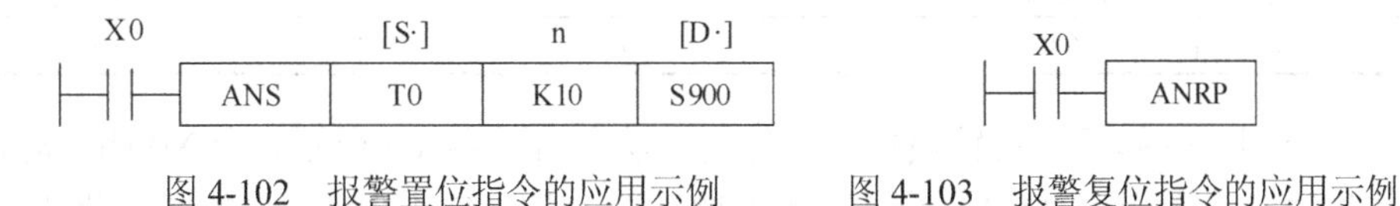

图 4-102 报警置位指令的应用示例　　图 4-103 报警复位指令的应用示例

【例 4-17】 请解释如图 4-104 所示的梯形图。

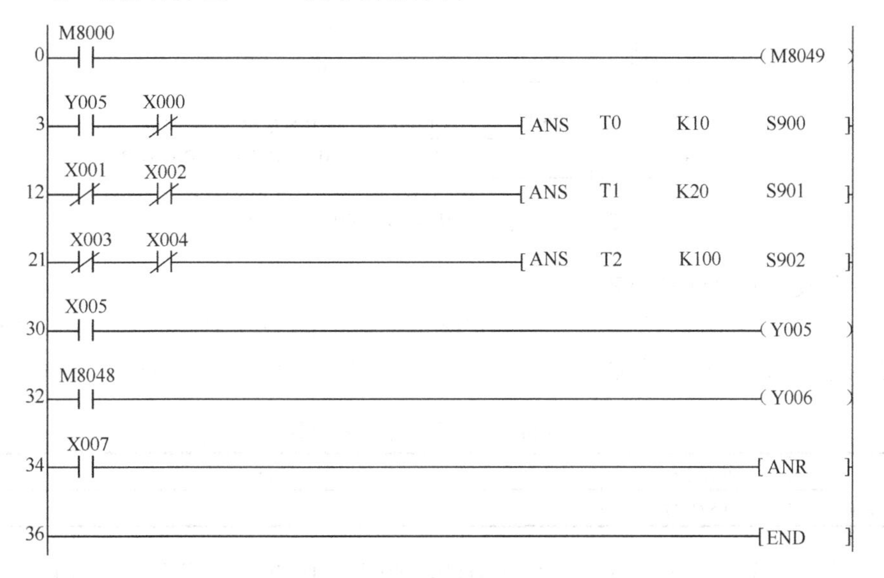

图 4-104 程序

【解】

0 步：使信号报警器有效；

3 步：当 Y005 有输出，X000 在 1s 内不动作，则 S900 置位；

12 步：X001 和 X002 在 2s 内不动作，则 S901 置位；

21 步：X003 和 X004 在 10s 内不动作，则 S902 置位；

32 步：S900～S999 只要有一个置位，则信号报警继电器 M8048 闭合，Y006 报警；

34 步：X007 闭合一次，复位一次。

（6）平方根指令（SQR）

平方根指令就是对源元件中数求平方根。平方根指令参数见表 4-22。

表 4-22 平方根指令参数

指令名称	FNC NO.	[S・]	[D・]
平方根	FNC48	K、H、D	D

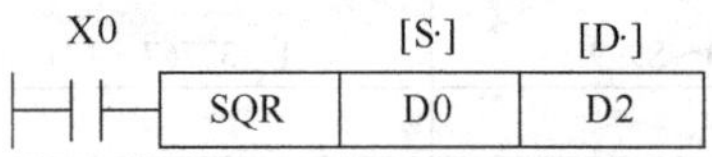

X0 [S·] [D·] SQR D0 D2

图 4-105 平方根指令的应用示例

用一个例子解释平方根指令的使用方法，如图 4-105 所示，当 X0 闭合时，对 D0 求平方根，结果四舍五入后存入 D2 中。

（7）浮点数转换指令（FLT）

浮点数转换指令就是对 BIN 整数到二进制浮点数转换。浮点数转换指令参数见表 4-23。

表 4-23 浮点数转换指令参数

指令名称	FNC NO.	[S・]	[D・]
浮点数转换	FNC49	D	D

用一个例子解释浮点数转换指令的使用方法，如图 4-106 所示，当 X0 闭合时，把 D0 中的数转化成浮点数存入（D3,D2）。而为双整数时，把（D11,D10）中的数转化成浮点数存入（D13,D12）。

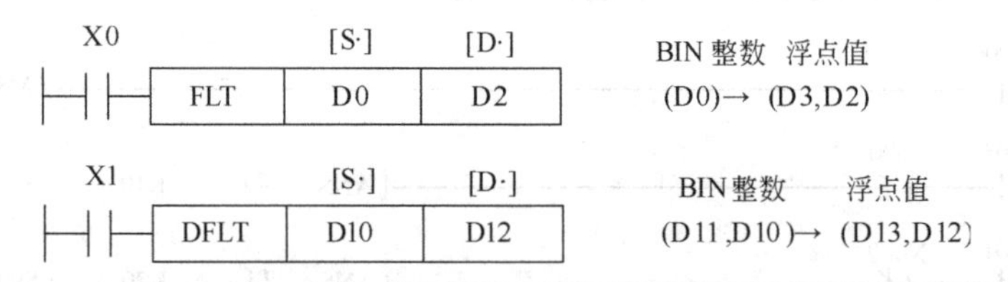

图 4-106 浮点数转换指令的应用示例

（8）字节交换指令（SWAP）

字节交换指令就是把高位和低位字节交换，如果是 16 位，则是高 8 位和低 8 位交换；如果是 32 位，则是高 16 位和低 16 位交换。字节交换指令参数见表 4-24。

表 4-24 字节交换指令参数表

指令名称	FNC NO.	[S・]
字节交换	FNC147	D

用一个例子解释字节交换指令的使用方法，如图 4-107 所示，当 X0 闭合时，如果 D0 中的数是 HFF00，当执行字节交换指令后，结果为 H00FF。

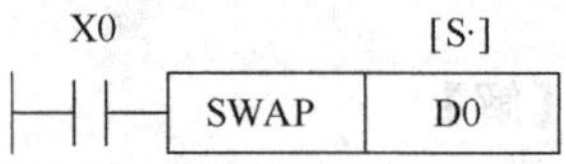

X0 [S·] SWAP D0

图 4-107 字节交换指令的应用示例

4.3.7 高速处理指令

高速处理指令（FNC50～FNC59）用于利用最新的输入输出信息进行顺序控制，还能有效利用 PLC 的高速处理能力进行中断处理。

（1）脉冲输出指令

脉冲输出指令的功能代号是 FNC57，其功能是以指定的频率产生定量的脉冲，其目标指令格式及元件如图 4-108、图 4-109 所示。[S1・]指定频率，[S2・]指定定量脉冲个数，[D]指定 Y 的地址。FX2N 系列有 Y0、Y1 两个高速输出，并且为晶体管输出形式。当定量输出执行完成后，标志 M8029 置 ON。如图 4-110 所示，当 X0 接通，在 Y0 上输出频率为 1000Hz

的脉冲D0个。这个指令用于控制步进电动机很方便。

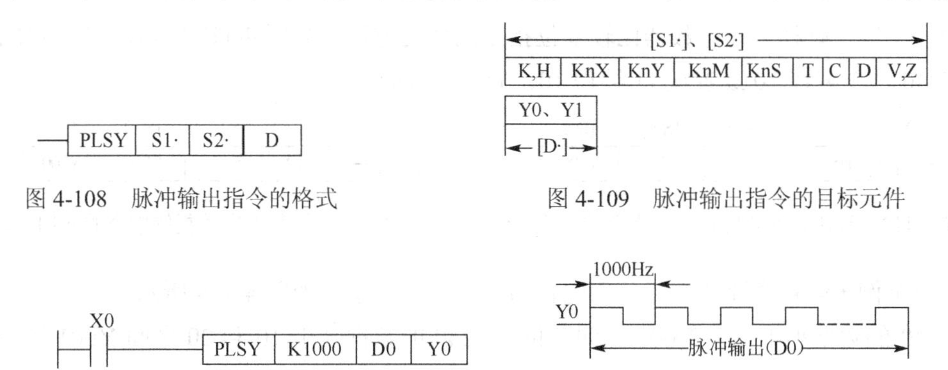

图4-108 脉冲输出指令的格式

图4-109 脉冲输出指令的目标元件

图4-110 脉冲输出指令的应用

使用脉冲输出指令时应注意：

① [S1·]、[S2·]可取所有的数据类型，[D·]为Y1和Y2；

② 该指令可进行16位和32位操作，分别占用7个和13个程序步；

③ 本指令在程序中只能使用一次。

（2）输入输出刷新指令（REF）

PLC通常使用批处理的方式进行工作。输入输出刷新指令用在某段程序处理即使读入输入信息或者在某一操作结束后立即将结果输出。输入输出刷新指令参数见表4-25。

表4-25 输入输出刷新指令参数

指令名称	FNC NO.	[D·]	n
输入输出刷新	FNC50	X、Y 起始元件必须是10的倍数	K、H 8的倍数

用一个例子解释输入输出刷新指令的使用方法，如图4-111所示，当X0闭合时，X000～X010共八点被刷新。

X0 [D·] n
REF X0 K8

图4-111 输入输出刷新指令的应用示例

（3）高速计数器指令（HSCS、HSCR、HSZ）

高速计数器指令有3条。HSCS是满足条件时，目标元件置ON。HSCR是满足条件时，目标元件置OFF。HSZ是高速计数器区间比较。高速计数器指令参数见表4-26。

表4-26 高速计数器指令参数

指令名称	FNC NO.	[S1·]	[S2·]	[S3·]	[D·]
高速计数器比较置位	FNC53	K、H、KnX、KnY、KnM、KnS、T、C、D、VZ	C C=C235～C255	无	Y、S、M
高速计数器比较复位	FNC54	K、H、KnX、KnY、KnM、KnS、T、C、D、VZ	C C=C235～C255	无	Y、S、M、C
高速计数器区间比较	FNC55	K、H、KnX、KnY、KnM、KnS、T、C、D、VZ	K、H、KnX、KnY、KnM、KnS、T、C、D、VZ	C C=C235～C255	Y、S、M

用一个例子解释高速计数器比较置位指令的使用方法，如图4-112所示，当X0闭合时，

如果 C240 从 9 编程 10 或者从 11 编程 10，Y000 立即置位。

用一个例子解释高速计数器比较复位指令的使用方法，如图 4-113 所示，当 X0 闭合时，如果 C240 从 9 编程 10 或者从 11 编程 10，Y000 立即复位。

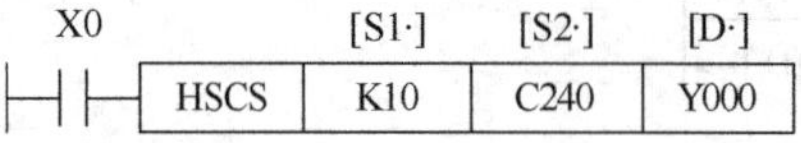

X0
[S1·]
[S2·]
[D·]
HSCS
K10
C240
Y000

图 4-112　高速计数器比较置位指令的应用示例

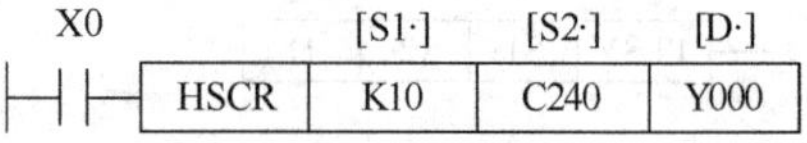

X0
[S1·]
[S2·]
[D·]
HSCR
K10
C240
Y000

图 4-113　高速计数器比较复位指令的应用示例

用一个例子解释高速计数器区间比较指令的使用方法，如图 4-114 所示，当 X0 闭合时，如果 C240 的数据小于 10，Y000 立即置位；C240 的数据介于 10 和 20 之间 Y001 置位；如果 C240 的数据大于 20，Y002 立即置位。

X0
[S1·]
[S2·]
[S3·]
[D·]
DHSZ
K10
K20
C250
Y000

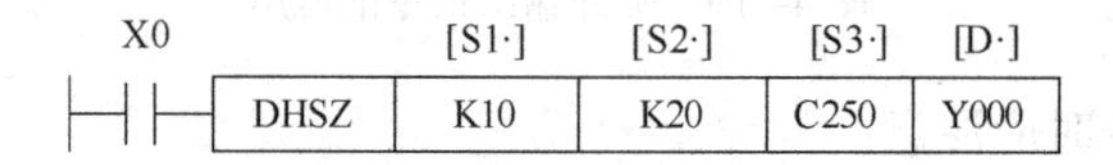

图 4-114　高速计数器区间比较指令的应用示例

（4）脉冲速度检测指令（SPD）

脉冲速度检测指令就是在指定时间内，检测编码器的脉冲输入个数，并计算速度。[S1 •]中指定输入脉冲的端子，[S2 •]指定时间，单位是毫秒，结果存入[D •]。脉冲速度检测指令参数见表 4-27。

表 4-27　脉冲速度检测指令参数

指 令 名 称	FNC NO.	[S1 •]	[S2 •]	[D •]
脉冲速度检测	FNC56	X0～X5	K、H、KnX、KnY、KnM、KnS、T、C、D、VZ	T、C、D、VZ

用一个例子解释脉冲速度检测指令的使用方法，如图 4-115 所示，当 X10 闭合时，D1 开始对 X0 由 OFF 向 ON 动作的次数计数，100ms 后，将其结果存入 D0 中。随后 D1 复位，再次对 X0 由 OFF 向 ON 动作的次数计数。D2 中用于检测剩余时间。

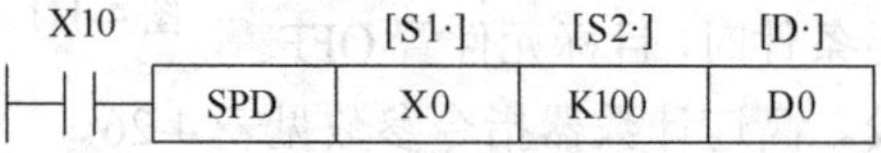

X10
[S1·]
[S2·]
[D·]
SPD
X0
K100
D0

图 4-115　脉冲速度检测指令的应用示例

【关键点】 D0 中的结果不是速度值，是 100ms 内的脉冲个数，与速度成正比；X0 用于测量速度后，不能再做输入点使用；当指定一个目标元件后，连续三个存储器被占用，如本例的 D0、D1、D2 被占用。

（5）脉宽调制指令（PWM）

脉宽调制指令就是按照指定要求宽度、周期，[S1 •]指定脉冲宽度，[S2 •]指定脉冲周期，产生脉宽可调的脉冲输出，控制变频器实现电机调速场合。脉宽调制输出波形如图 4-116 所示，t 是脉冲宽度，T 是周期。

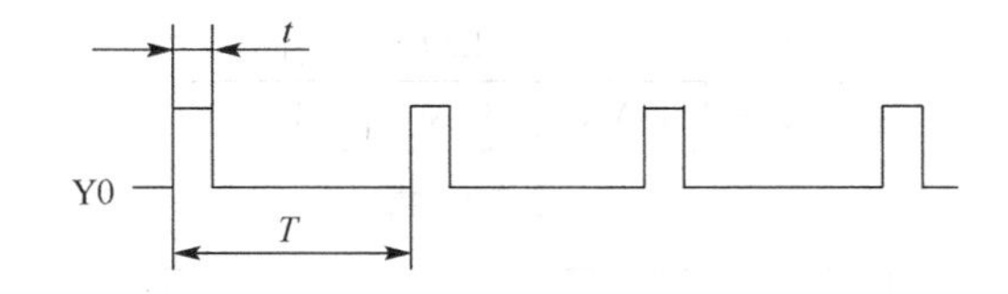

图 4-116 脉宽调制输出波形

脉宽调制指令参数见表 4-28。

表 4-28 脉宽调制指令参数

指令名称	FNC NO.	[S1・]	[S2・]	[D・]
脉宽调制	FNC58	K、H、KnX、KnY、KnM、KnS、T、C、D、VZ		Y0、Y1

用一个例子解释脉宽调制指令的使用方法，如图 4-117 所示，当 X10 闭合时，D0 中是脉冲宽度，本例小于 100ms，K100 是周期为 100ms，波形图如图 4-116 所示，由 Y0 输出。

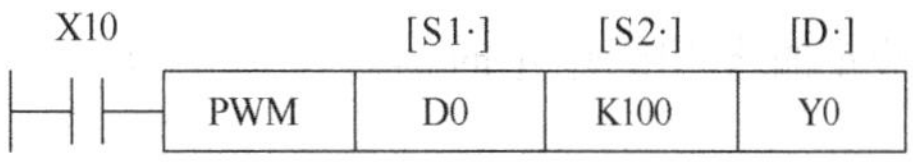

X10		[S1·]	[S2·]	[D·]
─┤├─	PWM	D0	K100	Y0

图 4-117 脉宽调制指令的应用示例

4.3.8 方便指令

方便指令（FNC60～FNC69）用于将复杂的控制程序简单化。该类指令有状态初始化、数据查找、示教、旋转工作台和列表等十几种，以下分别介绍。

（1）初始化状态指令（IST）

初始化状态指令可以对步进梯形图中的状态初始化和一些特殊辅助继电器进行自行切换控制。初始化状态指令参数见表 4-29。

表 4-29 初始化状态指令参数

指令名称	FNC NO.	[S1・]	[D1・]	[D2・]
初始化状态	FNC60	X、Y、M	S20～S899	

用一个例子解释初始化状态指令的使用方法，如图 4-118 所示。

X20：手动操作；X21：返回原点；X22：单步操作；X23：循环运行；X24：自动操作；X25：停止。[D1 ·]：实际用到的最小状态号，[D2 ·]：实际用到的最大状态号。

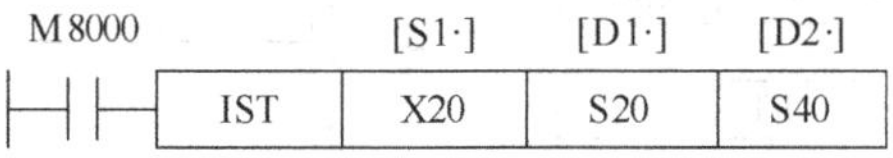

M8000		[S1·]	[D1·]	[D2·]
─┤├─	IST	X20	S20	S40

图 4-118 初始化状态指令的应用示例

（2）示教定时器指令（TTMR）

示教定时器指令是监视信号作用时间，把结果存放到数据寄存器。示教定时器指令参数见表 4-30。

表 4-30 示教定时器指令参数

指令名称	FNC NO.	[D・]	n
示教定时器	FNC64	D 连续 2 个	K、H

用一个例子解释示教定时器指令（TTMR）的使用方法，如图 4-119 所示。D301 测定 X10 的按下时间，并乘以 n 指定的倍率（10^n）存入 D300 中。

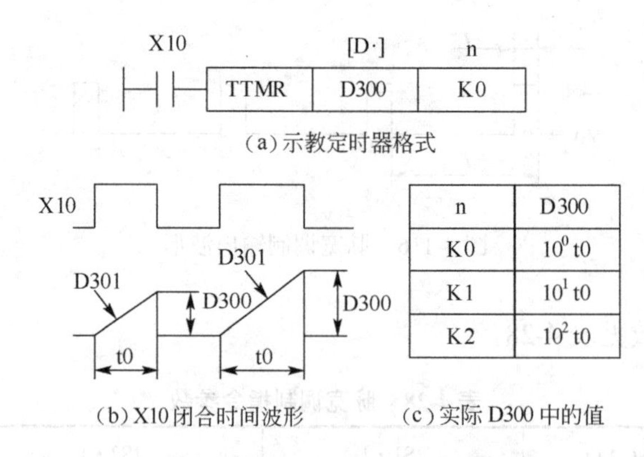

图4-119 示教定时器指令的应用示例

（3）特殊定时器指令（STMR）

特殊定时器指令可以根据输入信号[D·]指定的四个连号的器件构成延时断开定时器、脉冲定时器和闪烁定时器。特殊定时器指令参数见表4-31。

表4-31 特殊定时器指令参数

指令名称	FNC NO.	[S·]	n	[D·]
特殊定时器	FNC65	T0～T199	K、H	Y、M、S

用一个例子解释特殊定时器指令的使用方法，如图4-120所示。M0是延时断开定时器，M1是由ON到OFF产生一个10ms延时的脉冲定时器，M2是由OFF到ON产生一个10ms延时的脉冲定时器，M3是滞后输入信号10s变化的脉冲定时器。

（4）交替输出指令

交替输出指令的功能代码是FNC66，其功能以图4-121说明，每次由OFF到ON时，M0就翻转动作一次，如果连续执行指令ALT时，M1的状态在每个周期改变一次。例题中每次X0有上升沿时，Y0与Y1交替动作。

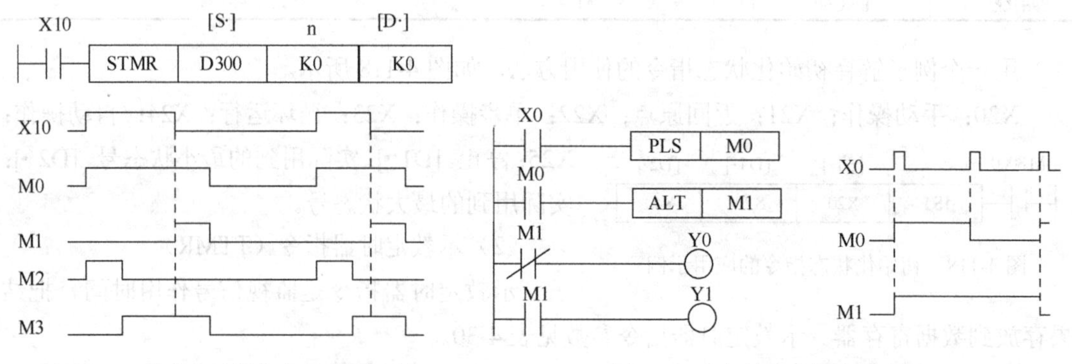

图4-120 特殊定时器指令的应用示例　　图4-121 交替输出指令的应用

（5）斜坡信号输出指令（RAMP）

斜坡信号输出指令可以在两个数值之间按斜率产生数值，与模拟量输出信号结合，可实现软启动和软停止。斜坡信号输出指令参数见表4-32。

用一个例子解释斜坡信号输出指令的使用方法，如图4-122所示。预先把初始值写入D1、D2中，若X10接通，D3的内容从D1的数值慢慢增加到D2的数值，时间为1000个扫描，扫描次数存储在D4中。

表 4-32 斜坡信号输出指令参数

指令名称	FNC NO.	[S1·]	[S2·]	[D·]	n
斜坡信号	FNC67	D		D（连续 2 个）	K、H

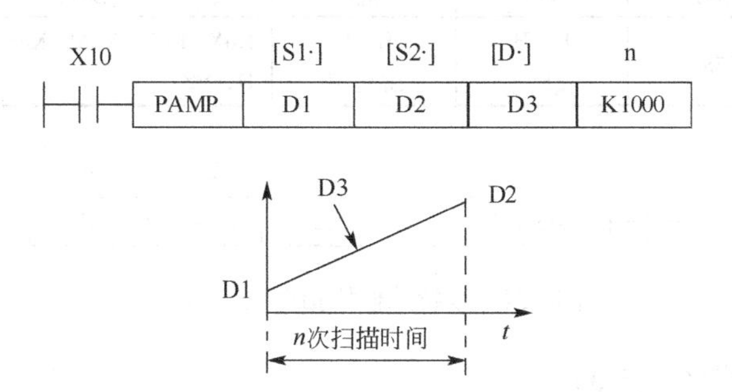

图 4-122 斜坡信号输出指令的应用示例

【关键点】 D1 中的数值可以小于 D2 中的数值。

（6）旋转工作台控制指令（ROTC）

旋转工作台控制指令可以把工作台旋转到指定位置，此指令在程序中只能使用一次。旋转工作台控制指令参数见表 4-33。

表 4-33 旋转工作台控制指令参数

指令名称	FNC NO.	[S·]	m1	m2	[D·]
旋转工作台控制	FNC68	D	K、H	K、H	Y、M、S

用一个例子解释旋转工作台控制指令的使用方法，如图 4-123 所示。D200 指定工作台位置计数器寄存器，D201 指定工件“取出位置号”寄存器，D200 指定工件“取出工件号”寄存器，D201 和 D202 必须在指令使用前设定；m1 是旋转工作台的脉冲数；m2 是工作台低速运动的行程，m2<m1；M0 开始的 8 个继电器接收和输出控制信号。

X10	[S1·]	m1	m2	[D·]
ROTC	D200	K100	K15	M0

图 4-123 旋转工作台控制指令的应用示例

4.3.9 外部 I/O 设备指令

外部 I/O 设备指令（FNC70～FNC79）用于 PLC 输入输出与外部设备进行数据交换。该类指令可简化处理复杂的控制，以下仅介绍最常用的 2 个。

（1）读特殊模块指令（FROM）

读特殊模块指令具有可以将指定的特殊模块号中指定的缓冲存储器的（BFM）的内容读到可编程控制器的指定元件的功能。FX2N 系列 PLC 最多可以连接 8 台特殊模块，并且赋予模块号，编号从靠近基本单元开始，编号顺序为 0～7。有的模块内有 16 位 RAM（如四通道的 FX2N-4DA、FX2N-4AD），称为缓冲存储器（BFM），缓冲存储器的编号范围是 0～31，其内容根据各模块的控制目的而设定。读特殊模块指令参数见表 4-34。

用一个例子解释读特殊模块指令的使用方法，如图 4-124 所示。当 X10 为 ON 时，将模块号为 1 的特殊模块，29 号缓冲存储器（BFM）内的 16 为数据，传送到可编程控制器的 K4M0

存储单元中，每次传送一个字长。

表 4-34 读特殊模块指令参数

指令名称	FNC NO.	m1	m2	[D·]	n
读特殊模块	FNC78	K、H 模块号	K、H BFM 号	KnX、KnY、KnM、KnS、T、C、D、VZ	K、H 传送字数

X10 m1 m2 [D·] n

FROM K1 K29 K4M0 K1

图 4-124 读特殊模块指令的应用示例

（2）写特殊模块指令（TO）

写特殊模块指令可以对步进梯形图中的状态初始化和一些特殊辅助继电器进行自行切换控制。写特殊模块指令参数见表 4-35。

表 4-35 写特殊模块指令参数

指令名称	FNC NO.	m1	m2	[S·]	n
写特殊模块	FNC79	K、H 模块号	K、H BFM 号	K、H、KnX、KnY、KnM、KnS、T、C、D、VZ	K、H、D

用一个例子解释写特殊模块指令的使用方法，如图 4-125 所示。当 X10 为 ON 时，将可编程控制器的 D0 存储单元中的数据，传送到模块号为 1 的特殊模块，12 号缓冲存储器（BFM）中，每次传送一个字长。

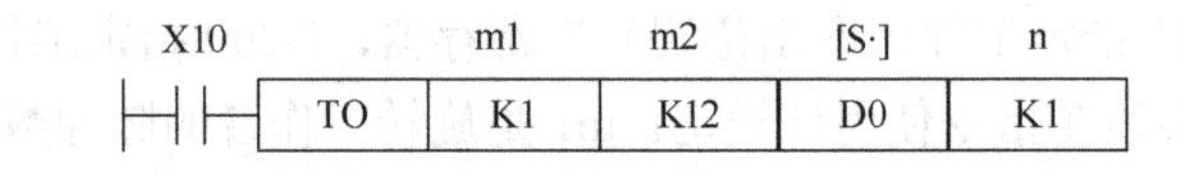

图 4-125 写特殊模块指令的应用示例

4.3.10 外部串口设备指令

外部串口设备指令（FNC80～FNC89）用于对连接串口的特殊附件进行的控制指令。使用 RS-232、RS422/RS485 接口，可以很容易配置一个与外部计算机进行通信的局域网系统，PLC 接受各种控制信息，处理后转化为 PLC 中软元件的状态和数据；PLC 又将处理后的软元件的数据送到计算机，计算机对这些数据进行分析和监控。以下介绍最常用的几个指令。

（1）串行通信传送指令（RS）

① RS 指令简介　串行通信传送指令可以将与所使用的 RS-232、RS422/RS485 功能扩展模块或者适配器进行发送和接收数据的功能。串行通信传送指令参数见表 4-36。

表 4-36 串行通信传送指令参数

指令名称	FNC NO.	[S·]	m	[D·]	n
串行通信传送	FNC80	D 发送数据首地址	K、H、D 发送数据长度	D 接收数据首地址	K、H、D 接收数据长度

② 无协议通信中用到的软元件　无协议通信中用到的软元件见表 4-37。

③ D8120 字的通信格式　D8120 的通信格式见表 4-38。

表 4-37 无协议通信中用到的软元件

元件编号	名称	内容	属性
M8122	发送请求	置位后，开始发送	读/写
M8123	接收结束标志	接收结束后置位，此时不能再接收数据，须人工复位	读/写
M8161	8 位处理模式	在 16 位和 8 位数据之间切换接收和发送数据，为 ON 时为 8 位模式，为 OFF 时为 16 位模式	写

表 4-38 D8120 的通信格式

<table>
<tr><th rowspan="2">位编号</th><th rowspan="2">名称</th><th colspan="3">内容</th></tr>
<tr><th colspan="2">0（位 OFF）</th><th>1（位 ON）</th></tr>
<tr><td>b0</td><td>数据长度</td><td colspan="2">7 位</td><td>8 位</td></tr>
<tr><td>b1b2</td><td>奇偶校验</td><td colspan="3">b2,b1
(0,0)：无
(0,1)：奇校验(ODD)
(1,1)：偶校验(EVEN)</td></tr>
<tr><td>b3</td><td>停止位</td><td colspan="2">1 位</td><td>2 位</td></tr>
<tr><td>b4b5b6b7</td><td>波特率（bps）</td><td colspan="2">b7,b6,b5,b4
(0,0,1,1)：300
(0,1,0,0)：600
(0,1,0,1)：1,200
(0,1,1,0)：2,400</td><td>b7,b6,b5,b4
(0,1,1,1)：4,800
(1,0,0,0)：9,600
(1,0,0,1)：19,200</td></tr>
<tr><td>b8</td><td>报头</td><td colspan="2">无</td><td>有</td></tr>
<tr><td>b9</td><td>报尾</td><td colspan="2">无</td><td>有</td></tr>
<tr><td rowspan="2">b10b11b12</td><td rowspan="2">控制线</td><td>无协议</td><td colspan="2">b12,b11,b10
(0,0,0)：无<RS-232C 接口>
(0,0,1)：普通模式<RS-232C 接口>(0,1,0)：相互链接模式<RS-232C 接口></td></tr>
<tr><td>计算机链接</td><td colspan="2">(0,1,1)：调制解调器模式<RS-232C 接口>
(1,1,1)：RS-485 通信< RS-485/RS-422 接口></td></tr>
<tr><td>b13</td><td>和校验</td><td colspan="2">不附加</td><td>附加</td></tr>
<tr><td>b14</td><td>协议</td><td colspan="2">无协议</td><td>专用协议</td></tr>
<tr><td>b15</td><td>控制顺序（CR、LF）</td><td colspan="2">不使用 CR,LF(格式 1)</td><td>使用 CR,LF(格式 4)</td></tr>
</table>

用一个例子解释串行通信传送指令（RS）的使用方法，如图 4-126 所示。

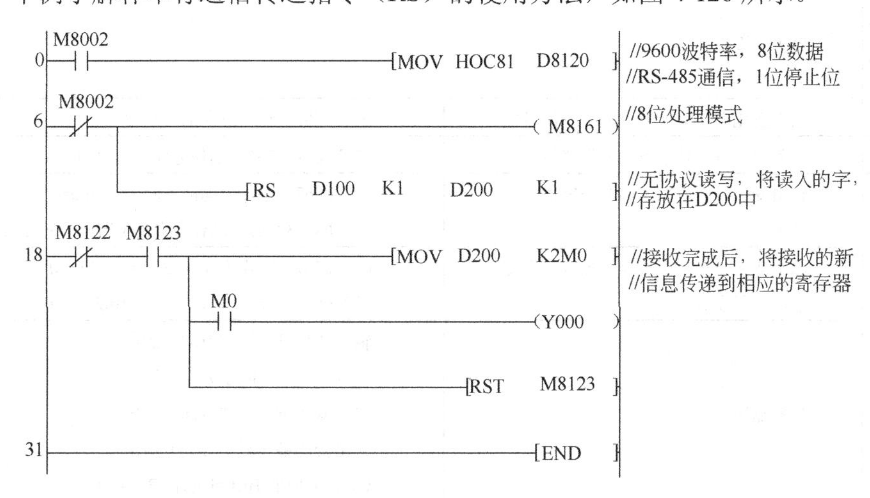

图 4-126 串行通信传送指令（RS）的应用示例

（2）PID 运算指令（PID）

PID 运算指令即比例、积分、微分运算，该指令的功能是进行 PID 运算，指令在达到采样时间后的扫描时进行 PID 运算。PID 运算参数见表 4-39。

表 4-39　PID 运算指令参数

指令名称	FNC NO.	[S1・]	[S2・]	[S3・]	[D・]
PID 运算	FNC88	D 目标值 SV	D 测定值 PV	D0～D975 参数	D 输出值 MV

用一个例子解释 PID 运算指令的使用方法，如图 4-127 所示。

X10		[S1·]	[S2·]	[S3·]	[D·]
─┤├─	PID	D0	D1	D100	D200

图 4-127　PID 运算指令的应用示例

[S3・]中的参数表的各参数的含义见表 4-40。

表 4-40　[S3・]中的参数表的各参数的含义

参数	名称	设定范围和说明
[S3・]+0	采样时间	1～32767ms
[S3・]+1	动作方向（ACT）	Bit0：0 正动作，1 反动作 Bit1：0 无输入变化量报警，1 输入变化量报警有效 Bit2：0 无输出变化量报警，1 输出变化量报警有效 Bit3：不可使用 Bit4：0 不执行自动调节，1 执行自动调节 Bit5：0 不设定输出值上下限，1 设定输出值上下限 Bit6～Bit15：不使用
[S3・]+2	输入滤波常数	0～99%
[S3・]+3	比例增益（Kp）	1～32767
[S3・]+4	积分时间（TI）	0～32767，单位是 100ms
[S3・]+5	微分增益（KD）	0～100%
[S3・]+6	微分时间（KI）	0～32767，单位是 10ms
[S3・]+7 … [S3・]+19	PID 内部使用	
[S3・]+20	输入变化量（增加方向）报警值设定	0～32767，动作方向的 Bit1=1
[S3・]+21	输入变化量（减小方向）报警值设定	–32768～32767，动作方向的 Bit1=1
[S3・]+22	输出变化量（增加方向）报警值设定 输出下限设定	0～32767，动作方向的 Bit2=1，Bit5=0 –32768～32767，动作方向的 Bit2=0，Bit5=1
[S3・]+23	输出变化量（减小方向）报警值设定 输出下限设定	0～32767，动作方向的 Bit2=1，Bit5=0 –32768～32767，动作方向的 Bit2=0，Bit5=1
[S3・]+24	报警输出	输入变化量（增加方向）溢出 输入变化量（减小方向）溢出 输出变化量（增加方向）溢出 输出变化量（减小方向）溢出 （动作方向的 Bit1=1 或者 Bit2=1）

4.3.11 浮点数运算指令

FX 系列 PLC 不仅可以进行整数运算，还可以进行二进制比较运算、四则运算、开方、三角运算，而且还能将浮点数转换成整数。下面介绍几个常用的指令。

（1）二进制浮点数比较指令（ECMP）

二进制浮点数比较指令可以对源操作数[S1•]和[S2•]进行比较，再通断目标元件[D•]。二进制浮点数比较指令参数见表 4-41。

表 4-41　二进制浮点数比较指令参数

指 令 名 称	FNC NO.	[S1 •]	[S2 •]	[D •]
二进制浮点数比较	FNC110	K、H、D	K、H、D	Y、M、S

用一个例子解释二进制浮点数比较指令的使用方法，如图 4-128 所示。当 X10 为 ON 时，将（D1，D0）与（D3，D2）进行比较，前者大于后者，常开触点 M0 闭合，前者等于后者，常开触点 M1 闭合，前者小于后者，常开触点 M2 闭合。

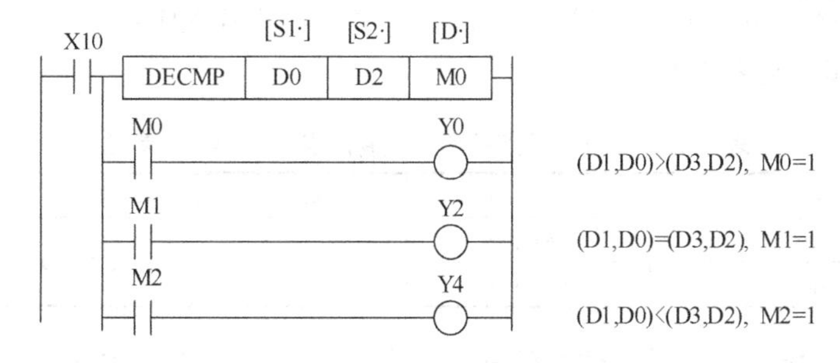

图 4-128　二进制浮点数比较指令的应用示例

（2）二进制浮点数加法和二进制浮点数减法指令（EADD、ESUB）

二进制浮点数加法（EADD）将两个源操作数[S•]的二进制浮点数进行加法运算，再将结果存入[D•]。二进制浮点数减法（ESUB）将两个源操作数[S•]的二进制浮点数进行减法运算，再将结果存入[D•]。二进制浮点数加法和二进制浮点数减法转换指令见表 4-42。

表 4-42　二进制浮点数加法和二进制浮点数减法指令参数

指 令 名 称	FNC NO.	[S1 •]	[S2 •]	[D •]
二进制浮点数加法	FNC120	K、H、D	K、H、D	D
二进制浮点数减法	FNC121			

用一个例子解释二进制浮点数加法和二进制浮点数减法的使用方法，如图 4-129 所示。

		[S1·]	[S2·]	[D·]
X10	DEADD	D0	D2	D4
X11	DESUB	D6	D8	D10

图 4-129　二进制浮点数和十进制浮点数转换指令的应用示例

（3）二进制浮点数和十进制浮点数转换指令（EBCD、EBIN）

二进制浮点数转换成十进制浮点数指令（EBCD）可以对源操作数[S•]的二进制转换成十

进制浮点数，存入[D•]。十进制浮点数转换成二进制浮点数指令（DEBIN）可以对源操作数[S•]的十进制转换成二进制浮点数，存入[D•]。二进制浮点数和十进制浮点数转换指令见表 4-43。

表 4-43　二进制浮点数和十进制浮点数转换指令参数

指令名称	FNC NO.	[S •]	[D •]
二进制浮点数转换成十进制	FNC118	D	D
十进制浮点数转换成二进制	FNC119		

用一个例子解释二进制浮点数和十进制浮点数转换指令的使用方法，如图 4-130 所示。

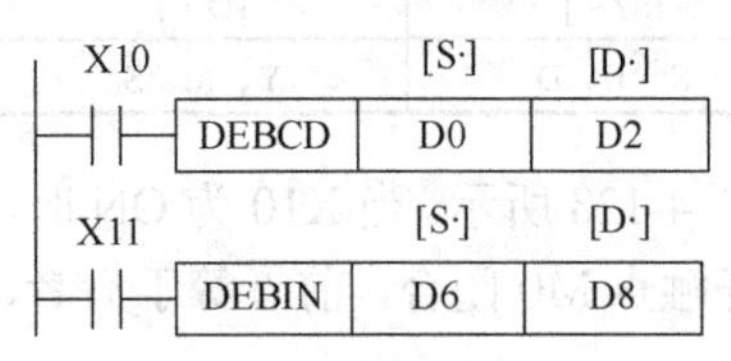

图 4-130　二进制浮点数和十进制浮点数转换指令的应用示例

（4）二进制浮点数乘法和二进制浮点数除法指令（EDIV、EMUL）

二进制浮点数乘法指令（EDIV）将两个源操作数[S•]的二进制浮点数进行乘法运算，再将结果存入[D•]。二进制浮点数除法（EMUL）将两个源操作数[S•]的二进制浮点数进行除法运算，再将结果存入[D•]。二进制浮点数乘法和二进制浮点数除法指令见表 4-44。

表 4-44　二进制浮点数和十进制浮点数转换指令参数

指令名称	FNC NO.	[S1 •]	[S2 •]	[D •]
二进制浮点数乘法	FNC122	K、H、D	K、H、D	D
二进制浮点数除法	FNC123			

用一个例子解释二进制浮点数乘法和二进制浮点数除法指令的使用方法，如图 4-131 所示。

		[S1·]	[S2·]	[D·]
X10	DEDIV	D0	D2	D4
X11	DEMUL	D6	D8	D10

图 4-131　二进制浮点数乘法和二进制浮点数除法指令（EDIV、EMUL）的应用示例

（5）二进制浮点数转换成 BIN 整数指令

二进制浮点数转换成 BIN 整数指令将二进制浮点数转换成 BIN 数，舍去小数点后的值，取其 BIN 整数存入目标数据[D•]。二进制浮点数转换成 BIN 整数指令见表 4-45。

表 4-45　二进制浮点数转换成 BIN 整数指令参数

指令名称	FNC NO.	[S •]	[D •]
二进制浮点数转换成 BIN 整数	FNC129	D	D

用一个例子解释二进制浮点数转换成 BIN 整数指令的使用方法，如图 4-132 所示。

		[S·]	[D·]
X10	INT	D0	D2

(D1,D0) → (D3,D2)
二进制浮点　BIN整数

图 4-132　二进制浮点数转换成 BIN 整数指令的应用示例

4.3.12 触点比较指令

FX 系列 PLC 触点比较指令相当于一个有比较功能的触点，执行比较两个源操作数[S1•]和[S2•]，满足条件则触点闭合。以下介绍触点比较指令。

（1）触点比较指令（LD）

触点比较指令（LD）可以对源操作数[S1•]和[S2•]进行比较，满足条件则触点闭合。触点比较指令（LD）参数见表 4-46。

表 4-46 触点比较指令（LD）参数

助记符		[S1•]	[S2•]	功 能	功 能
16 位	32 位				
LD=	DLD=	[S1•]=[S2•]	K、H、KnX、KnY、KnM、KnS、T、C、D、VZ	K、H、KnX、KnY、KnM、KnS、T、C、D、VZ	触点比较指令运算开始[S1•]=[S2•]导通
LD>	DLD>	[S1•]>[S2•]			触点比较指令运算开始 [S1•]>[S2•]导通
LD<	DLD<	[S1•]<[S2•]			触点比较指令运算开始 [S1•]<[S2•]导通
LD<>	DLD<>	[S1•]≠[S2•]			触点比较指令运算开始[S1•]≠[S2•]导通
LD⩽	DLD⩽	[S1•]⩽[S2•]			触点比较指令运算开始[S1•]⩽[S2•]导通
LD⩾	DLD⩾	[S1•]⩾[S2•]			触点比较指令运算开始[S1•]⩾[S2•]导通

用一个例子解释触点比较指令（LD）的使用方法，如图 4-133 所示。当 D2<K200 时，触点比较导通，Y0 得电，否则 Y0 断电。

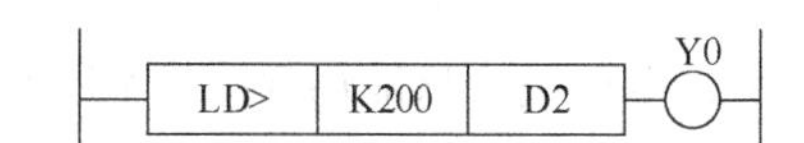

图 4-133 触点比较指令（LD）的应用示例

（2）触点比较指令（OR）

触点比较指令（OR）与其他的触点或者回路并联。触点比较指令（OR）参数见表 4-47。

表 4-47 触点比较指令（OR）参数

助记符		[S1•]	[S2•]	功 能	功 能
16 位	32 位				
OR=	DOR=	[S1•]=[S2•]	K、H、KnX、KnY、KnM、KnS、T、C、D、VZ	K、H、KnX、KnY、KnM、KnS、T、C、D、VZ	触点比较指令并联连接[S1•]=[S2•]导通
OR>	DOR>	[S1•]>[S2•]			触点比较指令并联连接[S1•]>[S2•]导通
OR<	DOR<	[S1•]<[S2•]			触点比较指令并联连接[S1•]<[S2•]导通
OR<>	DOR<>	[S1•]≠[S2•]			触点比较指令并联连接[S1•]≠[S2•]导通
OR⩽	DOR⩽	[S1•]⩽[S2•]			触点比较指令并联连接[S1•]⩽[S2•]导通
OR⩾	DOR⩾	[S1•]⩾[S2•]			触点比较指令并联连接[S1•]⩾[S2•]导通

用一个例子解释触点比较指令（OR）的使用方法，如图 4-134 所示。当(D1,D0)=K200 或者 X10 闭合时，Y0 得电。

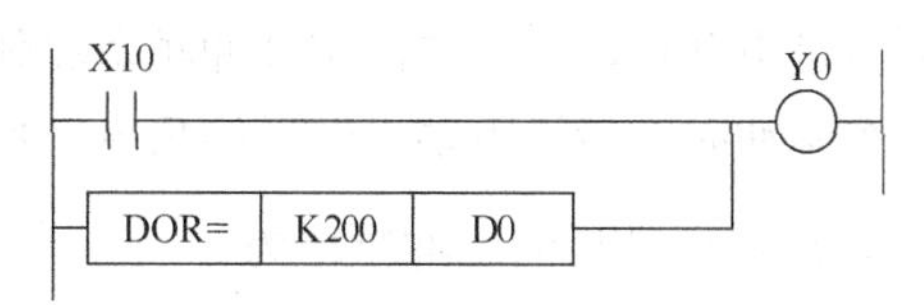

图 4-134 触点比较指令（OR）的应用示例

（3）触点比较指令（AND）

触点比较指令（AND）与其他触点或者回路。触点比较指令（AND）参数见表 4-48。

表 4-48 触点比较指令（AND）参数

助 记 符		[S1·]	[S2·]	功 能	功 能
16 位	32 位				
AND=	DAND=	[S1·]=[S2·]	K、H、KnX、KnY、KnM、KnS、T、C、D、VZ	K、H、KnX、KnY、KnM、KnS、T、C、D、VZ	触点比较指令运算开始[S1·]=[S2·]导通
AND>	DAND>	[S1·]>[S2·]			触点比较指令运算开始连接[S1·]>[S2·]导通
AND<	DAND<	[S1·]<[S2·]			触点比较指令运算开始连接[S1·]<[S2·]导通
AND<>	DAND<>	[S1·]≠[S2·]			触点比较指令运算开始[S1·]≠[S2·]导通
AND⩽	DAND⩽	[S1·]⩽[S2·]			触点比较指令运算开始[S1·]⩽[S2·]导通
AND⩾	DAND⩾	[S1·]⩾[S2·]			触点比较指令运算开始[S1·]⩾[S2·]导通

用一个例子解释触点比较指令（AND）的使用方法，如图 4-135 所示。当 D2<K200 时，触点比较导通，Y0 得电，否则 Y0 断电。

X10 AND= K200 D2 Y0

图 4-135 触点比较指令（AND）的应用示例

4.3.13 功能指令应用实例

【例 4-18】 有一台步进电动机，其脉冲当量是 3 度/脉冲，问此步进电动机转速为 250r/min 时，转 10 圈，若用 FX2N–48MT PLC 控制，请画出接线图，并编写梯形图程序。

【解】

（1）画接线图

用 FX2N–48MR PLC 控制步进电动机，只能用 Y0 或 Y1 高速输出，本例用 Y0。接线图梯形图如图 4-136、图 4-137 所示。

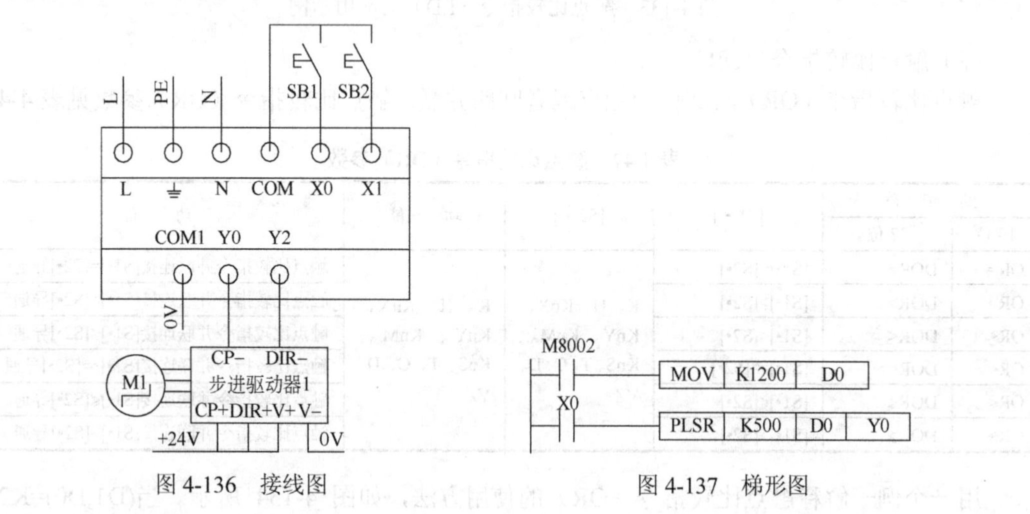

图 4-136 接线图 图 4-137 梯形图

（2）求脉冲频率和脉冲数

FX2N–48MT PLC 控制步进电动机，首先要确定脉冲频率和脉冲数。步进电动机脉冲当量就是步进电动机每收到一个脉冲时，步进电动机转过的角度。步进电动机的转速为

$n=\dfrac{250\times360}{60}=1500°/\mathrm{s}$，所以电动机的脉冲频率为

$$f=\frac{1500°/\mathrm{s}}{3°/\text{脉冲}}=500\text{脉冲}/\mathrm{s}$$

10 圈就是 $10\times360°=3600°$，因此步进电动机要转动 10 圈，步进电动机需要收到

3600°/3°＝1200（个脉冲）。

注意：当Y2有输出时步进电动机反转，如何控制请读者思考。

【例4-19】 十字路口的交通灯控制，当合上启动按钮，东西方向亮4s，闪烁2s后灭；黄灯亮2s后灭；红灯亮8s后灭；绿灯亮4s，如此循环，而对应东西方向绿灯、红灯、黄灯亮时，南北方向红灯亮8s后灭；接着绿灯亮4s，闪烁2s后灭；红灯又亮，如此循环。

【解】 首先根据题意画出东西南北方向三种颜色灯的亮灭的时序图，再进行I/O分配。

输入：启动—X0；停止—X1。

输出（东西方向）：红灯—Y4，黄灯—Y5，绿灯—Y6。

输出（南北方向）：红灯—Y0，黄灯—Y1，绿灯—Y2。

交通灯时序图、接线图和交通灯梯形图如图4-138、图4-139所示。

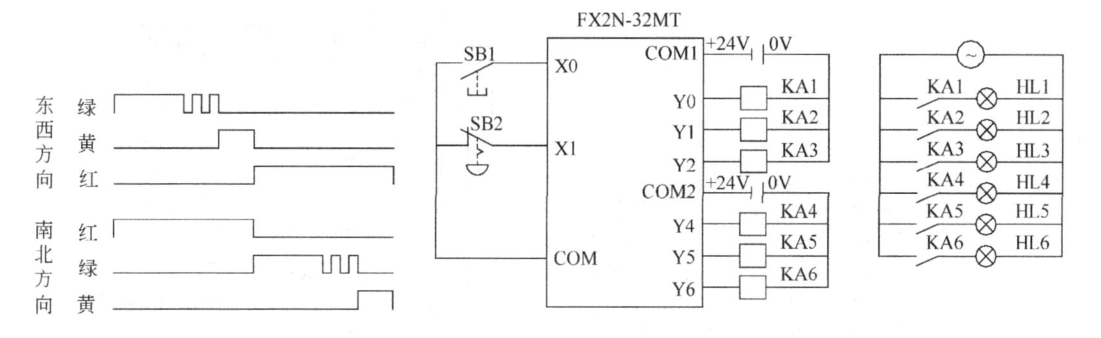

图4-138 交通灯时序图和接线图

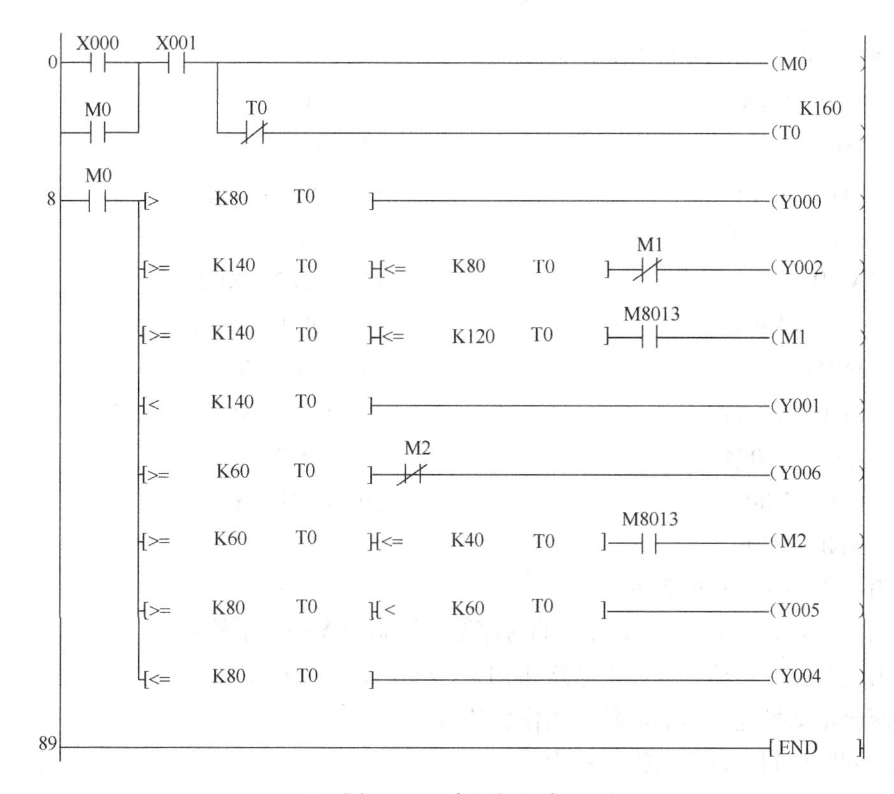

图4-139 交通灯程序

小结

重点难点总结

① PLC 的应用范围。

② PLC 的工作机理和结构。

习题

1．写出如图 4-140 所示梯形图的指令表。

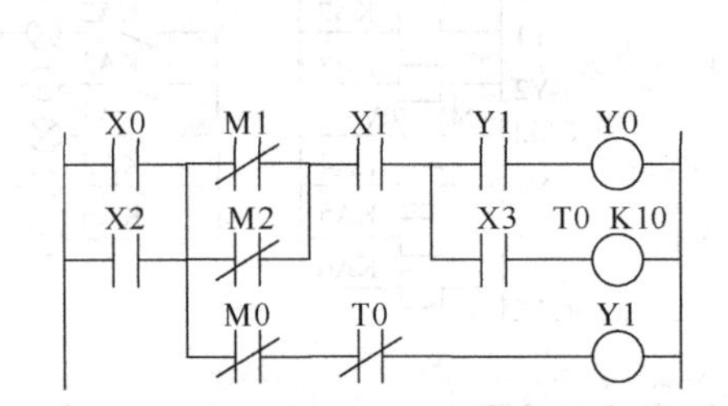

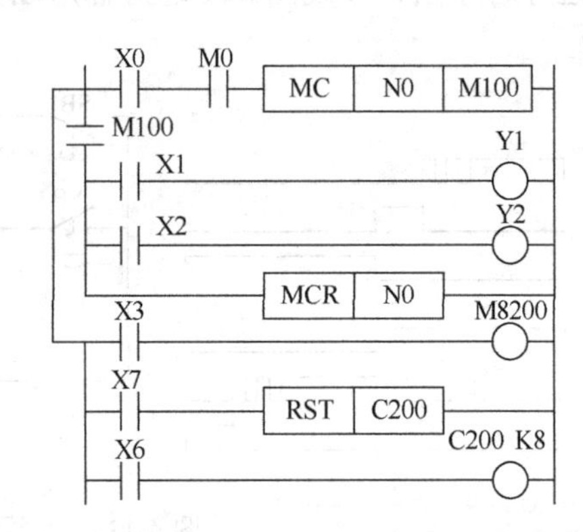

图 4-140　梯形图

2．请写出以下指令表对应的梯形图。

0	LD	X000	11	ORB	
1	MPS		12	ANB	
2	LD	X001	13	OUT	Y001
3	OR	X002	14	MPP	
4	ANB		15	AND	X007
5	OUT	Y000	16	OUT	Y002
6	MRD		17	LD	X010
7	LDI	X003	18	ORI	X011
8	AND	X004	19	ANB	
9	LD	X005	20	OUT	Y003
10	ANI	X006			

3．指出图 4-141 中的错误。

4．如图 4-142 已知梯形图和 X0 的时序图，请画出 Y0 的时序图。

5．为两台异步电动机设计主电路和 PLC 控制电路，其要求如下：

① 两台电动机互不影响地独立操作启动与停止；

② 能同时控制两台电动机的停止；

③ 当其中任一台电动机发生过载时，两台电动机均停止。

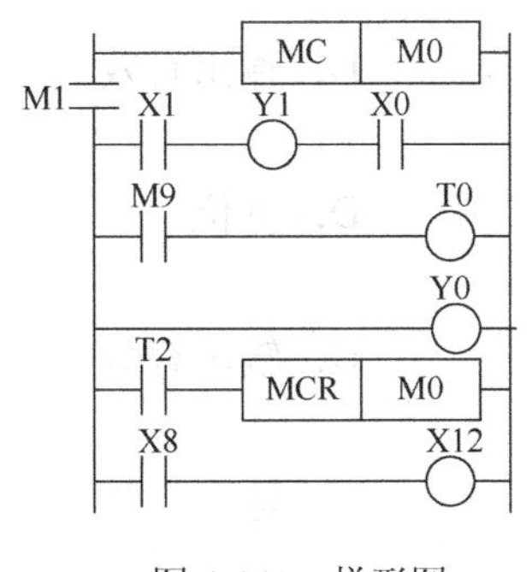

图 4-141 梯形图

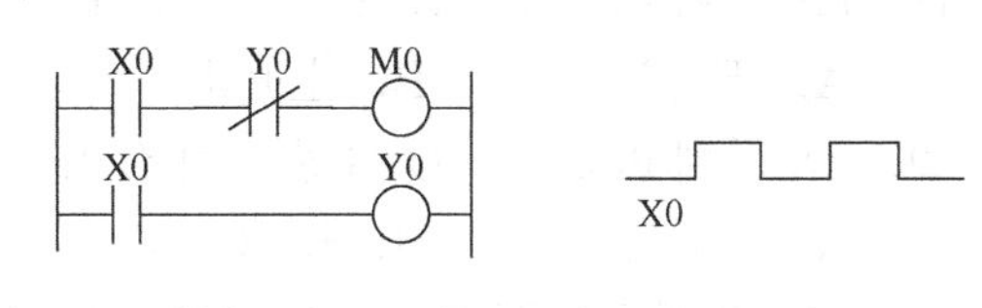

图 4-142 梯形图和时序图

6．设计钻床主轴多次进给控制，其控制过程如图 4-143 所示。

要求：该机床进给由液压驱动。电磁阀 YV1 得电主轴前进，失电后退，电磁阀 YV2 得电工进 1，YV2 失电工进 2。同时，还用电磁阀 YV3 控制前进及后退速度，得电快速，失电慢速。其工作过程为：

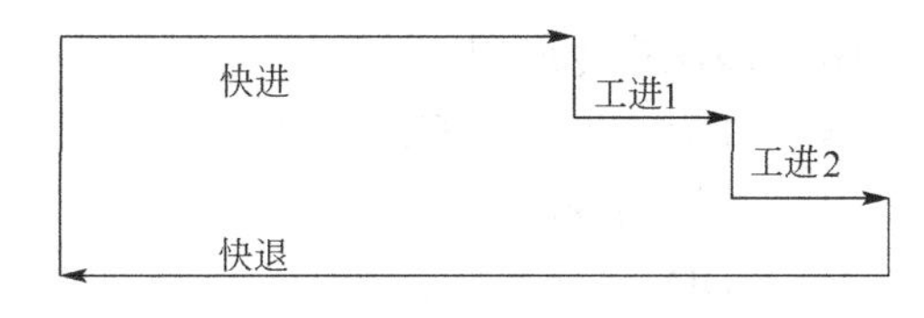

图 4-143 钻床主轴的运动过程图

7. 用 PLC 控制霓虹灯，共有 16 盏，第 1s 亮第 1 盏，第 2s 亮第 2 盏，第 3s 亮第 3 盏……每次只亮 1 盏灯，当第 16 盏亮后，延时 1s，又从第 1 盏灯开始，每次亮两盏灯，亮的时间为 1s，如此循环，请设计 PLC 控制的梯形图。

8．用 PLC 设计一个闹钟，每天早上 6:00 闹铃。

9．运用算术运算指令完成算式[（100+200）×10]/3 的运算，并画出梯形图。

10．现有 3 台电动机 M_1、M_2、M_3，要求按下启动按钮 X0 后，电动机按顺序启动（M_1 启动，接着 M_2 启动，最后 M_3 启动），按下停止按钮 X1 后，电动机按顺序停止（M_3 先停止，接着 M_2 停止，最后 M_1 停止）。试设计其梯形图并写出指令表。

11．十六进制 F，转变为十进制是多少?

A．31　　B．32　　C．15　　D．29

12．三菱 PLC 中，16 位内部计数器计数数值最大可设定为：

A．32768　　B．32767　　C．10000　　D．100000

13．FX 主机，读取特殊扩展模块数据，应采用哪种指令？

A．FROM　　B．TO　　C．RS　　D．PID

14．FX 主机，写入特殊扩展模块数据，应采用哪种指令？

A．FROM　　B．TO　　C．RS　　D．PID

15．FX 系列 PLC 中，LDP 表示什么指令？

A．下降沿　　B．上升沿　　C．输入有效　D．输出有效

16．FX 系列 PLC，主控指令应采用：

A．CJ　　B．MC　　C．GOTO　　D．SUB

17．FX 系列 PLC 中，PLF 表示什么指令？

A. 下降沿　B. 上升沿　C. 输入有效　D. 输出有效

18. FX 系列 PLC 中，SET 表示什么指令？

A. 下降沿　B. 上升沿　C. 输入有效　D. 置位

19. FX 系列 PLC 中，RST 表示什么指令？

A. 下降沿　B. 上升沿　C. 复位　D. 输出有效

20. FX 系列 PLC 中，OUT 表示什么指令？

A. 下降沿　B. 输出　C. 输入有效　D. 输出有效

21. STL 步进顺控图中，S10～S19 功能是什么？

A. 初始化　B. 回原点　C. 基本动作　D. 通用型

22. STL 步进顺控图中，S0～S9 功能是什么？

A. 初始化　B. 回原点　C. 基本动作　D. 通用型

23. FX 系列 PLC 中，16 位加法指令应用：

A. DADD　B. ADD　C. SUB　D. MUL

24. FX 系列 PLC 中，16 位减法指令应用：

A. DADD　B. ADD　C. SUB　D. MUL

25. FX 系列 PLC 中，32 位加法指令应用：

A. DADD　B. ADD　C. SUB　D. MUL

26. FX 系列 PLC 中，32 位减法指令应用：

A. DADD　B. ADD　C. DSUB　D. MUL

27. M0～M15 中，M0、M3 数值都为 1，其它都为 0，那么，K4M0 数值等于多少？

A. 10　B. 9　C. 11　D. 12

28. M0～M15 中，M0、M2 数值都为 1，其它都为 0，那么，K4M0 数值等于多少？

A. 10　B. 9　C. 11　D. 5

29. M0～M15 中，M0、M1 数值都为 1，其它都为 0，那么，K4M0 数值等于多少？

A. 1　B. 2　C. 3　D. 5

30. M0～M15 中，M0 数值都为 1，其它都为 0，那么，K4M0 数值等于多少？

A. 4　B. 3　C. 2　D. 1

31. M8013 属于：

A. 普通继电器　B. 计数器　C. 特殊辅助继电器　D. 高速计数器

32. M8002 有什么功能？

A. 置位功能　B. 复位功能　C. 常数　D. 初始化功能

33. FX 系列 PLC 中，读取内部时钟用什么指令？

A. TD　B. TM　C. TRD　D. TRDW

34. FX 系列 PLC 中，比较两个数值大小用什么指令？

A. TD　B. TM　C. TRD　D. CMP

35. FX 系列 PLC 中，16 位数值传送指令是：

A. DMOV　B. MOV　C. MEAN　D. RS

36. FX 系列 PLC 中，32 位数值传送指令是：

A. DMOV　B. MOV　C. MEAN　D. RS

37. FX 系列 PLC 中，32 位乘法指令应用：

A．DADD　B．ADD　C．DSUB　D．DMUL

38．FX系列PLC中，16位乘法指令应用：

A．DADD　B．ADD　C．MUL　D．DMUL

39．FX系列PLC中，16位除法指令应用：

A．DADD　B．DDIV　C．DIV　D．DMUL

40．FX系列PLC中，32位除法指令应用：

A．DADD　B．DDIV　C．DIV　D．DMUL

41．FX系列PLC中，位右移指令应用：

A．DADD　B．DDIV　C．SFTR　D．SFTL

42．FX系列PLC中，位左移指令应用：

A．DADD　B．DDIV　C．SFTR　D．SFTL

43．FX系列PLC中，求平均值指令是：

A．DADD　B．DDIV　C．SFTR　D．MEAN

44．FX系列PLC中，遇到单按钮启动开关，可以选用哪个指令？

A．ADD　B．SFTR　C．ALT　D．MEAN

45．FX系列PLC中，当PLC要去外部仪表进行通信时，可以采用哪种指令？

A．ALT　B．PID　C．RS　D．TO

步进梯形图及编程方法

本章介绍顺序功能图的画法、梯形图的禁忌以及如何根据顺序功能图用基本指令、功能指令、复位/置位指令和步进指令四种方法编写逻辑控制的梯形图，并用实例进行说明。最后讲解了程序的调试方法。

5.1 功能图

FX2N 系列 PLC 除了梯形图外，还有顺序功能图语言，即 SFC（Sequential Function Chart），用于复杂的顺序控制程序。步进指令是专为顺序控制而设计的指令。在工业控制领域许多的控制过程都可用顺序控制的方式来实现，使用步进指令实现顺序控制既方便实现又便于阅读修改。

5.1.1 功能图的画法

顺序功能图（Sequential Function Chart，SFC）又叫做状态转移图，它是描述控制系统的控制过程、功能和特性的一种图形，同时也是设计 PLC 顺序控制程序的一种有力工具。它具有简单、直观等特点，不涉及控制功能的具体技术，是一种通用的语言，是 IEC（国际电工委员会）首选的编程语言，近年来在 PLC 的编程中已经得到了普及与推广。在 IEC848 中称顺序功能图，在我国国家标准 GB 6988—2008 中称为功能表图。

功能图的基本思想是：设计者按照生产要求，将被控设备的一个工作周期划分成若干个工作阶段（简称“步”），并明确表示每一步要执行的输出，“步”与“步”之间通过制定的条件进行转换，在程序中，只要通过正确连接进行“步”与“步”之间的转换，就可以完成被控设备的全部动作。

PLC 执行 SFC 程序的基本过程是：根据转换条件选择工作“步”，进行“步”的逻辑处理。组成 SFC 程序的基本要素是步、转换条件和有向连线组成，如图 5-1 所示。

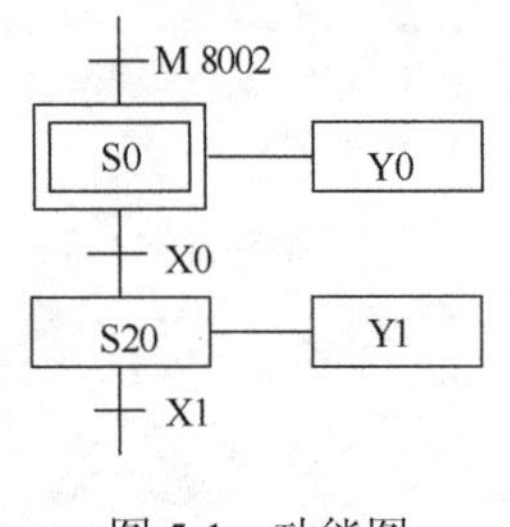

图 5-1　功能图

（1）步（Step）

一个顺序控制过程可分为若干个阶段，也称为步或状态。系统初始状态对应的步称为初始步，初始步一般用双线框表示。在每一步中施控系统要发出某些“命令”，而被控系统要完成某些“动作”，把“命令”和“动作”都称为动作。当系统处于某一工作阶段时，则该步处于激活状态，称为活动步。

（2）转换条件

所谓“转换条件”，就是用于改变 PLC 状态的控制信号。不同状态的“转换条件”可以不同也可以相同，当“转换条件”各不相同时，SFC 程序每次只能选择其中一种工作状态（称为“选择分支”，见图 5-3)，当“转换条件”都相同时，SFC 程序每次可以选择多个工作状态（称为“选择并行分支”，见图 5-4）。只有满足条件状态，才能进行逻辑处理与输出，因此，“转换条件”是 SFC 程序选择工作状态（步）的“开关”。

（3）有向连线

步与步之间的连接线就是“有向连线”，“有向连线”决定了状态的转换方向与转换途径。在有向连线上有短线，表示转换条件。当条件满足时，转换得以实现。即上一步的动作结束而下一步的动作开始，因而不会出现动作重叠。步与步之间必须要有转换条件。

图 5-1 双框为初始步，S0 和 S20 是步名，X0、X1 为转换条件，Y0、Y1 为动作。当 S0 有效时，OUT 指令驱动 Y0。步与步之间的连线称为有向连线，它的箭头省略未画。

（4）功能图的结构分类

根据步与步之间的进展情况，功能图分为以下三种结构。

① 单一顺序。单一顺序动作是一个接一个完成，完成每步只连接一个转移，每个转移只连一个步，如图 5-2 所示。根据顺序功能图很容易写出代数逻辑表达式，代数逻辑表达式和梯形图有对应关系，由代数逻辑表达式可写出梯形图，如图 5-2（b）所示。图 5-2（c）和图 5-2（b）的逻辑是等价的，但图 5-2（c）更加简洁（程序的容量要小一些），因此经过 3 次转化，最终的梯形图是图 5-2（c）。

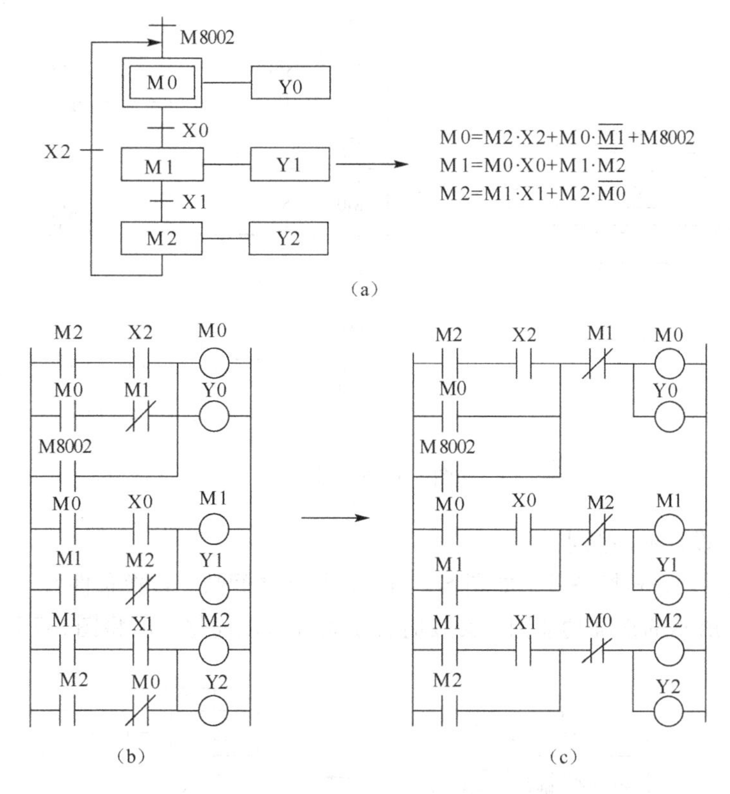

图 5-2 单一顺序

② 选择顺序。选择顺序是指某一步后有若干个单一顺序等待选择，称为分支，一般只允许选择进入一个顺序，转换条件只能标在水平线之下。选择顺序的结束称为合并，用一条水平线表示，水平线以下不允许有转换条件跟着，如图 5-3 所示。

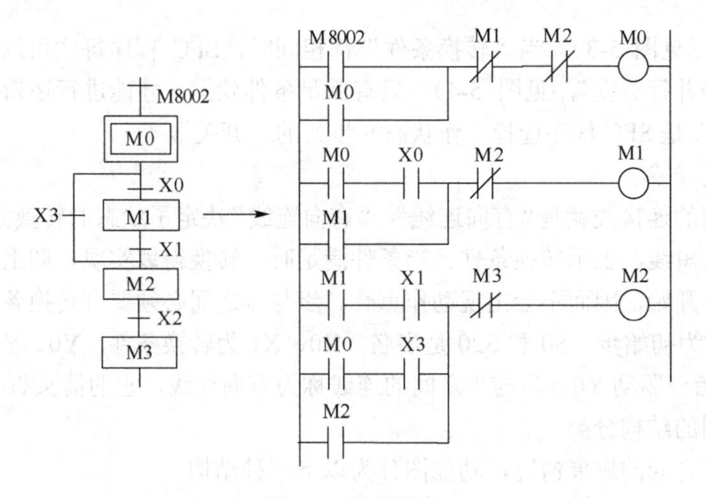

图 5-3 选择顺序

③ 并行顺序。并行顺序是指在某一转换条件下，同时启动若干个顺序，也就是说转换条件实现导致几个分支同时激活。并行顺序的开始和结束都用双水平线表示，如图 5-4 所示。

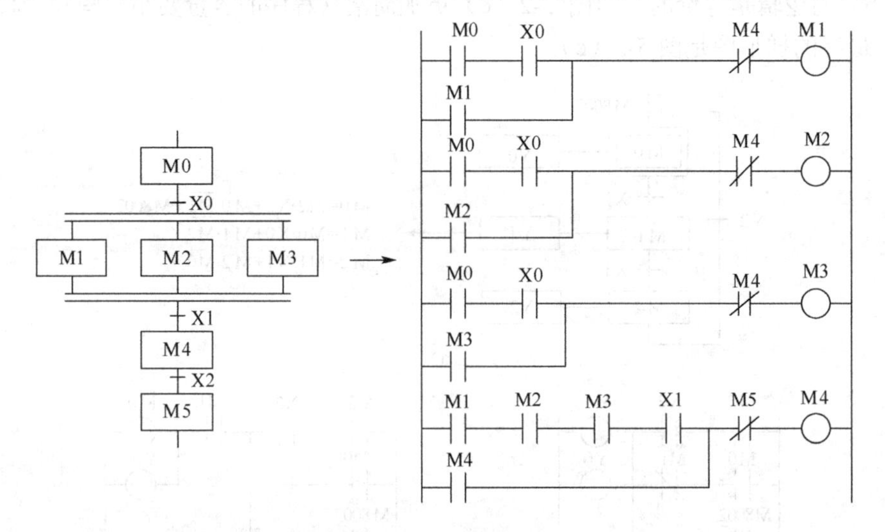

图 5-4 并行顺序

（5）功能图设计的注意点

① 状态之间要有转换条件，如图 5-5 所示，状态之间缺“转换条件”，因此是不正确的，应改成如图 5-6 所示的正确功能图。必要时转换条件可以简化，应将图 5-7 简化成图 5-8。

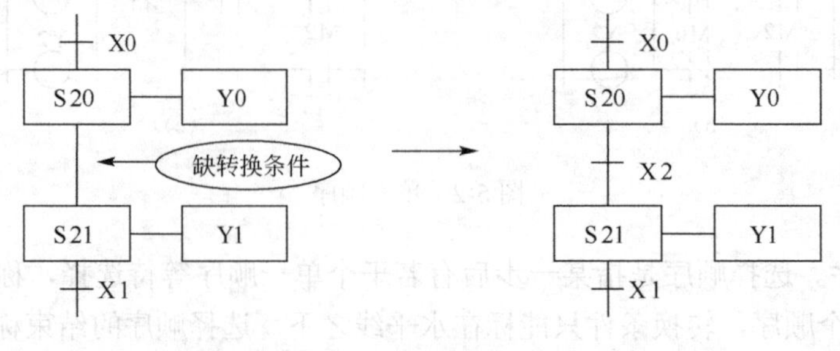

图 5-5 错误的功能图 图 5-6 正确的功能图

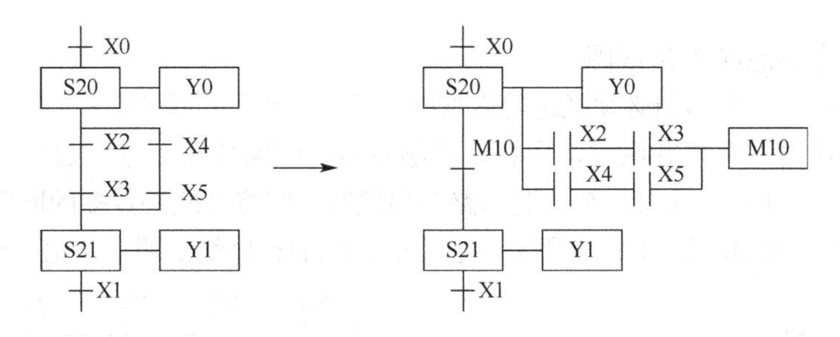

图 5-7　简化前的功能图　　　　图 5-8　简化后的功能图

② 转换条件之间不能有分支，如图 5-9 所示，应该改成如图 5-10 所示合并后的功能图，合并转换条件。

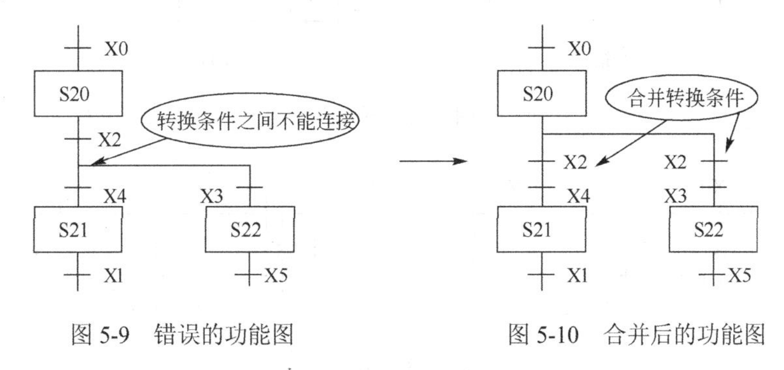

图 5-9　错误的功能图　　　　图 5-10　合并后的功能图

5.1.2　梯形图的编程原则和禁忌

尽管梯形图与继电器电路图在结构形式、元件符号及逻辑控制功能等方面相类似，但它们又有许多不同之处，梯形图有自己的编程规则。

① 每一逻辑行总是起于左母线，然后是触点的连接，最后终止于线圈或右母线（右母线可以不画出）。三菱 PLC 的左母线与线圈之间一定要有触点，而线圈与右母线之间则不能有任何触点，如图 5-11 所示，有的 PLC 允许触点间有线圈。

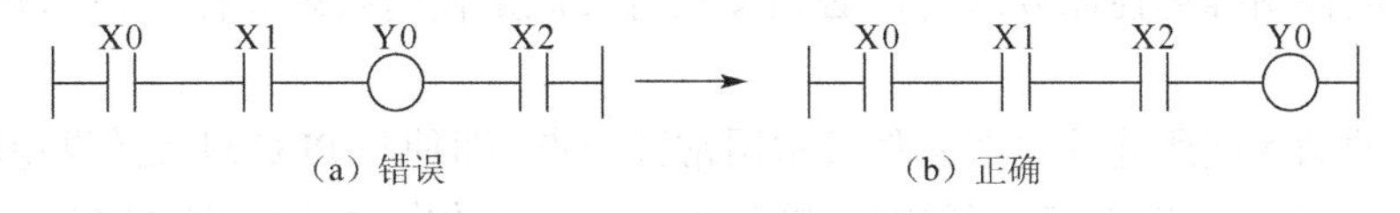

图 5-11　梯形图

② 无论选用哪种机型的 PLC，所用元件的编号必须在该机型的有效范围内。例如 FX2N 系列的 PLC 的辅助继电器没有 M8256，若使用就会出错。

③ 梯形图中的触点可以任意串联或并联，但继电器线圈只能并联而不能串联。

④ 触点的使用次数不受限制，例如，只要需要，辅助继电器 M0 可以在梯形图中出现无限制的次数，而实物继电器的触点一般少于 8 对，只能用有限次。

⑤ 在梯形图中同一线圈只能出现一次。如果在程序中，同一线圈使用了两次或多次，称为“双线圈输出”。对于“双线圈输出”，有些 PLC 将其视为语法错误，绝对不允许；有些 PLC 则将前面的输出视为无效，只有最后一次输出有效；而有些 PLC，在含有跳转指令或步进指令的梯形图中允许双线圈输出。

⑥ 梯形图中不能出现 X 线圈。

⑦ 对于不可编程梯形图必须经过等效变换，变成可编程梯形图，如图 5-12 所示。

⑧ 有几个串联电路相并联时，应将串联触点多的回路放在上方，归纳为“多上少下”的原则，如图 5-13 所示。在有几个并联电路相串联时，应将并联触点多的回路放在左方，归纳为“多左少右”原则，如图 5-14 所示。这样所编制的程序简洁明了，语句较少。

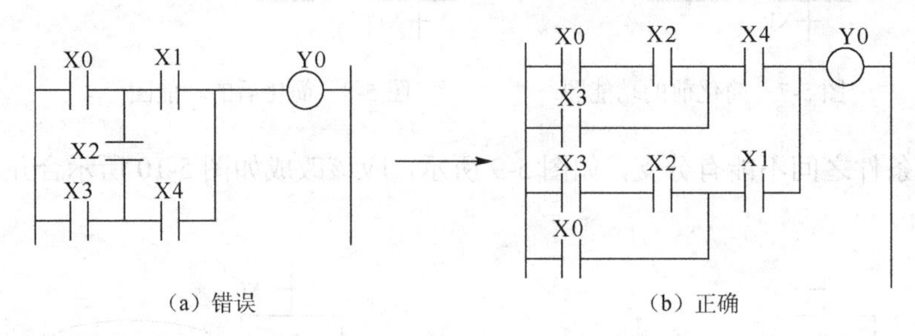

图 5-12　梯形图

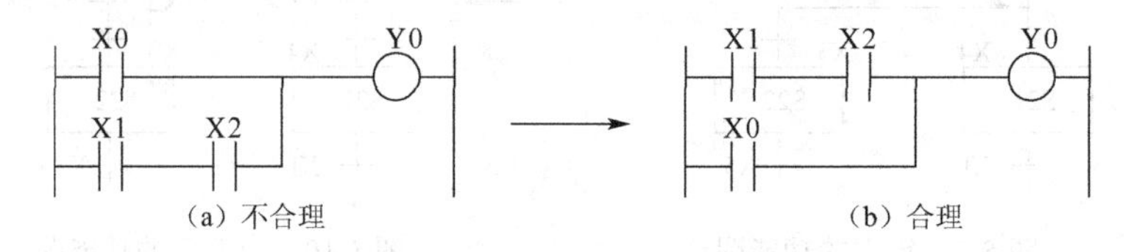

图 5-13　梯形图

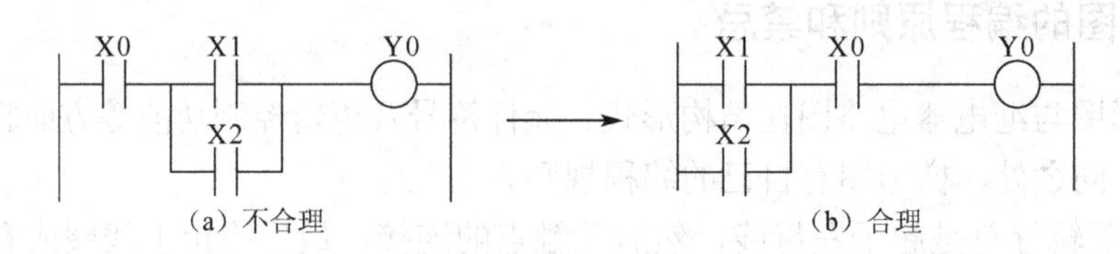

图 5-14　梯形图

⑨ 采用流程图描述控制要求时，必须按照有关规定使用状态元件，如 S0～S9 是初始化用。

⑩ PLC 的输入端所连的电器元件通常用常开触点，即使与 PLC 对应的继电器-接触器系统原来用常闭触点。如图 5-15 为继电器-接触器系统控制的电动机的启/停控制，图 5-16 为电动机的启/停控制的梯形图，图 5-17 为电动机启/停控制的接线图。可以看出：继电器-接触器系统原来用常闭触点 SB1 和 FR，而改用 PLC 控制时，则在 PLC 的输入端变成了常开触点。注意：图 5-16 的梯形图中 X1 和 X2 用常闭触点，否则控制逻辑不正确。若读者一定要让 PLC 的输入端为常闭触点输入也可以，但梯形图中 X1 和 X2 必须用常开触点，一般不推荐这样使用。另外，一般不推荐将热继电器的常开触点接在 PLC 的输入端，因为这样作，占用了宝贵的输入点，最好将热继电器的常闭触点，接在 PLC 的输出端。

图 5-15　电动机启/停控制图（继电器-接触器系统）　图 5-16　电动机启/停控制的（梯形图）

5.1.3 步进指令

步进指令又称STL指令。FX2N系列PLC有两条步进指令，分别是STL（步进触点指令）和RET（步进返回指令）。步进指令只有与状态继电器S配合使用才有步进功能，状态继电器的见表5-1。

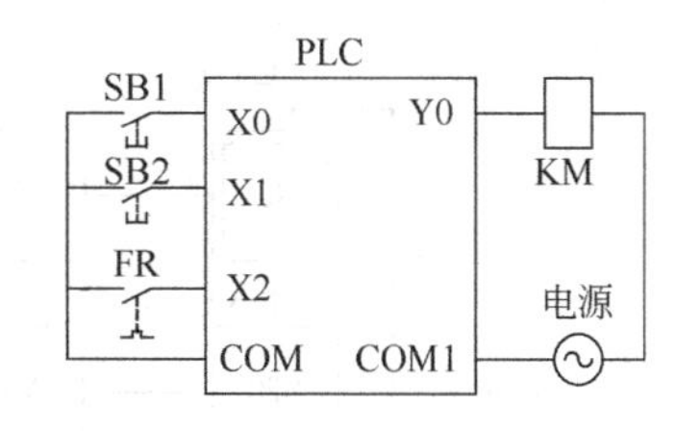

图5-17 电动机的启/停控制的接线图

根据SFC的特点，步进指令是使用内部状态元件（S），在顺控程序上进行工序步进控制。也就是说，步进顺控指令只有与状态元件配合才能有步进功能。使用STL指令的状态继电器的常开触点，称为STL触点，没有STL常闭触点，功能图与梯形图有对应关系，从图5-18可以看出。用状态继电器代表功能图的各步，每一步都有三种功能：负载驱动处理、指定转换条件和指定转换目标。且在语句表中体现了STL指令的用法。

当前步S20为活动步时，S22的STL触点导通，负载Y1输出，若X0也闭合（即转换条件满足），后续步S21被置位变成活动步，同时S20自动变成不活动步，输出Y1随之断开。

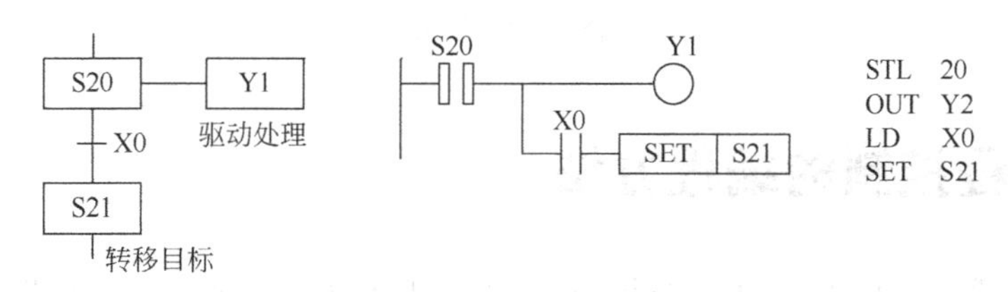

图5-18 STL指令与功能图

步进梯形图编程时应注意：

① STL指令只有常开触点，没有常闭触点。

② 与STL相连的触点用LD、LDI指令，即产生母线右移，使用完STL指令后，应该用RET指令使LD点返回母线。

③ 梯形图中同一元件可以被不同的STL触点驱动，也就说使用STL指令允许双线圈输出。

④ STL触点之后不能使用主控指令MC/MCR。

⑤ STL内可以使用跳转指令，但比较复杂，不建议使用。

⑥ 规定步进梯形图必须有一个初始状态（初始步），并且初始状态必须在最前面。初始状态的元件必须是S0～S9，否则PLC无法进入初始状态。其他状态的元件参见表5-1。

表5-1 FX2N系列PLC状态继电器一览

类　别	状态继电器号	点　数	功　能
初始状态继电器	S0～S9	10	初始化
返回状态继电器	S10～S19	10	用ITS指令时原点返还
普通状态继电器	S20～S499	480	用在SFC中间状态
掉电保护型继电器	S500～S899	400	具有停电记忆功能
诊断、保护继电器	S900～S999	100	用于故障、诊断或报警

【例5-1】 根据图5-19的状态图，编写步进梯形图程序。

【解】 状态转移图和步进梯形图的对应关系如图5-19所示。

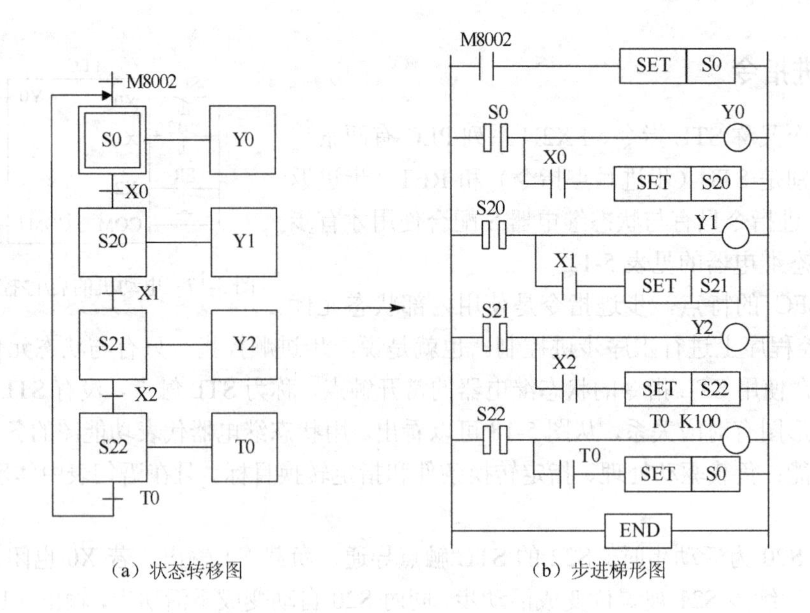

（a）状态转移图　　（b）步进梯形图

图 5-19　举例

5.2　可编程控制的编程方法

相同的硬件系统，由不同的人设计，可能设计出不同的程序，有的人设计的程序简洁、而且可靠，而有的人设计的程序虽然能完成任务，但较复杂，PLC 程序设计是有规律可循的，下面将介绍两种方法-经验设计法和流程图设计法。

5.2.1　经验设计法

就是在一些典型的梯形图的基础上，根据具体的对象对控制系统的具体要求，对原有的梯形图进行修改和完善。这种方法适合有一定的工作经验的人，这些人有现成的资料，特别在产品更新换代时，使用这种方法比较节省时间。下面举例说明这种方法的思路。

【例 5-2】 图 5-20 为小车运输系统的示意图和 I/O 接线图，SQ1、SQ2、SQ3 和 SQ4 是限位开关，小车在 SQ1 处装料，10s 后右行，到 SQ2 后停止卸料 10s 后左行，碰到 SQ1 后停下装料，就这样不停循环工作，SB1 是正转启动按钮，SB2 是反转启动按钮，SB3 是停止按钮。

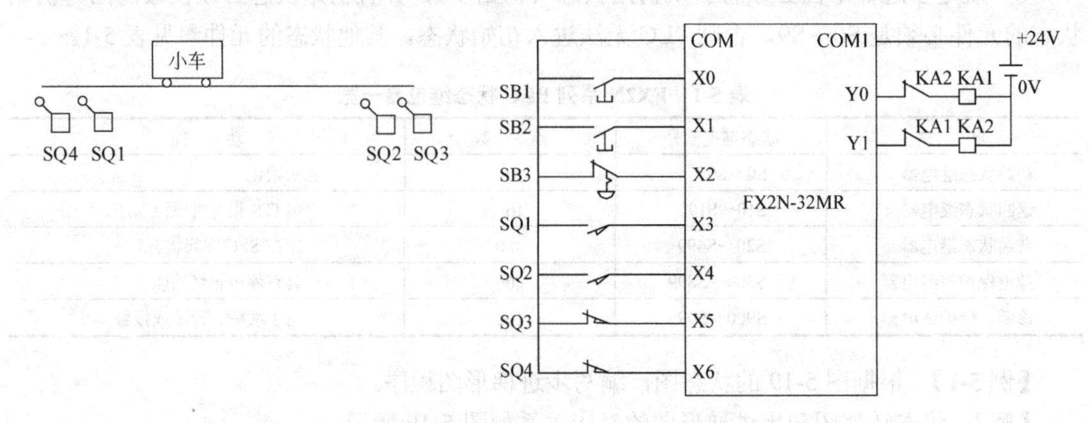

图 5-20　小车运输系统的示意图和 I/O 接线图

【解】 小车左行和右行是不能同时进行的，因此有联锁关系，与电动机的正、反转的梯形图类似，因此先画出电动机正、反转控制的梯形图，如图5-21所示，再在这个梯形图的基础上进行修改，增加四个限位开关的输入，增加两个定时器，就变成了图5-22的梯形图。

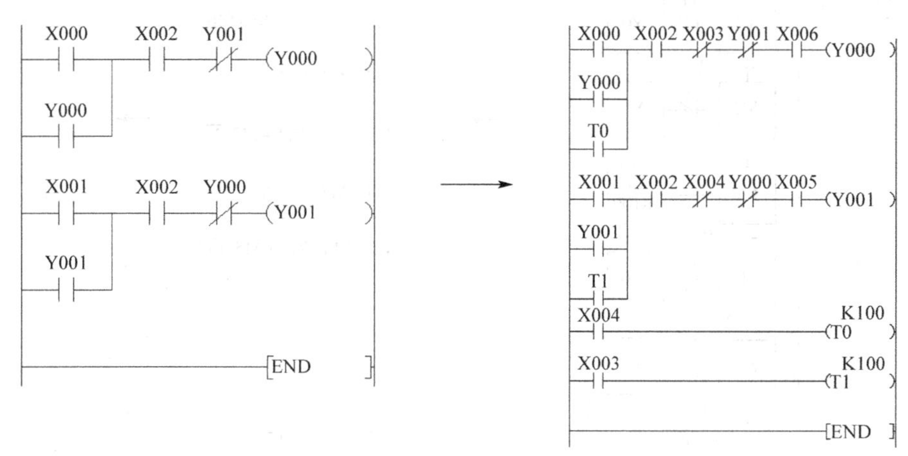

图5-21 电动机正、反转控制的梯形图 图5-22 小车运输系统的梯形图

5.2.2 流程图设计法

对于比较复杂的逻辑控制，用经验设计法就不合适，适合用流程图设计法。流程图设计法无疑是应用最为广泛的设计方法。流程图就是顺序功能图，流程图设计法就是先根据系统的控制要求画出流程图，再根据流程图画梯形图，梯形图可以是基本指令梯形图，也可以是顺控指令梯形图和功能指令梯形图。因此，设计流程图是整个设计过程的关键，也是难点。

（1）利用基本指令编写逻辑控制程序

用基本指令编写梯形图指令，是最容易被想到的方法，不需要了解较多的指令。采用这种方法编写程序的过程是，先根据控制要求设计正确的流程图，再根据流程图写出正确的布尔表达式，最后根据布尔表达式画基本指令梯形图。以下用三个例子讲解利用基本指令编写梯形图指令的方法。

【例5-3】 有一辆小车在初始位置启动后，从位置1向前运行到位置2后返回位置1，延时10s后，向前运行到位置3，再返回位置1，位置1、位置2和位置3分别安装有限位开关SQ1、SQ2、SQ3，小车运行示意图及接线图如图5-23所示，请画出功能图和步进梯形图。

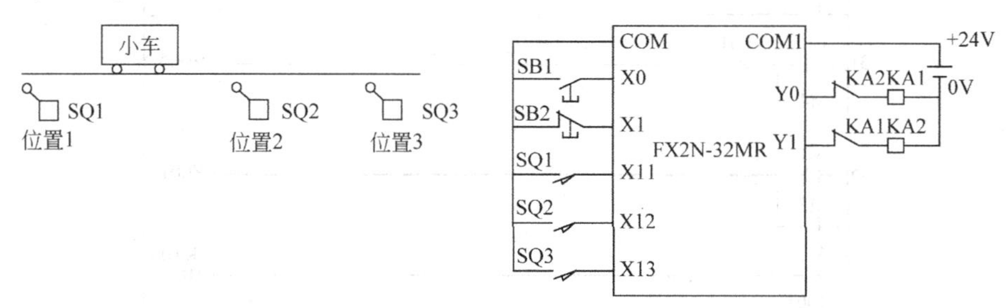

图5-23 小车运行示意图及接线图

【解】 先根据题意画出流程图，这是解题的关键，再根据流程图写出布尔表达式，最后根据布尔表达式画出梯形图，如图5-24所示。

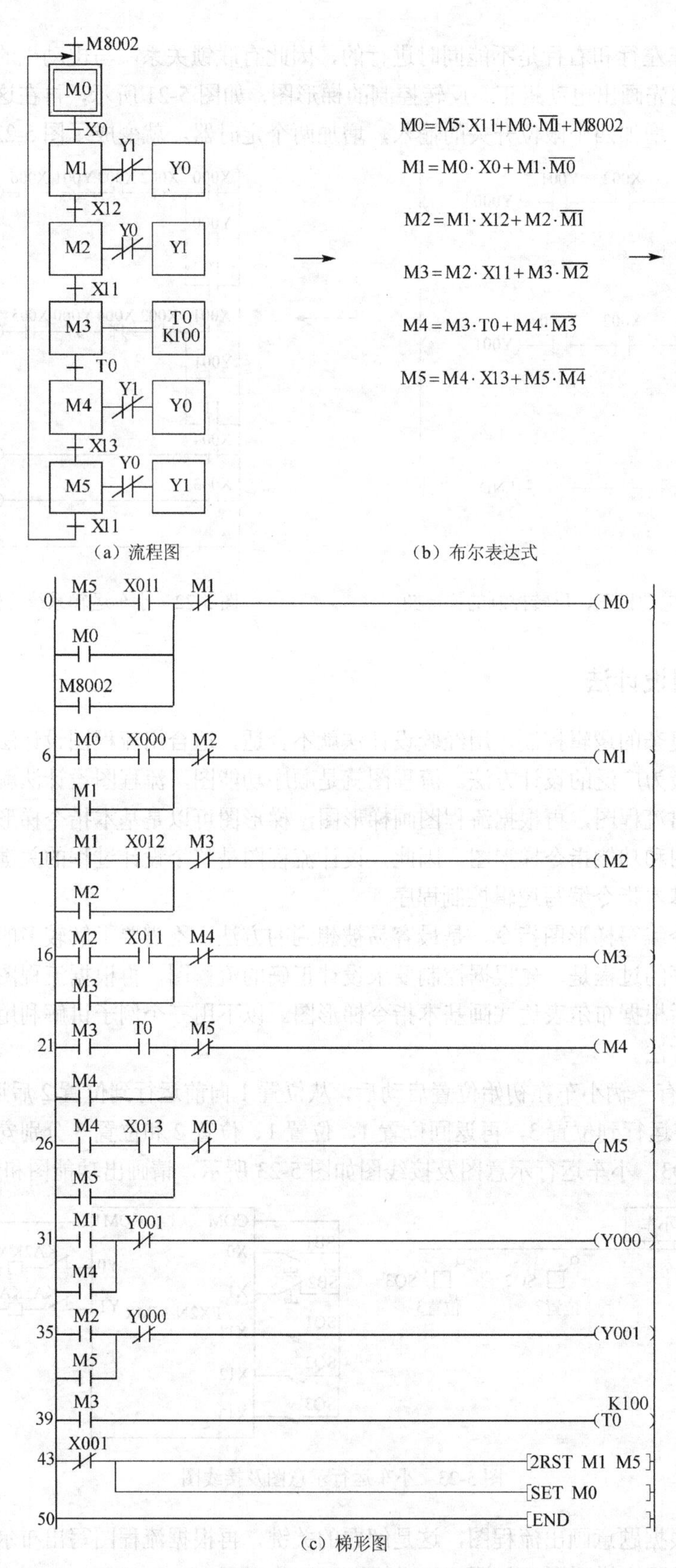

（a）流程图　（b）布尔表达式

（c）梯形图

图 5-24　流程图、布尔表达式和梯形图对应关系图

【例 5-4】 如图 5-25 所示的气动机械手由 3 个汽缸组成，即汽缸 A、B、C，其工作过程是：当接近开关 SQ0 检测到有物体时，系统开始工作，①汽缸 A 向左行；②到极限位置 SQ2 后，汽缸 B 向下行，直到极限位置 SQ4 为止；③接着手指汽缸 C 抓住物体，延时 1s；④汽缸 B 向上行；⑤到极限位置 SQ3 后，汽缸 A 向右行；⑥到极限位 SQ1 置，此时手指汽缸 C 释放物体，并延时 1s，完成搬运工作。电磁阀 YV1 上电汽缸 A 向左运行，电磁阀 YV2 上电汽缸 A 向右运行，电磁阀 YV3 上电，汽缸 B 向下运行，电磁阀 YV4 上电，汽缸 B 向上运行，电磁阀 YV5 上电，汽缸 C 夹紧，电磁阀 YV5 断电汽缸 C 松开。

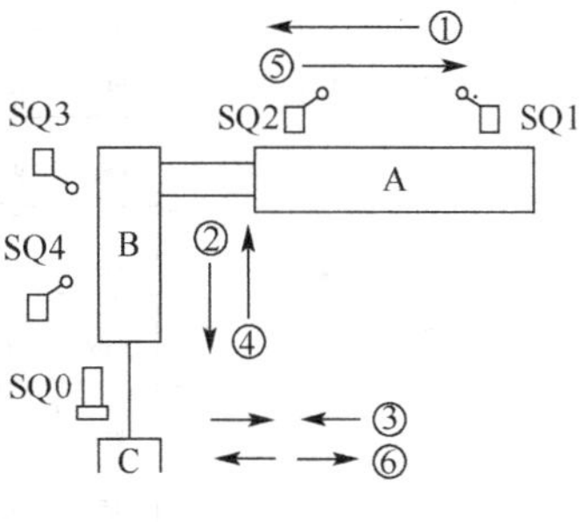

图 5-25　机械手示意图

【解】 这个运动逻辑看起来比较复杂，如果不掌握规律则很难设计出正确的梯形图，一般先根据题意画出流程图，再根据流程图写出布尔表达式和梯形图如图 5-26 所示。PLC 的输入/输出点(I/O)分配如下：

输入点：

SQ0：X0；SQ1：X1；SQ2：X2；SQ3：X3；SQ4：X4；SB1：X5（启动）；SB2：X6（复位）；SB3：X7（停止，接常闭触点）。

输出点：

YV1：Y1；YV2：Y2；YV3：Y3；YV4：Y4；YV5：Y5。

【例 5-5】 如图 5-27 所示的折边机由 4 个汽缸组成，一个下压汽缸、两个翻边汽缸（由同一个电磁阀控制，在此仅以一个汽缸说明）和一个顶出汽缸。其接线图如图 5-28 所示。其工作过程是：当按下复位开关 SB1 时，YV1 得电，下压汽缸向上运行，到上极限位置 SQ1 为止；YV3 得电，翻边汽缸向右运行，直到右极限位置 SQ3 为止；YV6 得电，顶出汽缸向上运行，直到上极限位置 SQ6 为止，三个汽缸同时动作，复位完成后，指示灯以 1s 为周期闪烁。工人放置钢板，此时压下启动按钮 SB2，YV5 得电，顶出汽缸向下运行，到下极限位置 SQ5 为止；接着 YV2 得电，下压汽缸向下运行，到下极限位置 SQ2 为止；接着 YV4 得电，翻边汽缸向左运行，到左极限位置 SQ4 为止；保压 0.5s 后，YV3 得电，翻边汽缸向右运行，

（a）流程图

$$M0 = M5 \cdot T1 \cdot X0 + M0 \cdot \overline{M1} + X5$$

$$M1 = M0 \cdot X2 + M1 \cdot \overline{M2}$$

$$M2 = M1 \cdot X4 + M2 \cdot \overline{M3}$$

$$M3 = M2 \cdot T0 + M3 \cdot \overline{M4}$$

$$M4 = M3 \cdot X3 + M4 \cdot \overline{M5}$$

$$M5 = M4 \cdot X1 + M5 \cdot \overline{M0}$$

（b）布尔表达式

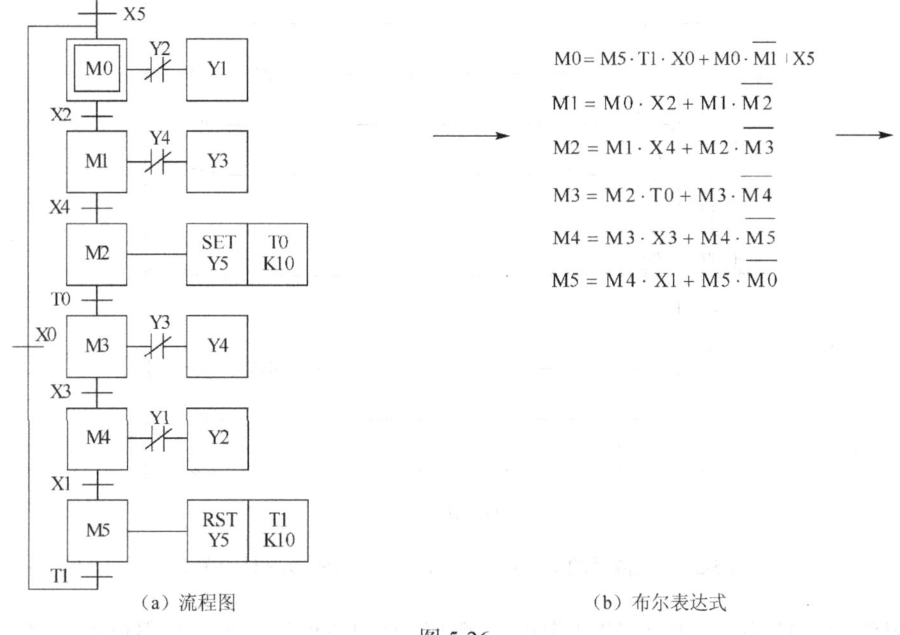

图 5-26

（c）梯形图

图 5-26 机械手的流程图、布尔表达式和梯形图对应关系图

到左极限位置 SQ3 为止；接着 YV4 得电，翻边汽缸向左运行，到左极限位置 SQ4 为止；接

着 YV1 得电，下压汽缸向上运行，到上极限位置 SQ1 为止；YV6 得电，顶出汽缸向上运行，顶出钢板，到上极限位置 SQ6 为止，一个工作循环完成。请画出接线图、流程图和梯形图。

【解】 这个运动逻辑看起来比较复杂，如果不掌握规律，则很难设计出正确的梯形图，一般先根据题意画出流程图，再根据流程图写出布尔表达式，如图 5-29 所示。布尔表达式是有规律的，当前步的步名对应的继电器（如 M1）等于上一步的步名对应的继电器（M0）与上一步的转换条件（X2）的乘积，再加上当前步的步名对应的继电器（M1）与下一步的步名对应的继电器非的乘积（$\overline{M2}$），其他的布尔表达式的写法类似，最后根据布尔表达式画出梯形图，如图 5-30、图 5-31 所示。在整个过程中，流程图是关键，也是难点，而根据流程图写出布尔表达式和画出梯形图比较简单。

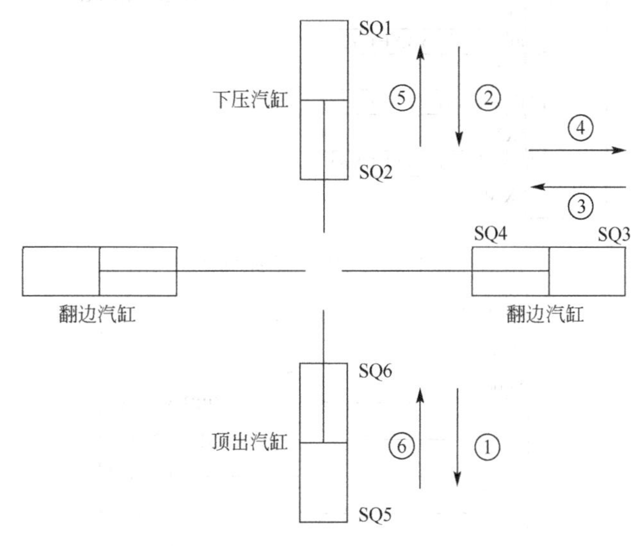

图 5-27　折边机示意图

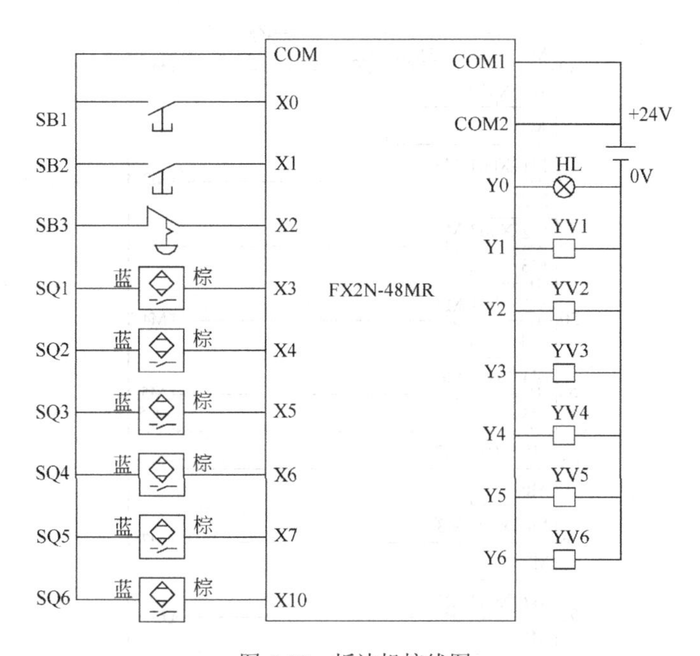

图 5-28　折边机接线图

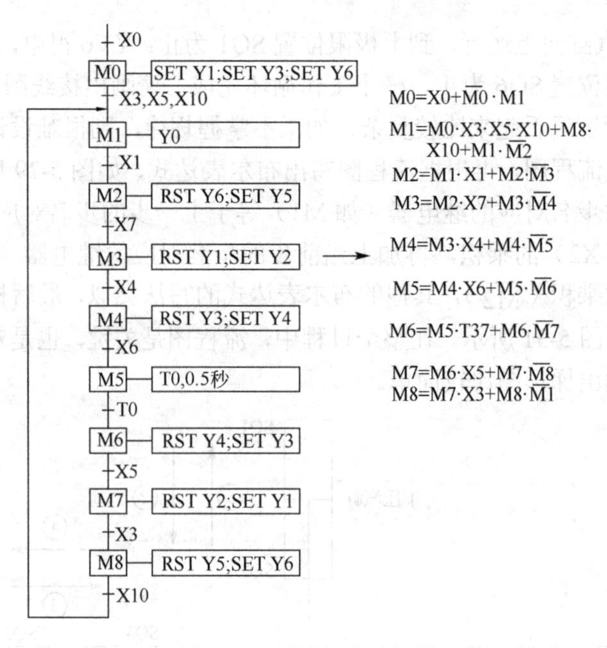

图 5-29 折边机的流程图

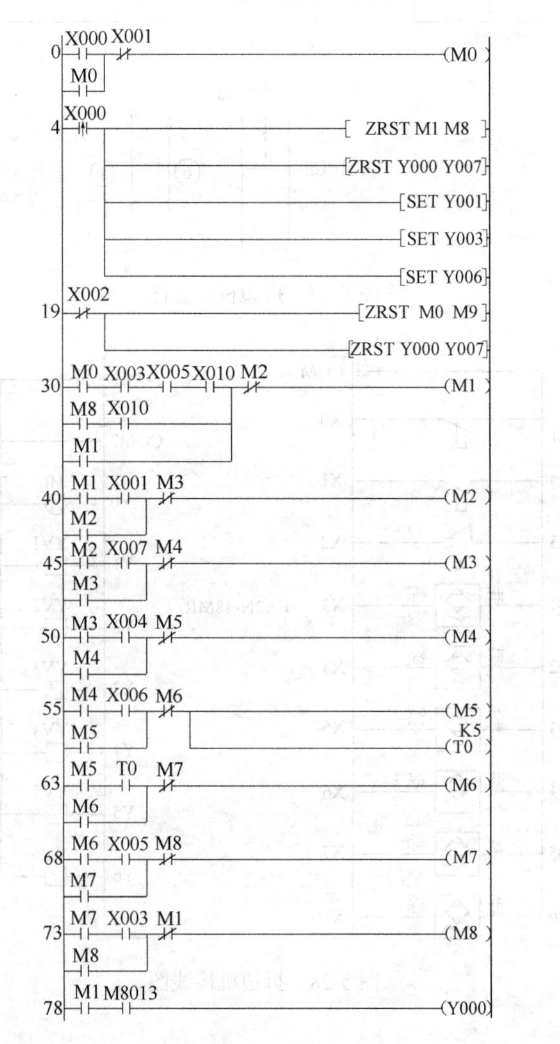

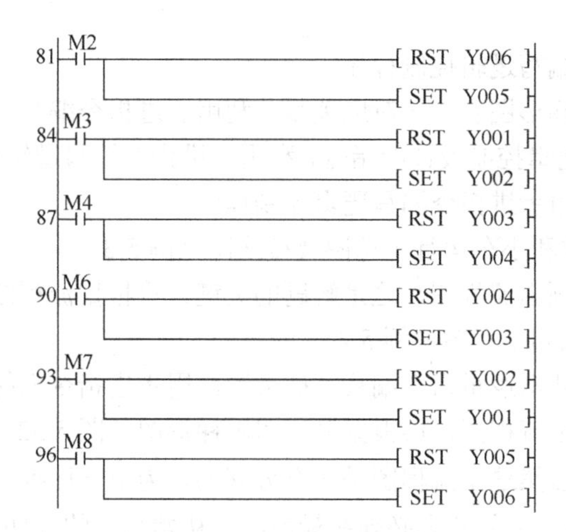

图 5-30 折边机的梯形图

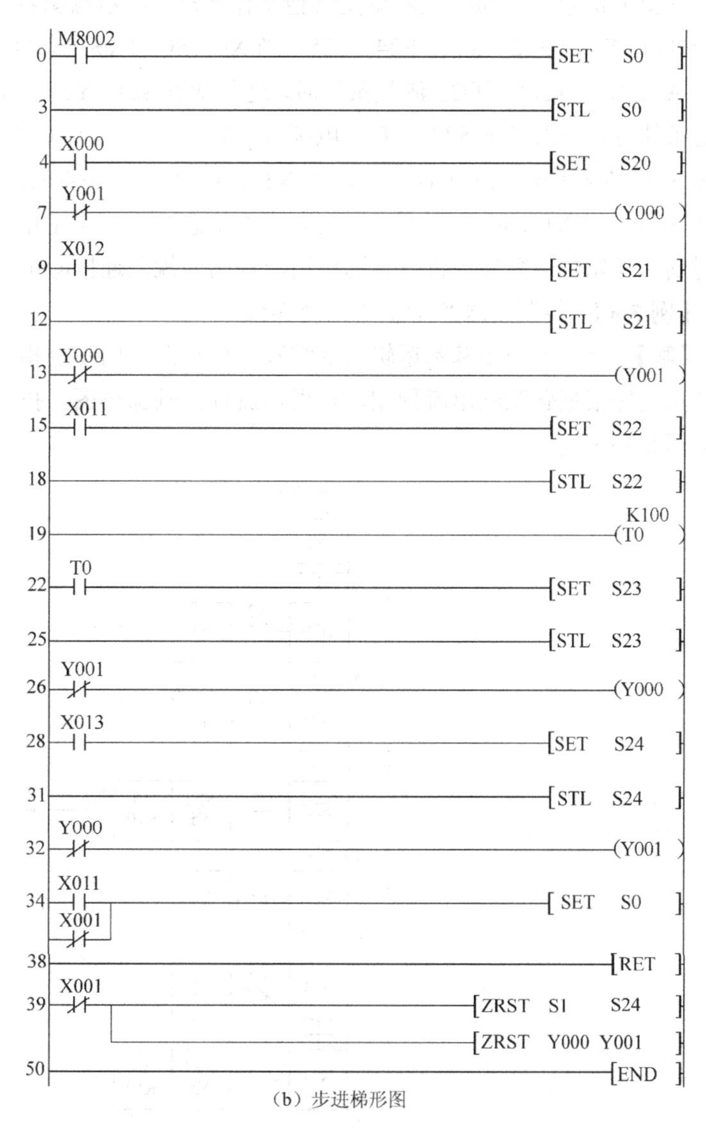

M8002 S0 X0 S20 Y1 Y0 X12 S21 Y0 Y1 X11 S22 T0 T0 S23 Y1 Y0 X13 S24 Y0 Y1 X11

（a）流程图 （b）步进梯形图

图 5-31 流程图、步进梯形图对应关系

（2）利用步进指令编写逻辑控制程序

流程图和步进指令梯形图有一一对应关系，利用步进指令编写逻辑控制程序有固定的模式，步进指令是专门为逻辑控制设计的指令，利用步进指令编写逻辑控制程序是非常合适的。以下用三个例子讲解利用步进指令编写逻辑控制程序。

【例 5-6】 控制要求和小车运行示意图及接线图见例 5-3。

【解】 先根据题意画出流程图，这是解题的关键，再根据流程图画出梯形图。

【例 5-7】 控制要求和示意图见例 5-4。

【解】 例 5-4 中用基本逻辑指令编写了梯形图，用步进指令也能达到同样的效果。解题步骤也是先根据题意画出流程图，再根据流程图画梯形图（图 5-32）。

流程图的画法：很显然这个流程图是没有分支的，为单一序列，步进梯形图必须有一个初始状态（初始步），并且初始状态必须在最前面。初始状态的元件必须是 S0～S9，所以确定流程图中初始步为 S0，接着确定其他工作状态，从示意图容易看出还有 6 个工作状态，确定为 S20、S21、S22、S23、S24、S25。当 X0（SQ0）满足条件时，进入状态 S20，Y1 上电，汽缸 A 左行，当 X2（SQ2）满足条件时，进入状态 S21，Y3 上电，汽缸 B 下行，当 X4（SQ4）满足条件时，进入状态 S22，T0 上电延时，Y5 上电，汽缸 C 夹紧，当 T0 满足条件时，进入状态 S23，Y4 上电，汽缸 B 上行，当 X3（SQ3）满足条件时，进入状态 S24，Y2 上电，汽缸 A 右行，当 X1（SQ1）满足条件时，进入状态 S25，T1 上电延时，Y5 失电，汽缸 C 松开，延时到后开始另一循环。将以上过程用流程图的规范连接即可。

【例 5-8】 控制要求和示意图见例 5-5。

【解】 例 5-5 中用基本逻辑指令编写了梯形图，用步进指令也能达到同样的效果。解题步骤也是先根据题意画出流程图，再根据流程图画梯形图。折边机的流程图和梯形图对应关系如图 5-33 所示。

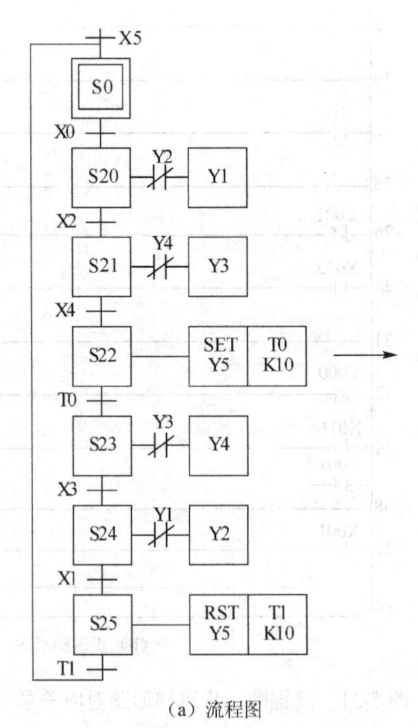

（a）流程图

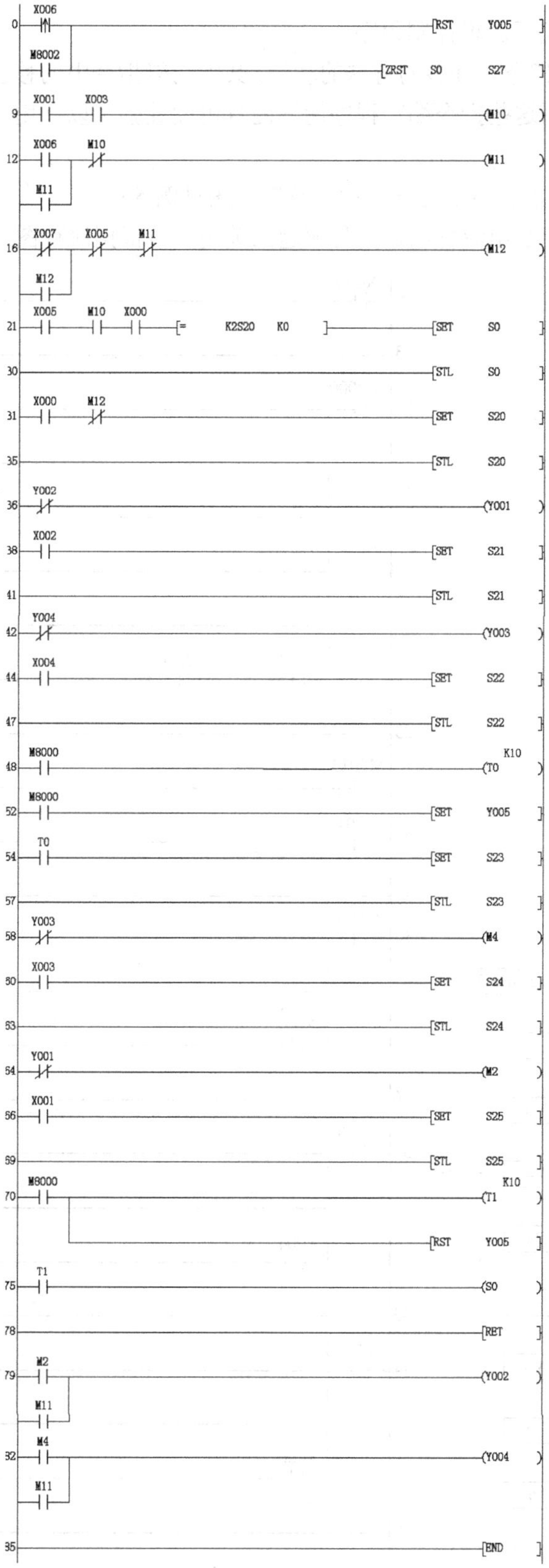

```
0   X006(↑)                               [RST   Y005]
    M8002                                 [ZRST  S0   S27]
9   X001  X003                            (M10)
12  X006  M10                             (M11)
    M11
16  X007  X005  M11                       (M12)
    M12
21  X005  M10  X000  [=  K2S20  K0]       [SET   S0]
30                                        [STL   S0]
31  X000  M12                             [SET   S20]
35                                        [STL   S20]
36  Y002                                  (Y001)
38  X002                                  [SET   S21]
41                                        [STL   S21]
42  Y004                                  (Y003)
44  X004                                  [SET   S22]
47                                        [STL   S22]
48  M8000                                 (T0    K10)
52  M8000                                 [SET   Y005]
54  T0                                    [SET   S23]
57                                        [STL   S23]
58  Y003                                  (M4)
60  X003                                  [SET   S24]
63                                        [STL   S24]
64  Y001                                  (M2)
66  X001                                  [SET   S25]
69                                        [STL   S25]
70  M8000                                 (T1    K10)
                                          [RST   Y005]
75  T1                                    (S0)
78                                        [RET]
79  M2                                    (Y002)
    M11
82  M4                                    (Y004)
    M11
85                                        [END]
```

（b）梯形图

图 5-32 机械手的流程图和梯形图对应关系图

（3）用功能指令编写逻辑控制程序

三菱PLC的功能指令有许多的特殊的功能，其中功能指令中的移位指令和循环指令非常适合用于顺序控制，用这些指令编写程序简洁而且可读性强。以下用例子讲解利用功能指令编写逻辑控制程序。

【例5-9】 控制要求和小车运行示意图及接线图见例5-6。

【解】 先根据题意画出流程图，这是解题的关键，再根据流程图画出梯形图（图5-34）。

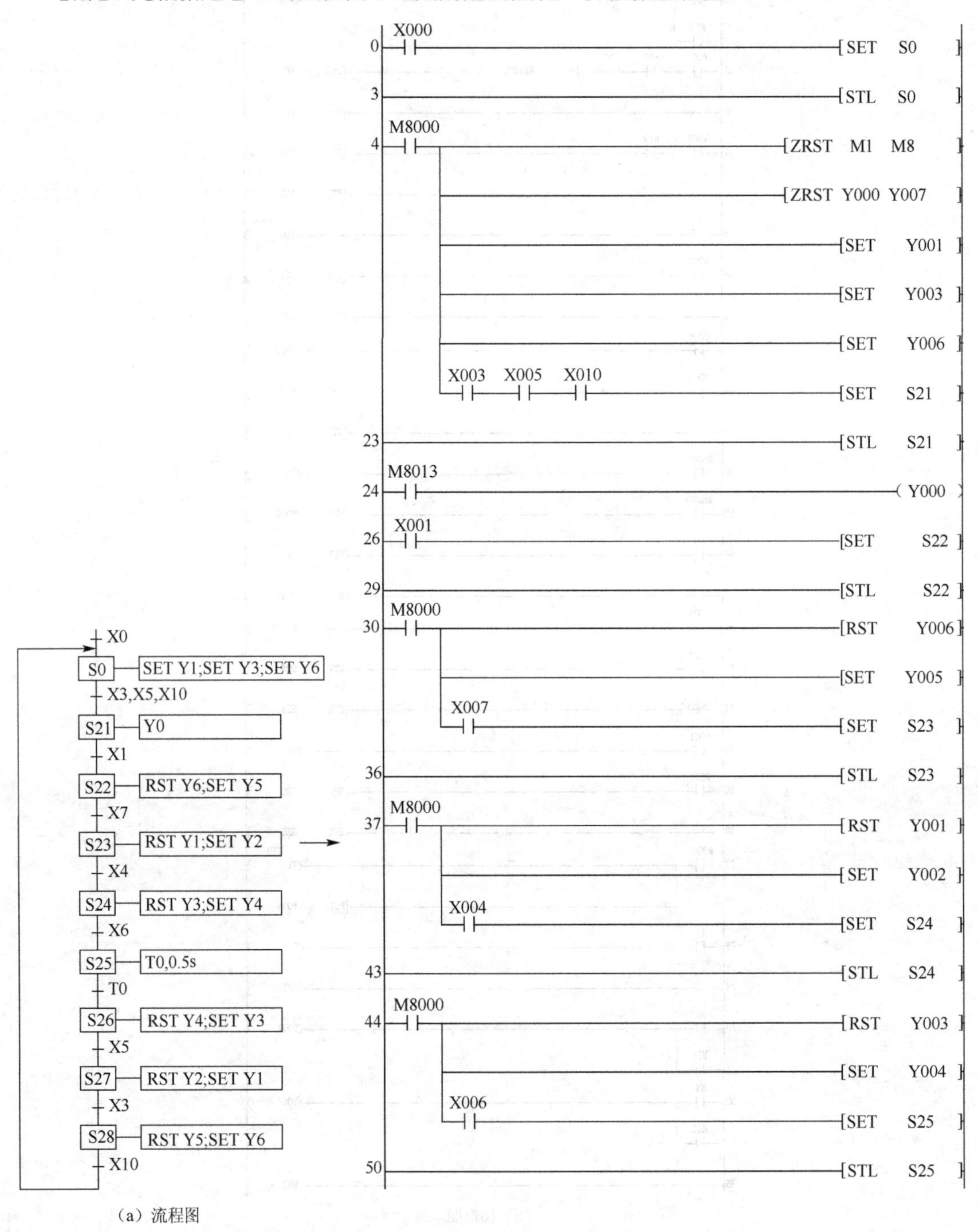

（a）流程图

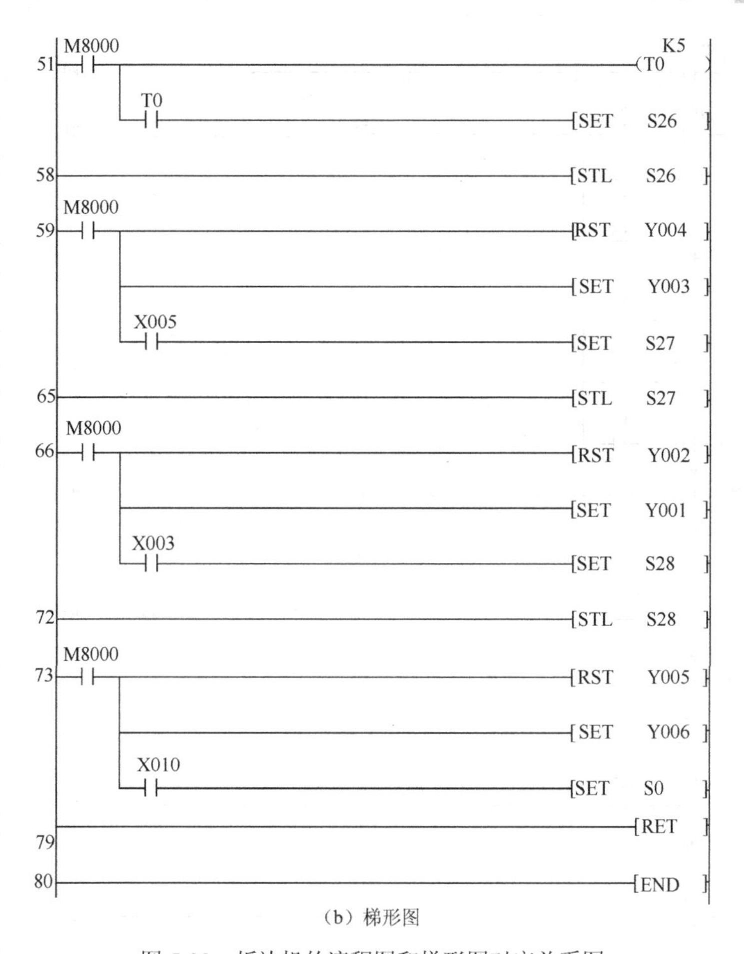

（b）梯形图

图 5-33 折边机的流程图和梯形图对应关系图

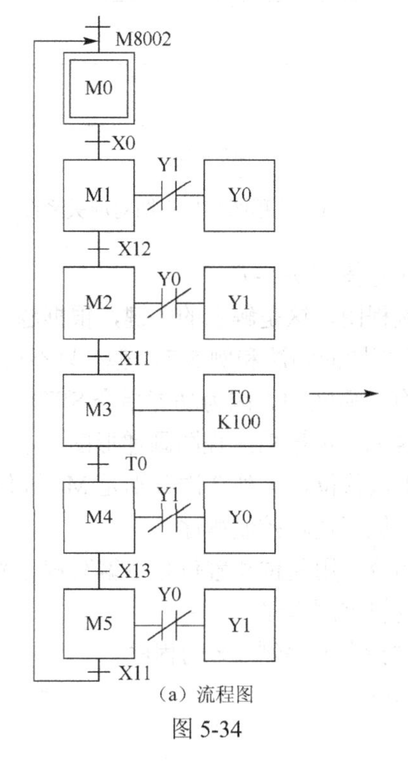

（a）流程图

图 5-34

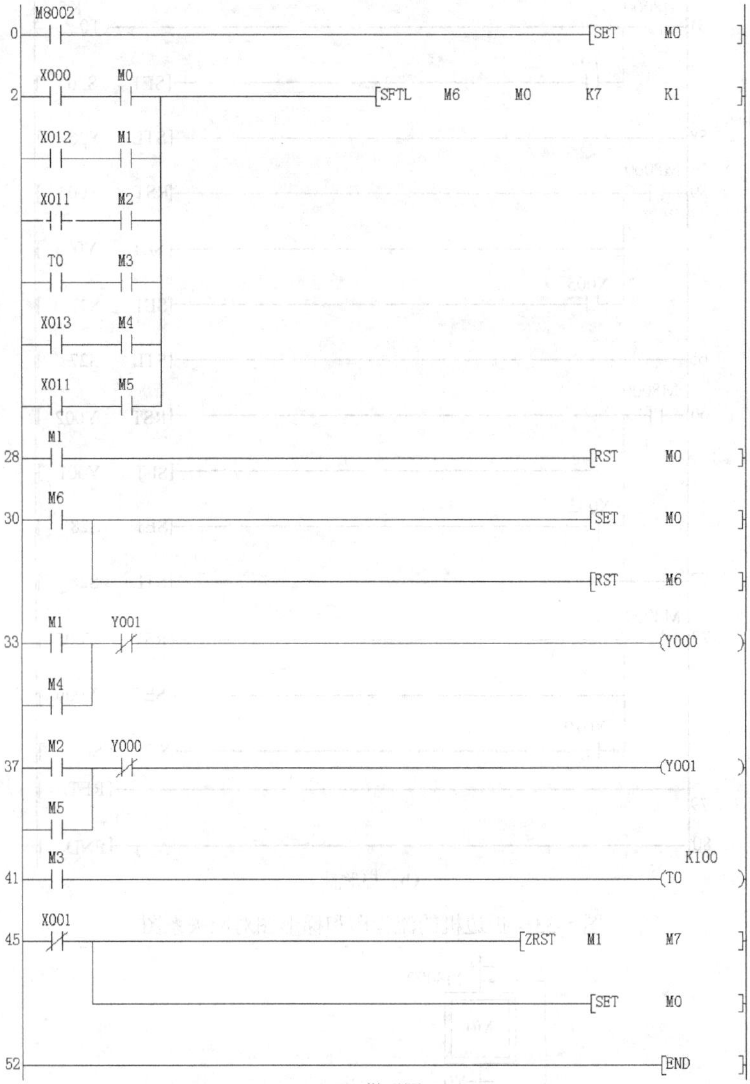

（b）梯形图

图 5-34　流程图和梯形图对应关系图

【例 5-10】 控制要求和示意图同例 5-7。

【解】 先根据题意画出流程图，这是解题的关键，根据题意：对应共有 6 个动作，在流程图中对应 6 个状态，因此流程图的画法和例 5-7 类似，只不过例 5-7 用状态继电器 S，而本例用辅助继电器 M，两者没有本质区别。因为功能指令 SFTL 移位时，能改变辅助继电器的状态，所以本例用辅助继电器 M。再根据流程图画梯形图。本例每个循环共移位 8 次，这是因为 6 个状态的改变各对应 1 次移位，另外 2 次分别是 M0 置位和复位。

（4）利用复位和置位指令编写逻辑控制程序

复位和置位指令是常用指令，用复位和置位指令编写程序简洁而且可读性强。以下用例子讲解利用复位和置位编写逻辑控制程序。

【例 5-11】 用复位和置位指令编写例 5-8 的程序。

【解】 梯形图如图 5-36 所示。

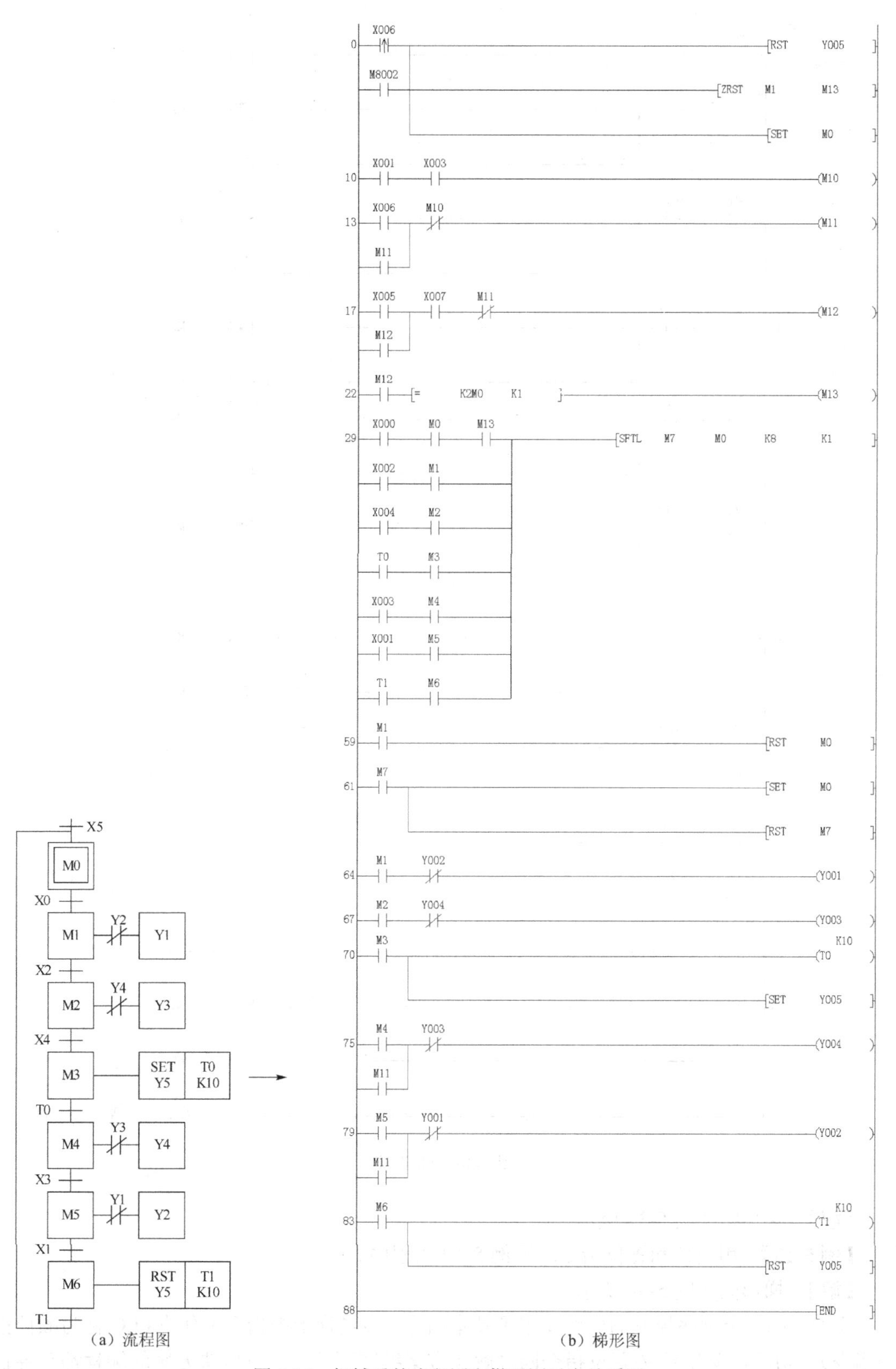

（a）流程图　　（b）梯形图

图 5-35　机械手的流程图和梯形图对应关系图

【例 5-12】 用复位和置位指令编写例 5-9 的程序。

```
0   M8002                        [SET   M0 ]
2   M0    X000                   [SET   M1 ]
                                 [RST   M0 ]
6   M1    X012                   [SET   M2 ]
                                 [RST   M1 ]
10  M2    X011                   [SET   M3 ]
                                 [RST   M2 ]
14  M3    T0                     [SET   M4 ]
                                 [RST   M3 ]
18  M4    X013                   [SET   M5 ]
                                 [RST   M4 ]
22  M5    X011                   [SET   M0 ]
                                 [RST   M5 ]
26  M1    Y001                   (Y000 )
    M4
30  M2    Y000                   (Y001 )
    M5
34  M3                           (T0  K100 )
38  X001                 [ZRST  M1   M5 ]
                                 [SET   M0 ]
45                               [END ]
```

图 5-36 梯形图

【解】 梯形图如图 5-37 所示。

【例 5-13】 用复位和置位指令编写例 5-10 的程序。

【解】 梯形图如图 5-38 所示。

至此，同一个顺序控制的问题使用了基本指令、步进梯形图指令（有的 PLC 称为顺控指令指令）、功能指令和复位/置位指令四种解决方案编写程序。四种解决方案的编程都有各自的几乎固定的步骤，但有一步是相同的，那就是首先都要画流程图。四种解决方案没有好坏之分，读者可以根据自己的喜好选用。

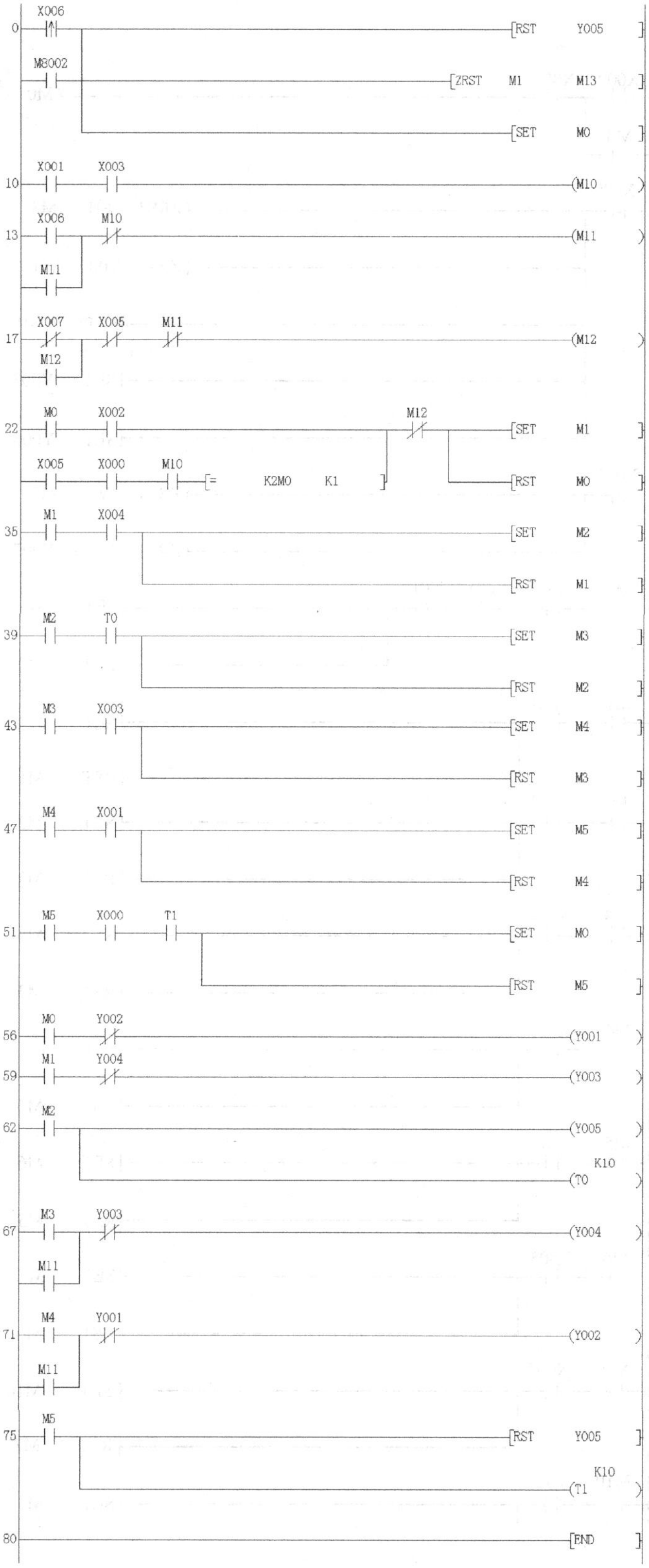

```
0   X006(↑) ─┬─────────────────────── [RST  Y005 ]
    M8002  ──┤───────────────── [ZRST  M1   M13 ]
             └─────────────────────── [SET  M0   ]
10  X001  X003 ────────────────────── (M10 )
13  X006 ─┬─ M10(/) ───────────────── (M11 )
    M11  ─┘
17  X007(/) ─┬─ X005(/)  M11(/) ───── (M12 )
    M12  ────┘
22  M0  X002 ──────────────────┬─ M12(/) ─┬─ [SET  M1 ]
    X005  X000  M10  [=  K2M0  K1] ─┘     └─ [RST  M0 ]
35  M1  X004 ─┬────────────────────── [SET  M2 ]
              └────────────────────── [RST  M1 ]
39  M2  T0 ───┬────────────────────── [SET  M3 ]
              └────────────────────── [RST  M2 ]
43  M3  X003 ─┬────────────────────── [SET  M4 ]
              └────────────────────── [RST  M3 ]
47  M4  X001 ─┬────────────────────── [SET  M5 ]
              └────────────────────── [RST  M4 ]
51  M5  X000  T1 ─┬────────────────── [SET  M0 ]
                  └────────────────── [RST  M5 ]
56  M0  Y002(/) ───────────────────── (Y001 )
59  M1  Y004(/) ───────────────────── (Y003 )
62  M2 ─┬──────────────────────────── (Y005 )
        │                                K10
        └──────────────────────────── (T0 )
67  M3 ─┬─ Y003(/) ────────────────── (Y004 )
    M11 ┘
71  M4 ─┬─ Y001(/) ────────────────── (Y002 )
    M11 ┘
75  M5 ─┬──────────────────────────── [RST  Y005 ]
        │                                K10
        └──────────────────────────── (T1 )
80  ───────────────────────────────── [END ]
```

图 5-37 梯形图

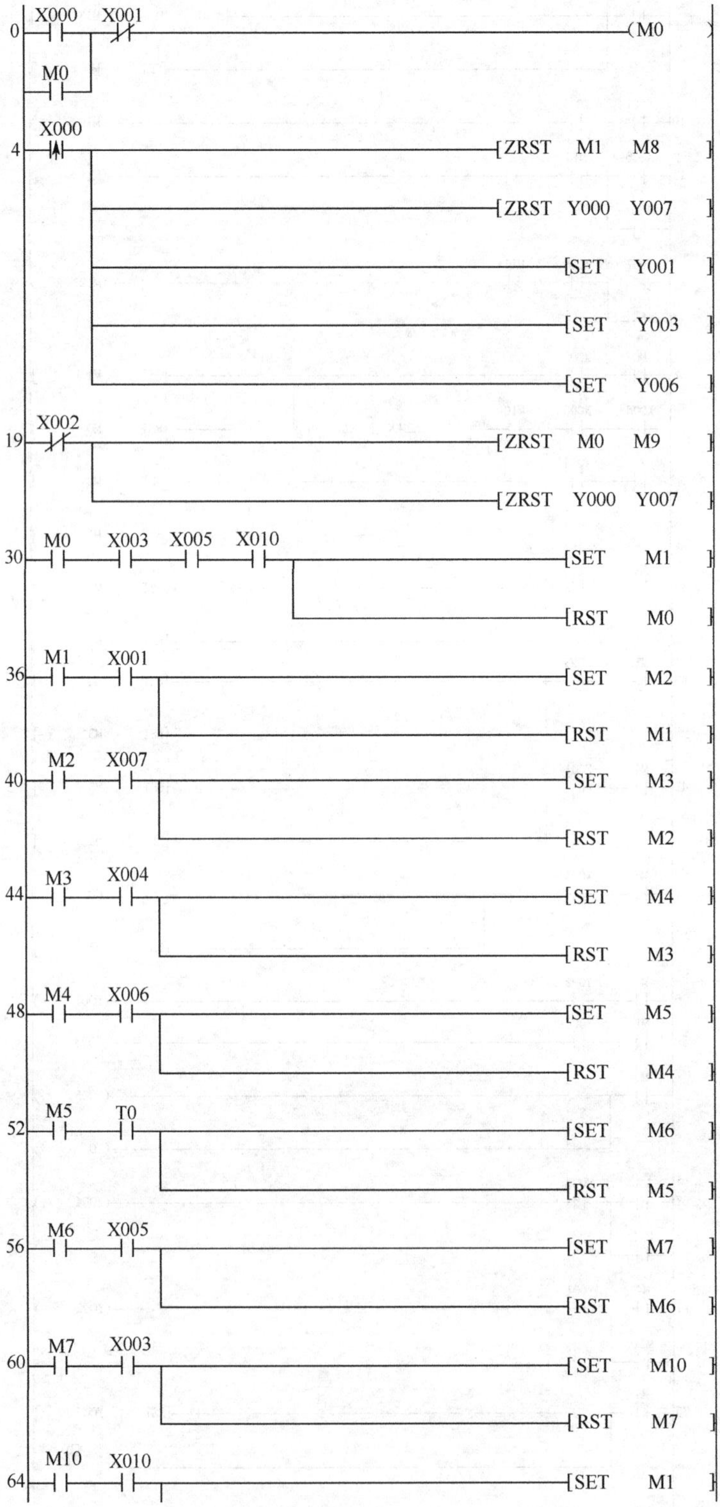

```
0   X000  X001                                  (M0 )
    M0
4   X000 (↑)                                    [ZRST  M1    M8  ]
                                                [ZRST  Y000  Y007]
                                                [SET   Y001      ]
                                                [SET   Y003      ]
                                                [SET   Y006      ]
19  X002                                        [ZRST  M0    M9  ]
                                                [ZRST  Y000  Y007]
30  M0  X003  X005  X010                        [SET   M1        ]
                                                [RST   M0        ]
36  M1  X001                                    [SET   M2        ]
                                                [RST   M1        ]
40  M2  X007                                    [SET   M3        ]
                                                [RST   M2        ]
44  M3  X004                                    [SET   M4        ]
                                                [RST   M3        ]
48  M4  X006                                    [SET   M5        ]
                                                [RST   M4        ]
52  M5  T0                                      [SET   M6        ]
                                                [RST   M5        ]
56  M6  X005                                    [SET   M7        ]
                                                [RST   M6        ]
60  M7  X003                                    [SET   M10       ]
                                                [RST   M7        ]
64  M10  X010                                   [SET   M1        ]
```

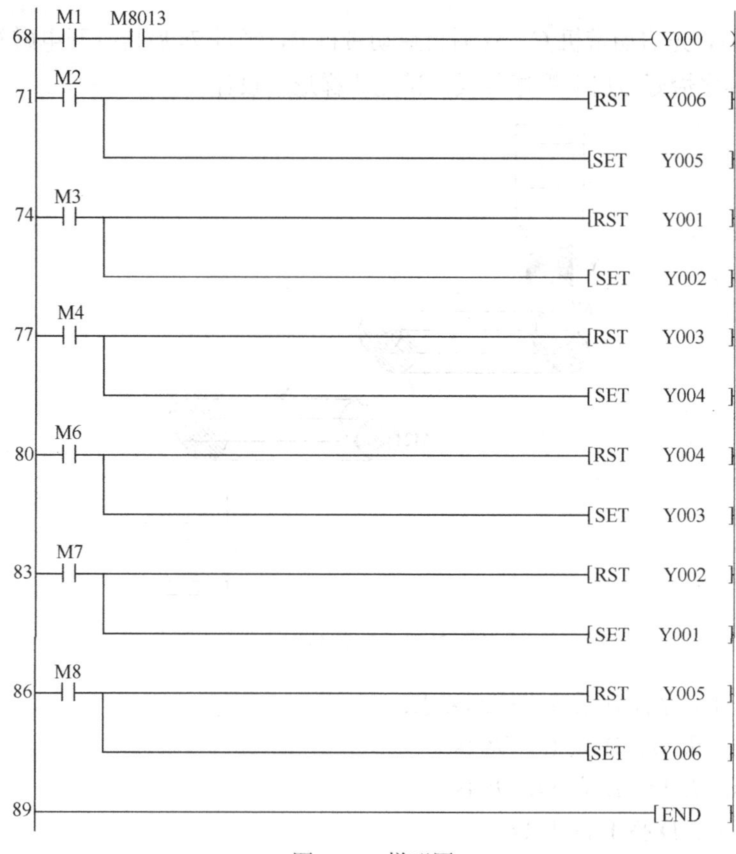

图 5-38 梯形图

小结

① 学会根据工艺流程绘制功能图是十分重要的，能画出正确的功能图，则编写正确的程序就很容易了，因此本章的重点和难点是功能图的绘制。

② 一般而言，对于顺序控制，编写程序有四种方法，分别是：用基本指令编写、用功能指令编写、用复位/置位指令编写和用步进指令编写，其中步进指令特别适合用于顺序控制，是一定要学会使用的。

习题

1．用移位指令构成移位寄存器，实现广告牌字的闪耀控制。用 HL1～HL4 四只灯分别照亮“欢迎光临”四个字，其控制要求见表 5-2，每步间隔 1s。

表 5-2 广告牌字闪耀流程

流 程	1	2	3	4	5	6	7	8
HL1	√				√		√	
HL2		√			√		√	
HL3			√		√		√	
HL4				√	√		√	

2．如图 5-39 所示为两组带机组成的原料运输自动化系统，该自动化系统的启动顺序为：

盛料斗 D 中无料，先启动带机 C，5s 后再启动带机 B，经过 7s 后再打开电磁阀 YV，该自动化系统停机的顺序恰好与启动顺序相反。试完成梯形图设计。

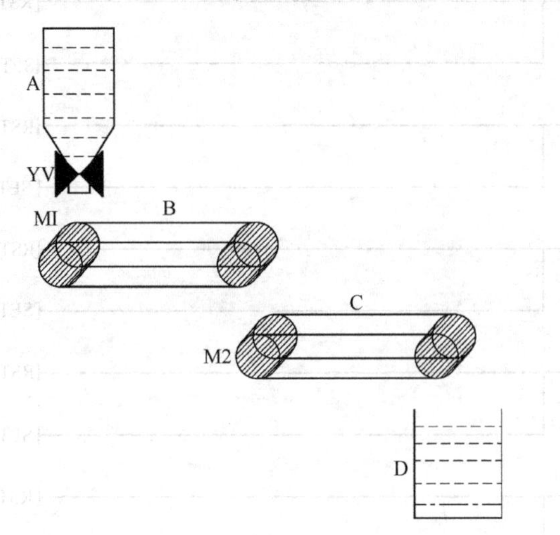

图 5-39 习题 2 附图

3．设计彩灯顺序控制系统。控制要求：

① A 亮 1s，灭 1s；B 亮 1s，灭 1s；

② C 亮 1s，灭 1s；D 亮 1s，灭 1s。

③ A、B、C、D 亮 1s，灭 1s。

④ 循环三次。

4．设计电动机正反转控制系统

控制要求：正转 3s，停 2s，反转 3s，停 2s，循环 3 次。

5．用 PLC 对自动售汽水机进行控制，工作要求：

① 此售货机可投入 1 元、2 元硬币，投币口为 LS1，LS2。

② 当投入的硬币总值大于等于 6 元时，汽水指示灯 L1 亮，此时按下汽水按钮 SB，则汽水口 L2 出汽水 12s 后自动停止。

③ 不找钱，不结余，下一位投币又重新开始。

请：a. 设计 I/O 口，画出 PLC 的 I/O 口硬件连接图并进行连接；

b. 画出状态转移图或梯形图。

6．六盏灯正方向顺序全通，反方向顺序全灭控制。

要求：按下启动信号 X0，六盏灯（Y0～Y5）依次都亮，间隔时间为 1s；按下停车信号 X1，灯反方向（Y5～Y0）依次全灭，间隔时间为 1s；按下复位信号 X2，六盏灯立即全灭。

7．设计一个汽车库自动门控制系统，具体控制要求是：当汽车到达车库门前，超声波开关接收到车来的信号，开门上升，当升到顶点碰到上限开关，门停止上升，当汽车驶入车库后，光电开关发出信号，门电动机反转，门下降，当下降碰到下限开关后门电动机停止。试画出输入输出设备与 PLC 的接线图、设计出梯形图程序并加以调试。

8．设计喷泉电路。

要求：喷泉有 A、B、C 三组喷头。启动后，A 组先喷 5s，后 B、C 同时喷，5s 后 B 停，再 5s C 停，而 A、B 又喷，再 2s，C 也喷，持续 5s 后全部停，再 3s 重复上述过程。说明：A（Y0），B（Y1），C（Y2），启动信号 X0。

9. 设计一工作台自动往复控制程序。

要求：正反转启动信号 X0、X1，停车信号 X2，左右限位开关 X3、X4，输出信号 Y0、Y1。具有电气互锁和机械互锁功能。

10. 设计钻床主轴多次进给控制。

要求：该机床进给由液压驱动。电磁阀 DT1 得电主轴前进，失电后退。同时，还用电磁阀 DT2 控制前进及后退速度，得电快速，失电慢速。其工作过程如图 5-40 所示。

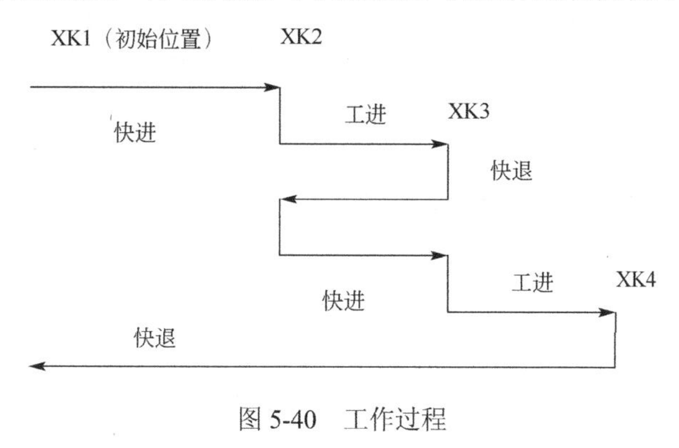

图 5-40 工作过程

第二部分

应用提高篇

第6章

三菱 FX 系列 PLC 的通信及其应用

PLC 的通信包括 PLC 与 PLC 之间的通信、PLC 与上位计算机之间的通信以及和其他智能设备之间的通信。PLC 与 PLC 之间通信的实质就是计算机的通信，使得众多的独立的控制任务构成一个控制工程整体，形成模块控制体系。PLC 与计算机连接组成网络，将 PLC 用于控制工业现场，计算机用于编程、显示和管理等任务，构成“集中管理、分散控制”的分布式控制系统（DCS）。

6.1　三菱 FX 中系列 PLC 通信基础

FX 系列 PLC 的通信支持 N:N 通信、并行通信、计算机链接通信、无协议通信、可选编程端口等通信。

6.1.1　通信的基本概念

（1）串行通信与并行通信

串行通信和并行通信是两种不同的数据传输方式。

并行通信就是将一个 8 位数据（或者 16 位、32 位）的每一个二进制位采用单独的导线进行传输，并将传送方和接收方进行并行连接，一个数据的各二进制位可以在同一时间内里，一次传送。例如，老式打印机的打印口和计算机的通信就是并行通信。并行通信的特点是一个周期里，可以一次传输多位数据，其连线的电缆多，因此长距离传送时，成本高。

串行通信就是通过一对导线，将发送方与接收方进行连接，传输数据的每个二进制位，按照规定顺序在同一导线上，依次发送与接收。例如，常用的 U 盘的 USB 接口就是串行通信。串行通信的特点是通信控制复杂，通信电缆少，因此与并行通信相比，成本低。

（2）异步通信与同步通信

异步通信与同步通信也称为异步传送与同步传送，这是串行通信的两种基本信息传送方式。从用户的角度上说，两者最主要的区别在于通信方式的“帧”不同。

异步通信方式又称起止方式。它在发送字符时，要先发送起始位，然后是字符本身，最后是停止位。字符之后还可以加入奇偶校验位。它具有硬件简单、成本低，主要用于传输速率低于 19.2Kbit/s 以下的数据通信。

同步通信在传递数据的同时，也传输时钟同步信号，并始终按照给定的时刻采集数据。其传输数据的效率高，硬件复杂，成本高，一般用于传输速率高于 20Kbit/s 以上的数据通信。

（3）单工、双工与半双工

单工、双工与半双工是通信中描述数据传送方向的专门术语。

单工（Simplex）：指数据只能实现单向传送的通信方式，一般用于数据的输出，不可以进行数据交换。

全双工（Full Simplex）：也称双工，指数据可以进行双向数据传送，同一时刻，既能发送数据也能接收数据。通常需要两对双绞线连接，通信线路成本高。例如，RS-422 就是“全双工”通信方式。

半双工（Half Simplex）：指数据可以进行双向数据传送，同一时刻，只能发送数据或者接收数据。通常需要一对双绞线连接，与全双工相比通信线路成本低。例如，RS-485 只用一对双绞线时就是“半双工”通信方式。

6.1.2 RS-485 标准串行接口

（1）RS-485 接口概念

RS-485（Recommended Standard 485）接口是在 RS-422 基础上发展起来的一种 EIA 标准串行接口，采用“平衡差分驱动”方式。接口满足 RS-422 的全部技术规范，可以用于 RS-422 通信。RS-485 接口通常采用 9 针连接器。RS-485 接口的引脚名称、代号与功能见表 6-1。

表 6-1 RS-485 接口的引脚名称、代号与功能

PLC 侧引脚	信号代号	信号名称	信号功能
1	SG 或 GND	信号地	
2	SDB 或 TXD–	数据发送–端	发送传输数据到 RS-485 设备
3	RDB 或 RXD–	数据接收–端	接收来自 RS-485 设备的数据
5	SG 或 GND	信号地	
6	SDA 或 TXD+	数据发送+端	发送传输数据到 RS-485 设备
7	RDA 或 RXD+	数据接收+端	接收来自 RS-485 设备的数据

（2）RS-485 接口的连线

RS-485 的外部连接，可以采用两对双绞线连接，也称为“双对子布线”，与一对双绞线连接，又称为“单对子布线”，共两种连线方式。以下用两台 FX2N-48MR 可编程控制器（配 FX2N-485BD 通信模块）通信为例说明。如图 6-1 所示为 RS-485 半双工连线图，只用了一对屏蔽双绞线；接线端子 RDB 和 RDA 上接阻值为 110Ω 终端电阻。FX2N-485BD 通信模块有专门的物理接口和 PLC 相连，用户不必考虑；屏蔽层不连接，若其中一个为 FX0N-485ADP，则屏蔽层应接地。

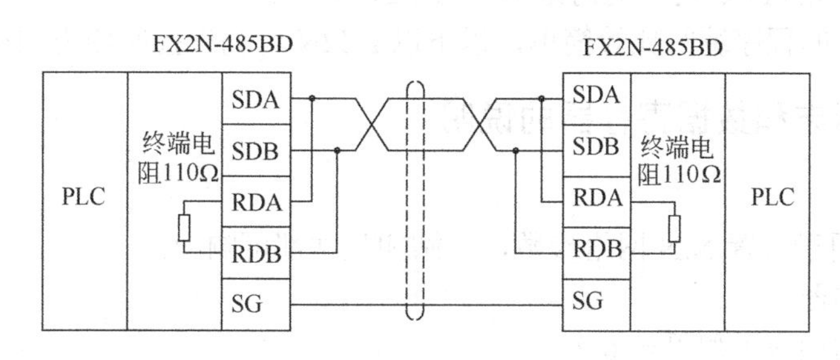

图 6-1 RS-485 半双工连线图

如图 6-2 所示为 RS-485 全双工连线图，要用了两对屏蔽双绞线；接线端子 RDB 和 RDA 上接阻值为 330Ω 终端电阻。FX2N-485BD 通信模块有专门的物理接口和 PLC 相连；屏蔽层不连接，若其中一个为 FX0N-485ADP，则屏蔽层应接地。

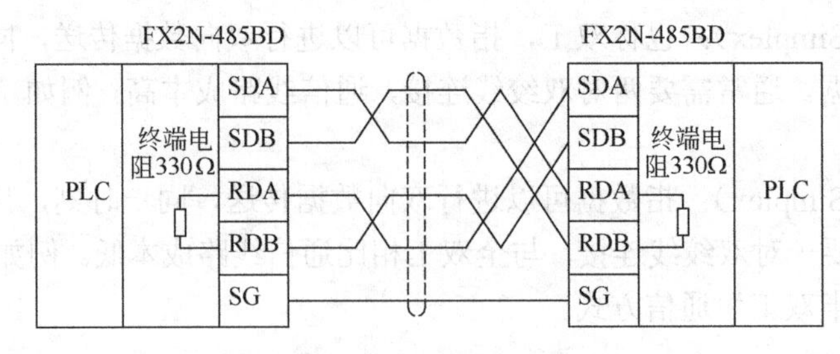

图 6-2 RS-485 全双工连线图

6.1.3 PLC 网络的术语解释

PLC 网络中的名词、术语很多，现将常用的予以介绍。

① 站（Station）：在 PLC 网络系统中，将可以进行数据通信、连接外部输入/输出的物理设备称为“站”。例如：由 PLC 组成的网络系统，每台 PLC 就是一个“站”。

② 主站（Master Station）：PLC 网络系统中进行数据链接系统控制的站，主站上设置有控制整个网络的参数，每个网络系统只有一个主站，主站号的固定为“0”，站号实际就是 PLC 在网络中的地址。

③ 从站（Slaver Station）：PLC 网络系统中，除主站外，其他的站称为“从站”。

④ 远程设备站（Remote Device Station）：PLC 网络系统中，能同时处理二进制位、字的从站。

⑤ 本地站（Local Station）：PLC 网络系统中，带有 CPU 模块，并可以与主站以及其他本地站进行循环传输的站。

⑥ 站数（Number of Station）：PLC 网络系统中，所有物理设备（站）所占用的“内存站数”的综合。

⑦ 通信超时：主站与从站之间的通信驻留时间。

6.2 三菱 FX 系列 PLC 的 N:N 网络通信

N:N 网络通信也叫简易 PLC 间链接，使用此通信网络通信，PLC 能链接成一个小规模的系统数据，FX 系列的 PLC 可以同时最多 8 台 PLC 联网。

N:N 网络通信的程序编写比较简单，以下以 FX2N 可编程控制器为例讲解。

6.2.1 相关的标志和数据寄存器的说明

（1）M8038

M8038 主要用于设置 N:N 网络参数，主站和从站都可响应。

（2）数据存储器

数据存储器的相应类型见表 6-2。

表 6-2 数据存储器的相应类型

数据存储器	站 点 号	描 述	相 应 类 型
D8176	站点号设置	设置自己的站点号	主站、从站
D8177	总从站点数设置	设置从站总数	主站
D8178	刷新范围设置	设置刷新范围	主站
D8179	重试次数设置	设置重试次数	主站
D8180	通信超时设置	设置通信超时	主站

6.2.2 参数设置

（1）设置站点（D8176）

主站的设置数值为0；从站设置数值为1～7，1表示1号从站，2表示2号从站。

（2）设置从站的总数（D8177）

设定数值为1～7，有几个从站则设定为几，如有1个从站则将主站中的D8177设定为1。从站不需要设置。

（3）设置刷新范围（D8178）

设定数值为0～2，共三种模式，若设定值为2，则表示为模式2。对于FX2N可编程控制器，当设定为模式2时，位元件为64点，字元件为8点。从站不需要设置刷新范围。模式2的软元件分配见表6-3。

表6-3　FX1N、FX2N、FX2NC系列PLC模式2的软元件分配

站点号	软元件	
	位软元件（M）	字软元件（D）
	64点	8点
第0号	M1000～M1063	D0～D7
第1号	M1064～M1127	D10～D17
第2号	M1128～M1191	D20～D27
第3号	M1192～M1255	D30～D37
第4号	M1256～M1319	D40～D47
第5号	M1320～M1383	D50～D57
第6号	M1384～M1447	D60～D67
第7号	M1448～M1511	D70～D77

（4）设定重复次数（D8178）

设定数值范围是0～10，设置到主站的D8178数据寄存器中，默认值为3，从站不需要设置。

（5）设定通信超时（D8179）

设定数值的范围是5～255，设置到主站的D8179数据寄存器中，默认值为5，此值乘以10ms就是超时时间。例如设定值为5，那么超时时间就是50ms。

6.2.3 实例讲解

【例6-1】 有2台FX2N-48MR可编程控制器（带FX2N-485BD模块），其连线图如图6-1所示，其中一台作为主站，另一台作为从站，当主站的X0接通后，从站的Y0控制的灯，以1s为周期闪烁，从站的灯闪烁10s后，熄灭，画出梯形图。

【解】 如图6-3所示，当X0接通，M1000线圈上电，信号送到从站。如图6-4所示，从站的M1000闭合，Y0控制的灯作周期为1s的闪烁。定时10s后M1064线圈上电，信号送到主站，主站的M1064断开，从而使得主站的M1000线圈断电，进而从站的M1000触点也断开，Y0控制的灯停止闪烁。

注意：① N:N网络只能用一对双绞线；

② 程序开始部分的初始化不需要执行，只要把程序编入开始位置，它将自动有效。

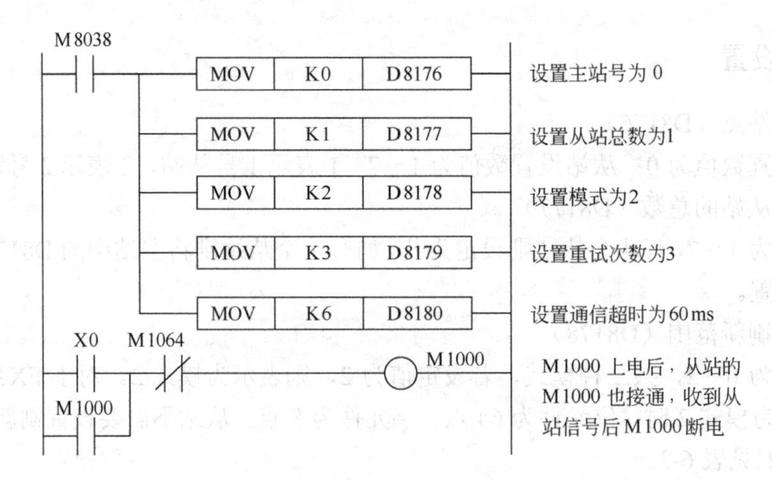

图 6-3 主站梯形图

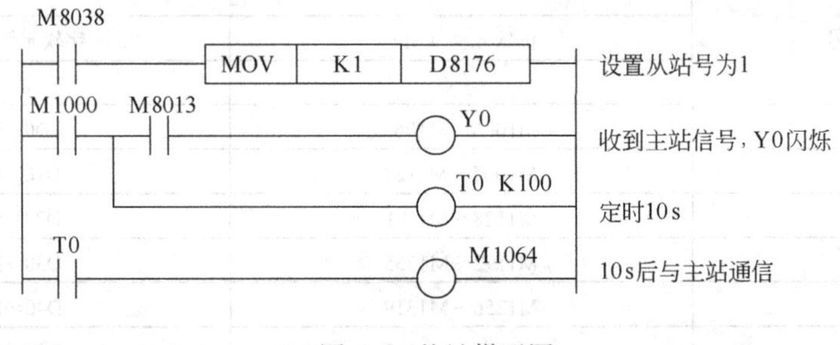

图 6-4 从站梯形图

6.3 并行链接通信

本节将讲述并行链接通信的系统连接方案、与该通信相关的标志寄存器及特殊寄存器和工作模式，并用例子解释。

6.3.1 并行链接通信基础

（1）系统连接方案

并行链接通信是两台同系列PLC之间的数据自动传送，一台为主站，一台为从站。用户不需要编写通信程序，只需要设置与通信相关的参数即可。并行链接通信系统连接方案见表6-4。

表 6-4 并行链接通信系统连接方案

项目	规格
传输标准	与RS-485及RS-422一致
最大传输距离	每个网络单元使用FX0N-485时为500m
	当使用FX1N-485或者FX2N-485-BD时为50m
	合并时为50m
通信方式	半双工
波特率	19200bit/s

续表

项目		规格
可连接站点数		1∶1
刷新范围	FX1S系列PLC	[主站到从站]位元件：50点，字元件：10点
		[从站到主站]位元件：50点，字元件：10点
	FX1N/FX2N/FX2NC	[主站到从站]位元件：100点，字元件：10点
		[从站到主站]位元件：100点，字元件：10点
通信时间/ms		正常模式：70ms，包括交换数据+主站运行周期+从站运行周期
		高速模式：20ms，包括交换数据+主站运行周期+从站运行周期
连接设备	FX1S	FX1N-485-BD、FX1N-CNV-BD和FX0N-485ADP
	FX1N	
	FX2N	FX2N-485-BD、FX2N-CNV-BD和FX0N-485ADP
	FX2NC	FX0N-485ADP

【关键点】 如果采用FX、FX1N、FX2N和FX2NC系列PLC进行数据传送，则需要100个辅助继电器和10个数据继电器来完成数据传输。如果采用FX1S和FX0N系列PLC进行数据传输则需要50个辅助继电器和10个数据继电器来完成数据传输。

（2）相关的标志寄存器和特殊数据寄存器

与并行链接通信相关的标志寄存器和特殊数据寄存器见表6-5。

表6-5 与并行链接通信相关的标志寄存器和特殊数据寄存器

元件号	说明
M8070	M8070=ON时，表示该PLC为并行通信的主站
M8071	M8071=ON时，表示该PLC为并行通信的从站
M8072	M8072=ON时，表示该PLC工作在并行通信方式
M8073	M8073=ON时，表示该PLC在标准并行通信工作方式，发生M8070/ M8071的设置错误
M8162	M8162=ON时，表示该PLC在高速并行通信工作方式，仅用于2个字的通信方式
D8070	并行通信的警戒时钟WDT（默认值500ms）

（3）并行通信的工作模式

并行通信可分为一般通信模式和高速通信模式，由M8162来设置。主从站通过周期性的自动通信实现辅助继电器和数据继电器的数据共享。并行通信的参数见表6-6。

表6-6 并行通信的参数

模式	通信设备	共享数据	通信时间
一般通信模式（M8162=OFF）	主站→从站	M800～M899（100点） D480～D499（10点）	70ms，包括交换数据+主站运行周期+从站运行周期
	从站→主站	M900～M999（100点） D480～D499（10点）	
高速通信模式（M8162=ON）	从站→主站	M800～M899（100点） D480～D499（10点）	20ms，包括交换数据+主站运行周期+从站运行周期
	从站→主站	D490、D491（2点） D500、D501（2点）	

6.3.2 并行链接通信的应用

以下用一个例子来说明并行链接通信的应用。

【例 6-2】 有一个控制系统，控制器是两台 FX2N 系列 PLC，要求实现如下功能：

① 主站输入点的 X0～X7 状态，可以在从站的 Y0～Y7 上显示；

② 主站计算结果（D0+D2）大于 100，从站的 Y10=ON；

③ 从站 M0～M7 的状态，可以在主站的 Y0～Y7 上显示；

④ 从站中的 D10 被用来设置主站的定时器。

【解】

两台 PLC 进行并行通信，主站梯形图如图 6-5 所示，先设置主站模式，再把要传输的数据写入共享数据存储器即可。

```
0   M8000 ─┤├─────────────(M8070 )
          ├──────[MOV K2X000 K2M800 ]
          ├──────[ADD D0 D2 D490 ]
          └──────[MOV K2M900 K2Y000 ]
20  X010 ─┤├──────────────(T0 D500 )
24  ──────────────────────[END ]
```

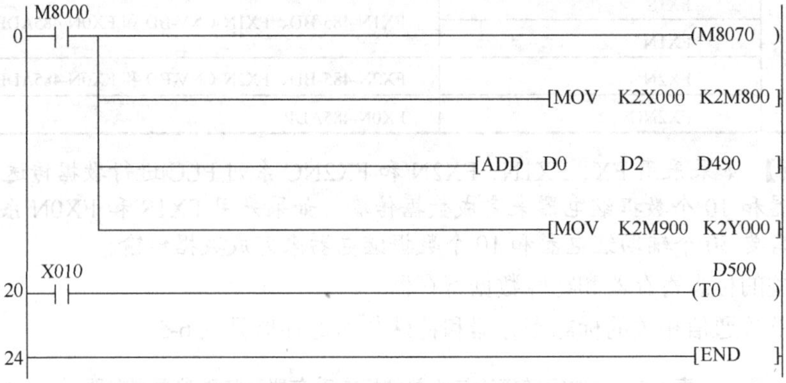

图 6-5 主站梯形图

从站梯形图如图 6-6 所示，先设置从站模式，再把要传输的数据写入共享数据存储器即可。

```
0   M8000 ─┤├─────────────(M8071 )
          ├──────[MOV K2M800 K2Y000 ]
          ├──────[CMP D490 K100 M10 ]
          ├─ M10 ─┤/├─────(Y010 )
          └──────[MOV K2M0 K2M900 ]
24  X010 ─┤├──────────────(T0 D500 )
28  ──────────────────────[END ]
```

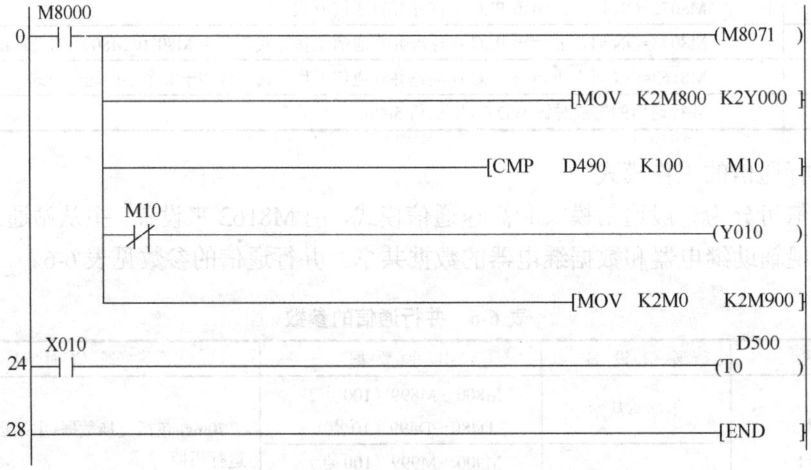

图 6-6 从站梯形图

6.4 无协议通信

6.4.1 无协议通信基础

（1）无协议通信的概念

无协议通信顾名思义，就是没有标准的通信协议，用户可以自己规定协议，并非没有协议，有的 PLC 称之为“自由口”通信协议。

（2）无协议通信的功能

无协议通信的功能主要是执行与打印机、条形码阅读器、变频器或者其他品牌的 PLC 等第三方设备进行无协议通信。在 FX 系列 PLC 中使用 RS 或者 RS2 指令执行该功能，其中 RS2 是 FX3U、FX3UC 可编程控制器的专用指令，通过指定通道，可以同时执行 2 个通道的通信。

① 无协议通信数据的点数允许最多发送 4096，最多接收 4096 点数据，但发送和接收的总数据量不能超过 8000 点；

② 采用无协议方式，连接支持串行设备，可实现数据的交换通信；

③ 使用 RS-232C 接口时，通信距离一般不大于 15m；使用 RS-485 接口时，通信距离一般不大于 500m，但若使用 485BD 模块时，最大通信距离是 50m。

（3）无协议通信简介

① RS 指令格式　RS 指令格式如图 6-7 所示。

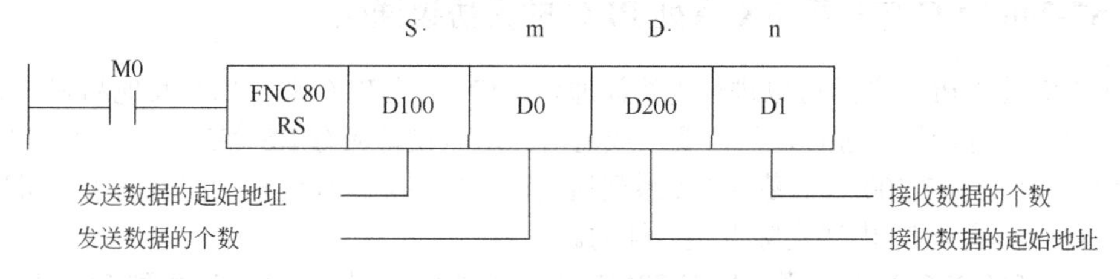

图 6-7　RS 指令格式

② 无协议通信中用到的软元件　无协议通信中用到的软元件见表 6-7。

表 6-7　无协议通信中用到的软元件

元件编号	名　称	内　容	属　性
M8122	发送请求	置位后，开始发送	读/写
M8123	接收结束标志	接收结束后置位，此时不能再接收数据，须人工复位	读/写
M8161	8 位处理模式	在 16 位和 8 位数据之间切换接收和发送数据，为 ON 时为 8 位模式，为 OFF 时为 16 位模式	写

③ D8120 字的通信格式　D8120 的通信格式见表 6-8。

表 6-8　D8120 的通信格式

位编号	名　称	内　容	
		0（位 OFF）	1（位 ON）
b0	数据长度	7 位	8 位
b1b2	奇偶校验	b2,b1 (0,0)：无 (0,1)：奇校验(ODD) (1,1)：偶校验(EVEN)	
b3	停止位	1 位	2 位
b4b5b6b7	波特率/bps	b7,b6,b5,b4 (0,0,1,1)：300 (0,1,0,0)：600 (0,1,0,1)：1200 (0,1,1,0)：2400	(0,1,1,1)：4800 (1,0,0,0)：9600 (1,0,0,1)：19200

续表

位编号	名称	内容	
		0（位 OFF）	1（位 ON）
b8	报头	无	有
b9	报尾	无	有
b10b11b12	控制线	无协议	b12,b11,b10 (0,0,0)：无<RS-232C 接口> (0,0,1)： 普通模式<RS-232C 接口>(0,1,0)： 相互链接模式<RS-232C 接口>
		计算机链接	(0,1,1)： 调制解调器模式<RS-232C 接口> (1,1,1)： RS-485 通信< RS-485/RS-422 接口>
b13	和校验	不附加	附加
b14	协议	无协议	专用协议
b15	控制顺序（CR 、LF）	不使用 CR,LF(格式 1)	使用 CR,LF(格式 4)

6.4.2 S7-200 PLC 与三菱 FX 系列 PLC 的无协议通信

除了 FX 系列 PLC 之间可以进行无协议通信，FX 系列 PLC 还可以与其他品牌的 PLC、变频器、仪表和打印机等进行通信，要完成通信，这些设备应有 RS-232C 或者 RS-485 等形式的串口。西门子 S7-200 与三菱的 FX 系列通信时，采用无协议通信，但西门子公司称这种通信为“自由口通信”，内涵实际上是一样的。

以下以 CPU 226CN 与三菱 FX2N-32MR 无协议通信为例，讲解 FX 系列 PLC 与其他品牌 PLC 或者之间的无协议通信。

【例 6-3】 有两台设备，设备1 的控制器是 CPU 226CN，设备2 的控制器是 FX2N-32MR，两者之间为自由口通信，实现设备 1 的 I0.0 启动设备 2 的电动机，设备 1 的 I0.1 停止设备 2 的电动机的转动，请设计解决方案。

【解】

（1）主要软硬件配置

① 1 套 STEP7-Micro/WIN V4.0 SP7 和 GX Developer 8.86 ；

② 1 台 CPU 226CN 和 1 台 FX2N-32MR；

③ 1 根屏蔽双绞电缆（含 1 个网络总线连接器）；

④ 1 台 FX2N-485-BD；

⑤ 1 根 PC/PPI 电缆。

两台 CPU 的接线如图 6-8 所示。

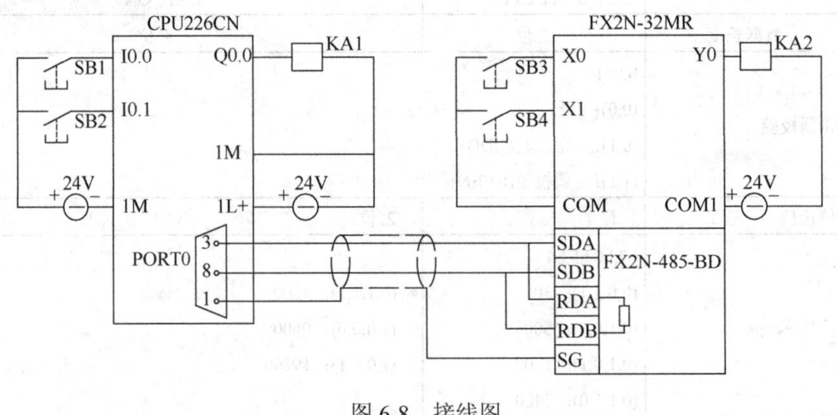

图 6-8 接线图

【关键点】 网络的正确接线至关重要，具体如下：

① CPU 226CN 的 PORT0 口可以进行自由口通信，其 9 针的接头中，1 号引脚接地，3 号引脚为 RXD+/TXD+（发送+/接收+）共用，8 号引脚为 RXD-/TXD-（发送-/接收-）共用。

② FX2N-32MR 的编程口不能进行自由口通信，因此本例配置了一块 FX2N-485-BD 模块，此模块可以进行双向 RS-485 通信（可以与两对双绞线相连），但由于 CPU 226CN 只能与一对双绞线相连，因此 FX2N-485-BD 模块的 RDA（接收+）和 SDA（发送+）短接，SDB（接收–）和 RDB（发送–）短接。

③ 由于本例采用的是 RS-485 通信，所以两端需要接终端电阻，均为 110Ω，CPU 226CN 端未画出（和 PORT0 相连的网络连接器自带终端电阻），若传输距离较近时，终端电阻可不接入。

（2）编写 CPU 226CN 的程序

CPU 226CN 中的主程序如图 6-9 所示，子程序如图 6-10 所示，中断程序如图 6-11 所示。

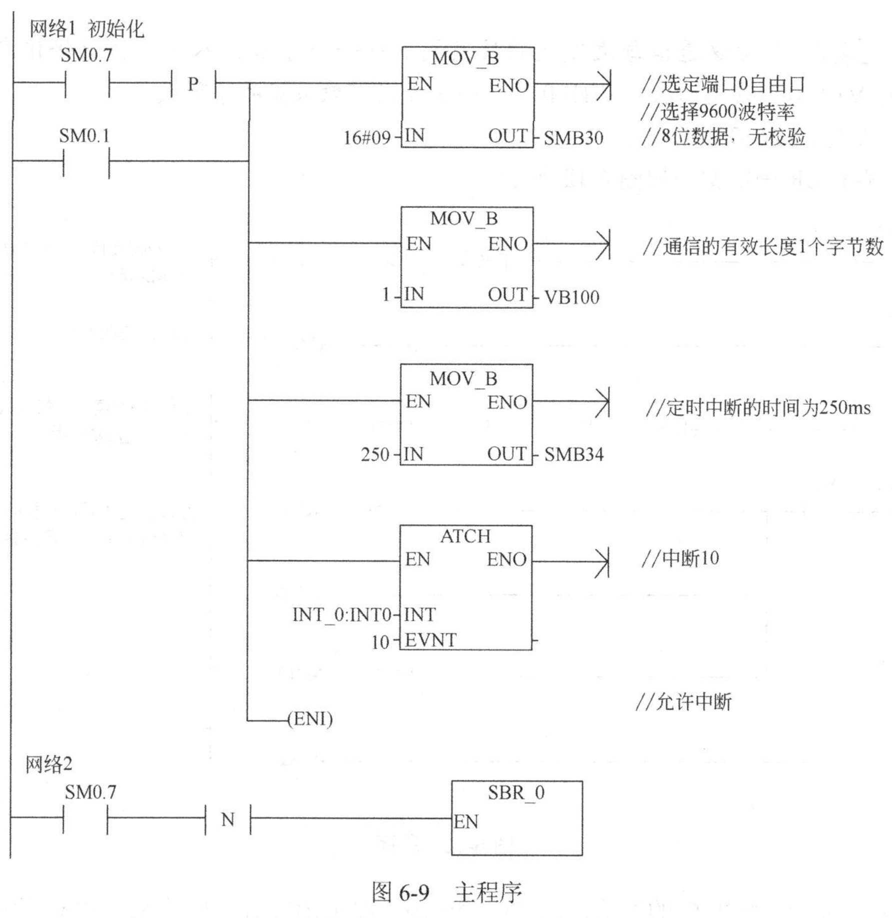

图 6-9 主程序

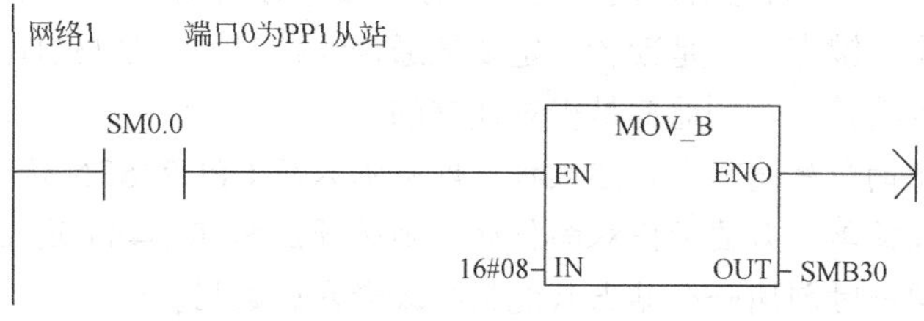

图 6-10 子程序

网络1 启停控制
I0.0 I0.1 V101.0
V101.0
网络2 发送数据
SM0.0
XMT
EN ENO
VB100 - TBL
0 - PORT

图 6-11 中断程序

【关键点】 无协议通信每次发送的信息最少是一个字节，本例中将启停信息存储在VB101 的 V101.0 位发送出去。VB100 存放的是发送有效数据的字节数。

（3）编写 FX2N-32MR 的程序

FX2N-32MR 中的程序如图 6-12 所示。

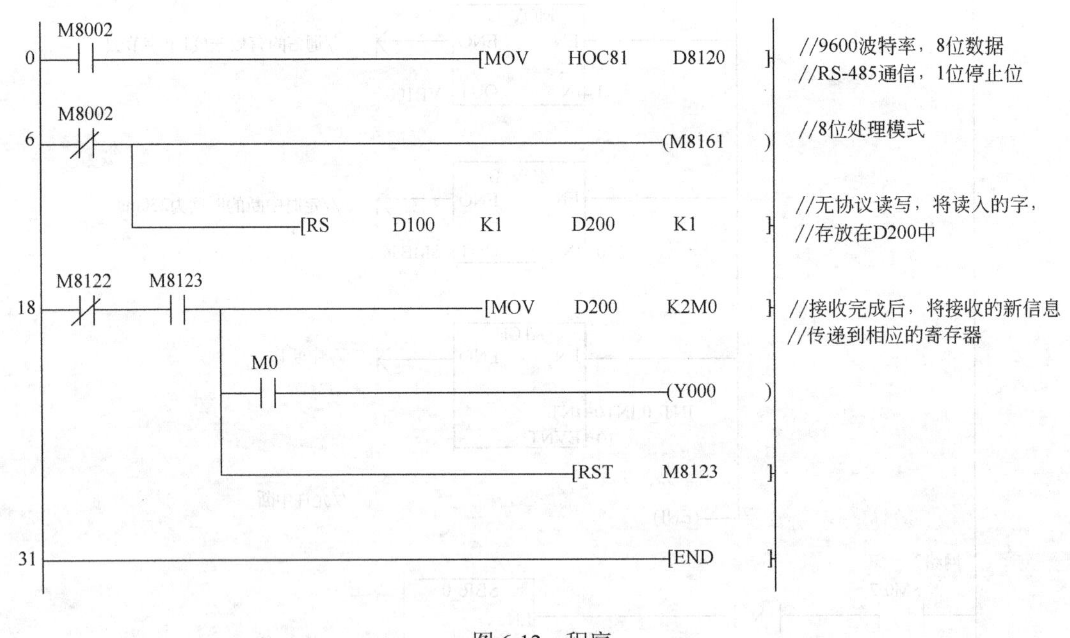

图 6-12 程序

实现不同品牌的 PLC 的通信，确实比较麻烦，要求读者对两种品牌的 PLC 的通信都比较熟悉。其中有两个关键点，一是读者一定要把通信线接对，二是与自由口（无协议）通信的相关指令必须要弄清楚，否则通信是很难建立的。

【关键点】 以上的程序是单向传递数据，即数据只从 CPU226CN 传向 FX2N-32MR，因此程序相对而言比较简单，若要数据双向传递，则必须注意 RS-485 通信是半双工的，编写程序时要保证：在同一时刻同一个站点只能接收或者发送数据。

6.5 计算机链接通信

6.5.1 计算机链接通信基础

（1）计算机链接通信简介

计算机链接通信是基于 PLC 通信协议的通信模式，常用于计算机与多台 PLC 之间的通信系统中。在 PLC 网络的上下位机主从式结构中，计算机为上位机，而面向现场的 PLC 为下位机，两者之间要用相应的接口模块连接来实现双方的通信。在三菱公司的各种通信接口中，SC- 09 接口电缆既能用于 FX 全系列的 PLC，又在价格上相对低廉，应用十分普遍。但它在使用时需要用 FXGP、GX-Developer 等通信软件，如果想对 PLC 内部软设备进行读写就无能为力了。因此，用户往往需要自行用高级语言来开发实用的通信程序。

（2）系统的硬件构成

FX 系列 PLC 提供一个 RS-422 异步通信口（称编程口），该通信口具有双重功能，其一功能是采用 GX-Developer 软件及其他编程软件对 PLC 进行编程和下载，在 PLC 运行时对其内部各器件的状态和数据进行监控。另一功能是根据用户需要，按照 PLC 的通信协议与上位机进行数据通信。本系统采用 FX2 系列 PLC 作为下位机，上位机串行接口通过 SC-08 转换接口（FX2N 系列 PLC 用 SC-09 转换接口） 与 PLC 编程口相连，形成系统通信的物理通道，完成 RS-232 与 RS-422 信号间的相互转换，如图 6-13 所示。

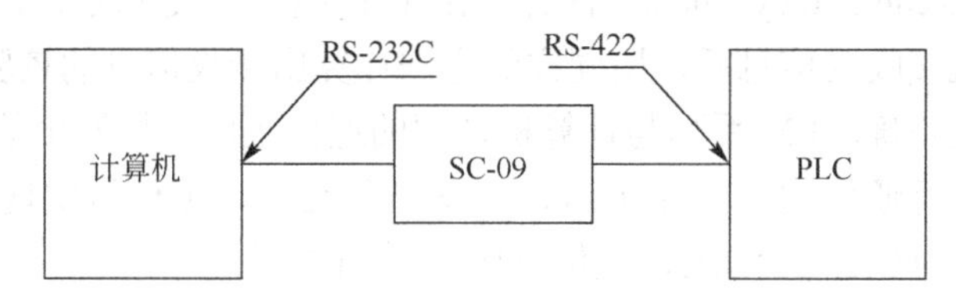

图 6-13　硬件图

（3）SC-09 的通信协议

1）通信所用的字符

FX 系列 PLC 与计算机之间的通信采用 RS-232C 标准，它的传输速率固定为 9600bit /s，奇偶校验位采用偶校验。通信时所用到的字符是十六进制的 0～F 的 16 个数码，而且必须用十六进制的 ASCII 码表示。每个 ASCII 字符的数据传送格式如图 6-14 所示，其中 1 位起始位，7 位数据位（低位在前，高位在后），1 位偶校验位，1 位停止位。通信时所用到的控制字符见表 6-9。

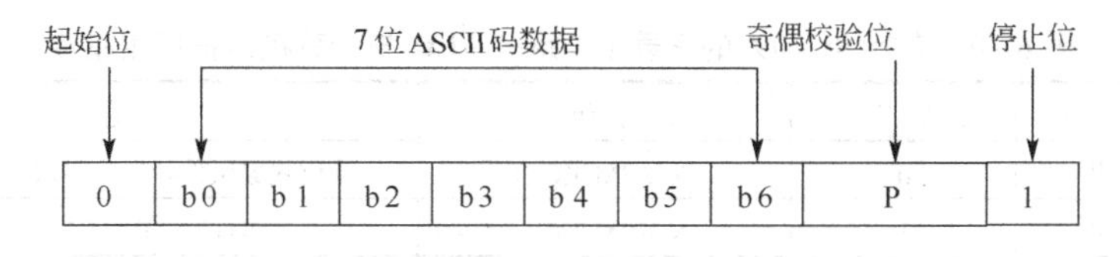

图 6-14　ASCII 字符的数据传送格式

表 6-9 支持 SC-09 的三菱 FX 系列 PLC 与计算机通信所用的控制字符

字　符	ASCⅡ码	VB 表示	说　明
ENQ	05H	Chr(5)	计算机对 PLC 的请求信号
ACK	06H	Chr(6)	PLC 回应计算机和校验正确信号
NAK	15H	Chr(21)	PLC 回应计算机和校验不正确信号
STX	02H	Chr(2)	帧或数据块的起始标志
ETX	03H	Chr(3)	帧或数据块的结束标志

① 起始字元（STX）：ASCⅡ码的起始字元 STX 对应的 16 进制数位 0x02。无论命令信息还是回应信息，它们的起始字元均为 STX，接收方以此来判知传输资料的开始。

② 命令号码：为两位 16 进制数，见表 6-9。所谓命令号码是指上位机要求下位机所执行的动作类别，例如要求读取或写入单点状态、写入或读取暂存器资料、强制设定、运行、停止等。在回应信息中，下位机会将上位机接收到的命令号码原原本本地随同其他信息一同发送给上位机。

③ 元件首地址：对应要操作元件的相应的地址。如从 D123 单元中读取数据时，要把它对应的地址：0x10F6 发送给 PLC。

④ 元件个数：一次读取位元件或字元件的数量。

⑤ 结束字元（ETX）：ASCⅡ码的结束字元 ETX 对应的 16 进制数为 0x03。无论命令信息还是回应信息，它们的起始字元均为 ETX，接收方以此来判知此次通信已结束。

⑥ 校验码（Checksum）：校验码是将 STX、ETX 之间的 ASCⅡ字元的 16 进制数值以 LRC （Longitudinal Redundancy Check）法计算出 1 个 Byte 长度（两个 16 进制数值 00FFH ）的校验码。当下位机接收到信息后，用同样的方法计算出接收信息的校验码，如果两个校验码相同，则说明传送正确。FX 系列与计算机之间的通信是以主机发出的初始命令，PLC 对其作出响应的方式进行通信的。共有 0、1、7、8 四种命令，上位机实现对 PLC 的读写和强行置位。通过 ENQ、ACK 和 NAK，上位机协调与 PLC 的通信应答。

2）指令帧格式

在 FX 系列 PLC 与计算机的通信中，数据是以帧为单位发送和接收的。在表 6-9 中，控制字符 ENQ、ACK 和 NAK 可以构成单字符帧，其余字符在发送和接收时必须用 STX 和 ETX 分别表示该字符帧的起始标志和结束标志，否则将导致帧错误。图 6-14 所示正是单字符帧的格式，例如，使图 6-14 中二进制代码 b0b1b2b3=0101，b4b5b6=000，P=1，就可得到 ACK 的单字符帧。

SC-09 只是用硬件电路将 RS- 422A 电平转换成 RS- 232C 电平的“裸接口”，同固化有通信软件的接口不同，不能使用汇编级的通信指令和符号化的地址。它只能用表 6-10 所示的 4 条指令，并且在编程中必须将这 4 条指令以 16 进制机器码的形式来表示。这一点至关重要。

表 6-10 支持 SC- 09 的三菱 FX 系列 PLC 与计算机通信所用指令

序　号	命　令	命令代码	目标组件	说　明
1	读组	0	X,Y,SM,T,C,D	读位映象组件状态，字软设备当前值
2	写组	1	X,Y,SM,T,C	位映象组件写“0”、“1”，字软设备写当前值
3	置位	7	X,Y,SM,T,C	位映象元件强制置位
4	复位	8	X,Y,SM,T,C	位映象元件强制复位

6.5.2 上位机软件编制

（1）控件介绍

为实现上位机与 PLC 的数据通信，有多种软件开发平台可以使用，但在 Windows 环境下，利用 Visual Basic 6.0 编写通信软件十分方便，编程工作量小，软件界面简单易行，尤其是它提供了十分重要的、具有强大功能的通信控件 MSComm，可方便地实现对下位机地址和数据的接收和发送，完成通信。MSComm 控件有很多重要属性，设计通信程序时只需根据几个重要属性设置好通讯接口，按照通信协议，采用规定的数据格式通过 Input（或 Output)来接收（或发送)数据。MSComm 的常用属性见表 6-11。

表 6-11 MSComm 控件常用属性

属 性 名	属 性 说 明
CommPort	设置并返回通信端口号
Settings	以字符串形式设置并返回波特率、奇偶校验位、数据位和停止位
PortOpen	设置并返回通信端口的状态
Input	从接收缓冲区读取数据，类型为 Varian t
Output	向发送缓冲区写入数据，类型为字符串或字节数组
InpuMt ode	设置从缓冲区读取数据的格式
InBufferCount	设置和返回接收缓冲区的字节数，设置为 0 时清空接收缓冲区
OutBufferCount	设置和返回发送缓冲区的字节数，设置为 0 时清空发送缓冲区
InputLen	设置和返回 Input 每次读出的字节数，设置为 O 时，读出接收缓冲区的全部内容
CommEvent	返回相应的 OnComm 事件常数

（2）编写程序

在本通信程序中，在通信窗口添加一命令按钮（SendCmd），通过点击该命令按钮控件，触发 SendCmd_Click（）事件，在该事件中完成写控制命令字的发送；同时利用定时器控件 Timer1 的时间中断事件。Timer1_ Timer（），定时发出读取 PLC 数据的命令。在对 PLC 的响应中， 采用查询方式，通过判断输入缓冲区是否接收到终止字符，对接收的数据进行判断和处理，下面为计算机与 PLC 的主要通信程序。

```
Private Sub Form_Load ()
    MSComm1.CommPort = 1                    '使用串行口 1
    MSComm1.Handshaking = comRTS            '使用硬件握手协议
    MSComm1.Settings ="9600, e,7,1"         '波特率 9600，偶校验，7 位数据位，1 位停止位
    MSComm1.InputLen = 0                    '输入时，读取缓冲区的全部内容
    MSComm1.InBufferSize = 512              '设置输入缓冲区大小
    MSComm1.OutBufferSize = 512             '设置输出缓冲区大小
    MSComm1.PortOpen = True                 '打开通信口
    Timer1.Interval = 100                   '设置定时读取温度值的中断时间(ms)
End Sub
Private Sub SendCmd_Click ()
    outstring= Chr(2)+"11000042F165A37"+ Chr(3) +"18"
    MSComm1.Output= outstring               '发送控制命令字
```

```
Do
  DoEvents
Loop Until MSComm1.InBufferCount > 0
instring = MSComm1.Input                '从串行口读响应
If Asc (instring) = 6 Then
  MsgBox "写控制命令通信成功"
Else
  MsgBox "写控制命令通信失败"
 End If
End Sub
Private Sub Timer1_Timer()
  outstring= Chr(2) +"010C808"+ Chr(3) +"77"
  MSComm1.Output= outstring             '发送读取数据指令
  Do
    ch= MSComm1.Input
    instring= instring+ ch
  Loop Until Left(Right(instring, 3) , 1) = Chr(3)
  Call AnalyseDate( instring)           '调用数据处理和显示子程序
End Sub
```

6.6 CC-LINK 通信

CC-Link 是 Control & Communication Link（控制与通信链路系统）的缩写，在 1996 年 11 月，由三菱电机为主导的多家公司推出，其增长势头迅猛，在亚洲占有较大份额，目前在欧洲和北美发展迅速。在此系统中，可以将控制和信息数据同时以 10Mbit/s 高速传送至现场网络，具有性能卓越、使用简单、应用广泛、节省成本等优点。其不仅解决了工业现场配线复杂的问题，同时具有优异的抗噪性能和兼容性。CC-Link 是一个以设备层为主的网络，同时也可覆盖较高层次的控制层和较低层次的传感层。2005 年 7 月 CC-Link 被中国国家标准委员会批准为中国国家标准指导性技术文件。

6.6.1 CC-LINK 家族

（1）CC-LINK

CC-LINK 是一种可以同时高速处理控制和信息数据的现场网络系统，可以提供高效、一体化的工厂和过程自动化控制。在 10Mbps 的通信速率下传输距离达到 100m，并能够连接 64 个站。其卓越的性能使之通过 ISO 认证成为国际标准，并且获得批准成为中国国家推荐标准 GB/T19760-2008，同时也已经取得 SEMI 标准。

CC-Link 总线的特点如下。

① 高速率和高输入输出响应　由于拥有 10Mbps 的速率，CC-Link 可以完成高速和实时的 I/O 响应，使设计者可以藉此完成实时稳定的控制。

② 有效减少配线　在现代化的复杂生产线中，使用 CC-Link 可以显著减少控制和配电

所使用的电缆，它不仅仅可以节省电缆的成本，并且大大减少了布线和日后维护工作的工作量。

③ CC-Link提供不同厂家的兼容产品　CC-Link提供“内存映射行规”来定义不同类型的兼容产品，它定义了控制信号和数据地址的规划，不同的生产厂商可以根据这一行规来开发兼容产品，而用户也可以在不更改程序的情况下非常方便地从一个厂商的兼容产品更换为另一厂家的兼容产品。

④ 内存映射行规　略。

⑤ 极易扩展传输距离　在10Mbps的传输速率下最大传输距离可以达到100m，而在156Kbps的传输速率下，最大传输距离可以达到1200m，如果使用电缆中继器和光中继器，则可以更加有效地扩展整个网络的传输距离。因此，CC-Link使用于大规模的现场应用，并能够有效较少布线和设备安装的工作量。

⑥ CC-Link拥有高稳定性的RAS功能　RAS（Reliability，Availability，Serviceability）功能是CC-Link的又一特征，这一功能包括备用主站、从站脱离、自动恢复和在线检测，它可以提供给用户高稳定性的网络系统，并且可以最大限度的缩小系统宕机时间。

⑦ 高技术水平和易用性　CC-Link已经取得了ISO 15745-5标准和中国国家推荐标准GB/T 19760—2008，同时还获得了SEMI E54.12——用于半导体和FPD生产的国际标准。CC-Link，这一日本的事实标准，不管从名义上还是事实上都已经成为了国际标准，它具有开放的技术，多种多样的兼容产品和便捷的使用方式，这使得全球的用户都可以通过它方便和有效地构建网络系统。

⑧ CC-Link的普及是制造商会员数量不断增加　到2007年年底，会员数量已经突破1000家，可链接的产品也已超过900种。

（2）CC-Link/LT

CC-Link/LT是针对控制点分散、省配线、小设备和节省成本的要求和高响应、高可靠设计和研发的开放式协议，其远程点I/O除了有8、16点外，还有1、2、4点，而且模块的体积小。其通信电缆为4芯扁平电缆(2芯为信号线,2芯为电源)，其通信速度为最快为2.5Mbps，最多为64站，最大点数为1024点，最小扫描时间为1ms，其通信协议芯片不同于CC-Link。

CC-Link/LT可以用专门的主站模块或者CC-Link/LT网桥构造系统，实现CC-Link/的无缝通信。CC-Link/LT的定位如图6-15所示。

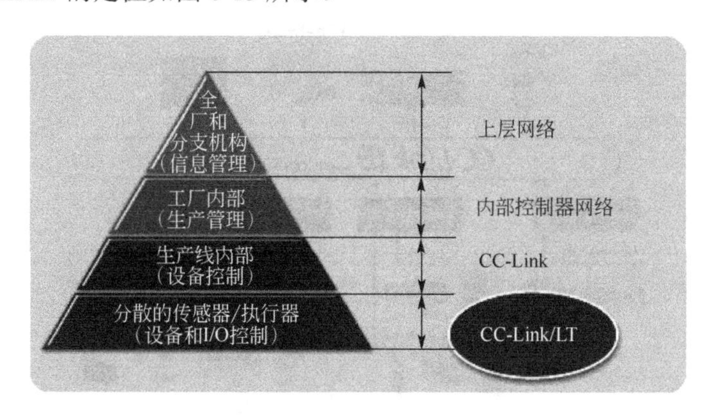

图6-15　CC-Link/LT的定位

（3）CC-Link Safety

CC-Link Safety 是 CC-Link 实现安全系统架构的安全现场网络。“CC-Link Safety” 能够实现与 CC-Link 一样的高速通信并提供实现可靠操作的 RAS 功能。因此，“CC-Link Safety” 与 CC-Link 具有高度的兼容性。从而可以使用如 CC-Link 电缆或远程站等既有资产和设备。

CC-Link Safety 特点如下。

① 10Mbps 安全通信速度　具有与 CC-Link 相同的高速通信，可以构建高性能的安全系统。

② 实现准确关停的安全网络系统　具有的安全通信性能能够及时检出通信延迟、通信数据丢失等通信异常情况，当设备出现故障时能够实现准确关停。

③ 能够使用既有的网络资产和设备　能够使用既有的 CC-Link 专用通信电缆。另外还可以将既有的 CC-Link 远程站灵活应用于 CC-Link safety 网络中。

④ 能够实现网络故障和错误信息的集中管理　安全远程站的故障和错误信息的历史能够被保存在安全主站中。这个功能能够更方便进行故障处理。

（4）CC-Link IE

CC-Link 协会不断致力于源于亚洲的现场总线 CC-Link 的开放化推广。现在，除控制功能外，为满足通过设备管理（设定、监视)、设备保全（监视、故障检测)、数据收集（动作状态)功能实现系统整体的最优化这一工业网络的新的需求，CC-Link 协会提出了基于以太网的整合网络构想，即实现从信息层到生产现场的无缝数据传送的整合网络“CC-Link IE”。

为降低从系统建立到维护保养的整体工程成本，CC-Link 协会通过整体的“CC-Link IE” 概念，将这一亚洲首创的工业网络向全世界进一步开放扩展。

其特点如下。

① 基于以太网　符合实际技术发展趋势的最新技术。可以灵活应用符合以太网规范的电缆和连接器，从而使削减成本成为可能。

② 高速、大容量　在 1Gbps 高速传送基础上，实现了最大 256K 字节的大容量网络共享内存。能简单构筑处理大容量数据的分散控制系统。

③ 无缝通信　实现了从信息层至生产现场网络间的无缝通信。

CC-LINK 家族的应用示例如图 6-16 所示。

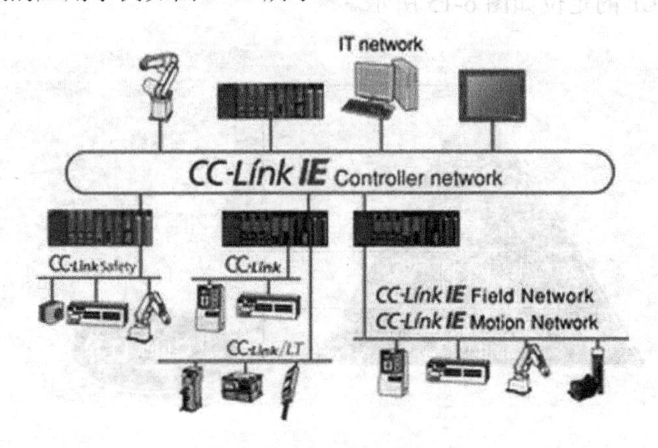

图 6-16　应用示例

6.6.2 CC-LINK 通信的应用

尽管 CC-LINK 现场总线应用不如 PROFIBUS 那样广泛，但一个系统如果确定选用三菱 PLC，那么 CC-LINK 现场总线无疑是较好的选择，以下将用一个例子说明 2 台 FX2N-32MT 的 CC-LINK 现场总线通信。

【例 6-5】 有一个控制系统，配有 2 台控制器，均为 FX2N-32MT，要求从主站 PLC 上发出控制信息，远程设备 PLC 接收到信息后，显示控制信息；同理，从远程设备 PLC 上发出控制信息，主站 PLC 接收到信息后，显示控制信息。

【解】

（1）软硬件配置

① 1 套 GX-Developer 8.86；

② 1 根编程电缆；

③ 2 台 FX2N-32MT；

④ 1 台电动机；

⑤ 1 根编程电缆；

⑥ 1 台 FX2N-16CCL-M；

接线图如图 6-17 所示。

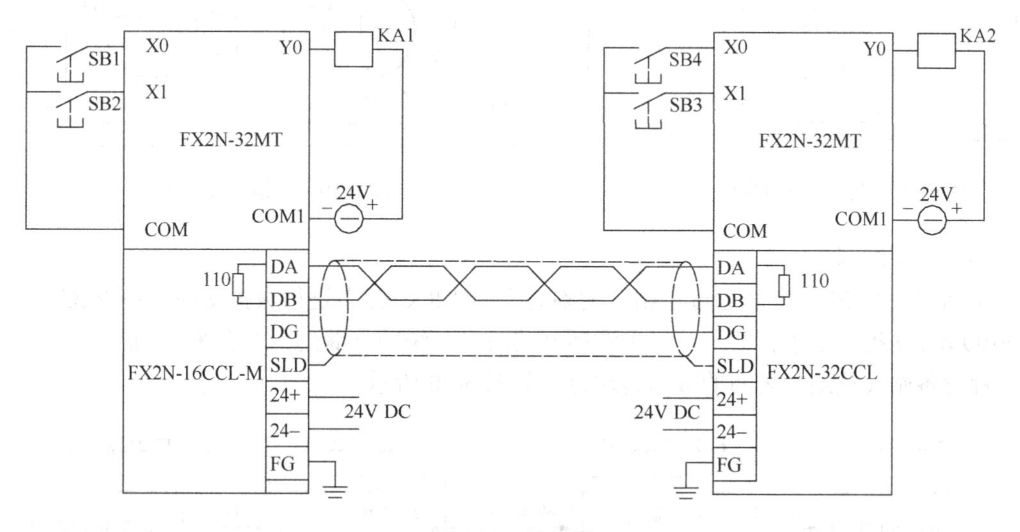

图 6-17 接线图

【关键点】 ① CC-LINK 的专用屏蔽线是三芯电缆，分别将主站的 DA、DB、DG 与从站对应的 DA、DB、DG 相连，屏蔽层的两端均与 SLD 连接。三菱公司推荐使用 CC-LINK 专用屏蔽线电缆，但要求不高时，使用普通电缆也可以通信。

② 由于 CC-LINK 通信的物理层是 RS-485，所以通信的第一站和最末一站都要接一个终端电阻（超过 2 站时，中间站并不需要接终端电阻），本例为 110Ω电阻。

（2）FX 系列 PLC 的 CC-LINK 模块的设置

① 传送速度的设置 CC-LINK 通信的传送速度与通信距离相关，传送距离越远，传送速度就越低。CC-LINK 通信的传送速度与最大通信距离对应关系见表 6-12。

表 6-12 CC-LINK 通信的传送速度与最大通信距离对应关系

序号	传送速度	最大传送距离/m	序号	传送速度	最大传送距离/m
1	156Kbps	1200	4	5Mbps	150
2	625Kbps	600	5	10Mbps	100
3	2.5Mbps	200			

注意：以上数据是专用 CC-LINK 电缆配 110Ω终端电阻。

CC-LINK 模块上有速度选择的旋转开关。当旋转开关指向 0 时，代表传送速度是 156Kbps；当旋转开关指向 1 时，代表传送速度是 625Kbps；当旋转开关指向 2 时，代表传送速度是 2.5Mbps；当旋转开关指向 3 时，代表传送速度是 5Mbps；当旋转开关指向 4 时，代表传送速度是 10Mbps。如图 6-18 所示，旋转开关指向 0，要把传送速度设定为 2.5Mbps 时，只要把旋转开关旋向 2 即可。

② 站地址的设置　站号的设置旋钮有 2 个，如图 6-19 所示，左边一个是“×10”挡，右边的是“×1”挡，例如要把站号设置成 12，则把“×10”挡的旋钮旋到 1，把“×1”挡的旋钮旋到 2，1×10+2=12，12 即是站号。图 6-19 中的站号为 2。

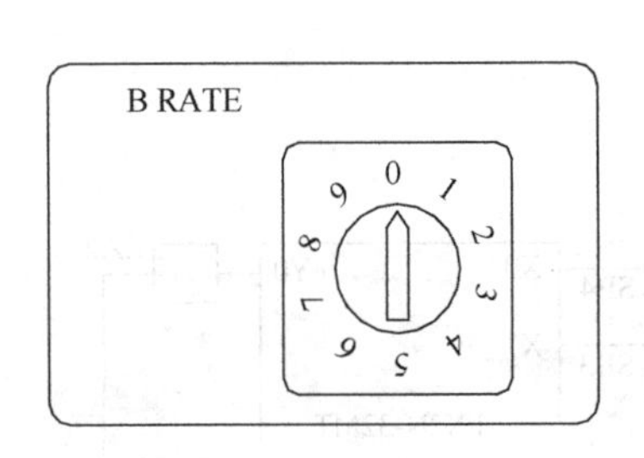

图 6-18　传送速度设定图

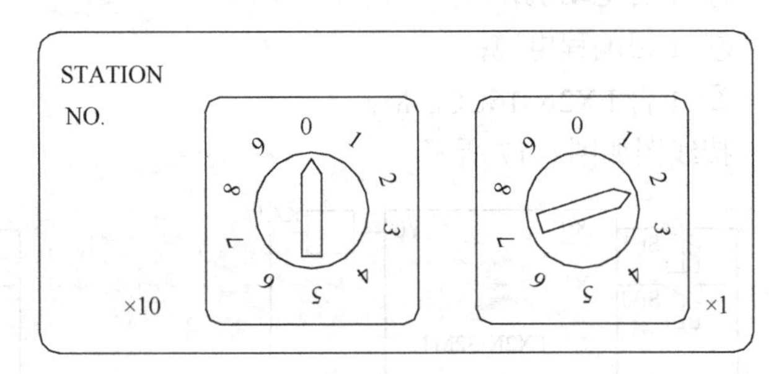

图 6-19　站地址设定图

（3）程序编写

主站模块和 PLC 之间通过主站中的临时空间“RX/RY”进行数据交换，在 PLC 中，使用 FROM/TO 指令来进行读写，当电源断开的时候，缓冲存储的内容会恢复到默认值，主站和远程设备站（从站）之间的数据传送过程如图 6-20 所示。

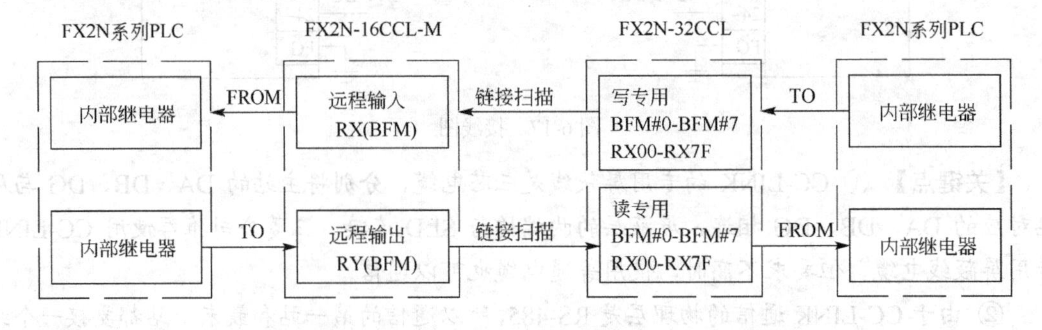

图 6-20　主站和远程设备站（从站）之间的数据传送图

通信的过程是：远程 PLC 通过 TO 指令将 PLC 要传输的信息写入远程设备站中的 RY 中，实际就是存储在 FX2N-32CCL 的 BFM 中，每次链接扫描远程设备站又将 RY 的信息传送到主站的对应的 RX 中，实际就是存储在 FX2N-16CCL-M 的 BFM 中，主站的 PLC 通过 FROM

指令将信息读入到 PLC 的内部继电器中。

主站 PLC 通过 TO 指令将 PLC 的要传输的信息写入主站中的 RX 中，实际就是存储在 FX2N-16CCL-M 的 BFM 中，每次链接扫描远程设备站又将 RX 的信息传送到远程设备站的对应的 RY 中，实际就是存储在 FX2N-32CCL 的 BFM 中，远程设备站的 PLC 通过 FROM 指令将信息读入到 PLC 的内部继电器中。

从 CC-LINK 的通信过程可以看到，BFM 在通信过程中起到了重要的作用，以下介绍几个常用的 BFM 地址，见表 6-13。

表 6-13 常用的 BFM 地址与说明

BFM 编号	内　容	描　述	备　注
#01H	连接模块数量	设定所连接的远程模块的数量	默认 8
#02H	重复次数	设定对于一个故障站的重试次数	默认 3
#03H	自动返回模块的数量	每次扫描返回系统中的远程站模块的数量	默认 1
#AH～#BH	I/O 信号	控制主站模块的 I/O 信号	
#E0H～#FDH	远程输入（RX）	存储一个来自远程站的输入状态	
#160H～#17DH	参数信息区	将输出状态存储到远程站中	
#600H～#7FFH	链接特殊寄存器（SW）	存储数据连接状态	

#AH 控制主站模块的 I/O 信号，在 PLC 向主站模块读入和写出时各位含义还不同，理解其含义是非常重要的，详见表 6-14 和表 6-15。

表 6-14 BFM 中#AH 的各位含义（PLC 读取主站模块时）

BFM 的读取位	说　明
b0	模块错误，为 0 表示正常
b1	数据连接状态，1 表示正常
b8	1 表示通过 EEPROM 的参数启动数据链接正常完成
b15	模块准备就绪

表 6-15 BFM 中#AH 的各位含义（PLC 写入主站模块时）

BFM 的读取位	说　明
b0	写入刷新，1 表示写入刷新
b4	要求模块复位
b8	1 表示通过 EEPROM 的参数启动数据链接正常完成

站号、缓冲存储器号和输入对应关系见表 6-16，站号、缓冲存储器号和输出对应关系见表 6-17。

表 6-16 站号、缓冲存储器号和输入对应关系

站　号	BFM 地址	b0～b15
1	E0H	RX0～RXF
	E1H	RX10～RX1F
2	E2H	RX20～RX2F
	E3H	RX30～RX3F
…	…	…
15	FCH	RX1C0～RX1CF
	FDH	RX1D0～RX1DF

表 6-17 站号、缓冲存储器号和输出对应关系

站号	BFM 地址	b0～b15
1	160H	RY0～RYF
	161H	RY10～RY1F
2	162H	RY20～RY2F
	163H	RY30～RY3F
…	…	…
15	17CH	RY1C0～RY1CF
	17DH	RY1D0～RY1DF

主站程序如图 6-21 所示，设备站程序如图 6-22 所示。

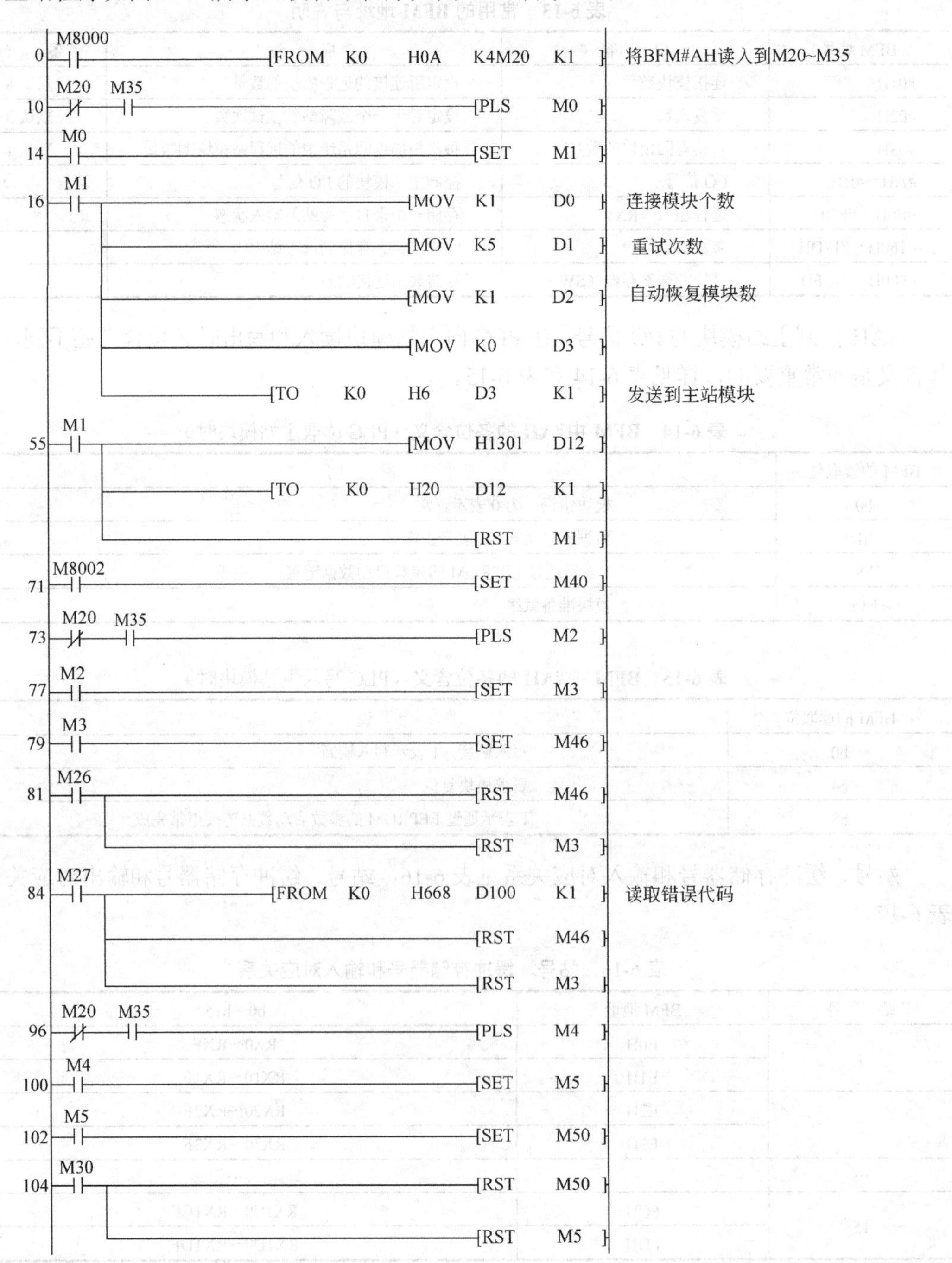

```
107  M31    [FROM  K0  H6B9  D101   K1 ]
            [RST   M50 ]
            [RST   M5 ]
119  M8000  [TO    K0  H0A   K4M40  K1 ]  将M40～M55中信息写到BFM#AH
129  M8002  [SET   M40 ]
131  M20 M35  [PLS  M0 ]
135  M0     [PLS   M1 ]
137  M1     [RST   M48 ]
139  M28    [RST   M48 ]
            [RST   M1 ]
142  M29    [FROM  H0  H668  D100   K1 ]
            [RST   M48 ]
            [RST   M1 ]
154  M8000  [TO    K0  H0A   K4M40  K1 ]
164  M8000  [FROM  H0  H0E0  K4M100 K1 ]  将远程设备站的信息读入到M100～M115
            [TO    H0  H160  K4M300 K1 ]  将主站的M300～M315中的控制信息发送到H160中
183  X000   (M300 )
185  M100   (Y000 )
187         [END ]
```

图 6-21 主站程序

```
0   M8000  [FROM  K0  HOEO  K4M100  K1 ]  读取主站信息存储在设备站的M100～M115中
           [TO    K0  H160  K4M300  K1 ]  将M300～M315中的信息发送到主站中
19  M100   (Y000 )
21  X000   (M300 )
23         [END ]
```

图 6-22 设备站程序

小结

① 通信是 PLC 的难点，也是 PLC 的重点，要理解通信的原理，对于 FX 系列 PLC，特别要理解缓冲存储器（BFM）的控制字、位和存储地址的含义。

② 必须学会使用 FROM/TO 指令。

③ CC-LINK 现场总线通信是三菱公司力推的技术，是学习的重点。

习题

1．PLC 设计规范中，RS232 通信距离是多少？

A．1300M　　B．200M　　C．30M　　D．15M

2．PLC 中 RS485 专用通信模块通信距离是多少？

A．1200M　　B．200M　　C．500M　　D．15M

3．CC-LINK 家族有几个主要的通信协议？最底层的是哪一个？

4．三菱 FX 系列 PLC 可以用哪些方式进行通信？

5．什么是 N:N 通信？什么是并行链接通信？

6．CC-LINK 现场总线通信有何优点？

7．FX2N-16CCL-M 模块和 FX2N-32CCL 模块的功能有何不同？

8．什么是串行通信？什么是半双工？请举例说明。

第7章

上位机对三菱 FX 系列 PLC 的监控

本章介绍组态软件的功能，以及怎样在上位机中用组态软件监控三菱 FX 系列 PLC。

7.1 简单组态软件工程的建立

7.1.1 认识组态软件

（1）初识组态软件

在使用工控软件时，人们经常提到组态一词，组态的英文是“Configuration”，简而言之，组态就是利用应用软件中提供的工具、方法，完成工程中某一具体任务的过程。组态软件是数据采集监控系统 SCANDA（Supervisory Control and Data Acquisition）的软件平台工具，是工业应用软件的一个组成部分。它具有丰富的设置项目，使用方式灵活，功能强大。组态软件由早先的单一的人机界面向数据处理方向发展，管理的数据量越来越大。随着组态软件自身以及控制系统的发展，监控组态软件部分与硬件分离，为自动化软件的发展提供了充分发挥作用的舞台。OPC（OLE for Process Control）的出现，以及现场总线和工业以太网的快速发展，大大简化了不同厂家设备之间的互联，降低了开发 I/O 设备驱动软件的工作量。

实时数据库的作用进一步加强。实时数据库是 SCANDA 系统的核心技术。从软件技术上讲，SCANDA 系统的实时数据库，实际上就是一个可统一管理、支持变结构、支持实时计算的数据结构模型。

社会信息化的加速发展是组态软件市场增长的强大推动力。在最终用户眼里，组态软件在自动化系统中发挥的作用逐渐增大，有时甚至到了非用不可的地步。主要原因在于，组态软件的功能强大、用户普遍需求，而且逐渐认识其价值。

（2）组态软件的功能

组态软件采用类似资源浏览器的窗口结构，并对工业控制系统中的各种资源（设备、标签量和画面等）进行配置和编辑；处理数据报警和系统报警；提供多种数据驱动程序；各类报表的生成和打印输出；使用脚本语言提供二次开发功能；存储历史数据，并支持历史数据的查询等。

（3）组态软件的发展趋势

新技术在组态软件中的应用，使得组态软件呈现如下发展趋势。

① 多数组态软件提供多种数据采集驱动程序（driver），用户可以进行配置。驱动程序通常由组态软件开发商提供，并按照某种规范编写。

② 脚本语言是扩充组态系统功能的重要手段。脚本语言大体有两种形式，一是 C/BASIC 语言，二是微软的 VBA 的编程语言。

③ 具备二次开发的能力。在不改变原来系统的情况下，向系统增加新的功能的能力。

增加新功能最常用的就是 ActiveX 组件的应用。

④ 组态软件的应用具有高度的开放性。

⑤ 与 MES（Manufacturing Execution System）和 ERP（Enterprise Resource Planning）系统紧密集成。

⑥ 现代企业的生产已经趋向国际化、分布式的生产方式。互联网是实现分布式生产的基础。组态软件将原来的局域网运行方式跨越到支持 Internet。

（4）常用的组态软件简介

① InTouch 它是最早进入我国的组态软件。早期的版本采用 DDE 方式（动态数据交换）与驱动程序通信，性能较差。新的版本采用了 32 位 Windows 平台，并提供 OPC 支持。

② iFIX 它是 Intellution 公司起家时开发的软件，后被爱默生公司，现在又被 GE 公司收购。iFIX 的功能强大，使用比较复杂。iFIX 驱动程序和 OPC 组件需要单独购买。iFIX 的价格也比较贵。

③ Citech 澳大利亚 CiT 公司的 Citech 是较早进入中国市场的产品。Citech 的优点是操作方式简洁，但脚本语言比较麻烦，不易掌握。

④ WinCC Siemens 公司的 WinCC 是后起之秀，1996 年才进入市场，当年就被美国的 Control Engineering 杂志评为当年的最佳 HMI 软件。它是一套完备的组态开发环境，内嵌 OPC。WinCC7.0 采用 Microsoft SQLServer 2000 数据库进行生产数据存档，同时它具有 Web 服务器功能。

⑤ 组态王 组态王是北京亚控公司的产品，是国产组态软件的代表，在国内有一定的市场。组态王提供了资源管理器式的操作界面，并且提供以汉字为关键字的脚本语言支持，这点是国外组态软件很难做到的。另外，组态王提供了丰富的国内外硬件设备驱动程序，这点国外知名组态软件也很难做到。

⑥ 三维力控 三维力控是国内较早开发成功的组态软件，其最大的特点就是基于真正意义的分布式实时数据库的三层结构，而且实时数据库是可组态的。三维力控组态软件也提供了丰富的国内外硬件设备驱动程序。

另外，国内外比较有名的组态软件还有 GE 的 Cimplicity、华富计算机公司的开物和北京昆仑通态的 MCGS 等。总之，在国内，一般比较大型的控制系统多用国外的组态软件，而在中低端市场，国产组态软件则有一定的优势。

（5）组态王 KINGVIEW6.5.3 的系统要求

① 硬件 奔腾 PIII 800 以上 IBM PC 或兼容机。

② 内存 最少 128MB，推荐 256MB。

③ 显示器 VGA、SVGA 或支持桌面操作系统的任何图形适配器。要求最少显示 256 色。

④ 鼠标 任何 PC 兼容鼠标。

⑤ 通信 RS-232C，有的电脑没有 RS-232C 接口也可用 USB- RS232C 转换器转换后，代替 RS-232C 接口使用。

⑥ 并行口或 USB 口 用于插入组态王加密锁。

⑦ 操作系统 Win2000/WinNT4.0（补丁 6)/Win XP 简体中文版。

（6）安装 KINGVIEW6.5.3 组态软件

注意安装完成组态软件后，最好将组态软件解密狗插在并口上（若为 USB 口则插在 USB

接口上），否则，组态软件只能进入演示方式，两小时必须重新启动程序，而且在此状态下，用户最多只能使用 64 点，用户能使用的变量就非常有限，很容易不够用。

【关键点】 低版本的解密狗对高版本是不起作用的，例如读者购买的 6.51 版的解密狗对 6.53 版的组态王软件是不起作用的。

7.1.2 建立工程

建立一个工程监视搬运站的“开始”指示灯的明暗状态和“手动/自动”旋钮的位置。计算机为台式计算机，配置满足要求，搬运站的 PLC 为 FX2N-32MT。

（1）将搬运站的程序下载到 PLC 中

0 X000 X001 M1 (Y000)
M0
Y000
6 [END]

图 7-1 程序

图 7-1 所示的梯形图表明，“按钮”灯的明暗由 Y000 决定。假设 PLC 的地址为 1，一般默认为 0。

（2）连接通信电缆

用 SC-09 电缆（若一端为 RS-232C 接口）将计算机的 RS-232C 串口与 PLC（FX2N-32MT）的编程口（RS-422）连接在一起。

（3）建立工程的过程

① 双击组态王图标，弹出工程管理器，如图 7-2 所示。

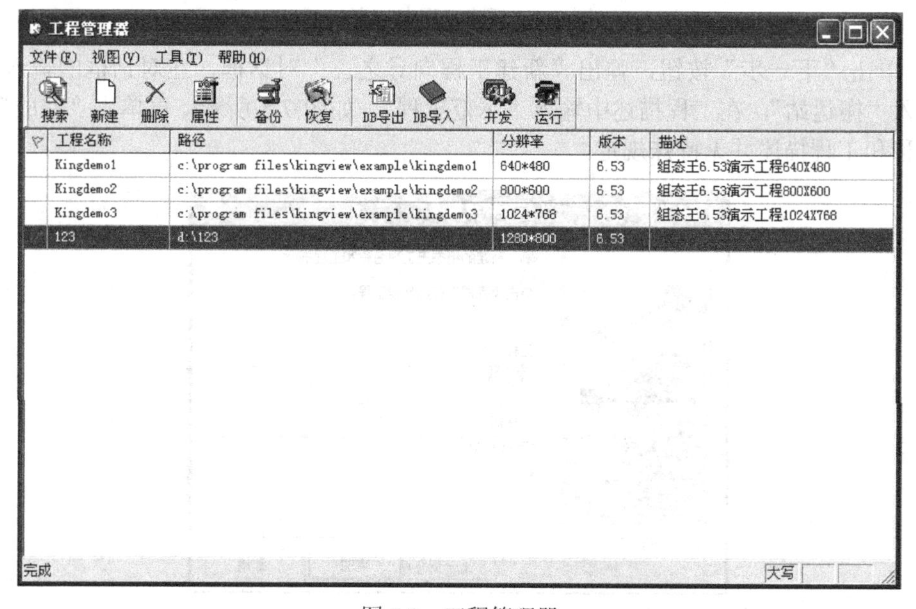

图 7-2 工程管理器

② 单击新建图标“”，弹出“新建工程向导之一”对话框，如图 7-3 所示。

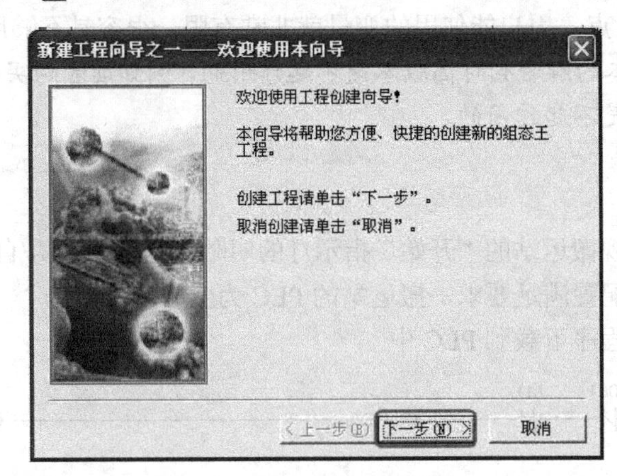

图 7-3　新建工程向导之一

③ 在“新建工程向导之一”对话框中，单击“下一步”按钮，弹出“新建工程向导之二”对话框，如图 7-4 所示，单击“浏览”按钮制定新建工程存储的路径。

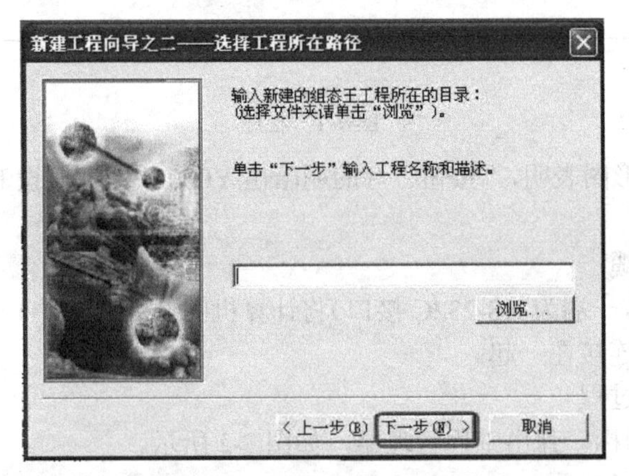

图 7-4　新建工程向导之二

④ 单击“下一步”按钮，弹出“新建工程向导之三”对话框，在对话框的输入工程名称中输入“搬运站”，在工程描述中输入“示范工程”，如图 7-5 所示，再单击“完成”按钮。工程名称和工程描述并无特殊规定。

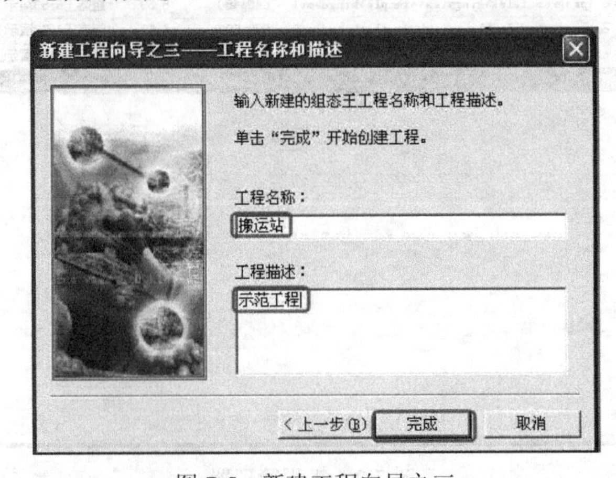

图 7-5　新建工程向导之三

⑤ 接着弹出“新建组态王工程”，按“是”按钮，将工程设置为当前工程，如图 7-6 所示。

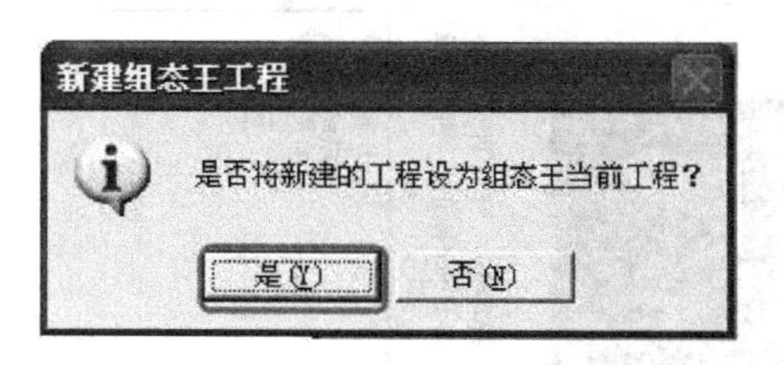

图 7-6 新建组态王工程

⑥ 单击开发“”按钮，系统进入工程浏览器界面，如图 7-7 所示。双击“工程浏览器”中“设备”下的“COM1”，弹出“设置串口”界面，作如下设置。

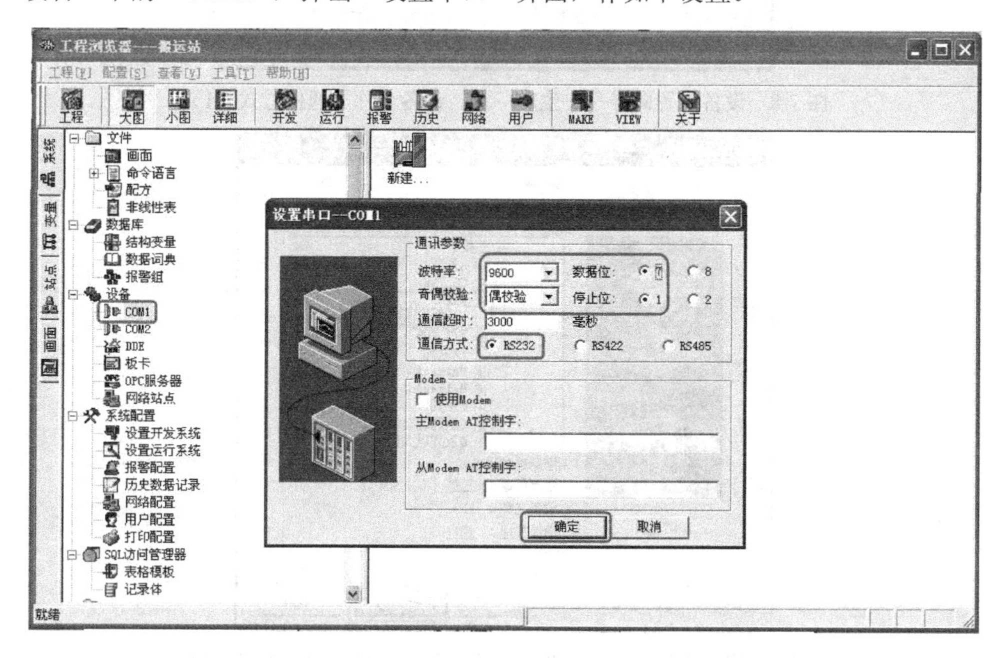

图 7-7 工程浏览器

波特率：“9600bit/s”。

奇偶校验：偶校验。

数据位：7 位。

停止位：1 位。

通信方式：RS-232。

设置完成后，单击“确定”按钮即可。

⑦ 在工程浏览器的左侧选中“COM1”，再双击右侧的新建“新建...”，弹出“设备配置向导——生产厂家、设备名称、通信方式”对话框，如图 7-8 所示。

⑧ 展开“PLC”选定“西门子”下“FX2 系列”的“编程口”通信方式，如图 7-9 所示，再单击“下一步”按钮，弹出“设备配置向导——逻辑名称”对话框，如图 7-10 所示。

⑨ 为外部设备取逻辑名称为“FX2N”，名称可以是汉字，如图 7-10 所示。单击“下一步”按钮，弹出“设备配置向导——选择串口号”对话框，如图 7-11 所示。

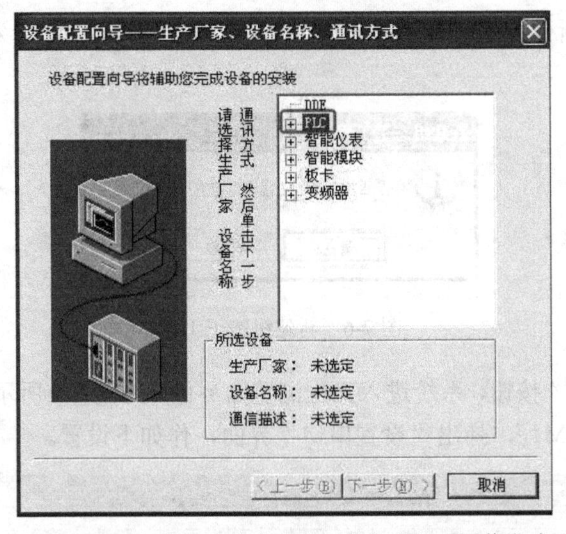

图 7-8　设备配置向导——生产厂家、设备名称、通信方式（1）

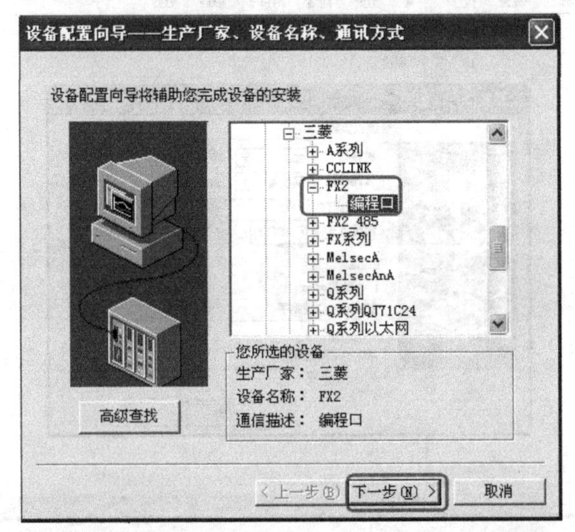

图 7-9　设备配置向导——生产厂家、设备名称、通信方式（2）

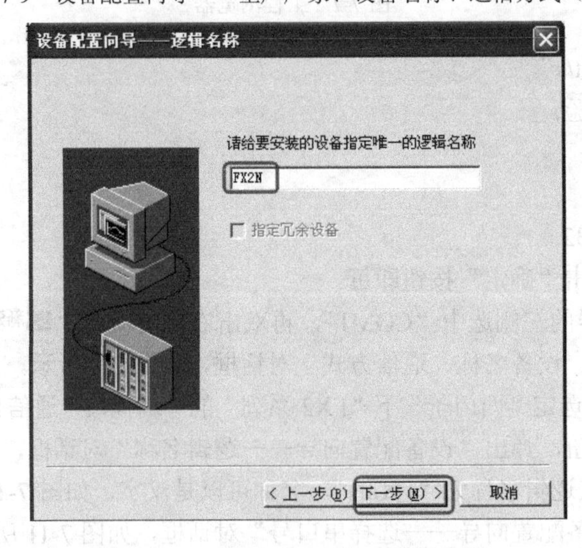

图 7-10　设备配置向导——逻辑名称

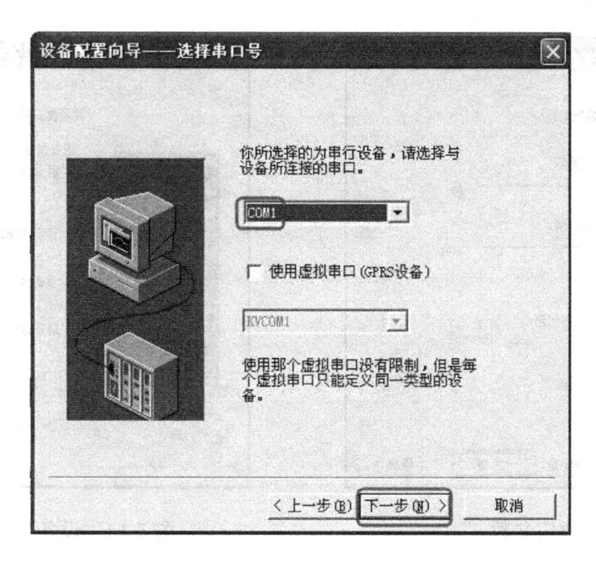

图 7-11 设备配置向导——选择串口号

⑩ 选择串口为“COM1”，单击“下一步”按钮，弹出“设备配置向导——设备地址指南”对话框，如图 7-12 所示，将地址修改为“1”。设备地址范围 0～15。

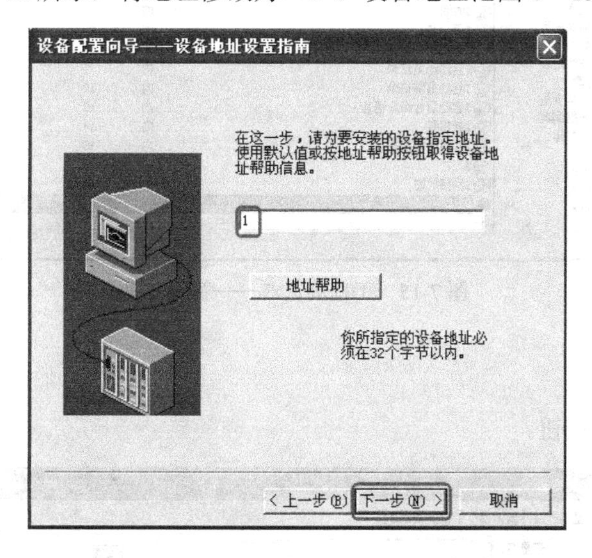

图 7-12 设备配置向导——设备地址指南

⑪ 单击图 7-12 中的“下一步”按钮，弹出“通信参数”对话框，如图 7-13 所示，不改变参数，单击“下一步”按钮，弹出“设备安装向导——信息总结”对话框，如图 7-14 所示，单击“完成”按钮。至此设备的定义完成。

⑫ 回到“工程浏览器”界面，选定左侧的“数据词典”，如图 7-15 所示。双击“新建”，弹出“定义变量”对话框，如图 7-16 所示。作如下设置。

变量名：灯。

变量类型：I/O 离散（就是与外部设备有关的离散量）。

连接设备：FX2N。

寄存器：Y0。

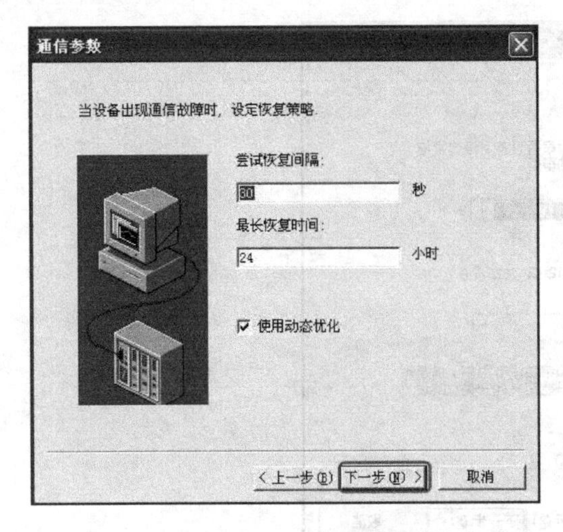

图 7-13 通信参数

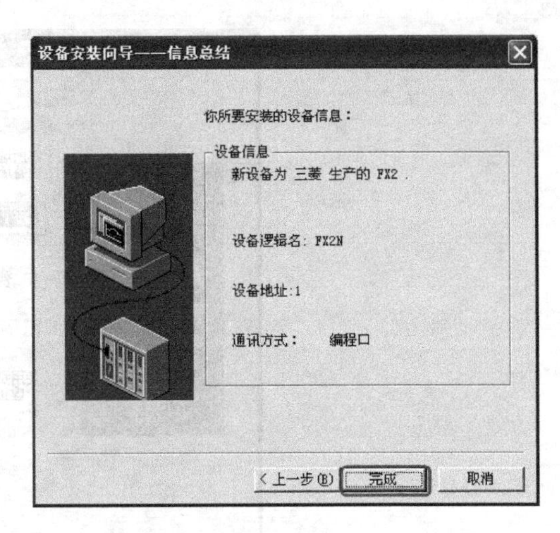

图 7-14 设备安装向导——信息总结

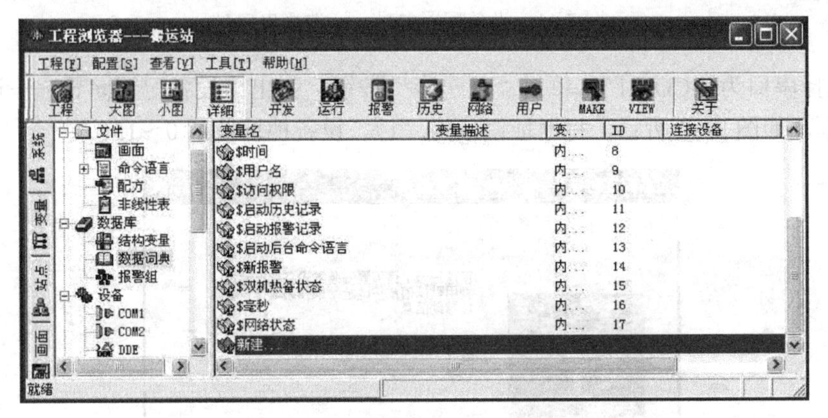

图 7-15 工程浏览器——新建变量

数据类型：Bit。

读写属性：读写。

再单击“确定”按钮。

图 7-16 定义变量（1）

⑬ 重复⑫的步骤，作如图 7-17 的设置。至此变量定义完毕。

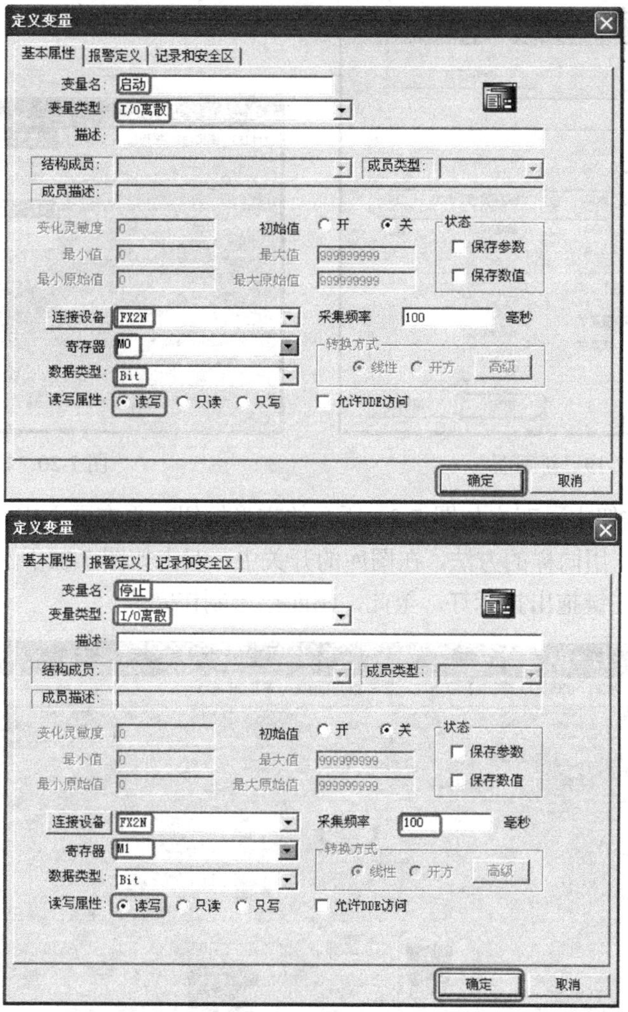

图 7-17　定义变量（2）

⑭ 回到“工程管理器”，选定左侧的“画面”，如图 7-18 所示。再单击“新建”按钮，弹出“新画面”对话框，在画面名称中输入“xxh”。再单击“确定”按钮，如图 7-19 所示。

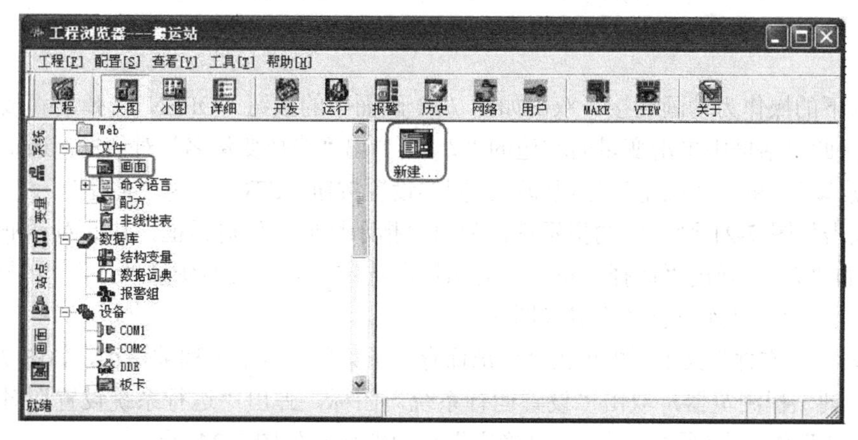

图 7-18　工程浏览器

⑮ 打开图库，操作方法如图 7-20 所示。

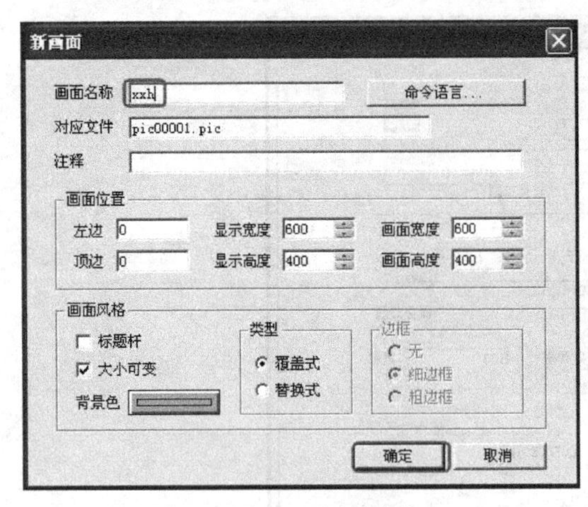

图 7-19 新画面

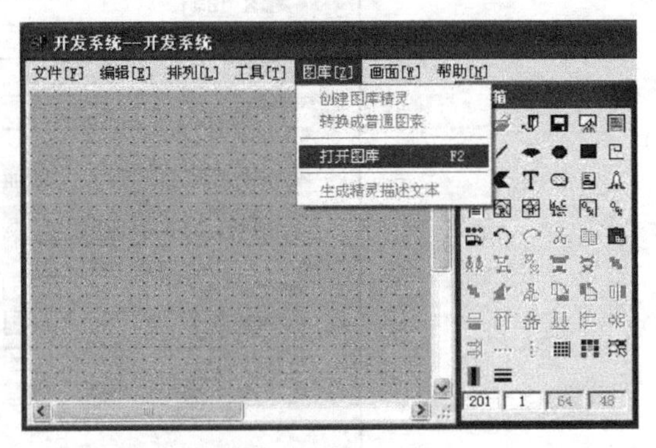

图 7-20 打开图库

⑯ 在图库的按钮中，双击如图 7-21 所示的方形按钮，再在画面中，按住鼠标的左键拖出方形的带灯按钮，用同样的方法，在图库的开关中，双击如图 7-21 所示的指示灯，再在画面中，按住鼠标的左键拖出指示灯。至此，画面已经制作完成。

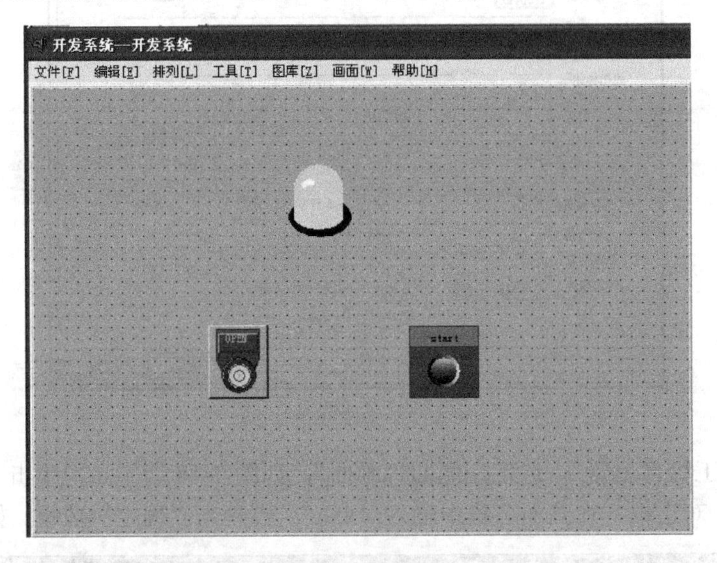

图 7-21 画面

⑰ 以下的操作为动画连接。双击如图 7-21 画面中的按钮（OPEN），弹出“按钮向导”对话框，在此对话框中单击变量名右边的“？”，弹出“选择变量名”对话框，选定事先定义的变量“启动”，单击“确定”按钮即可。同样设置按钮（STOP）为“停止”。

⑱ 双击如图 7-21 画面中的指示灯，弹出“指示灯向导”对话框，在此对话框中单击变量名右边的“？”，弹出“选择变量名”对话框，选定事先定义的变量“灯”，单击“确定”按钮即可。至此动画连接已经完成（图 7-22）。

⑲ 单击 “文件”菜单，再单击“全部保存”子菜单，整个工程被保存，如图 7-23 所示。

⑳ 回到工程浏览器，双击“设置运行系统”图标，弹出“运行系统设置”对话框，选中画面“xxh”作为主画面，再单击“确定”按钮即可，如图 7-24 所示。

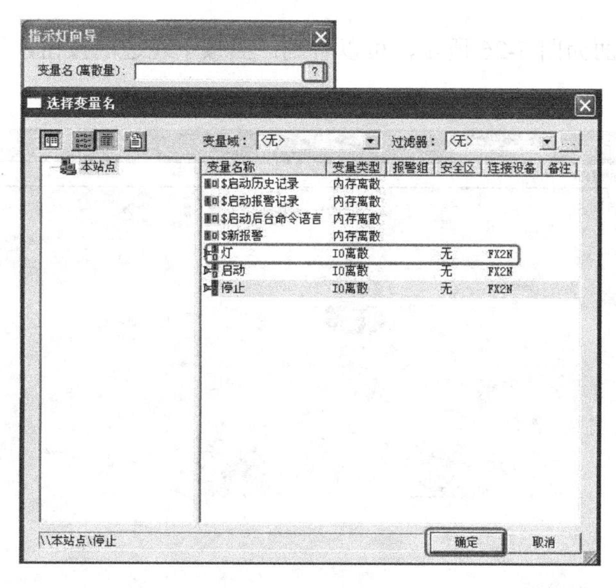

图 7-22　动画连接

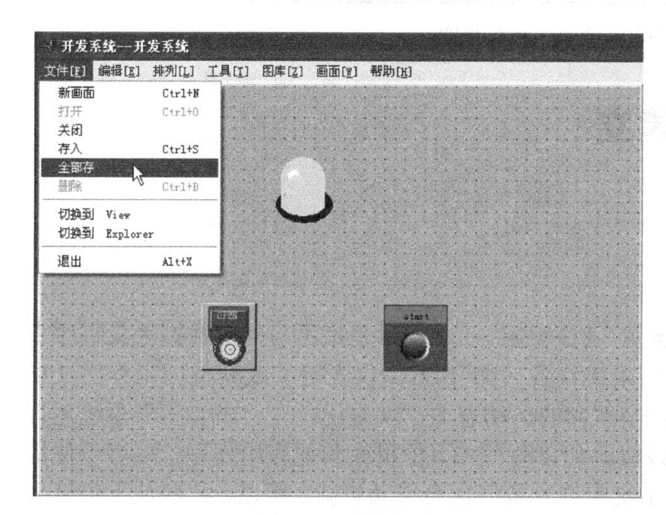

图 7-23　保存工程

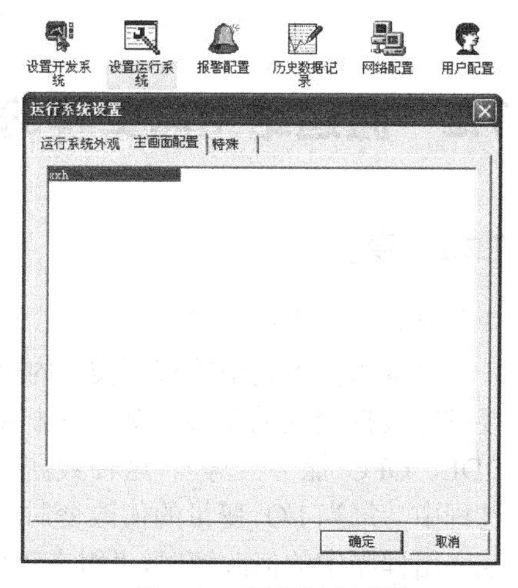

图 7-24　设置运行系统

㉑ 将 PLC 的外围电路连接完毕，接通 PLC 的电源。组态软件回到组态王工程管理器，单击运行按钮“”，如图 7-25 所示。

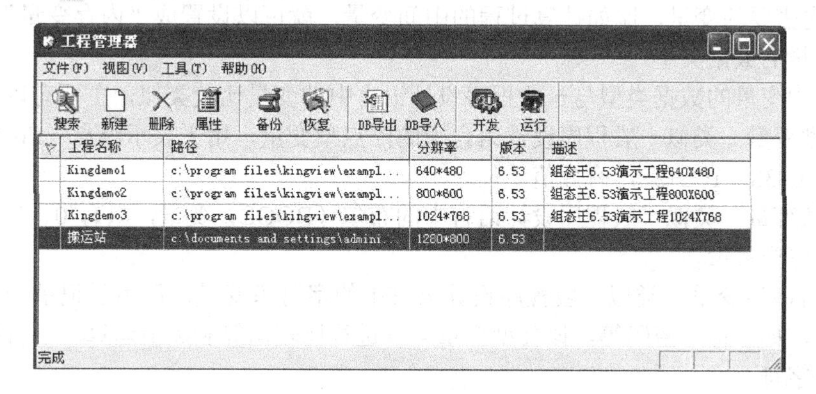

图 7-25　组态王工程管理器

㉒ 运行时的界面如图 7-26 所示，可以看到：当按下左边的按钮，灯亮，当按下右边的灯灭。

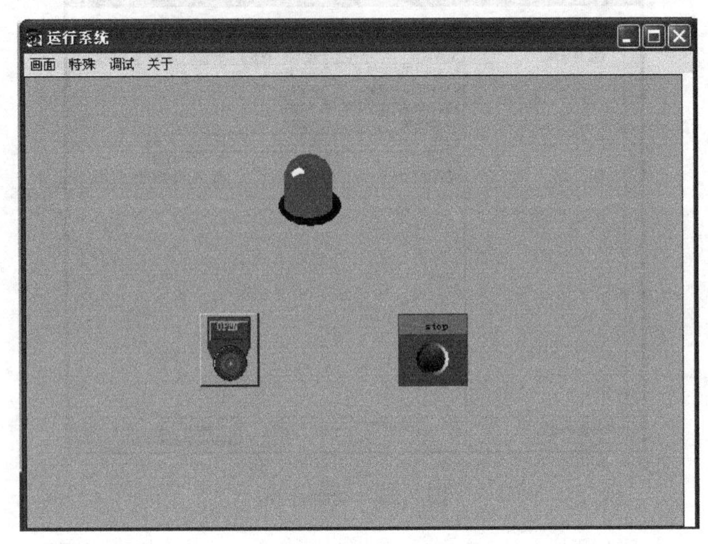

图 7-26 组态王运行界面

7.2 搬运站组态工程的建立

7.2.1 变量

（1）基本变量类型

变量的基本类型共有两类：内存变量、I/O 变量。I/O 变量是指可与外部数据采集程序直接进行数据交换的变量，如下位机数据采集设备（如 PLC、仪表等）或其他应用程序（如 DDE、OPC 服务器等）。这种数据交换是双向的、动态的，就是说：在“组态王”系统运行过程中，每当 I/O 变量的值改变时，该值就会自动写入下位机或其他应用程序；每当下位机或应用程序中的值改变时，“组态王”系统中的变量值也会自动更新。所以，那些从下位机采集来的数据、发送给下位机的指令，比如“反应罐液位”、“电源开关”等变量，都需要设置成“I/O 变量”。

内存变量是指那些不需要和其他应用程序交换数据、也不需要从下位机得到数据、只在“组态王”内需要的变量，比如计算过程的中间变量，就可以设置成“内存变量”。

（2）变量的数据类型

组态王中变量的数据类型与一般程序设计语言中的变量比较类似，主要有以下几种。

① 实型变量 类似一般程序设计语言中的浮点型变量，用于表示浮点（float）型数据，取值范围 10E–38～10E+38，有效值 7 位。

② 离散变量 类似一般程序设计语言中的布尔（BOOL）变量，只有 0、1 两种取值，用于表示一些开关量。

③ 字符串型变量 类似一般程序设计语言中的字符串变量，可用于记录一些有特定含义的字符串，如名称、密码等，该类型变量可以进行比较运算和赋值运算。字符串长度最大值为 128 个字符。

④ 整数变量 类似一般程序设计语言中的有符号长整数型变量，用于表示带符号的整

型数据，取值范围–2147483648～2147483647。

⑤ 结构变量　当组态王工程中定义了结构变量时，在变量类型的下拉列表框中会自动列出已定义的结构变量，一个结构变量作为一种变量类型，结构变量下可包含多个成员，每一个成员就是一个基本变量，成员类型可以为：内存离散、内存整型、内存实型、内存字符串、IO 离散、IO 整型、IO 实型和 IO 字符串。

7.2.2 动画相关

（1）连接概述

工程人员在组态王开发系统中制作的画面都是静态的，那么它们如何才能反映工业现场的状况呢？这就需要通过实时数据库，因为只有数据库中的变量才是与现场状况同步变化的。数据库变量的变化又如何导致画面的动画效果呢？通过“动画连接”——所谓“动画连接”就是建立画面的图素与数据库变量的对应关系。这样，工业现场的数据，比如温度、液面高度等，当它们发生变化时，通过 I/O 接口，将引起实时数据库中变量的变化，如果设计者曾经定义了一个画面图素——比如指针——与这个变量相关，我们将会看到指针在同步偏转。

动画连接的引入是设计人机接口的一次突破，它把工程人员从重复的图形编程中解放出来，为工程人员提供了标准的工业控制图形界面，并且由可编程的命令语言连接来增强图形界面的功能。图形对象与变量之间有丰富的连接类型，给工程人员设计图形界面提供了极大的方便。“组态王”系统还为部分动画连接的图形对象设置了访问权限，这对于保障系统的安全具有重要的意义。

图形对象可以按动画连接的要求改变颜色、尺寸、位置、填充百分数等，一个图形对象又可以同时定义多个连接。把这些动画连接组合起来，应用程序将呈现出令人难以想象的图形动画效果。

（2）填充属性连接

填充属性连接使图形对象的填充颜色和填充类型随连接表达式的值而改变，通过定义一些分段点（包括阀值和对应填充属性），使图形对象的填充属性在一段数值内为指定值。

本例为封闭圆形对象定义填充属性连接，阀值为 0 时填充属性为红色，阀值为 1 时为蓝色。画面程序运行时，当变量“Y0”的值为 0 时，圆形为红色，表明搬运站没有与下一站通信；变量为 1 时，圆形为蓝色，表明搬运站正在与下一站通信，如图 7-27 所示。

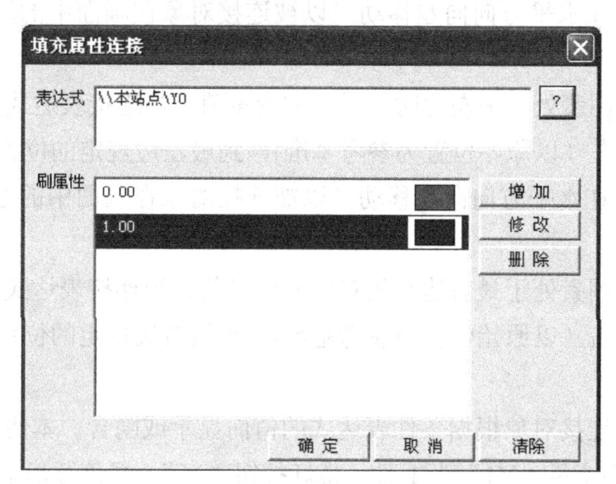

图 7-27　填充连接属性

“填充属性”动画连接的设置方法为：在“动画连接”对话框中选择“填充属性”按钮，弹出的对话框（图 7-27）各项意义如下：表达式用于输入连接表达式；右边的“？”可以查看已定义的变量名和变量域。

（3）离散值输入连接

离散值输入连接是使被连接对象在运行时为触敏对象，单击此对象后弹出输入值对话框，可在对话框中输入离散值，以改变数据库中某个离散类型变量的值。离散值输入如图 7-28 所示。

（4）水平移动连接

水平移动连接是使被连接对象在画面中随连接表达式值的改变而水平移动。移动距离以像素为单位，以被连接对象在画面制作系统中的原始位置为参考基准的。水平移动连接常用来表示图形对象实际的水平运动。

水平移动连接的设置方法为：在“动画连接”对话框中单击“水平移动”按钮，弹出“水平移动连接”对话框，如图 7-29 所示。

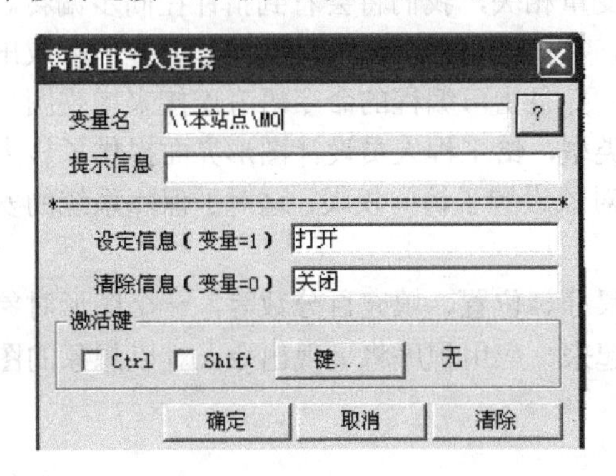

图 7-28　离散值输入连接

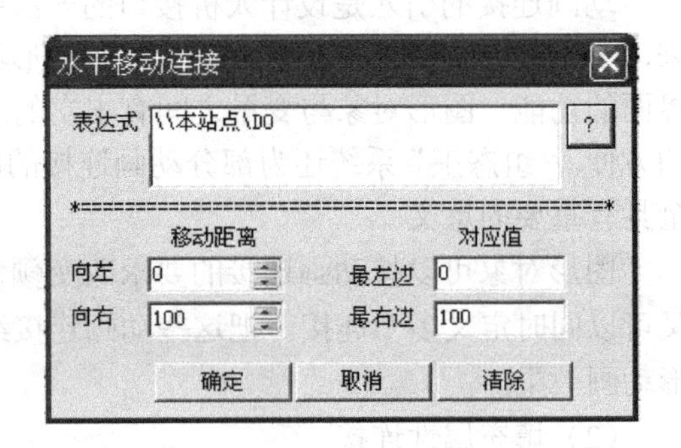

图 7-29　水平移动连接

对话框中各项设置的意义如下。

表达式：在此编辑框内输入合法的连接表达式，单击“？”按钮可查看已定义的变量名和变量域。

向左：输入图素在水平方向向左移动（以被连接对象在画面中的原始位置为参考基准）的距离。

最左边：输入与图素处于最左边时相对应的变量值，当连接表达式的值为对应值时，被连接对象的中心点向左（以原始位置为参考基准)移到最左边规定的位置。

向右：输入图素在水平方向向右移动（以被连接对象在画面中的原始位置为参考基准）的距离。

最右边：输入与图素处于最右边时相对应的变量值，当连接表达式的值为对应值时，被连接对象的中心点向右（以原始位置为参考基准)移到最右边规定的位置。

（5）隐含连接

隐含连接是使被连接对象根据条件表达式的值而显示或隐含。本例中建立一个表示带灯按钮灯是否“亮”，当变量“Y1”为 1 时，带灯按钮“亮”，绿色圆形不隐含，当变量“Y1”为 0 时，带灯按钮“暗”，绿色圆形隐含。隐含连接如图 7-30 所示。

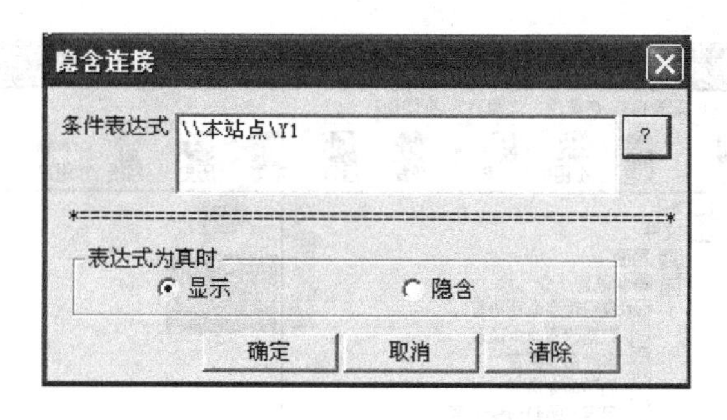

图 7-30 隐含连接

隐含连接的设置方法是：在“动画连接”对话框中单击“隐含”按钮，弹出对话框，对话框中各项设置的意义如下。

条件表达式：输入显示或隐含的条件表达式，单击“？”可以查看已定义的变量名和变量域。

表达式为真时：规定当条件表达式值为 1（TRUE）时，被连接对象是显示还是隐含。如图 7-30 所示，选定为“表达式值为真时”显示，所以 Y1=1 时，其连接对象“显示”，否则其连接对象就“隐含”（不显示）。

7.2.3 命令语言程序

（1）命令语言类型

组态王中命令语言是一种在语法上类似 C 语言的程序，工程人员可以利用这些程序来增强应用程序的灵活性、处理一些算法和操作等。

命令语言都是靠事件触发执行的，如定时、数据的变化、键盘键的按下、鼠标的点击等。根据事件和功能的不同，包括应用程序命令语言、热键命令语言、事件命令语言、数据改变命令语言、自定义函数命令语言、动画连接命令语言和画面命令语言等。具有完备的词法语法查错功能和丰富的运算符、数学函数、字符串函数、控件函数、SQL 函数和系统函数。各种命令语言通过“命令语言编辑器”编辑输入，在“组态王”运行系统中被编译执行。

其中应用程序命令语言、热键命令语言、事件命令语言、数据改变命令语言可以称为“后台命令语言”，它们的执行不受画面打开与否的限制，只要符合条件就可以执行。另外可以使用运行系统中的菜单“特殊/开始执行后台任务”和“特殊/停止执行后台任务”来控制所有这些命令语言是否执行。而画面和动画连接命令语言的执行不受影响。也可以通过修改系统变量“$启动后台命令语言”的值来实现上述控制，该值置 0 时停止执行，置 1 时开始执行。

（2）应用程序命令语言

在工程浏览器的目录显示区，选择“文件→命令语言→应用程序命令语言”，则在右边的内容显示区出现“请双击这儿进入<应用程序命令语言>对话框…”图标，如图 7-31 所示。

双击“请双击这儿进入<应用程序命令语言>对话框…”图标，则弹出“应用程序命令语言”对话框，如图 7-32 所示。

（3）命令语言语法

命令语言程序的语法与一般 C 程序的语法没有大的区别，每一程序语句的末尾应该用分号“;”结束，在使用 if…else…、while（）等语句时，其程序要用花括号“{}”括起来。

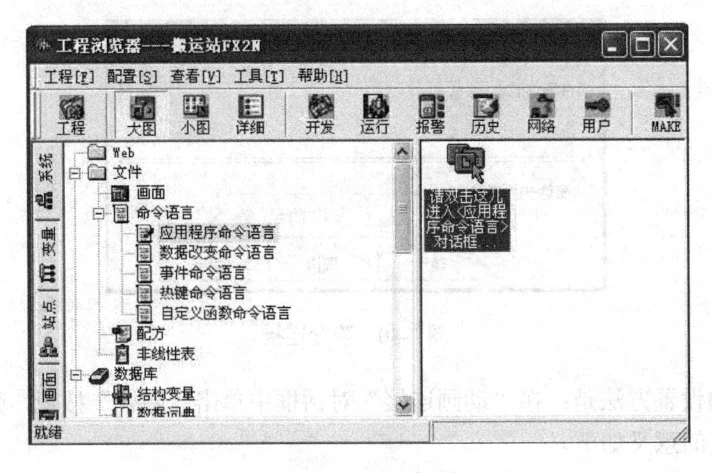

图 7-31 选择应用程序命令语言

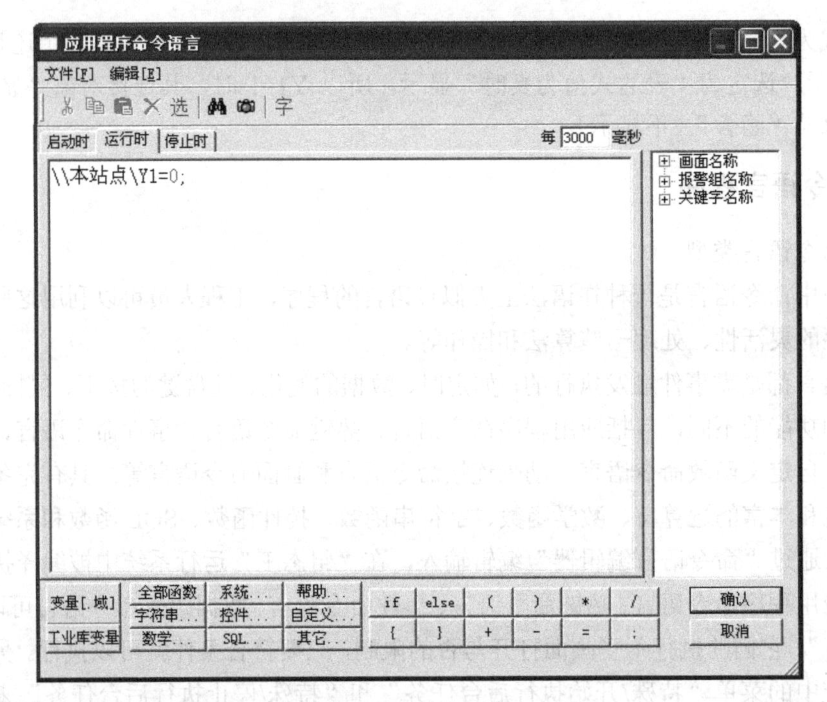

图 7-32 命令语言

① 运算符 用运算符连接变量或常量就可以组成较简单的命令语言语句，如赋值、比较、数学运算等。命令语言中可使用的运算符以及算符优先级与连接表达式相同。运算符有以下几种。

～	取补码，将整型变量变成“2”的补码。
*	乘法
/	除法
%	模运算
＋	加法
-	减法（双目）
&	整型量按位与

| 整型量按位或

^ 整型量异或

&& 逻辑与

|| 逻辑或

< 小于

> 大于

<= 小于或等于

>= 大于或等于

= = 等于（判断）

!= 不等于

= 等于（赋值）

② 赋值语句 赋值语句用得最多，语法如下：

变量（变量的可读写域）＝ 表达式

可以给一个变量赋值，也可以给可读写变量的域赋值。

例如：

自动开关=1 表示将自动开关置为开（1 表示开，0 表示关）；

颜色=2 将颜色置为黑色（如果数字 2 代表黑色）；

反应罐温度.priority=3 表示将反应罐温度的报警优先级设为 3。

③ IF-ELSE 语句 IF-ELSE 语句用于按表达式的状态有条件地执行不同的程序，可以嵌套使用。语法为：

```
IF(表达式)
{
  一条或多条语句;
}
ELSE
{
  一条或多条语句;
}
```

注意：IF-ELSE 语句里如果是单条语句可省略花括弧“{ }”，多条语句必须在一对花括弧“{ }”中，ELSE 分支可以省略。

【例 7-1】

```
IF (step = = 3)
颜色=“红色”;
```

上述语句表示当变量 step 与数字 3 相等时，将变量颜色置为“红色”（变量“颜色”为内存字符串变量）

【例 7-2】

```
IF（出料阀= = 1）
   出料阀=0; //将离散变量“出料阀”设为 0 状态
ELSE
出料阀=1;
```

上述语句表示将内存离散变量“出料阀”设为相反状态。If-else 里是单条语句可以省略“{}”。

【例 7-3】

```
IF (step= =3)
{
    颜色=“红色”;
    反应罐温度.priority=1;
}
ELSE
{
    颜色=“黑色”;
    反应罐温度.priority=3;
}
```

上述语句表示当变量 step 与数字 3 相等时，将变量颜色置为“红色”（变量“颜色”为内存字符串变量），反应罐温度的报警优先级设为 1；否则变量颜色置为“黑色”，反应罐温度的报警优先级设为 3。

④ WHILE（）语句　当 WHILE（）括号中的表达式条件成立时，循环执行后面“{}”内的程序。语法如下：

```
WHILE(表达式)
{
一条或多条语句(以；结尾)
}
```

【例 7-4】

```
WHILE (循环<=10)
{
ReportSetCellvalue("实时报表"，循环，1，原料罐液位);
循环=循环+1;
}
```

当变量“循环”的值小于等于 10 时，向报表第一列的 1～10 行添入变量“原料罐液位”的值。应该注意使 WHILE 表达式条件满足，然后退出循环。

7.2.4　创建搬运站工程

在前面的项目中，读者已经完成了搬运站的安装和调试，因此读者对于搬运站已经非常熟悉，请利用组态王软件建立一个组态工程监控搬运站的工作过程。以下仅仅给出建立这个工程的提示，具体步骤由读者完成。

（1）建立一个新建的工程

（2）建立组态画面

画面的右上角有计算机上的实时时间；右下角有按钮的开关状态、指示灯的颜色信息和明暗状态显示；右侧的中部则显示主机状态、运行状态和工件信息；左边则是搬运站的外形图，共有 5 张，每一张表示搬运站的一个位置，组态画面如图 7-33 所示；而当组态软件运行时，只显示一张图片，其余四张被隐含，运行时组态画面如图 7-34 所示。当然，组态画面的布置方案可以千差万别，以上仅仅是一种方案，读者不要局限在其中。

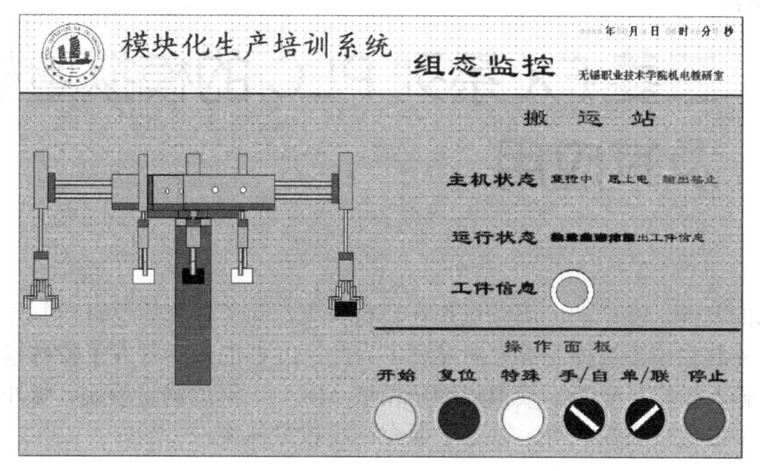

图 7-33　组态画面

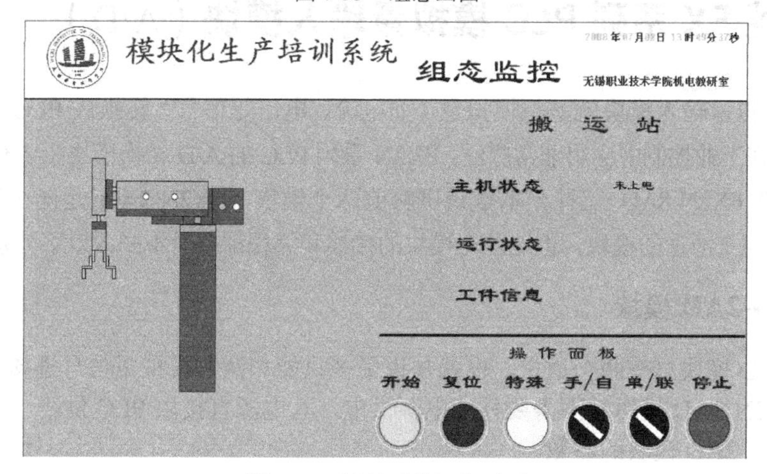

图 7-34　运行时的组态画面

小结

重点难点总结

① 掌握建一个组态软件工程的一般方法。

② 组态软件中的变量、动画和命令程序。

习题

1．简述组态软件的功能和发展趋势。

2．国内外还有哪些知名的组态软件？这些知名的组态软件有何特点？

3．用组态王建立一个简单工程大致需要哪些步骤？

第8章

三菱FX系列PLC的模拟量模块及其应用

随着技术的发展，PLC的应用领域正在日益扩大，除了传统的逻辑控制外，PLC正向过程控制、位置控制和模拟量控制等方向发展。为此，PLC的厂商开发了特殊模块，特殊模块主要有模拟量输入模块（A/D）、模拟量输出模块（D/A）、温度测量模块、脉冲计数模块和位置控制模块、网络通信类模块等。以下主要介绍模拟量模块。

8.1 三菱FX系列PLC模拟量输入模块（A/D）

所谓的模拟量输入模块就是将模拟量（如电流、电压等信号）转换成PLC可以识别的数字量的模块，在工业控制中应用非常广泛。FX2N系列PLC的A/D转换模块主要有FX2N-2AD、FX2N-4AD和FX2N-8AD三种。本章只讲解前两个模块，FX2N-2AD是两个通道的模块，FX2N-4AD是四个通道的模块，但这两个模块的接线和编程都有所不同，以下分别介绍。

8.1.1 FX2N-2AD模块

FX2N-2AD模块只有两个通道，也就是说最多只能和两路模拟量信号连接，其转换精度为12位。FX2N-2AD模块并不需要外接电源供电，其电源直接由PLC供给。

（1）FX2N-2AD模块的参数

FX2N-2AD模块的参数见表8-1。

表8-1 FX2N-2AD模块的参数

项　目	参　数		备　注
	电　压	电　流	
输入通道	2通道		2通道输入方式一致
输入要求	0~10V或者0~5V	4~20mA	
输入极限	–0.5V~15V	–2~60mA	
输入阻抗	≤200kΩ	≤250Ω	
数字量输入	12位		0~4095
分辨率	2.5mV(0~10V) 1.25mV(0~5V)	4μA	
处理时间	2.5ms/通道		
消耗电流	24V/50mA，5V/20mA		
编程指令	FROM/TO		

（2）FX2N-2AD模块的连线

FX2N-2AD模块可以转换电流信号和电压信号，但其接线有所不同，外部电压信号与

FX2N-2AD 模块的连接如图 8-1 所示，传感器与模块的连接最好用双绞线，当模拟量的噪声或者波动较大时，在图中连接一个 0.1~4.7μF 的电容，VIN1 和 VIN2 与电压信号的正信号相连，COM1 和 COM2 与信号的低电平相连。FX2N-2AD 模块的供电直接由 PLC 通过扩展电缆提供，并不需要外接电源。

外部电流信号与 FX2N-2AD 模块的连接如图 8-2 所示，传感器与模块的连接最好用双绞线，IIN1 和 IIN2 与电流信号的正信号相连，COM1 和 COM2 与信号的低电平相连。VIN1 和 IIN1 短接，VIN2 和 IIN2 短接。

【关键点】 此模块的不同的通道只能同时连接电压或者电流信号，如通道 1 输入电压，那么通道 2 的输入只能是电压信号。

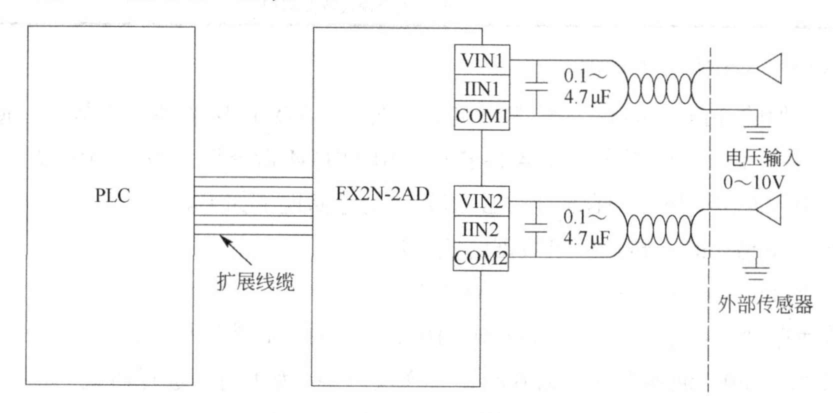

图 8-1 外部电压信号与 FX2N-2AD 模块的连接

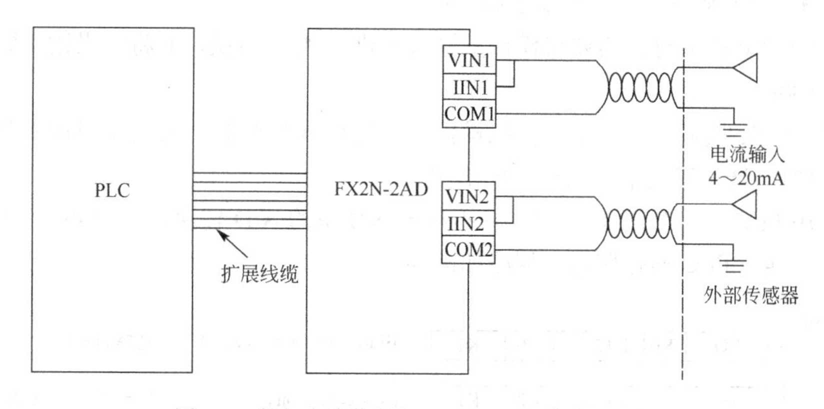

图 8-2 外部电流信号与 FX2N-2AD 模块的连接

【关键点】 使用 FX2N-2AD 模拟量模块应注意以下几点。

① FX2N-2AD 不能将一个通道作为模拟电压的输入，而另一个作为电流输入，这是因为两个通道使用相同的偏值量和增量值。

② 当电压输入存在波动或有大量噪声时，应该在图 8-1 中连接一个 0.1 ~ 4.7μF 的电容，起滤波作用。

③ 模块的转换位数为 12 位，对应的数字为 $2^{12}-1=4095$，但实际应用时，为了计算方便，通常情况下都将最大模拟量输入（DC 10V 或 20mA）所对应的数字量设定为 4000，A/D 转换的输出特性见表 8-2。

④ 输入信号只能是单极性的。

表 8-2 A/D 转换的输出特性

项　目	电压输入	电流输入
输出特性	数字值 4095 4000；模拟值 10V 10.238V	数字值 4095 4000；模拟值 20 mA 20.38 V
	每个通道的输入特性都相同	

（3）FX2N-2AD 模块的编程

相对于其他的 PLC（如西门子 S7-200），FX2N-2AD 模块的使用不是很方便，要使用 FROM/TO 指令。使用 TO 指令启动 A/D 转换，用 FROM 指令将 A/D 转换结果读入 PLC。

转换结果数据在模块缓冲存储器（BFM）中的存储地址如下。

BFM#0 的 bit0~bit7：转换结果数据的低 8 位。

BFM#1 的 bit0~bit3：转换结果数据的高 4 位。

A/D 转换控制信号在模块缓冲存储器（BFM）中的存储地址如下。

BFM#17 的 bit0：通道选择，为 0 时，选择通道 1；为 1 时，选择通道 2。

BFM#17 的 bit1：A/D 转换的启动信号，上升沿启动 A/D 转换。

【例 8-1】 假设某系统的控制要求如下：

① 当输入 X0 接通时，需要将模拟量输入 1 进行 A/D 转换，并将结果读入到 PLC 的数据存储器 D100；

② 当输入 X1 接通时，需要将模拟量输入 2 进行 A/D 转换，并将结果读入到 PLC 的数据存储器 D101。请按照以上要求设计梯形图。

【解】 用 PLC 的"TO"指令启动模拟量输入模块的 A/D 转换，再用 PLC 的"FROM"指令将数字量读入 PLC 的存储器。程序如图 8-3 所示。

图 8-3 程序

【例 8-2】 例 8-1 中，若模拟量的输入是 0～10V 的电压，问当数据存储器中的数据为 2000 时，输入的电压是多少？

【解】 由表 8-2 的曲线知道外部输入 10V 时对应的 A/D 转换数值为 4000，A/D 转换数值与输入模拟量成正比，所以当数据存储器中的数据为 2000 时，输入模拟量为 5V。

8.1.2 FX2N-4AD 模块

FX2N-4AD 模块有 4 个通道，也就是说最多只能和四路模拟量信号连接，其转换精度为 12 位。与 FX2N-2AD 模块不同的是：FX2N-4AD 模块需要外接电源供电，FX2N-4AD 模块的外接信号可以是双极性信号（信号可以是正信号也可以是负信号）。

（1）FX2N-4AD 模块的参数

FX2N-4AD 模块的参数见表 8-3。

表 8-3 FX2N-4AD 模块的参数

项目	参数		备注
	电压	电流	
输入通道	4 通道		4 通道输入方式可以不同
输入要求	–10~10V	4~20mA，–20~20mA	
输入极限	–15~15V	–2~60mA	
输入阻抗	≤200kΩ	≤250Ω	
数字量输入	12 位		–2048~2047
分辨率	5mV(–10~10V)	20μA（–20~20mA）	
处理时间	15ms/通道		
消耗电流	24V/55mA，5V/30mA		24V 由外部供电
编程指令	FROM/TO		

（2）FX2N-4AD 模块的连线

FX2N-4AD 模块可以转换电流信号和电压信号，但其接线有所不同，外部电压信号与 FX2N-4AD 模块的连接如图 8-4 所示（只画了 2 个通道），传感器与模块的连接最好用屏蔽双绞线，当模拟量的噪声或者波动较大时，在图中连接一个 0.1~4.7μF 的电容，V+与电压信号的正信号相连，VI-与信号的低电平相连，FG 与屏蔽层相连。FX2N-4AD 模块的 24V 供电要外接电源，而+5V 直接由 PLC 通过扩展电缆提供，并不需要外接电源。

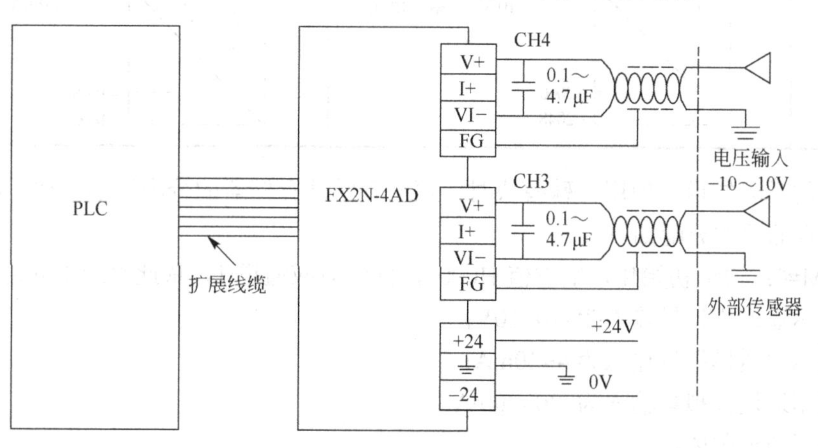

图 8-4 外部电压信号与 FX2N-4AD 模块的连接

外部电流信号与 FX2N-4AD 模块的连接如图 8-5 所示，传感器与模块的连接最好用屏蔽双绞线，I+与电流信号的正信号相连，VI-与信号的低电平相连。V+和 I+短接。

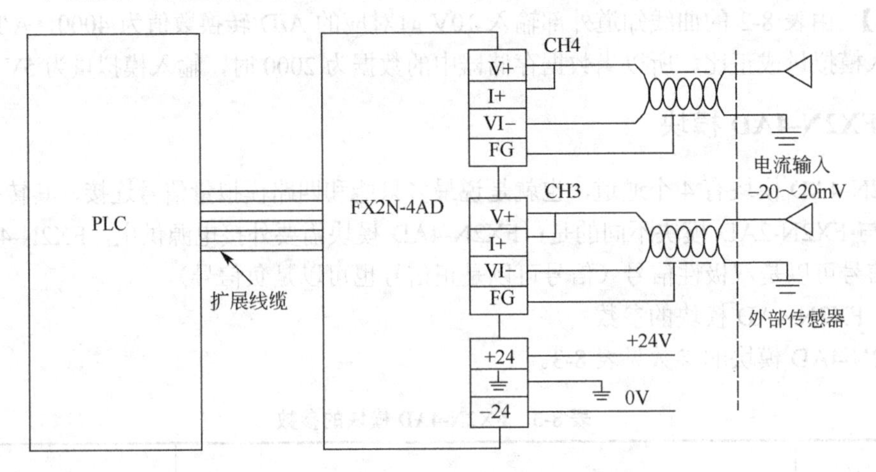

图 8-5 外部电流信号与 FX2N-4AD 模块的连接

【关键点】 此模块的不同的通道可以同时连接电压或者电流信号，如通道 1 输入电压信号，而通道 2 输入电流信号。

（3）FX2N-4AD 模块的编程

如果读者是第一次使用 FX2N-4AD 模块，很可能会以为此模块的编程和 FX2N-2AD 模块是一样的，如果这样想就错了，两者的编程还是有区别的。FX2N-4AD 模块的 A/D 转换的输出特性见表 8-4。

表 8-4 FX2N-4AD 模块的 A/D 转换的输出特性

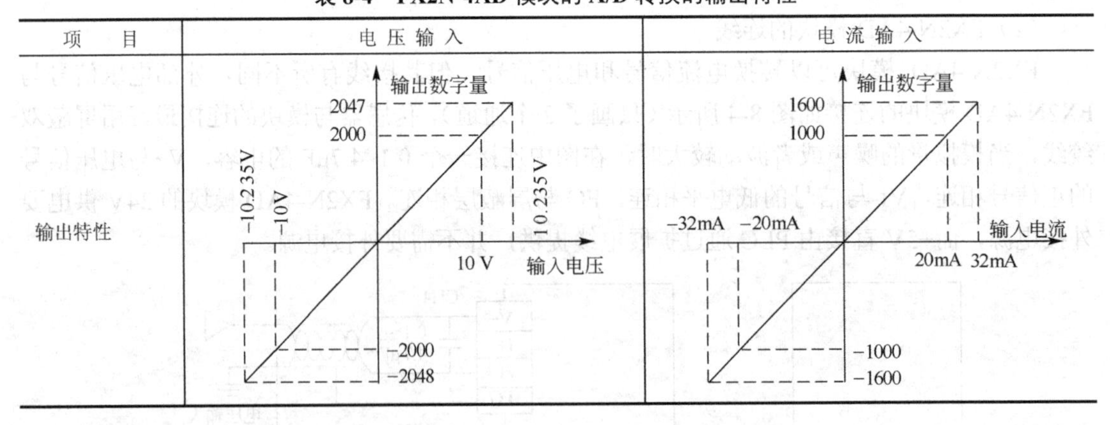

项 目	电 压 输 入	电 流 输 入
输出特性	（图）	（图）

从前面的学习知道，使用特殊模块时，搞清楚缓冲存储器的分配特别重要，FX2N-4AD 模块的缓冲存储器的分配如下。

① BFM#0：通道初始化，缺省值 H0000，低位对应通道 1，依此对应 1~4 通道。

“0”表示通道模拟量输入为–10~10V；

“1”表示通道模拟量输入为 4~20mA；

“2”表示通道模拟量输入为–20~20mA；

“3”表示通道关闭。

例如：H1111 表示 1~4 每个通道的模拟量输入为 4~20mA。

② BFM#1~ BFM#4：对应通道1~4的采样次数设定，用于平均值时。

③ BFM#5：通道1的转换结果（采样平均数）。

④ BFM#6：通道2的转换结果（采样平均数）。

⑤ BFM#7：通道3的转换结果（采样平均数）。

⑥ BFM#8：通道4的转换结果（采样平均数）。

⑦ BFM#9~ BFM#12：对应通道1~4的当前采样值。

⑧ BFM#15：采样速度的设置。

“0”表示15ms/通道；

“1”表示60ms/通道。

⑨ BFM#20：通道控制数据初始化。

“0”表示正常设定；

“1”表示恢复出厂值。

⑩ BFM#29：模块工作状态信息，以二进制形式表示。

a．BFM#29的bit0：为“0”时表示模块正常工作，为“1”表示模块有报警。

b．BFM#29的bit1：为“0”时表示模块偏移/增益调整正确，为“1”表示模块偏移/增益调整有错误。

c．BFM#29的bit2：为“0”时表示模块输入电源正确，为“1”表示模块输入电源有错误。

d．BFM#29的bit3：为“0”时表示模块硬件正常，为“1”表示模块硬件有错误。

e．BFM#29的bit10：为“0”时表示数字量输出正常，为“1”表示数字量超过正常范围。

f．BFM#29的bit11：为“0”时表示采样次数设定正确，为“1”表示模块采样次数设定超过允许范围。

g．BFM#29的bit12：为“0”时表示模块偏移/增益调整允许，为“1”表示模块偏移/增益调整被禁止。

【例8-3】 特殊模块FX2N-4AD的通道1和通道2为电压输入，模块连接在0号位置，平均数设定为4，将采集到的平均数分别存储在PLC的D0和D1中。

【解】

梯形图如图8-6所示。

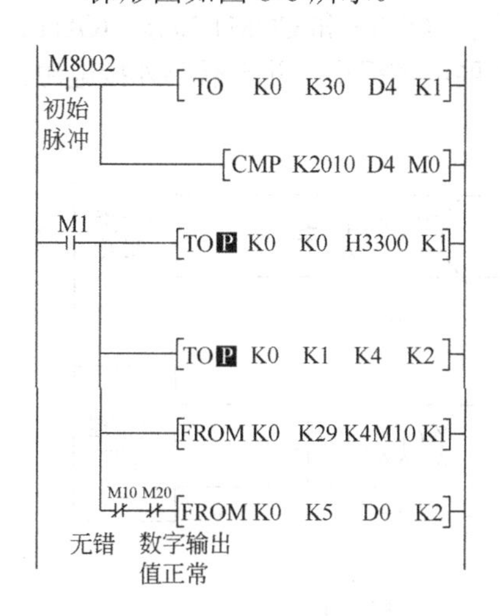

在“0”位置的特殊功能模块的ID号由BFM#30中读出，并保存在主单元的D4中。比较该值以检查模块是否是FX2N-4AD，如是则M1变为ON。这两个程序步对完成模拟量的读入来说不是必需的，但它们确实是有用的检查，因此推荐使用。

将H3300写入FX2N-4AD的BFM#0，建立模拟输入通道（CH1，CH2）。

分别将4写入BFM#1和#2，将CH1和CH2的平均采样数设为4。

FX2N-4AD的操作状态由BFM#29中读出，并作为FX2N主单元的位设备输出。

如果操作FX2N-4AD没有错误，则读取BFM的平均数据。
此例中，BFM#5和#6被读入FX2N主单元，并保存在D0到D1中。这些设备中分别包含了CH1和CH2的平均数据。

图8-6 梯形图

可见，FX2N-2AD 和 FX2N-4AD 的编程还是有差别的。FX2N-8AD 与 FX2N-4AD 模块类似，但前者的功能更加强大，它可以与热电偶连接，用于测量温度信号。

8.2 三菱 FX 系列 PLC 模拟量输出模块（D/A）

所谓模拟量输出模块就是将 PLC 可以识别的数字量转换成模拟量（如电流、电压等信号）的模块，在工业控制中应用非常广泛。FX2N 系列 PLC 的 D/A 转换模块主要有 FX2N-2AD 和 FX2N-4AD 两种。其中 FX2N-2AD 是两个通道的模块，FX2N-4AD 是四个通道的模块，但这两个模块的功能、接线和编程都有所不同，以下分别介绍。

8.2.1 FX2N-2DA 模块

FX2N-2DA 模块的参数表见表 8-5。

表 8-5 FX2N-2DA 模块的参数

项 目	参 数		备 注
	电 压	电 流	
输出通道	2 通道		2 通道输入方式一致
输出要求	0~10V 或者 0~5V	4~20mA	
输出极限	–0.5V~15V	–2~60mA	
输出阻抗	≥2kΩ	≤500Ω	
数字量输入	12 位		0~4095
分辨率	2.5mV(0~10V) 1.25mV(0~5V)	4μA	
处理时间	4ms/通道		
消耗电流	24V/85mA，5V/20mA		
编程指令	FROM/TO		

（1）FX2N-2DA 模块的连线

FX2N-2DA 模块可以转换电流信号和电压信号，但其接线有所不同，外部控制器与 FX2N-2DA 模块的连接（电压输出）如图 8-7 所示，控制器与模块的连接最好用双绞线，当模拟量的噪声或者波动较大时，在图中连接一个 0.1~4.7μF 的电容，VOUT1 和 VOUT2 与电压信号的正信号相连，COM1 和 COM2 与信号的低电平相连。IOUT1 和 COM1 短接，IOUT2 和 COM2 短接。FX2N-2DA 模块的供电直接由 PLC 通过扩展电缆提供，并不需要外接电源。

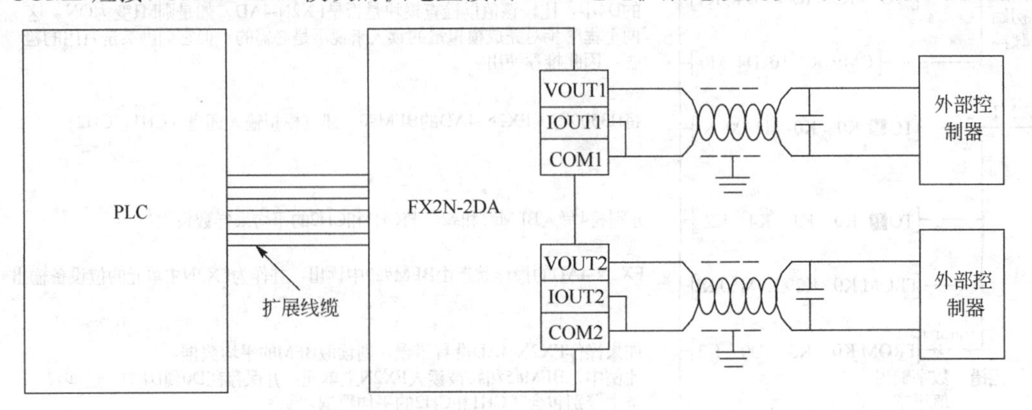

图 8-7 FX2N-2DA 模块与外部控制器的连接（电压输出）

控制器（电流输出）与 FX2N-2DA 模块的连接如图 8-8 所示，控制器与模块的连接最好用双绞线，IIN1 和 IIN2 与电流信号的正信号相连，COM1 和 COM2 与信号的低电平相连。

【关键点】 此模块的不同的通道只能同时连接电压或者电流信号，如通道 1 输出电压，那么通道 2 的输出只能是电压信号。

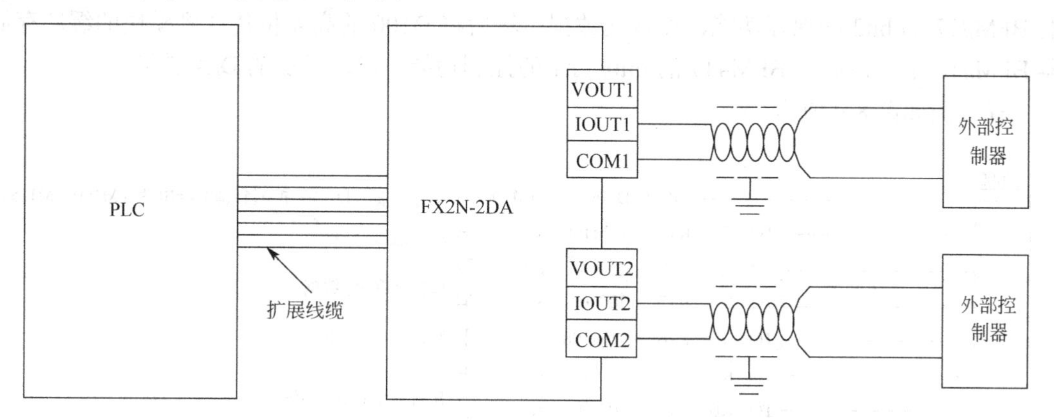

图 8-8 FX2N-2DA 模块与外部控制器的连接（电流输出）

（2）FX2N-2DA 模块的编程

相对于其他的 PLC（如西门子 S7-200），FX2N-2DA 模块的使用不是很方便，要使用 FROM/TO 指令，使用 TO 指令启动 D/A 转换。FX2N-2DA 模块的 D/A 转换的输出特性见表 8-6。

表 8-6 D/A 转换的输出特性

项目	电压输出	电流输出
输出特性	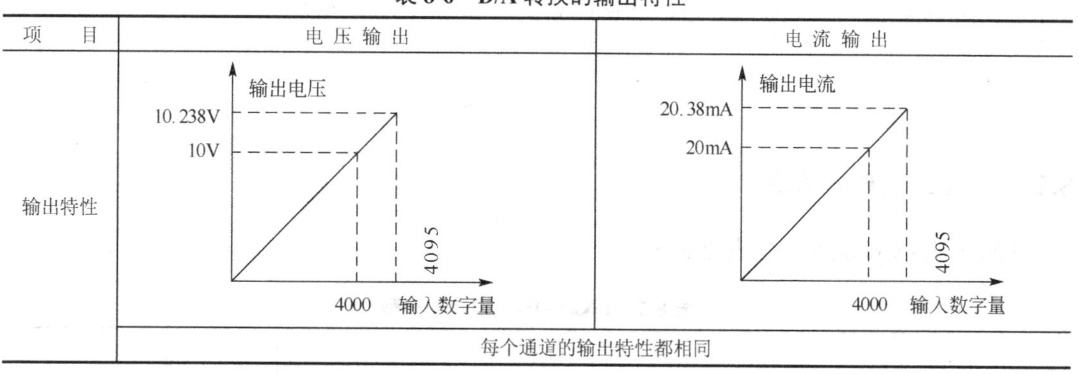	
	每个通道的输出特性都相同	

转换结果数据在模块缓冲存储器（BFM）中的存储地址如下。

BFM#16 的 bit0~bit7：转换数据的当前值（8 位）。

BFM#17：通道的选择与启动信号。

BFM#17 的 bit0：当数值从 1 变为 0（下降沿），通道 2 转换开始。

BFM#17 的 bit1：当数值从 1 变为 0（下降沿），通道 1 转换开始。

BFM#17 的 bit2：当数值从 1 变为 0（下降沿），D/A 转换的下端 8 位数据保持。

【关键点】 特殊模块 FX2N-2DA 转换当前值时只能保持 8 位数据，而此模块是 12 位模块，要实现 12 位转换就必须进行 2 次传送，这是三菱系列使用不便之处。

【例 8-4】 某系统上的控制器为 FX2N-32MR，特殊模块 FX2N-2DA，要求：X000 接通

时，将 D100 中的数字量转换成模拟量，在通道 1 中输出；X001 接通时，将 D101 中的数字量转换成模拟量，在通道 2 中输出。

【解】

先将 D100 中的 12 位数据的低 8 位传送到模块的缓冲存储器 BFM#16 中，再用缓冲存储器 BFM#17 的 bit2 的保存功能，保存此数据，然后将 D100 的高 4 位传送到模块的缓冲存储器 BFM#16 中，最后用 BFM#17 的 bit0/ bit1 的控制功能，启动模块的 D/A 转换。

梯形图如图 8-9 所示。

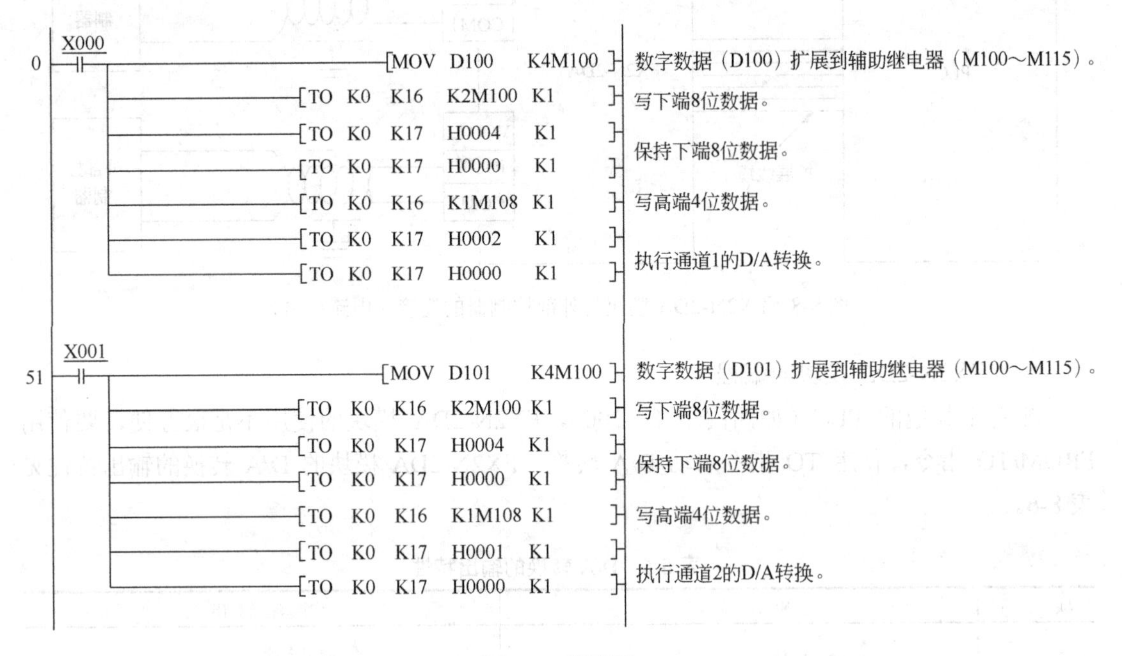

图 8-9　梯形图

8.2.2　FX2N-4DA 模块

FX2N-4DA 模块的参数表见表 8-7。

表 8-7　FX2N-4DA 模块的参数

项　目	参　数		备　注
	电　压	电　流	
输出通道	4 通道		4 通道输入方式可以不一致
输出要求	-10~10V	0~20mA	
输出阻抗	≥2kΩ	≤500Ω	
数字量输入	12 位		-2048~2047
分辨率	5mV	20μA	
处理时间	2.1ms/通道		
消耗电流	24V/200mA，5V/30mA		
编程指令	FROM/TO		

（1）FX2N-4DA 模块的连线

FX2N-4DA 模块可以转换电流信号和电压信号，但其接线有所不同，外部控制器与

FX2N-4DA模块的连接（电压输出）如图8-10所示，控制器与模块的连接最好用双绞线，当模拟量的噪声或者波动较大时，在图中连接一个0.1~4.7μF的电容，V+与电压信号的正信号相连，VI−和信号的低电平相连。FX2N-4DA模块的5V电源由PLC通过扩展电缆提供，而24V需要外接电源。

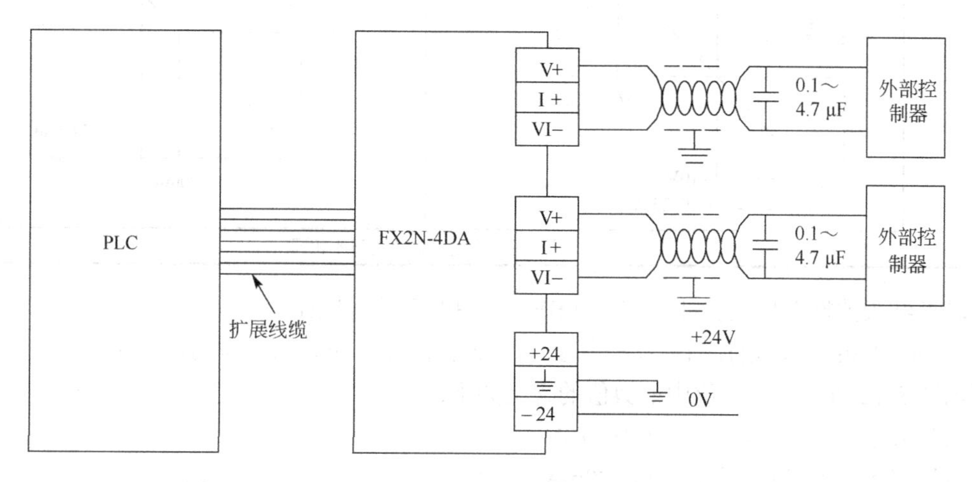

图8-10 FX2N-4DA模块与外部控制器的连接（电压输出）

控制器（电流输出）与FX2N-4DA模块的连接如图8-11所示，控制器与模块的连接最好用双绞线，I+与电流信号的正信号相连，VI−与信号的低电平相连。

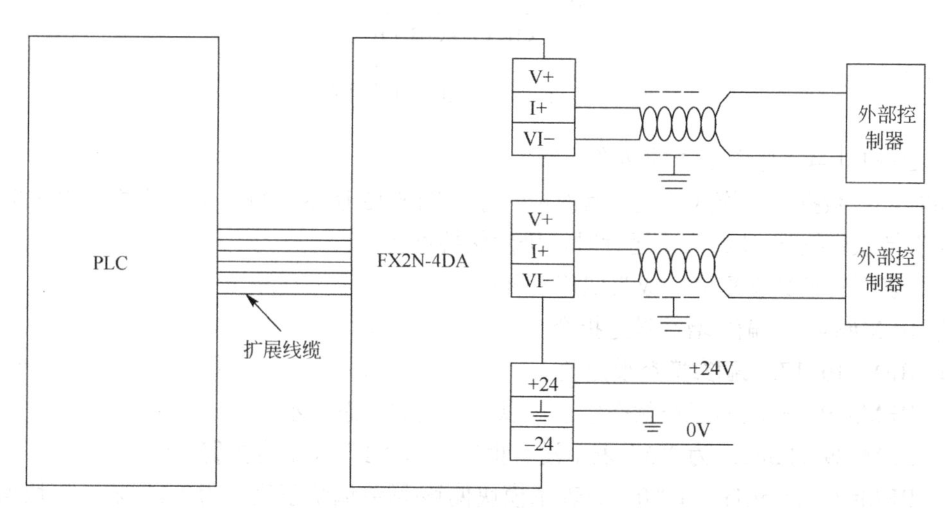

图8-11 FX2N-4DA模块与外部控制器的连接（电流输出）

【关键点】 此模块的不同的通道可以同时连接电压或者电流信号，如通道1输出电压，而通道2输出电流信号。

（2）FX2N-4DA模块的编程

相对于其他的PLC（如西门子S7-200），FX2N-4DA模块的使用不是很方便，要使用FROM/TO指令（如使用TO指令启动D/A转换）。FX2N-4DA模块的D/A转换的输出特性见表8-8。

表 8-8　D/A 转换的输出特性

项　目	电压输出	电流输出
输出特性	输出电压 10.328V 10V −2047 −2000 2047 2000 输入数字量 −10V −10.238V	输出电流 1000 输入数字量 20mA
	每个通道的输出特性可以不相同	

转换结果数据在模块缓冲存储器（BFM）中的存储地址如下。

① BFM#0：通道选择与启动控制字；控制字的共 4 位，每一位对应一个通道，其对应关系如图 8-12 所示。每一位中的数值的含义如下：

“0”表示通道模拟量输出为–10~10V；

“1”表示通道模拟量输出为 4~20mA；

“2”表示通道模拟量输出为 0~20mA。

例如：H0022 表示通道 1 和 2 输出为 0~20mA；而通道 3 和 4 输出为–10~10V。

图 8-12　控制字与通道的对应关系

② BFM#1~4：通道 1~4 的转换数值。

BFM#5：数据保持模式设定；其对应关系如图 8-12 所示。每一位中的数值的含义如下：

“0”转换数据在 PLC 停止运行时，仍然保持不变；

“1”表示转换数据复位，成为偏移设置值。

③ BFM#8/#9：偏移/增益设定指令。

④ BFM#10~17：偏移/增益设定值。

⑤ BFM#29：模块的工作状态信息，以二进制的状态表示。

a．BFM#29 的 bit0：为“0”表示没有报警，为“1”表示有报警。

b．BFM#29 的 bit1：为“0”时表示模块偏移/增益调整正确，为“1”表示模块偏移/增益调整有错误。

c．BFM#29 的 bit2：为“0”时表示模块输入电源正确，为“1”表示模块输入电源有错误。

d．BFM#29 的 bit3：为“0”时表示模块硬件正常，为“1”表示模块硬件有错误。

e．BFM#29 的 bit10：为“0”时表示数字量输出正常，为“1”表示数字量超过正常范围。

f．BFM#29 的 bit11：为“0”时表示采样次数设定正确，为“1”表示模块采样次数设定超过允许范围。

g．BFM#29 的 bit12：为“0”时表示模块偏移/增益调整允许，为“1”表示模块偏移/增益调整被禁止。

【例 8-5】 某系统上的控制器为 FX2N-32MR，特殊模块 FX2N-4DA，要求：将 D100 和 D101 中的数字量转换成–10~10V 模拟量，在通道 1 和 2 中输出；将 D102 中的数字量转换成 4~20mA 模拟量，在通道 3 中输出；将 D103 中的数字量转换成 0~20mA 模拟量，在通道 4 中输出。

【解】

梯形图如图 8-13 所示。

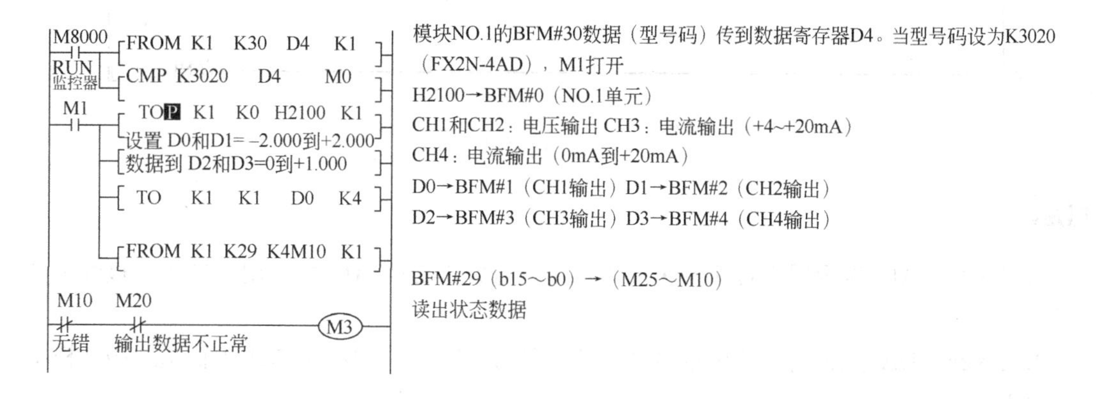

图 8-13 梯形图

8.3 三菱 FX 系列 PLC 模拟量模块的应用

【例 8-6】 压力变送器的量程为 0～20MPa，输出信号为 0～10V，FX2N-2AD 的模拟量输入模块的量程为 0～10V，转换后的数字量为 0～4000，设转换后的数字为 N，试求以 kPa 为单位的压力值。

【解】

0～20MPa（0～20000kPa）对应于转换后的数字 0～4000，转换公式为

$$P=(20000\times N)/4000=5\times N \quad (\text{kPa}) \tag{8-1}$$

本例采用的 PLC 是 FX2N-16MR，AD 转换模块是 FX2N-2AD，图 8-14 是实现式（8-1）中的运算的梯形图程序。D2 中的数据是压力值。

小结

① 三菱 FX 系列 PLC 的 AD 转换和 DA 转换都比较麻烦，一般要用到 FROM 和 TO 指令，在使用时最好查看《FX 系列特殊功能模块手册》，以免出错。

② 三菱 FX 系列 PLC 的模拟量模块都要用到 BFM，所以其转换速度一般较慢（三菱的高速模块的转换速度也不够快），如果读者需要高速转换模块，选择 FX 系列是不合适的。

③ 使用三菱 FX 系列 PLC 的模拟量模块时，必须搞清楚 BFM 的相关字和位的含义，否则是编写不出正确的程序的。

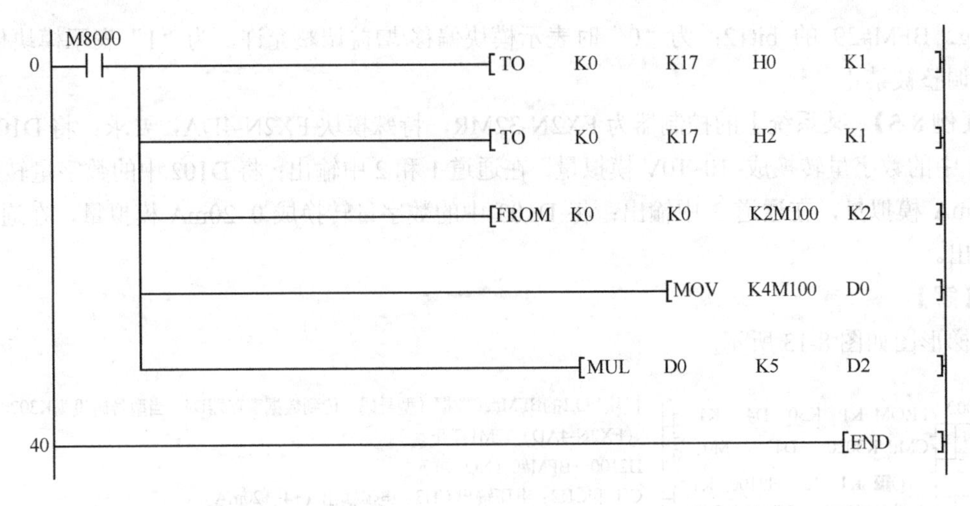

图 8-14 梯形图

习题

1．FX2N-2AD 能否用于转换双极性模拟量信号？FX2N-4AD 能否用于转换双极性模拟量信号？

2．FX2N-2DA 能否用于输出双极性模拟量信号？FX2N-4DA 能否用于输出双极性模拟量信号？

3．FX2N 系列 PLC 的 A/D 转换模块主要有哪种类型？

4．FX2N 系列 PLC 的 D/A 转换模块主要有哪种类型？

5．FX2N-2AD 模块能否同时用于测量电流信号和电压信号？FX2N-4AD 模块能否同时用于测量电流信号和电压信号？

6．FX2N-2DA 模块的 DA 转换，BFM#17 的 bit0，当数值从 1 变为 0（下降沿），通道 2 转换开始，问如何用程序实现。

7．压力变送器的量程为 0～30MPa，输出信号为 0～10V，FX2N-4AD 的模拟量输入模块的量程为 0～10V，转换后的数字量为 0～4000，设转换后的数字为 *N*，试求以 kPa 为单位的压力值。

8．PLC 自控系统中压力输入，可用什么扩展模块？

A．FX2N-4AD　　B．FX2N-4DA

C．FX2N-4AD-TC　　D．FX2N-232BD

9．FX 主机读取特殊扩展模块数据，应采用哪种指令？

A．FROM　　B．TO　　C．RS　　D．PID

10．FX 主机写入特殊扩展模块数据,应采用哪种指令？

A．FROM　　B．TO　　C．RS　　D．PID

第9章 三菱 FX 系列 PLC 在运动控制中的应用

本章介绍三菱 FX 系列 PLC 的高速输出点直接对步进电动机和伺服电动机进行运动控制，S7-200 系列 PLC 对三菱伺服电动机进行运动控制。学完此章，读者可以根据实际情况对程序和硬件配置进行移植。

9.1 PLC 控制步进电机

（1）高速脉冲输出指令介绍

高速脉冲输出功能即在 PLC 的指定输出点上实现脉冲输出和脉宽调制功能。FX 系列 PLC 配有两个高速输出点（从 FX3U 开始有 3 个高速输出点）。

脉冲输出指令（PLSY/DPLSY）的 PLS 指令格式见表 9-1。

表 9-1 脉冲输出指令（PLSY/DPLSY）的 PLS 指令参数

指令名称	FNC NO.	[S1·]	[S2·]	[D·]
脉冲输出指令	FNC55	K、H、KnX、KnY、KnM、KnS、T、C、D、V、Z	K、H、KnX、KnY、KnM、KnS、T、C、D、V、Z	Y000、Y001

脉冲输出指令（PLSY/DPLSY）按照给定的脉冲个数和周期输出一串方波（占空比 50%，如图 9-1 所示）。该指令可用于指定频率、产生定量脉冲输出场合，实例如图 9-2 所示，[S1·]用于指定频率，范围是 2~20kHz；[S2·]用于指定产生脉冲的数量，16 位指令（PLSY）的指定范围是 1~32767，32 位指令（DPLSY）的指定范围是 1~2147483647，[D·]用于指定输出的 Y 的地址，仅限于晶体管输出的 Y000 和 Y001（对于 FX2N 及以前的产品）。当 X1 闭合时，Y000 发出高速脉冲，当 X1 断开时，Y000 停止输出。输出脉冲存储在 D8137 和 D8136 中。

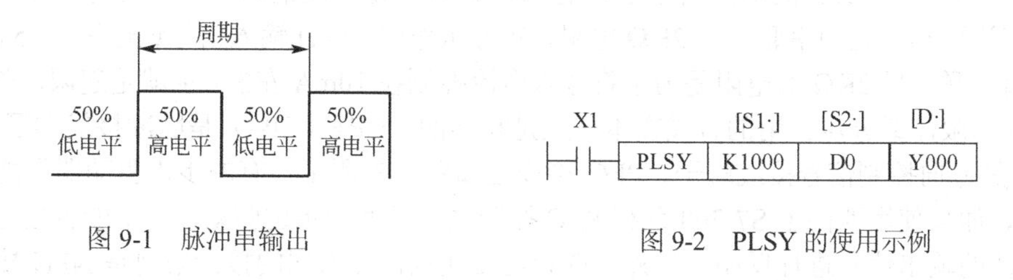

图 9-1 脉冲串输出

图 9-2 PLSY 的使用示例

（2）实例

【例 9-1】 某设备上有 1 套步进驱动系统，步进驱动器的型号为 SH-2H042Ma，步进电动机的型号为 17HS111，是两相四线直流 24V 步进电动机，要求：压下按钮 SB1 时，步进电动机正向旋转，当压下按钮 SB2 时步进电动机停止旋转。请画出 I/O 接线图并编写程序。

【解】

① 主要软硬件配置

a．1 套 GX DEVELOPER V8.86；

b．1 台步进电动机的型号为 17HS111；

c．1 台步进驱动器的型号为 SH-2H042Ma；

d．1 台 FX2N-32MT PLC。

② 步进电动机与步进驱动器的接线　本系统选用的步进电动机是两相四线的步进电机，其型号是 17HS111，这种型号的步进电动机的出线接线图如图 9-2 所示。其含义是：步进电动机的 4 根引出线分别是红色、绿色、黄色和蓝色；其中红色引出线应该与步进驱动器的 A 接线端子相连，绿色引出线应该与步进驱动器的 $\overline{A}$ 接线端子相连，黄色引出线应该与步进驱动器的 B 接线端子相连，蓝色引出线应该与步进驱动器的 $\overline{B}$ 接线端子相联。

③ PLC 与步进电动机、步进驱动器的接线　步进驱动器有共阴和共阳两种接法，这与控制信号有关系，通常三菱系列 PLC 输出信号是 0V 信号（即 NPN 接法），所以应该采用共阳接法，所谓共阳接法就是步进驱动器的 DIR+和 CP+与电源的正极短接，如图 9-3 所示。顺便指出，西门子的 PLC 输出的是高电平信号（即 PNP 接法），因此应该采用共阴接法。

【关键点】 三菱 FX3U 的晶体管的输出有 NPN 和 PNP 型，在选型时就要确定输出形式，FX2N 及以前的产品都是 NPN 输出。

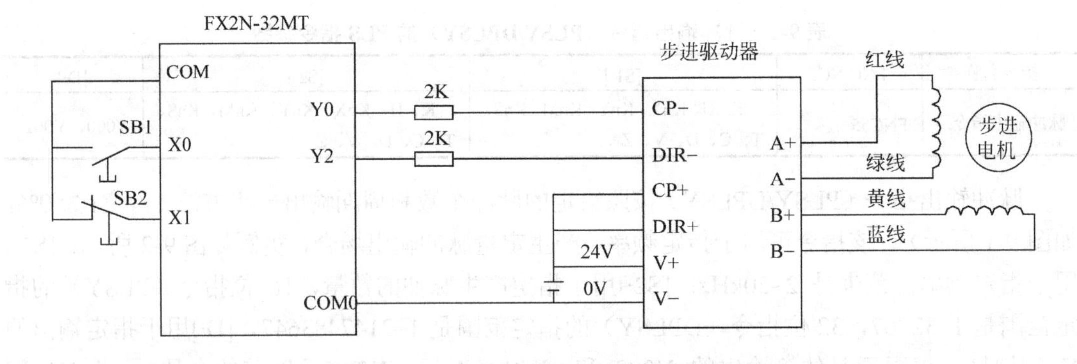

图 9-3 PLC 与驱动器和步进电动机接线图

那么 PLC 能否直接与步进驱动器相连接呢？答案是不能。这是因为步进驱动器的控制信号是+5V，而三菱 PLC 的输出信号通常是+24V，显然是不匹配的。解决问题的办法就是在 PLC 与步进驱动器之间串联一只 2KΩ 电阻，起分压作用，因此输入信号近似等于+5V。有的资料指出串联一只 2KΩ 的电阻是为了将输入电流控制在 10mA 左右，也就是起限流作用，在这里电阻的限流或分压作用的含义在本质上是相同的。CP+（CP–）是脉冲接线端子，DIR+（DIR–）是方向控制信号接线端子。PLC 接线图如图 9-3 所示。有的步进驱动器只能接“共阳接法”，如果使用西门子 S7-200 系列 PLC 控制这种类型的步进驱动器，不能直接连接，必须将 PLC 的输出信号进行反相。另外，读者还要注意，输入端的接线采用是 NPN 接法，因此两只接近开关是 NPN 型，不能采用 PNP 接法。

④ 程序编写　程序如图 9-4 所示。

【关键点】 若读者不想在输出端接分压电阻，那么在 PLC 的 COM1 接线端子上接+5V DC 也是可行的，但产生的问题是本组其它输出信号都为+5V DC，因此读者在设计时要综合考虑利弊，从而进行取舍。

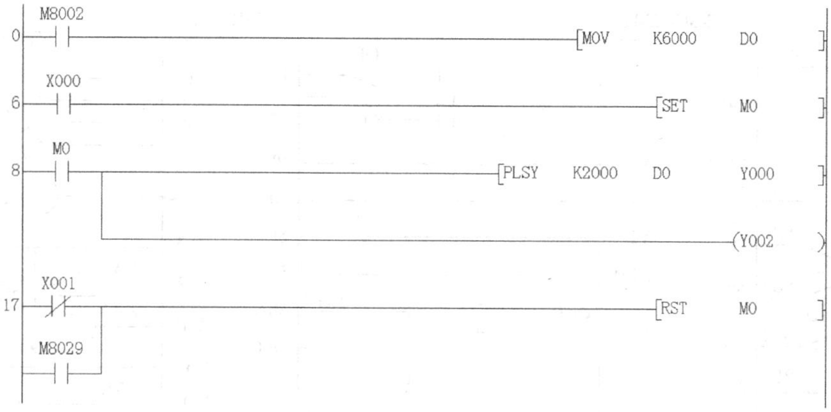

```
    M8002
0 ──┤├──────────────────────────[MOV    K6000    D0    ]
    X000
6 ──┤├──────────────────────────[SET    M0             ]
    M0
8 ──┤├──┬───────────────[PLSY   K2000   D0     Y000    ]
        └──────────────────────────────────(Y002       )
    X001
17──┤/├─┬───────────────────────[RST    M0             ]
    M8029│
  ──┤├──┘
```

图 9-4　程序

9.2　PLC 控制伺服系统

在前面的章节中介绍了直接使用 PLC 的高速输出点控制步进电动机，其实直接使用 PLC 的高速输出点控制伺服电动机的方法与之类似，只不过后者略微复杂一些，下面将用一个例子介绍具体的方法。

【例 9-2】 某设备上有一套伺服驱动系统，伺服驱动器的型号为 MR-J2S，伺服电动机的型号为 HF-KE13W1-S100，是三相交流同步伺服电动机，要求：压下按钮 SB1 时，伺服电动机带动系统 *X* 方向移动，碰到 SQ1 停止，压下按钮 SB3 时，伺服电动机带动系统 *X* 负方向移动，碰到 SQ2 时停止，*X* 方向靠近接近开关 SQ2 时停止，当压下 SB2 和 SB4，伺服系统停机。请画出 I/O 接线图并编写程序。

【解】

（1）主要软硬件配置

① 1 套 GX DEVELOPER V8.86；

② 1 台伺服电动机，型号为 HF-KE13W1-S100；

③ 1 台伺服驱动器的型号为 MR-E-A；

④ 1 台 FX3U-32MT　PLC　。

（2）伺服电动机与伺服驱动器的接线

伺服系统选用的是三菱 MR 系列，伺服电动机和伺服驱动器的连线比较简单，伺服电动机后面的编码器与伺服驱动器的连线是由三菱公司提供专用电缆，伺服驱动器端的接口是 CN2，这根电缆一般不会接错。伺服电动机上的电源线对应连接到伺服驱动器上的接线端子上，接线图如图 9-5 所示。

（3）PLC 伺服驱动器的接线

本伺服驱动器的供电电源可以是三相交流 230V，也可以是单相交流 230V，本例采用单相交流 230V 供电，伺服驱动器的供电接线端子排是 CNP1。PLC 的高速输出点与伺服的 PP 端子连接，PLC 的输出和伺服驱动器的输入都是 NPN 型，因此是匹配的。PLC 的 COM1 必须和伺服驱动器的 SG 连接，达到共地的目的。

需要指出的是若读者不使用中间继电器 KA1、KA2、KA3，也是可行的，可直接将 PLC 的 Y2、Y3、Y4 与伺服驱动器的 3、4、5 接线端子相连。

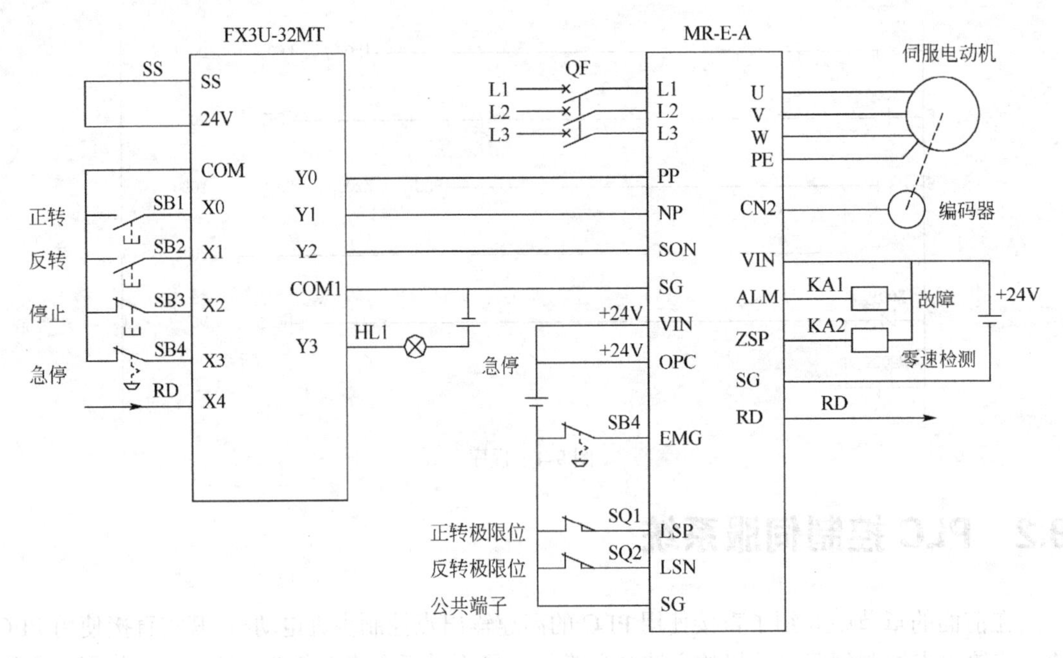

图 9-5 PLC 的高速输出点控制伺服电动机

【关键点】 连线时，务必注意 PLC 与伺服驱动器必须共地，否则不能形成回路；此外，三菱的伺服驱动器只能接受 NPN 信号，因此在选择 PLC 时，要注意选用 NPN 输出的 PLC。

（4）伺服电动机的参数设定

用 PLC 的高速输出点控制伺服电动机，除了接线比用 PLC 的高速输出点控制步进电动机复杂外，后者不需要设置参数（细分的设置除外），而要伺服系统正常运行，必须对伺服系统进行必要的参数设置。参数设置如下：

① P0＝0000，含义是位置控制，不进行再生制动；

② P3＝100，含义是齿轮比的分子；

③ P4＝1，含义是齿轮比的分母；

④ P41＝0，含义是伺服 ON、正行程限位和反行程限位都通过外部信号输入。

虽然伺服驱动器的参数很多，但对于简单的应用，只需要调整以上几个参数就足够了。

【关键点】 设置完成以上参数后，不要忘记保存参数，伺服驱动器断电后，以上设置才起作用。此外，有的初学者编写程序时输入的脉冲数较少，而且齿轮比 P3/P4 又很小，发现系统运行后，伺服电动机并未转动，从而不知所措，其实伺服电动机已经旋转，只不过肉眼没有发现其转动，读者只要把输入的脉冲数增加到足够大，将齿轮比调大一些，就能发现伺服电动机旋转。

（5）控制程序的编写

用 PLC 的高速输出点控制伺服电动机的程序与用 PLC 的高速输出点控制步进电动机的程序类似，这里不作过多的解释，其程序如图 9-6 所示。当完成系统接线、参数设定和程序下载后，当压下按钮 SB1 时，伺服电动机正转，当压下 SB2 或者 SB4 伺服电动机停转，当压下 SB3 按钮伺服电动机反转。当系统碰到行程开关 SQ1 或者 SQ2 时，伺服电动机也停止转动。

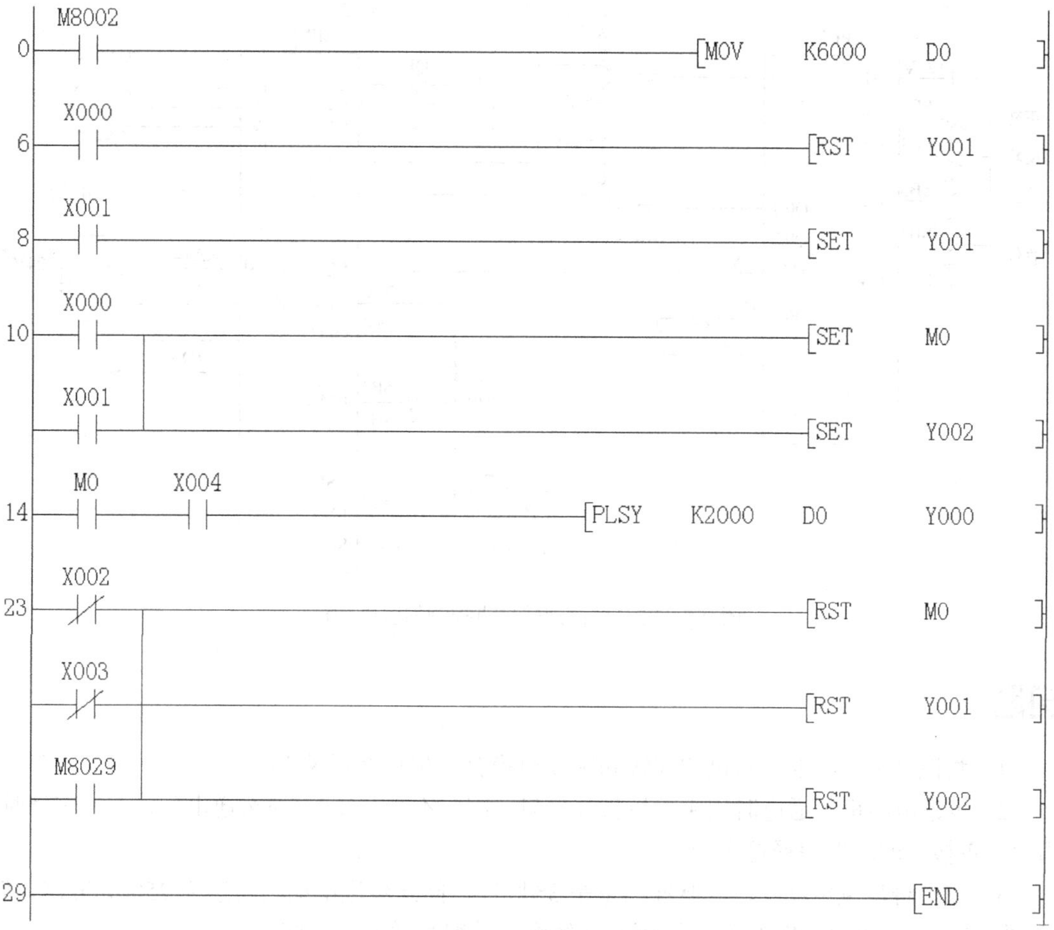

```
0   M8002                      [MOV   K6000   D0   ]
6   X000                       [RST   Y001         ]
8   X001                       [SET   Y001         ]
10  X000                       [SET   M0           ]
    X001                       [SET   Y002         ]
14  M0   X004          [PLSY  K2000   D0     Y000  ]
23  X002                       [RST   M0           ]
    X003                       [RST   Y001         ]
    M8029                      [RST   Y002         ]
29                             [END                ]
```

图 9-6 PLC 的高速输出点控制伺服电动机主程序

（6）信号的变换问题

众所周知西门子的 PLC 的晶体管输出多为 PNP 型（CPUX224XPsi 为 NPN 输出，是最近才推出的新品），而三菱的伺服驱动器多为 NPN 输入，很显然，三菱的驱动器不能直接接受西门子的 PNP 信号。解决问题的方案就是将西门子的 PLC 的信号反相，如图 9-7 所示，PLC 的 Q0.0 输出的信号经过三极管 SS8050 后变成伺服驱动器可以接收的信号，从 PP 端子输入。

【关键点】 需要指出的是对于要求不高的系统可以采用此解决方案，因为 PLC 输出的脉冲信号经过三极管处理后，其品质明显变差（可用示波器观看），容易丢脉冲，因此最好还是选用 NPN 输出的 PLC 控制三菱的伺服驱动系统。

小结

重点难点总结

① 掌握步进电机和步进驱动器的接线，理解“共阳”和“共阴”接法的含义。

② 掌握伺服系统的接线，特别注意伺服系统的设置方法。

③ 理解齿轮比的含义。

④ 会使用高速输出指令。

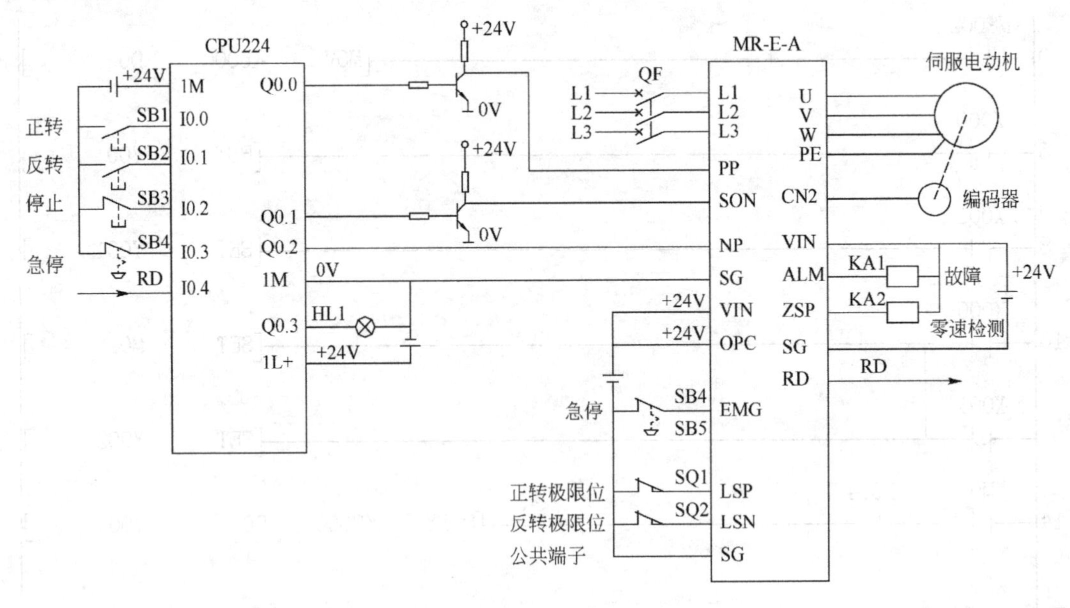

图 9-7 PLC 的高速输出点控制伺服电动机

习题

1．将图 9-3 中步进电动机的红线和绿线对换会产生什么现象？

2．步进电动机不通电时用手可以拨动转轴（因为不带制动），那么通电后，不加信号时，用手能否拨动转轴？解释这个现象。

3．有一台步进电动机，其脉冲当量是 3°/脉冲，问此步进电动机转速为 250r/min 时，转 10 圈，若用 FX2N-32MT 控制，请画出接线图，并编写梯形图程序。

4．FX2N-32MT 的输出端能否使用+5V 的电源？

5．用一台 FX2N-32MT 和一只电感式接近开关测量一台电动机的转速，先设计接线图，再编写梯形图程序。

6．PLSY、PLSR 和 DPLSY 三条指令的使用有何异同点？

7．图 9-5 中的 PLC 换成 FX3U-32MT 后，应该怎样接线？

第10章

三菱FX系列PLC在变频调速系统中的应用

本章介绍FR-A740变频器的基本使用方法、PLC控制变频器多段调速、PLC控制变频器模拟量调速、RS-485通信调速。

10.1 变频器基础

10.1.1 认识变频器

（1）初识变频器

变频器一般是利用电力半导体器件的通断作用将工频电源变换为另一频率的电能控制装置。变频器有着“现代工业维生素”之称，在节能方面的效果不容忽视。随着各界对变频器节能技术和应用等方面认识的逐渐加深，我国变频器市场变得异常活跃。

变频器产生的最初目的是速度控制，应用于印刷、电梯、纺织、机床和生产流水线等行业。而目前相当多的运用是以节能为目的。由于中国是能源消耗大国，而中国的能源储备又相对贫乏，因此国家大力提倡各种节能措施，其中着重推荐了变频器调速技术。在水泵、中央空调等领域，变频器可以取代传统的通过限流阀和回流旁路技术，充分发挥节能效果；在火电、冶金、矿山、建材行业，高压变频调速的交流电机系统的经济价值正在得以体现。

变频器是一种高技术含量、高附加值、高效益回报的高科技产品，符合国家产业发展政策。在过去的20几年，我国变频器行业从起步阶段到目前正逐步开始趋于成熟，发展十分迅速。进入21世纪以来，我国中、低压变频器市场的增长速度超过了20%，远远大于近几年的GDP增长水平。

从产品优势角度看，通过高质量地控制电机转速，提高制造工艺水准，变频器不但有助于提高制造工艺水平，尤其在精细加工领域，而且可以有效节约电能，是目前最理想、最有前途的电机节能设备。

从变频器行业所处的宏观环境看，无论是国家中、长期规划、短期的重点工程、政策法规、国民经济整体运行趋势，还是人们节能环保意识的增强、技术的创新、发展高科技产业的要求，从国家相关部委到各相关行业，变频器都受到了广泛的关注，市场吸引力巨大。西门子变频器外形如图10-1所示。

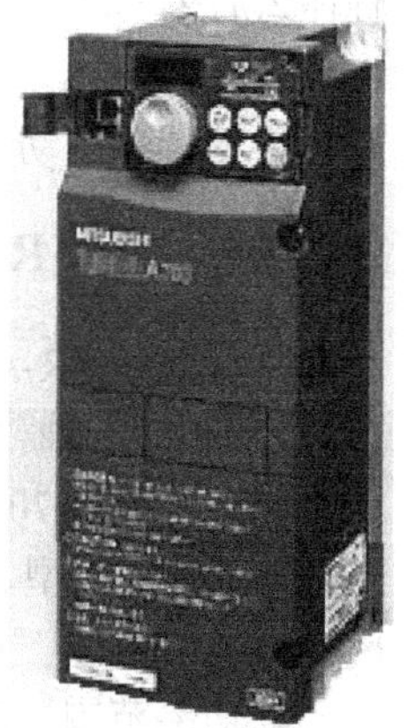

图10-1 变频器外形

（2）交-直-交变频调速的原理

以如图10-2说明交-直-交变频调速的原理，交-直-交变频调速就是变频器先将工频交流电整流成直流电，逆变器在微控制器（如DSP）的控制下，将直流电逆变成不同频率的交流电。目前市面上的变频器多是这种原理工作的。

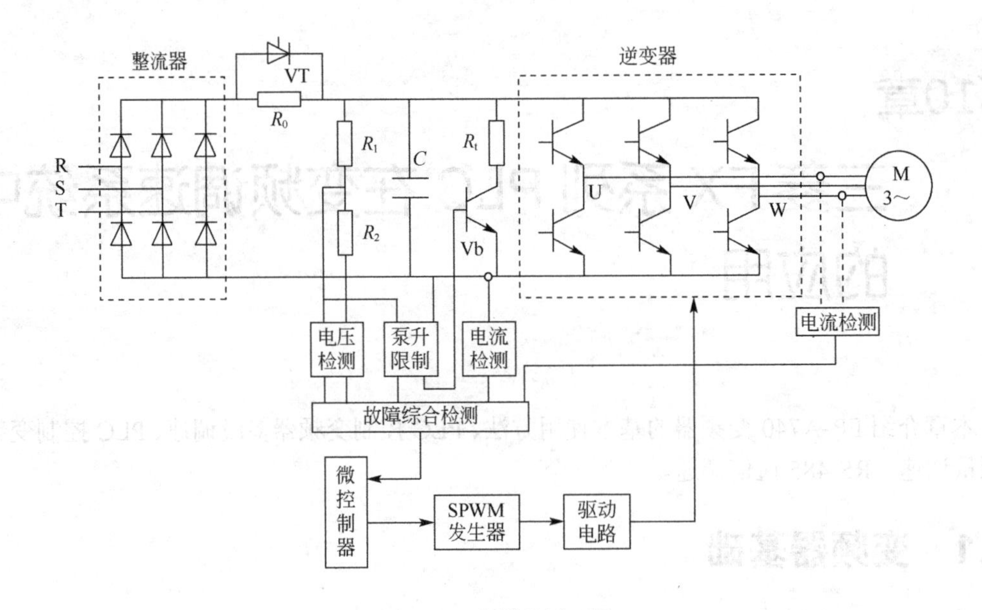

图 10-2　变频器原理图

图 10-2 中 R_0 起限流作用，当 R、S、T 端子上的电源接通时，R_0 接入电路，以限制启动电流。延时一段时间后，晶闸管 VT 导通，将 R_0 短路，避免造成附加损耗。R_t 为能耗制动电阻，当制动时，异步电动机进入发动机状态，逆变器向电容 C 反向充电，当直流回路的电压，即电阻 R_1、R_2 上的电压，升高到一定的值时（图中实际上测量的是电阻 R_2 的电压），通过泵升电路使开关器件 Vb 导通，这样电容 C 上的电能就消耗在制动电阻 R_t 上。通常为了散热，制动电阻 R_t 安装在变频器外侧。电容 C 除了参与制动外，在电动机运行时，主要起滤波作用。顺便指出起滤波作用是电容器的变频器称为电压型变频器；起滤波作用是电感器的变频器称为电流型变频器，比较多见的是电压型变频器。

微控制器经运算输出控制正弦信号后，经过 SPWM（正弦脉宽调制）发生器调制，再由驱动电路放大信号，放大后的信号驱动 6 个功率晶体管，产生三相交流电压 U、V、W 驱动电动机运转。

【例 10-1】 如图 10-2 所示，若将变频器的动力线的输入和输出接反是否可行？若不可行有什么后果？

【解】

将变频器的动力线的输入和输出接反是不允许的，可能发生爆炸。

10.1.2　三菱 FR-A740 变频器使用简介

（1）初识 FR-A740 变频器

三菱的变频器分为四个系列，分别是 FR-D700，这个系列是紧凑型多功能变频器，相对比较便宜；FR-E700 是经济型高性能变频器，FR-A700 是高性能矢量变频器，功能强大；而 FR-F700 多功能型、一般负载适用。由于三菱的其他系列变频器的使用和 FR-A740 变频器使用类似，所以以下将详细介绍三菱 FR-A740 变频器。

- 功率范围：0.4～500kW。
- 闭环时可进行高精度的转矩/速度/位置控制。
- 无传感器矢量控制可实现转矩/速度控制。
- 内置 PLC 功能（特殊型号）。

- 使用长寿命元器件，内置 EMC 滤波器。
- 强大的网络通信功能，支持 DeviceNet，Profibus-DP，Modbus 等协议。

三菱 FR-A740 变频器的框图如图 10-3 所示，端子定义见表 10-1。

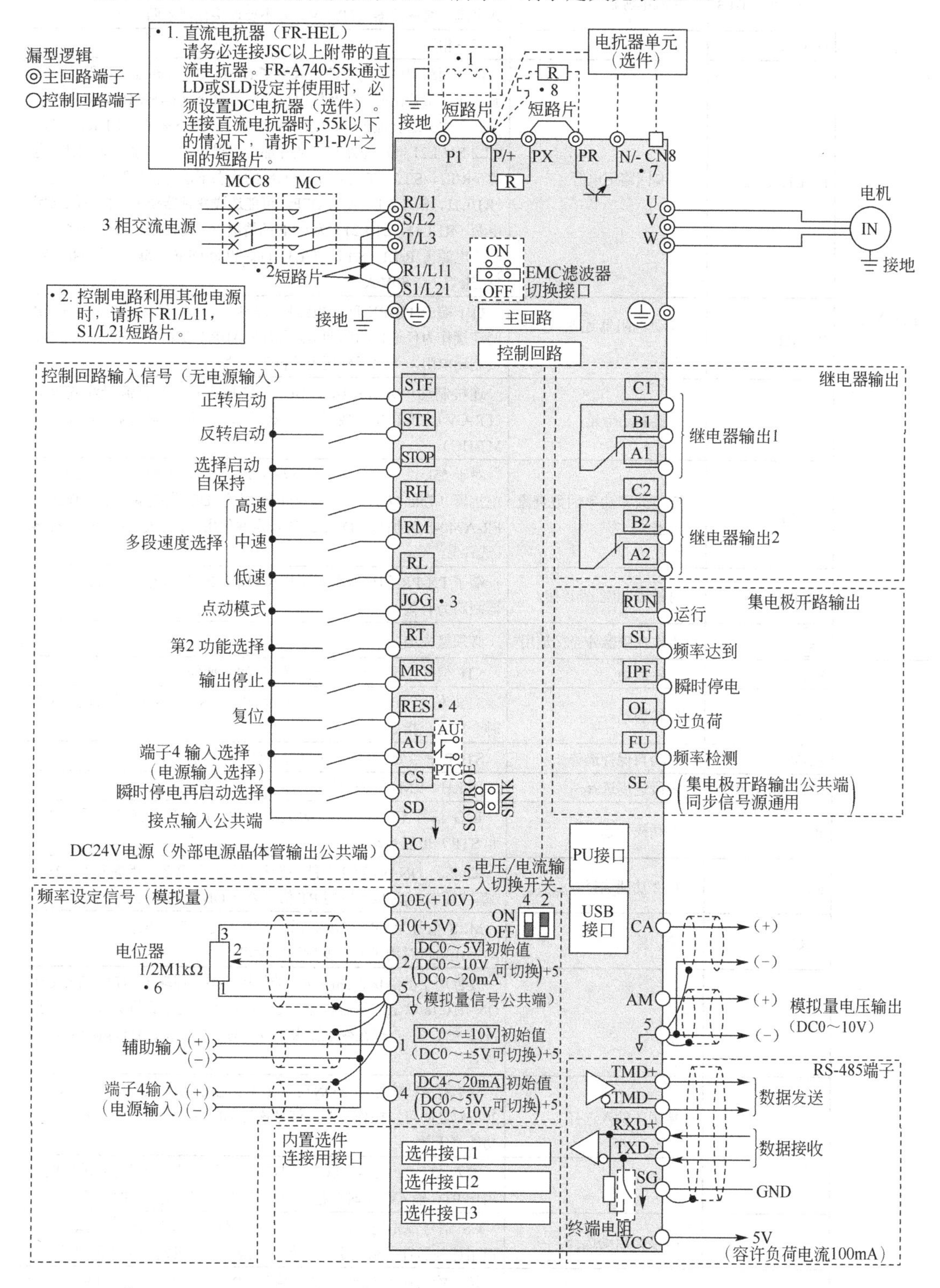

图 10-3 FR-A740 变频器的框图

表 10-1 FR-A740 端子表

类　型	端子记号	端子名称	功　能
主回路端子	R/L1, S/L2, T/L3	交流电源输入	连接工频电源。当使用高功率因数变流器（FR-HC，M T-HC）及共直流母线变流器（FR-CV）时不要连接任何东西
	U, V, W	变频器输出	接三相笼型电机
	R1/L11, S1/L21	控制回路用电源	控制回路用电源与交流电源端子 R/L1、S/L 2 相连。在保持异常显示或异常输出时，以及使用高功率因数变流器(FR-HC，MT-HC)，电源再生共通变流器（FR -CV）等时，请拆下端子 R/L1-R1/L11，S/L2-S1/ L21 间的短路片，从外部对该端子输入电源。在主回路电源（R/L1，S/L2，T /L3）设为 ON 的状态下请勿将控制回路用电源（R1/L11，S1/L2 1）设为 OFF。可能造成变频器损坏。控制回路用电源（R1/L11，S1/L21）为 OFF 的情况下，请在回路设计上保证主回路电源（ R/L1，S/L2，T/L3）同时也为 OFF。15k 以下：60V·A，18 .5k 以上：80V·A
	P/+, PR	制动电阻器连接（22K 以下）	拆下端子 PR-PX 间的短路片（7.5k 以下），连接在端子 P/+–PR 间连接作为任选件的制动电阻器(FR-ABR)。22k 以下的产品通过连接制动电阻，可以得到更大的再生制动力
	P/+, N/–	连接制动单元	连接制动单元 FR-BU，BU，MT-BU5）， 共直流母线变流器（FR-CV）电源再生转换器（MT-RC）及高功率因素变流器（FR-HC，MT-HC）
	P/+, P1	连接改善功率因数直流电抗器	对于 55k 以下的产品请拆下端子 P/+–P1 间的短路片，连接上 DC 电抗器（75k 以上的产品已标准配备有 DC 电抗器，必须连接。FR-A740-5 5k 通过 LD 或 SLD 设定并使用时，必须设置 DC 电抗器（选件）
	PR, PX	内置制动器回路连接	端子 PX-PR 间连接有短路片（初始状态)的状态下，内置的制动器回路为有效
	⏚	接地变频器外壳接地用	必须接大地
接点输出	STF	正转启动	STF 信号处于 ON 便正转，处于 OFF 便停止
	STR	反转启动	STR 信号 ON 为逆转，OFF 为停止。STF，STR 信号同时 ON 时变成停止指令
	STOP	启动自保持选择	STOP 信号处于 ON，可以选择启动信号自保持
	RH，RM，RL	多段速度选择	用 RH，RM 和 RL 信号的组合可以选择多段速度
	JOG	点动模式选择	JOG 信号 ON 时选择点动运行（初期设定），用启动信号（STF 和 STR）可以点动运行
	RT	第 2 功能选择	RT 信号 ON 时，第 2 功能被选择。设定了[第 2 转矩提升][第 2V/F（基准频率）]时也可以用 RT 信号处于 ON 时选择这些功能
	MRS	输出停止	MRS 信号为 ON（20ms 以上）时，变频器输出停止。用电磁制动停止电机时用于断开变频器的输出
	RES	复位	复位用于解除保护回路动作的保持状态。使端子 RES 信号处于 ON 在 0.1s 以上，然后断开。工厂出厂时，通常设置为复位。根据 Pr75 的设定， 仅在变频器报警发生时可能复位。复位解除后约 1s 恢复
	AU	端子 4 输入选择	只有把 AU 信号置为 ON 时端子 4 才能用(频率设定信号在 DC4～20mA 之间可以操作）AU 信号置为 ON 时端子 2（电压输入）的功能将无效
		PT C	输入 AU 端子也可以作为 PTC 输入端子使用(保护电机的温度)。用作 PTC 输入端子时要把 AU/PTC 切换开关切换到 PTC 侧
	CS	瞬停再启动选择	CS 信号预先处于 ON，瞬时停电再恢复时变频器便可自动启动。但用这种运行必须设定有关参数，因为出厂设定为不能再启动
	SD	公共输入端子（漏型）	接点输入端子(漏型)的公共端子。DC24V，0.1A 电源（PC 端子）的公共输出端子。与端子 5 及端子 SE 绝缘

续表

类型	端子记号	端子名称	功能
接点输出	PC	外部晶体管输出公共端，DC24V 电源接点输入公共端（源型）	漏型时当连接晶体管输出（即电极开路输出），例如可编程控制器（PCL）时，将晶体管输出用的外部电源公共端接到该端子时，可以防止因漏电引起的误动作，该端子可以使用直流 24V，0.1 A 电源。当选择源型时，该端子作为接点输入端子的公共端
频率设定	10E	频率设定用电源	按出厂状态连接频率设定电位器时，与端子 10 连接。当连接到 10E 时，请改变端子 2 的输入规格
	10		
	1	辅助频率设定	输入 DC 0～±5 或 DC 0～±10V 时，端子 2 或 4 的频率设定信号与这个信号相加，用参数单元 Pr73 进行输入 0～±5V DC 或 0～±10VDC（出厂设定）的切换。通过 Pr868 进行端子功能的切换
	2	频率设定(电压)	如果输入 DC0～5V（或 0～10V，0～20mA），当输入 5V（10V，20mA）时成最大输出频率，输出频率与输入成正比。DC0～5V（出厂值）与 DC0～10V，0～20mA 的输入切换用 Pr73 进行控制。电流输入为 0～20mA 时，电流/电压输入切换开关设为 ON
	4	频率设定(电流)	如果输入 DC4～20mA（或 0～5V，0～10V），当 20mA 时成最大输出频率， 输出频率与输入成正比。只有 AU 信号置为 ON 时此输入信号才会有效（端子 2 的输入将无效）。4～20mA（出厂值），DC0～5V，DC0～10V 的输入切换用 Pr267 进行控制。电压输入为（0～5V/0～10V）时，电流/电压输入切换开关设为 OFF。端子功能的切换通过 Pr858 进行设定
	5	频率设定公共端	频率设定信号（端子 2、1 或 4）和模拟输出端子 CA，AM 的公共端子，请不要接大地
输出信号	A1，B1，C1	继电器输出 1（异常输出）	指示变频器因保护功能动作时输出停止的转换接点。故障时:B-C 间不导通（A-C 间导通），正常时：B-C 间导通（A-C 间不导通）
	A2，B2，C2	继电器输出 2	继电器输出可由用户设定
	RUN	变频器正在运行	变频器输出频率为启动频率（初始值 0.5Hz）以上时为低电平，正在停止或正在直流制动时为高电平
	SU	频率到达	输出频率达到设定频率的±10%（出厂值）时为低电平，正在加/减速或停止时为高电平
	OL	过负载报警	当失速保护功能动作时为低电平，失速保护解除时为高电平
	IPF	瞬时停电	瞬时停电，电压不足保护动作时为低电平
	FU	频率检测	输出频率为任意设定的检测频率以上时为低电平，未达到时为高电平
	SE	集电极开路输出公共端	端子 RUN，SU，OL，IPF，FU 的公共端子
	CA	模拟电流输出	输出信号与监示项目的大小成比例
	AM	模拟信号输出	
RS-485	—	PU 接口	通过 PU 接口，进行 RS-485 通信。 • 遵守标准：EIA-485（RS-485） • 通信方式：多站点通信 • 通信速率：4800～38400bps • 最长距离：500m
	TXD+	变频器输出信号端子	
	TXD−		
	RXD+	变频器接收信号端子	
	RXD−		
	SG	接地	
USB	—	USB 接口	与个人电脑通过 USB 连接后，可以实现 FR-Configurat or 的操作。 • 接口：支持 USB1.1 • 传输速度：12Mbps • 连接器：USB,B 连接器（B 插口）

无论使用什么品牌的变频器，一般先要看结构框图和端子表，这是非常关键的，刚着手时不一定要把每个端子的含义搞清楚，但必须把最基本几个先搞清楚。

掌握控制面板也是很关键的，否则不能设定参数。基本操作面板的外形如图 10-4 所示，利用基本操作面板可以改变变频器的参数。具有 7 段显示的 4 位数字，可以显示参数的序号和数值，报警和故障信息，以及设定值和实际值。基本操作面板上的按钮的功能见表 10-2。

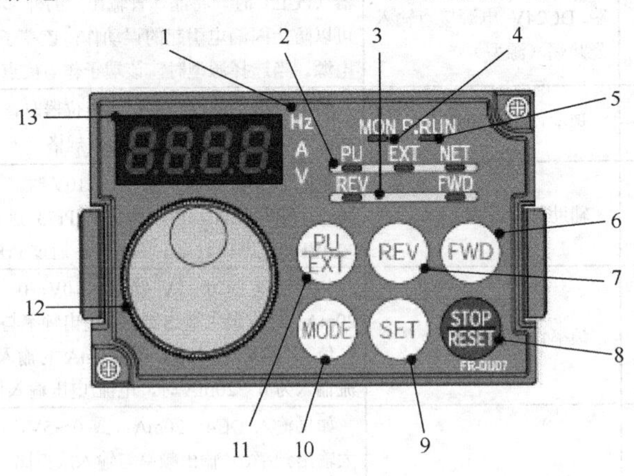

图 10-4 控制面板基本操作面板的外形

表 10-2 控制面板基本操作面板上的按钮的功能

序号	功能	功能的说明
1	单位显示	• Hz：显示频率时灯亮 • V：显示电压时灯亮 • A：显示电流时灯亮
2	运行模式显示	• PU：PU 运行模式时灯亮 • EXT：外部运行模式时灯亮 • NET：网络运行模式时灯亮
3	显示转动方向	• FWD：正转时灯亮 • REV：反转时灯亮 • 亮灯：正转或者反转 • 闪烁：有正转或者反转信号，但无频率信号；有 MRS 信号输入时
4	监视显示	监视显示时灯亮
5	无功能	
6	启动指令正转	启动指令正转
7	启动指令反转	启动指令反转
8	停止运行	停止运行，也可复位报警
9	确定各类设置	设置各类参数后，要按此键，确定此设置有效
10	模式切换	切换各设定模式
11	运行模式切换	• PU 运行模式和外部运行模式的切换 • PU：PU 运行模式 • EXT：外部运行模式
12	M 旋钮	改变设定值的大小，如频率设定时，改变频率设置值
13	监视器	显示频率、电流等参数

【关键点】 表 10-2 中的序号与图 10-4 中的序号是对应的。

（2）FR-A740变频器控制面板调速

以下用一个例子介绍FR-A740变频器控制面板调速的过程。

【例10-2】 一台FR-A740变频器配一台西门子三相异步电动机，已知电动机的技术参数，功率为0.75kW，额定转速为1380rpm，额定电压为380V，额定电流为2.05A，额定频率为50Hz，试用控制面板设定电动机的运行频率设定为30Hz。

【解】

① 先介绍如何设定参数，以下通过将频率设置为30Hz的设置过程为例，讲解一个参数的设置方法。参数的设定方法见表10-3。

表10-3　参数的设定方法

序　号	操作步骤	控制面板显示
1	供电电源的画面监视器显示	0.00 Hz MON EXT
2	按(PU/EXT)键，切换到PU运行模式	PU显示亮灯。0.00 PU EXT NET
3	旋转◎键，直到设定的30Hz，闪烁5s左右	30.00 闪烁5s左右。
4	按(SET)键进行频率设定	30.00 F 闪烁…参数设置完毕！！
5	闪烁3s左右，显示“0.00”	3s后 0.00 → 30.00 Hz MON PU FWD
6	按(STOP/RESET)键，停止设置	30.00 → 0.00 Hz MON PU

② 完整的设置过程　按照表10-4中的步骤进行设置。

表10-4　设置过程

步骤	参数及设定值	说　明
1	切换到PU运行模式	按(PU/EXT)键，切换到PU运行模式，切换到PU运行模式
2	设定额定电压Pr83=380V	旋转◎键,到PR83；按按(SET)键确定；旋转◎键,直到380V；再按(SET)键确定
3	Pr84	旋转◎键,到PR84；按按(SET)键确定；旋转◎键,直到50Hz；再按(SET)键确定
4	设定热保护Pr9=2.05A	旋转◎键,到PR9；按按(SET)键确定；旋转◎键,直到2.05A；再按(SET)键确定
5	正转	按(FWD)按钮，实现正转
6	反转	按(REV)按钮，实现反转
7	停止	按(STOP/RESET)按钮，实现停机

【关键点】 初学者在设置参数时，有时不注意进行了错误的设置，但又不知道在什么参数的设置上出错，一般这种情况下可以对变频器进行复位，一般的变频器都有这个功能，复位后变频器的所有的参数变成出厂的设定值，但工程中正在使用的变频器要谨慎使用此功能。FR-A740的复位方法是，先按(PU/EXT)键，切换到PU运行模式，再按(MODE)，旋转◎键，找到PrCr(ALLC)，按(SET)按钮，将“0”用旋转◎键改为“1”，按(SET)按钮，之后变频器成功复位。

10.2 运输站中变频器的应用

使用变频调速时，有如下几种调速方法：手动键盘调速（控制面板）、模拟量调速、多段调速和通信调速，以下将以运输站为例分别介绍以上四种调速方法。

某教学设备——模块化生产线上有一个运输站，运输站比较简单，其结构简图如图 10-5 所示，由一台带减速机的三相异步交流电动机拖动滚筒旋转，减速器的减速比为 1:15，传送带在滚筒的摩擦力的作用下输送工件，运输站的两端各有一个光电开关，光电开关 3 能够检测到上一站是否将工件送到运输站，而当光电开关 4 检测到有工件时，站上的气缸直接将工件，推到下一站，其气动原理图如图 10-6 所示。为了节能，当光电开关 3 在 120s 内没有检测到工件，电机停止转动。滚筒旋转速为 15～20r/min。已知电动机的技术参数，功率为 0.75kW，额定转速为 1440r/min，额定电压为 380V，额定电流为 2.05A，额定频率为 50Hz。

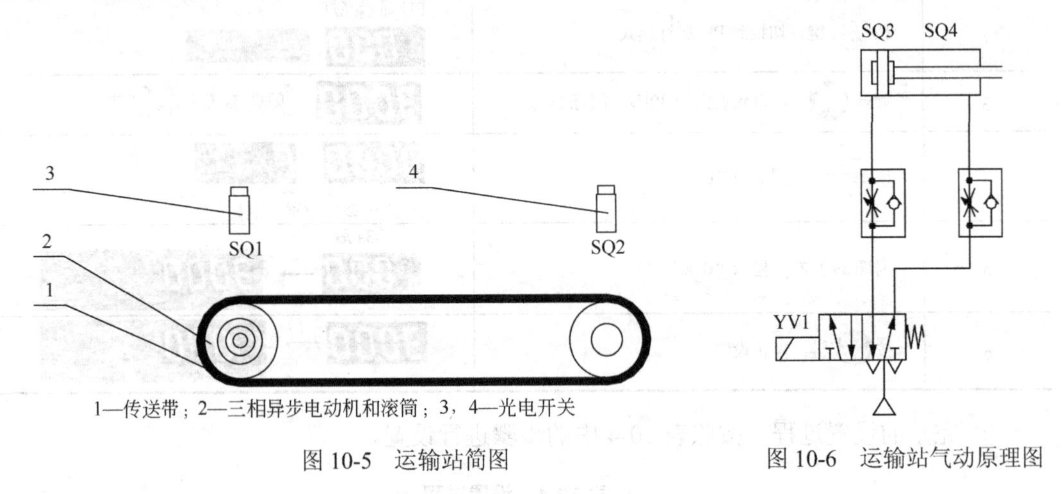

图 10-5 运输站简图

图 10-6 运输站气动原理图

10.2.1 运输站变频器的控制面板调速

控制面板调速方式最为简单，消耗的资源最少，应优先采用。当采用控制面板方式调速时，运输站的接线图如图 10-7 所示。

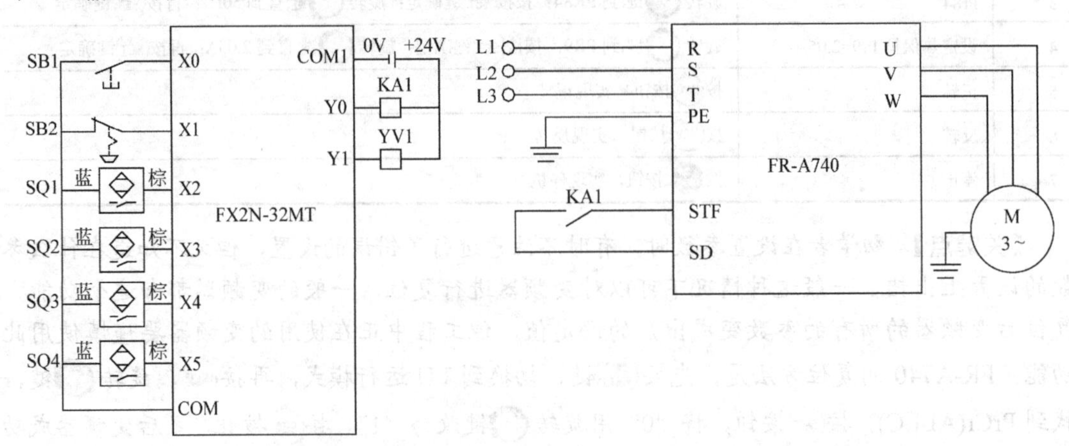

图 10-7 运输站接线图——控制面板调速

先要计算出电动机的输出频率，也就是在变频器中要设定的频率。因为减速器的传动比为 1∶15，而要求最后减速器的输出的转速为 15～20 r/min。若减速器的输出的转速为 16 r/min，在要求的范围（15～20 r/min）中，则很容易算出电动机的输出转速为 $n = 16 \times i = 16 \times 15 = 240\ \text{r/min}$，又因为电动机的额定转速是 1440 r/min，其额定频率是 50Hz，所以当电动机的转速为 240 r/min 时，其频率为 $f = \frac{240}{1440} \times 50 = 8.6\text{Hz}$。变频器的参数设置见表 10-5。

表 10-5 变频器参数表

序 号	变频器参数	设 定 值	功 能 说 明
1	Pr83	380	电动机的额定电压（380V ）
2	Pr9	2.05	电动机的额定电流（2.05A ）
3	Pr84	50	设定额定频率（50Hz）
4	Pr79	3	外部/PU 组合运行模式 1

编写运输站的程序控制程序如图 10-8 所示。

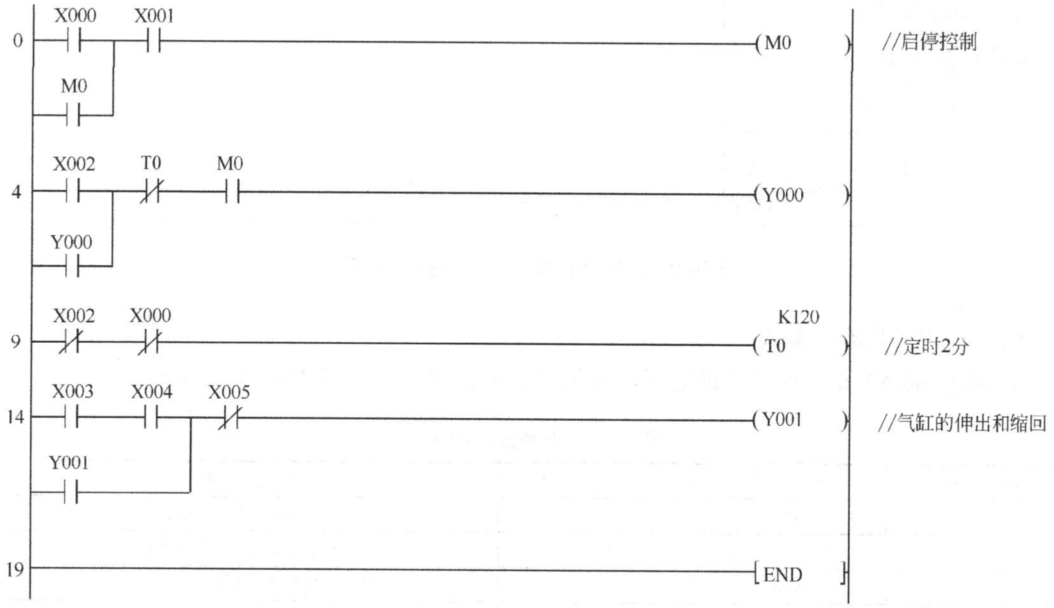

```
0   X000  X001                                    (M0    )   //启停控制
    M0
4   X002  T0(常闭)  M0                              (Y000  )
    Y000
9   X002(常闭)  X000(常闭)                     K120 (T0    )   //定时2分
14  X003  X004  X005(常闭)                          (Y001  )   //气缸的伸出和缩回
    Y001
19                                                [END   ]
```

图 10-8 运输站程序

10.2.2 运输站变频器的模拟量调速

虽然控制面板模式的调速简单易行，但每次改变频率需要手动设置，不易实现自动控制，而模拟量调速可以比较方便地实现自动控制和无级调速，因而在工程中比较常用，但模拟量调速一般要用到模拟量模块，相对而言，控制成本稍高。关于模拟量模块在前面的章节已经介绍，在此不做赘述。

运输站的控制方案和实施如下。

（1）软硬件配置

① 1 套 GX-Developer 8.86；

② 1 台 FR-A740 变频器；

③ 1 台 FX2N-32MT；

④ 1 台电动机；

⑤ 1 根编程电缆；

⑥ 1 台 FX2N-2DA；

⑦ 1 台 HMI。

模拟量调速原理图如图 10-9 所示。

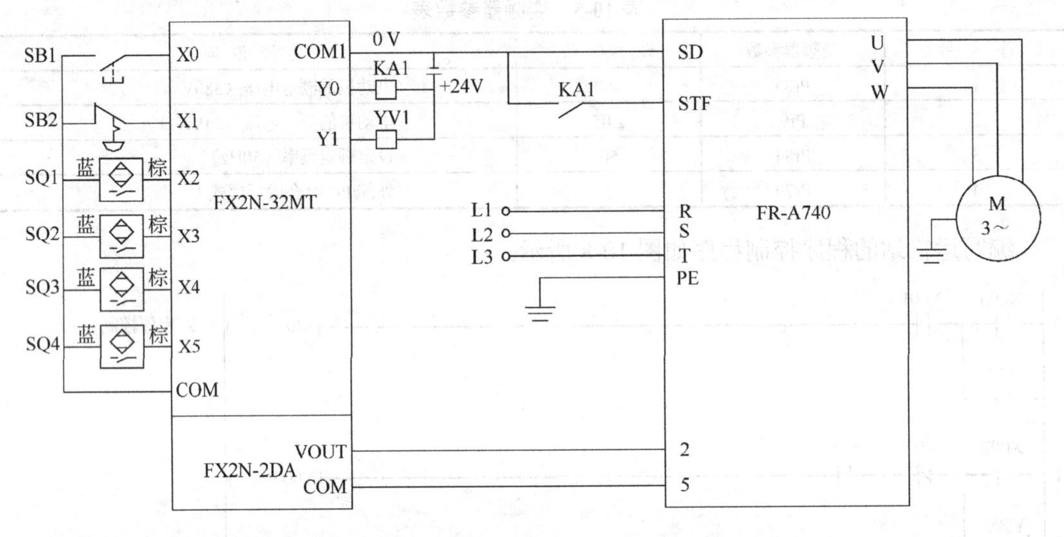

图 10-9 运输站接线图——模拟量调速

（2）设定变频器的参数

先查询 FR-A740 变频器的说明书，再依次在变频器中设定表 10-6 中的参数。

表 10-6 变频器参数表

序 号	变频器参数	设 定 值	功 能 说 明
1	Pr83	380	电动机的额定电压（380V）
2	Pr9	2.05	电动机的额定电流（2.05A）
3	Pr84	50	设定额定频率（50Hz）
4	Pr79	2	外部运行模式

（3）编写程序，并将程序下载到 PLC 中

如图 10-10 程序所示的梯形图，前一部分的功能是向变频器发送一个模拟量，其中 D100 中的数据由触摸屏提供，后一部分的功能是发送启停信号和将物体推到下一站。

10.2.3 运输站变频器的多段调速

基本操作面板进行手动调速方法简单，对资源消耗少，但这种调速方法对于操作者来说比较麻烦，而且不容易实现自动控制，而 PLC 控制的多段调速和通信调速，就容易实现自动控制，以下将介绍 PLC 控制的多段调速。

（1）主要软硬件配置。

① 1 套 GX-Developer 8.86；

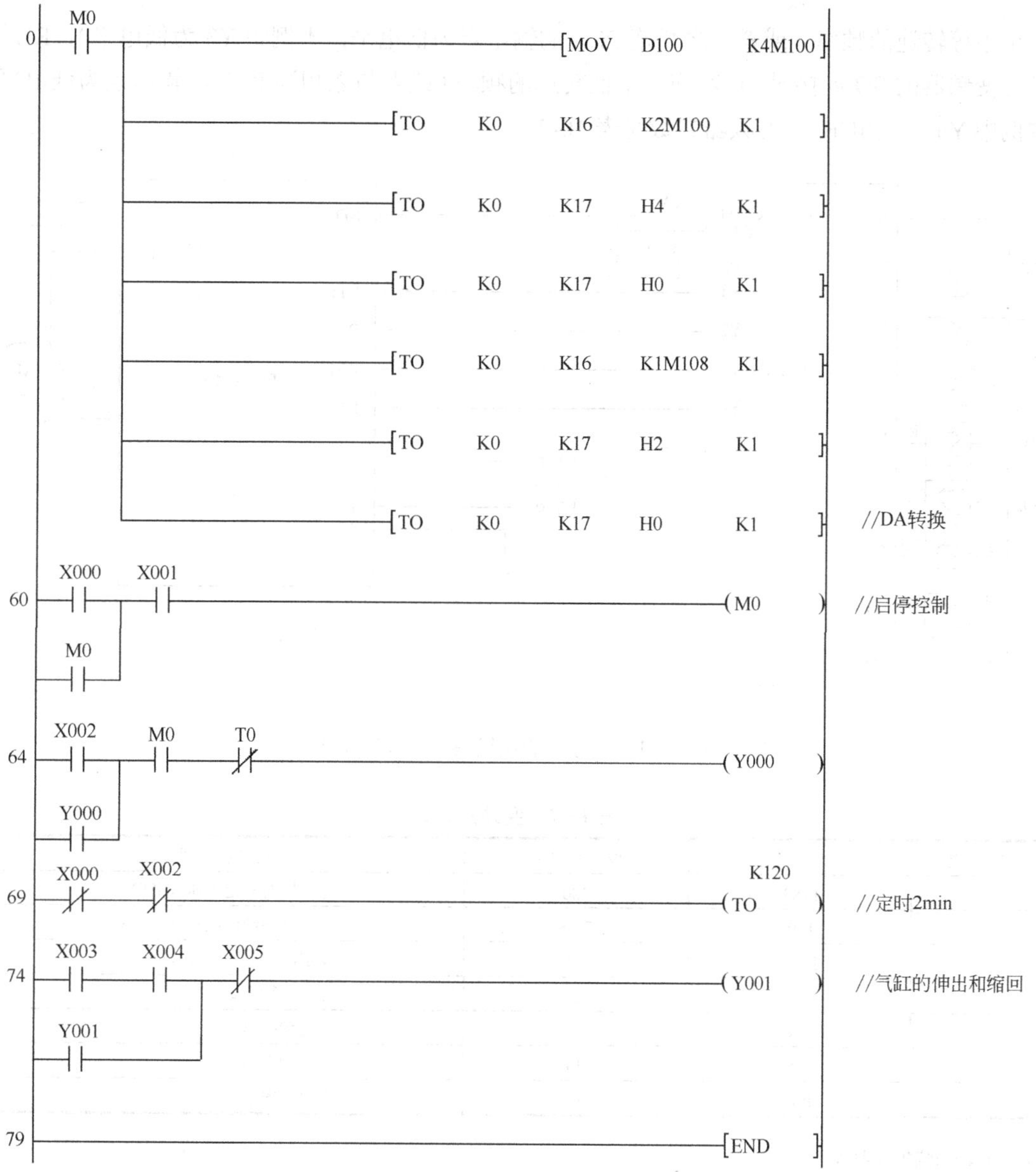

```
0   M0
    ─┤├─┬──────────────────[MOV  D100  K4M100]
        ├──────────[TO  K0  K16  K2M100  K1]
        ├──────────[TO  K0  K17  H4      K1]
        ├──────────[TO  K0  K17  H0      K1]
        ├──────────[TO  K0  K16  K1M108  K1]
        ├──────────[TO  K0  K17  H2      K1]
        └──────────[TO  K0  K17  H0      K1]     //DA转换
60  X000   X001
    ─┤├─┬─┤├───────────────────────(M0)        //启停控制
    M0  │
    ─┤├─┘
64  X002   M0     T0
    ─┤├─┬─┤├───┤/├─────────────────(Y000)
    Y000│
    ─┤├─┘
69  X000   X002                      K120
    ─┤/├───┤/├─────────────────────(TO)        //定时2min
74  X003   X004     X005
    ─┤├────┤├───┬──┤/├─────────────(Y001)      //气缸的伸出和缩回
    Y001        │
    ─┤├─────────┘
79
    ───────────────────────────────[END]
```

图 10-10 程序

② 1 台 FR-A740 变频器；

③ 1 台 FX2N-32MT；

④ 1 台电动机；

⑤ 1 根编程电缆；

⑥ 1 台 HMI。

运输站的接线图如图 10-11 所示。

（2）参数的设置

多段调速时，当 RH 端子与变频器的 SD 连接（或者与之相连 PLC 的输出点为低电平，本例中 Y2 为低电平）时对应一个高转速的频率， RM 端子与变频器的 SD 连接时，再对应一个中等转速的频率（或者与之相连 PLC 的输出点为低电平，本例中 Y3 为低电平），RL 端子与变频器的 SD 连接时，再对应一个低转速的频率（或者与之相连 PLC 的输出点为低电平，本例中 Y4 为低电平）。变频器参数见表 10-7。

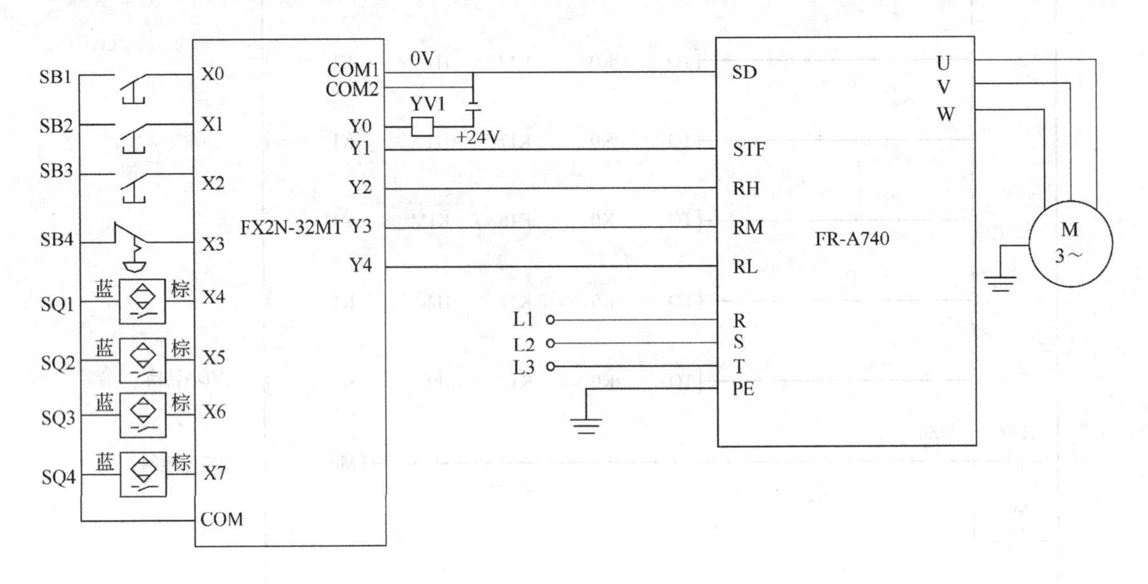

图 10-11 运输站的接线图——多段调速

表 10-7 变频器参数

序 号	变频器参数	设 定 值	功 能 说 明
1	Pr83	380	电动机的额定电压（380V）
2	Pr9	2.05	电动机的额定电流（2.05A）
3	Pr84	50	设定额定频率（50Hz）
4	Pr79	2	外部运行模式
5	Pr4	10	低速频率值
6	Pr5	20	中速频率值
7	Pr6	30	高速频率值

（3）编写程序

这个程序相对比较简单，如图 10-12 所示。

10.2.4 运输站变频器的通信调速

通信调速既可实现无级调速，也可实现自动控制，应用灵活方便。FX 系列 PLC 与 FR-A740 变频器可采用 USB、Profibus、Devicenet、Modbus 等通信。以下将简介 FX 系列 PLC 与 FR-A740 变频器的 RS-485 通信。

（1）FR-A740 变频器通信的基本知识

FX 系列 PLC 与 FR-A740 变频器以 RS-485 的通信模式进行通信时，最多可以对 8 台变频器进行运行监控和各种参数的读出/写入。最大的通信距离是 500m，如果使用的是 485BD（如 FX2N-485-BD），则通信最大距离是 50m。

（2）软硬件配置

① 1 套 GX-Developer 8.86；

```
0   X000  X003  M1   M2                         (M0    )   //高速启停控制
    M0
6   X001  X003  M0   M2                         (M1    )   //中速启停控制
    M1
12  X002  X003  M1   M0                         (M2    )   //低速启停控制
    M2
18  X004  T0    M0                              (Y002  )
    Y002
23  X004  T0    M1                              (Y003  )
    Y003
28  X004  T0    M2                              (Y004  )
    Y004
                                                 K120
33  X004  X000  X001  X002                      (T0    )   //定时2min
40  X005  X006  X007                            (Y000  )   //汽缸的伸出和缩回
    Y001
45  M0    X003                                  (Y001  )   //正转启动
    M1
    M2
50                                              [END   ]
```

图 10-12　程序

② 1 台 FR-A740 变频器；

③ 1 台 FX2N-32MT；

④ 1 台电动机；

⑤ 1 根编程电缆；

⑥ 1 根屏蔽双绞线（4 芯）；

⑦ 1 台 HMI；

⑧ 1 台 FX2N-485-BD。

硬件配置如图 10-13 所示，触摸屏与 FX2N-32MT 的编程口（RS-422）相连，这根通信线与不同品牌的触摸屏相关，如果选用的是三菱的触摸屏，使用 SC-09 即可（串口通信），如果使用其他品牌的触摸屏时，触摸屏供应商一般有专用通信电缆提供，有时也可以自制通信电缆。变频器与 PLC 的通信要通过 RS-485 接口进行，所以 PLC 上要配一台 FX2N-485-BD 通信模块提供 RS-485 接口，而 FR-A740 内置有 RS-485 接口，因此要进行 RS-485 通信，要把 FX2N-485-BD 提供 RS-485 接口和变频器的 RS-485 接口连接起来。

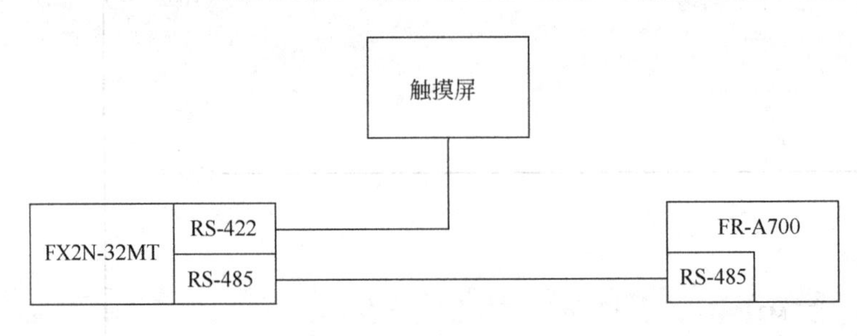

图 10-13 硬件配置图

由于对生产线的运输站进行通信控制比较复杂，所以仅以一个“启-停-反转”、读取和写入频率，控制电动机这个简单的例子介绍 PLC 与变频器的 RS-485 通信，I/O 接线图如图 10-14 所示。

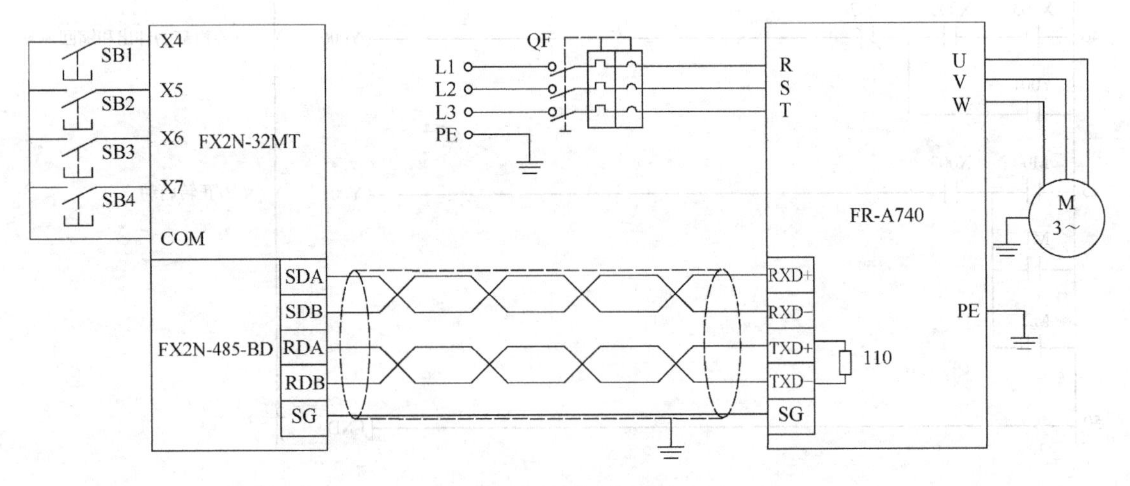

图 10-14 I/O 接线图

（3）FR-A740 变频器的设置

FR-A740 变频器的参数数值见表 10-8。

表 10-8 变频器参数表

序 号	变频器参数	设 定 值	功 能 说 明
1	Pr83	380	电动机的额定电压（380V）
2	Pr9	2.05	电动机的额定电流（2.05A）
3	Pr84	50	设定额定频率（50Hz）
4	Pr331	00	RS-485 的通信站号，范围 00～31
5	Pr332	96	通信速度，代表 9600bps
6	Pr333	10	数据位 7 位，停止位 1 位
7	Pr334	2	通信奇偶校验选择，2 表示偶校验
8	Pr337	9999	通信等待时间
9	Pr341	1	表示有 CR，无 LF
10	Pr79	0	运行模式。0 表示上电外部运行模式
11	Pr340	1	通信启动模式选择，1 代表计算机链接
12	Pr336	9999	通信检查的时间间隔
13	Pr549	0	三菱变频器通信协议
14	Pr335	5	通信重复次数，范围 0～10
15	Pr342	0/1	1 表示通信写入 EEPROM，0 表示通信写入 RAM
16	Pr338	0/1	通信运行指令权，0 代表 PLC，1 代表外部
17	Pr339	0/1	通信速度指令权，0 代表 PLC，1 代表外部

【关键点】 FX2N 系列 PLC 与变频器通信总体来说是比较麻烦的，首先要把接线连接正确，再者就是要把参数设置正确，因为三菱不同系列的变频器的参数设置是有差别的（例如 S500 与 A700 的参数设置就不完全一样），所以一定要注意。

（4）编写程序

FX2N 与 FR-A740 变频器的通信采用无协议通信，当不使用 FX2N-ROM-E1 扩展存储器时，无协议通信使用 RS 指令。

① RS 指令格式　RS 指令格式如图 10-15 所示。

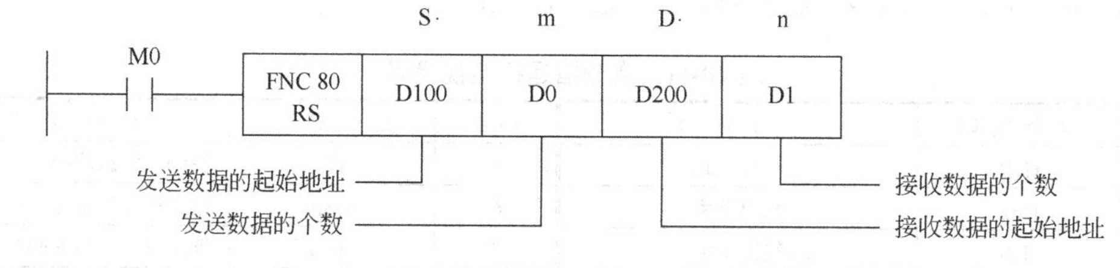

图 10-15　RS 指令格式

② 无协议通信中用到的软元件　无协议通信中用到的软元件见表 10-9。

表 10-9 无协议通信中用到的软元件

元件编号	名 称	内 容	属 性
M8122	发送请求	置位后，开始发送	读/写
M8123	接收结束标志	接收结束后置位，此时不能再接收数据，须人工复位	读/写
M8161	8 位处理模式	在 16 位和 8 位数据之间切换接收和发送数据，为 ON 时为 8 位模式，为 OFF 时为 16 位模式	写

③ D8120字的通信格式 D8120的通信格式见表10-10。

表10-10 D8120的通信格式

位编号	名 称	内 容	
		0（位OFF）	1（位ON）
b0	数据长度	7位	8位
b1b2	奇偶校验	b2,b1 (0,0): 无 (0,1): 奇校验(ODD) (1,1): 偶校验(EVEN)	
b3	停止位	1位	2位
b4b5b6b7	波特率（bps）	b7,b6,b5,b4 (0,0,1,1)：300 (0,1,0,0)：600 (0,1,0,1)：1200 (0,1,1,0)：2400	(0,1,1,1)：4800 (1,0,0,0)：9600 (1,0,0,1)：19200
b8	报头	无	有
b9	报尾	无	有
b10b11b12	控制线	无协议	b12,b11,b10 (0,0,0)：无<RS-232C 接口> (0,0,1)：普通模式<RS-232C 接口> (0,1,0)：相互链接模式<RS-232C 接口>
		计算机链接	(0,1,1)： 调制解调器模式<RS-232C 接口> (1,1,1)： RS-485 通信< RS-485/RS-422 接口>
b13	和校验	不附加	附加
b14	协议	无协议	专用协议
b15	控制顺序（CR 、LF）	不使用CR,LF(格式1)	使用CR,LF(格式4)

④ 变频器的指令代码 PLC与变频器通信时必须先向变频器发送指令代码，再发送指令数据，指令代码是以ACSII码的形式发送的，因此在写程序的时候要特别注意。变频器运行监视指令代码见表10-11。所谓变频器运行监视指令代码就是当PLC向变频器发送了对应的代码，如“H6F”，变频器就把运行频率发送给PLC。

表10-11 变频器运行监视代码

序号	指令代码	读出内容	序号	指令代码	读出内容
1	H7B	运行模式	5	H7A	变频器状态监控
2	H6F	输出频率	6	H6E	读出设定频率EEPROM
3	H70	输出电流	7	H6D	读出设定频率RAM
4	H71	输出电压	8	H74	异常内容

变频器运行控制指令代码见表10-12。所谓变频器运行控制指令代码就是当PLC向变频器发送了对应的代码，如“HFA”，PLC可以控制变频器的正转、反转和停止等。

表10-12 变频器运行控制代码

序号	指令代码	读出内容	序号	指令代码	读出内容
1	HFB	运行模式	5	HEE	写入设定频率EEPROM
2	HFC	清除全部参数	6	HED	写入设定频率RAM
3	HF9	运行指令（扩展）	7	HFD	复位
4	HFA	运行指令	8	HF3	特殊监控选择

【关键点】 看懂以上的两个表格是很重要的。在编写程序时，程序中是以 ACSII 码的形式表示的，例如“HFA”的含义是“运行指令”，前面的“H”含义是表示十六进制，“F”的 ACSII 码是“H46”，“A”的 ACSII 码是“H41”，因此要向变频器发送“运行指令”，必须发送两个 ASCII 码，也就是“H46”和“H41”。读者在阅读下面的程序时要特别注意这一点。

变频器指令代码后续数据含义见表 10-13。

表 10-13 变频器指令代码后续数据含义

项 目	命令代码	位长	内 容	举例说明
运行指令	HFA	8	b0：AU （电流输入选择） b1：正转指令 b2：反转指令 b3：RL （低速指令） b4：RM （中速指令） b5：RH （高速指令） b6：RT （第 2 功能选择） b7：MRS （输出停止）	[例1] H02…正转 b7 b0 0 0 0 0 0 0 1 0 [例2] H00…停止 b7 b0 0 0 0 0 0 0 0 0
变频器状态监视器	H7A	8 位	b0：RUN （变频器运行中） b1：正转中 b2：反转中 b3：SU （频率到达） b4：OL （过负载） b5：IPF （瞬时停电） b6：FU （频率检测） b7：ABC1 （异常）	[例1] H02…正转运行中 b7 b0 0 0 0 0 0 0 1 0 [例2] H80…因为发生异常而停止 b7 b0 0 0 0 0 0 0 1 0
读取设定频率（RAM）	H6D	16 位	在 RAM 或 EEPROM 中读取设定频率/旋转数。 H0000 ～ HFFFF: 设定频率 单位 0.01Hz	
读取设定频率（EEPROM）	H6E			
写入设定频率（RAM）	HED	16 位	在 RAM 或 EEPROM 中写入设定频率/旋转数。 H0000～H9C40（0～400.00Hz）：频率 单位 0.01Hz（16 进制） H0000～H270E （0～9998）：旋转数单位 r/min	
写入设定频率（EEPROM）	HEE			

【关键点】 例如 “FA 02”的含义是向变频器发送正向运行（正转）信号。

⑤ PLC 到变频器通信的数据格式 如图 10-16 所示，为 PLC 向变频器写入数据时的格式，共 12 个字节，分别是控制代码占 1 个字节，站号占 2 个字节，命令代码占 2 个字节，数据位占 4 个字节，总校验和占 2 个字节。其他通信格式在此不做介绍。

PLC→变频器	ENQ	站号		命令代码		等待时间	数 据				总和校验代码	
16进制		0	0	F	A	1	0	0	0	2	D	A
ASCII码	H05	H30	H30	H46	H41	H31	H30	H30	H30	H32	H44	H41

图 10-16 变频器通信的数据格式

a．控制代码　控制代码是通信数据的表头，其含义见表 10-14。

表 10-14　控制代码

信 号 名	ASCⅡ码	内　容
STX	H02	Start Of Text（数据开始）
ETX	H03	End Of Text（数据结束）
ENQ	H05	Enquiry（通信要求）
ACK	H06	Acknowledge （无数据错误）
LF	H0A	Line Feed （换行）
CR	H0D	Carriage Return （回车）
NAK	H15	Negative Acknowledge （有数据错误）

b．变频器站号　指定与计算机进行通信的变频器站号。

c．命令代码　从计算机指定变频器的运行、监视等的处理要求内容。因此，通过任意设定命令代码能够进行各种运行、监视。

d．数据　显示对变频器的频率，参数等进行写入，读取的数据。对应命令代码，设定数据的意思，设定范围。

e．等待时间　规定变频器从计算机接收数据后，到发送返回数据的等待时间。等待时间对应计算机的可能应答时间，在 0～150ms 的范围内以 10ms 为单位进行设定。（例：1：10ms，2：20ms）

f. 总和校验码　对象数据的 ASCII 代码变换后的代码,以二进制码叠加后,其结果（求和）的后 1 字节（8 位）变换为 ASCII2 位（16 进制）,称为总和校验码。

例如图 10-16 所示的校验和为 H30+H30+H46+H41+H31+H30+H30+H30+H32=H1DA，最后的校验码保留 2 位即 HDA。

最后对图 10-16 所示的通信示例进行说明，第一个字节 H05 表示通讯要求；第二、三个字节“H30 和 H30”（H00）表示站地址为“00”号站；第四、五个字节“H46 和 H41”表示命令代码“HFA”；第六至九的四个字节“H30、H30、H30 和 H32”表示数据“H02”，实际就是代表变频器正转；第十一、十二个字节“H44 和 H41”（HDA）表示总和校验码。

⑥ 变频器到 PLC 通信的数据格式　如图 10-17 所示，为 PLC 向变频器读出数据时的格式，共 10 个字节，分别是控制代码占 1 个字节，站号占 2 个字节，数据位占 4 个字节，数据结束位占 1 个字节，总校验和占 2 个字节。

PLC ← 变频器	STX	站号		数　据				EXT	总和校验代码	
16进制		0	0	0	0	0	2		2	2
ASCII码	H02	H30	H30	H30	H30	H30	H32	H03	H32	H32

图 10-17　变频器通信的数据格式

⑦ 程序编写　程序如图 10-18 所示。

X4—正转启动；X5—停止；

X6—反转启动；X7—改变频率。

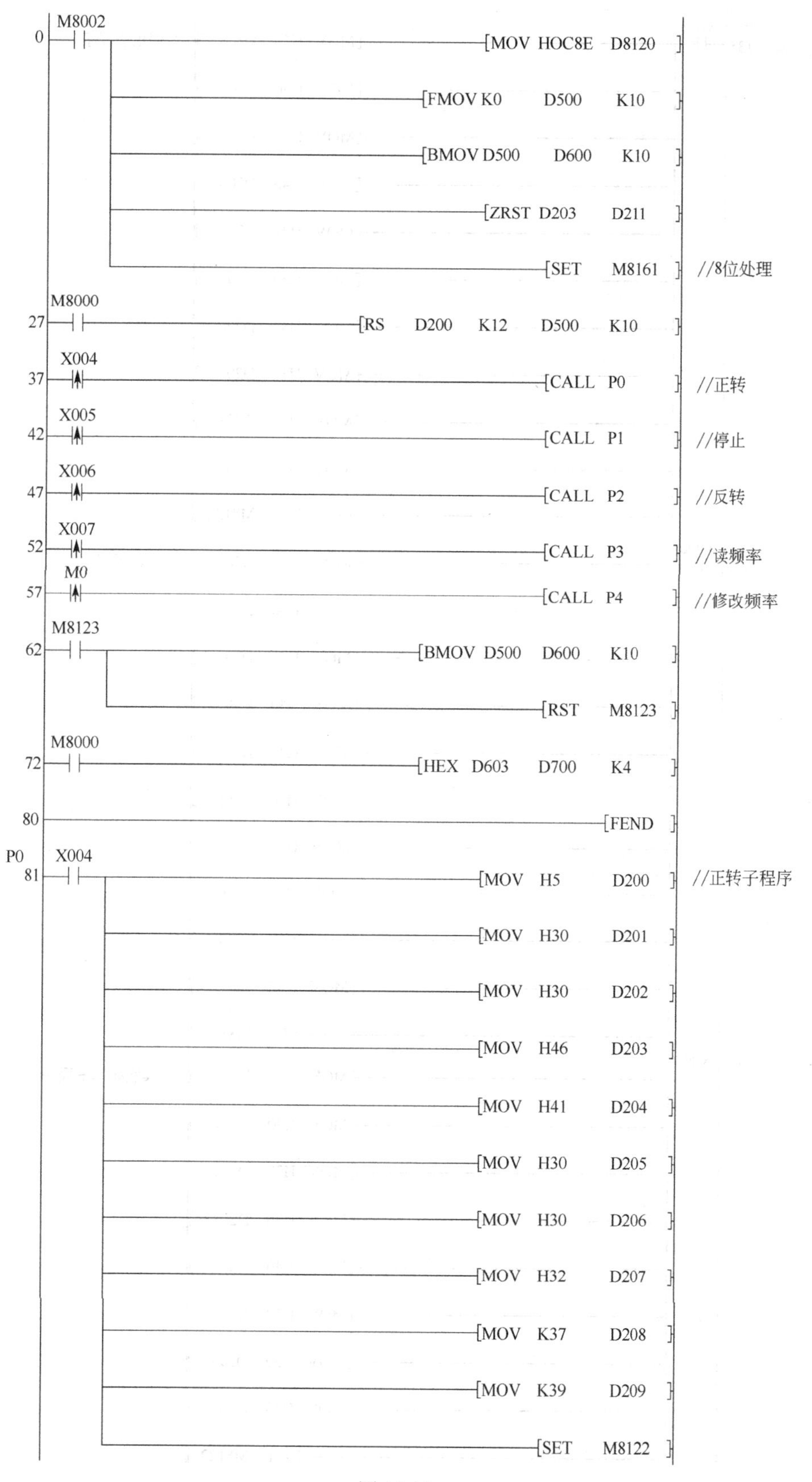

M8002
0
[MOV HOC8E D8120]
[FMOV K0 D500 K10]
[BMOV D500 D600 K10]
[ZRST D203 D211]
[SET M8161] //8位处理
M8000
27
[RS D200 K12 D500 K10]
X004
37
[CALL P0] //正转
X005
42
[CALL P1] //停止
X006
47
[CALL P2] //反转
X007
52
[CALL P3] //读频率
M0
57
[CALL P4] //修改频率
M8123
62
[BMOV D500 D600 K10]
[RST M8123]
M8000
72
[HEX D603 D700 K4]
80
[FEND]
P0
X004
81
[MOV H5 D200] //正转子程序
[MOV H30 D201]
[MOV H30 D202]
[MOV H46 D203]
[MOV H41 D204]
[MOV H30 D205]
[MOV H30 D206]
[MOV H32 D207]
[MOV K37 D208]
[MOV K39 D209]
[SET M8122]

图 10-18

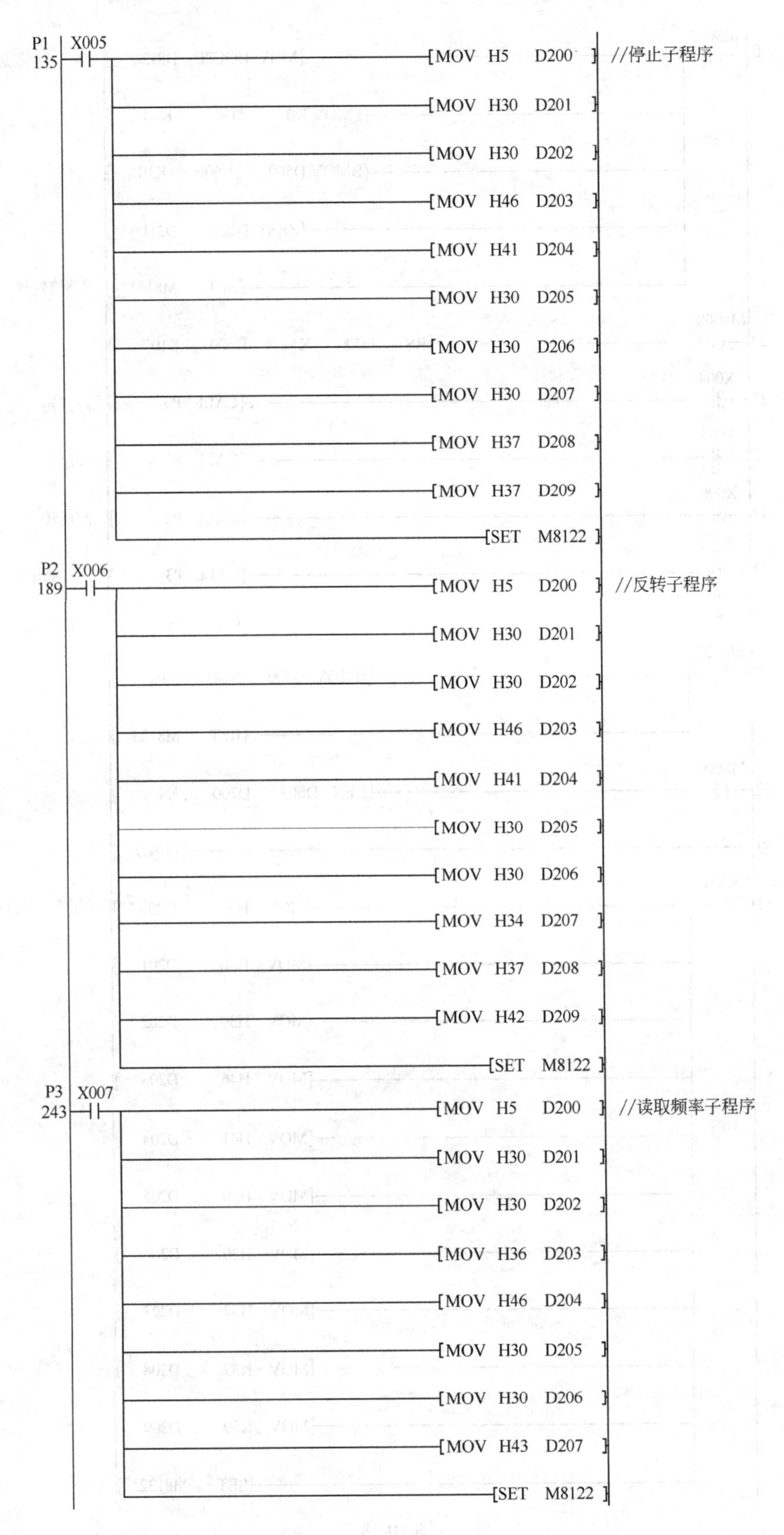
P1
135
X005
MOV H5 D200
//停止子程序
MOV H30 D201
MOV H30 D202
MOV H46 D203
MOV H41 D204
MOV H30 D205
MOV H30 D206
MOV H30 D207
MOV H37 D208
MOV H37 D209
SET M8122
P2
189
X006
MOV H5 D200
//反转子程序
MOV H30 D201
MOV H30 D202
MOV H46 D203
MOV H41 D204
MOV H30 D205
MOV H30 D206
MOV H34 D207
MOV H37 D208
MOV H42 D209
SET M8122
P3
243
X007
MOV H5 D200
//读取频率子程序
MOV H30 D201
MOV H30 D202
MOV H36 D203
MOV H46 D204
MOV H30 D205
MOV H30 D206
MOV H43 D207
SET M8122

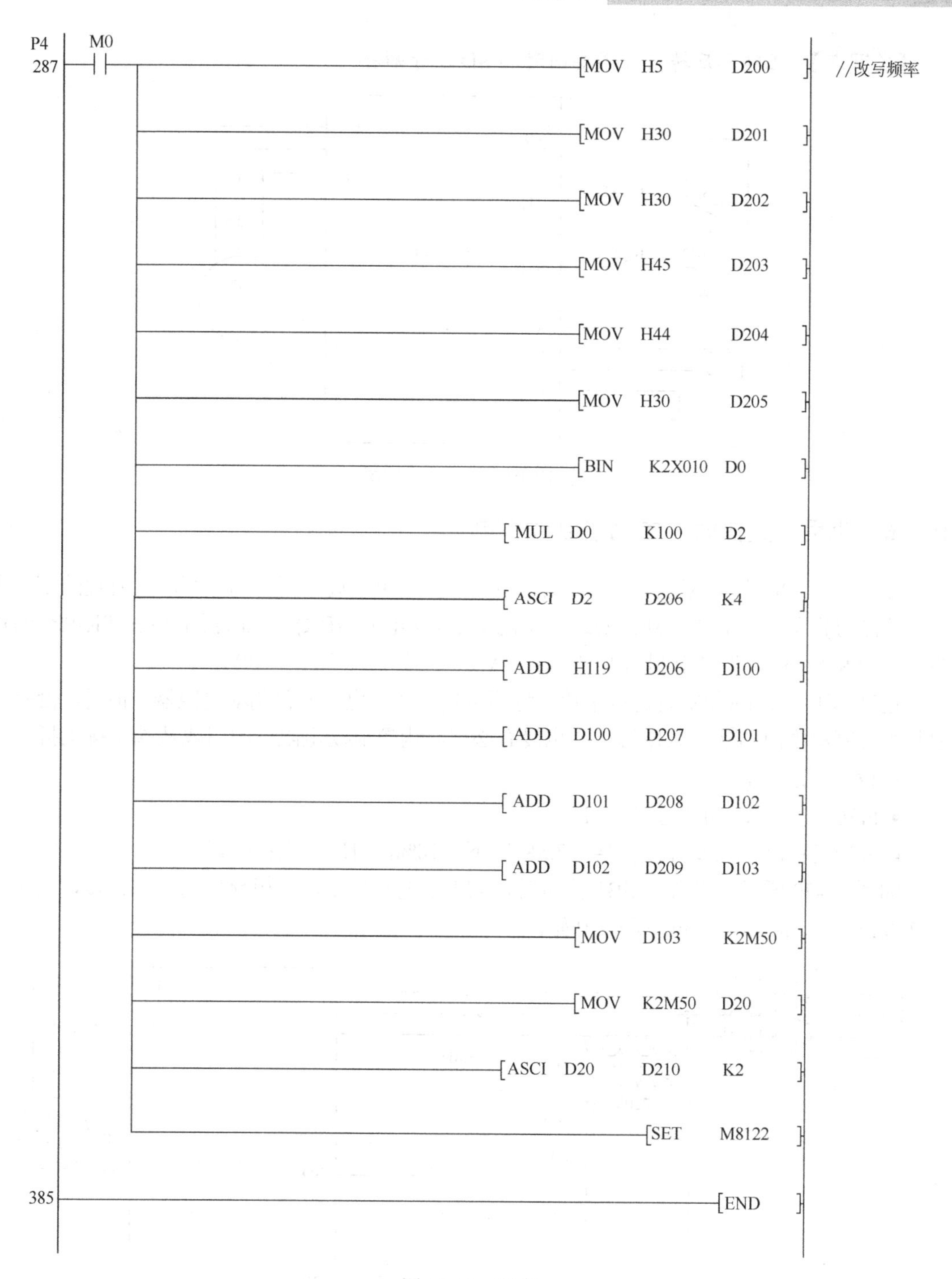

图 10-18 程序

10.2.5 使用变频器时，电动机正反转控制

用继电器接触器电路控制三相异步电动机的正反转时，要用到2个接触器，而当使用变频器控制三相异步电动机的正反转时，控制就要简单得多。现以FR-A740变频器为例说明，如图10-19所示，当STF与SD端子连通时，电动机正转（此时STF是低电平），当STR与SD端子连通时，电动机反转。

【关键点】 正转和反转信号不要同时和SD端子短接。

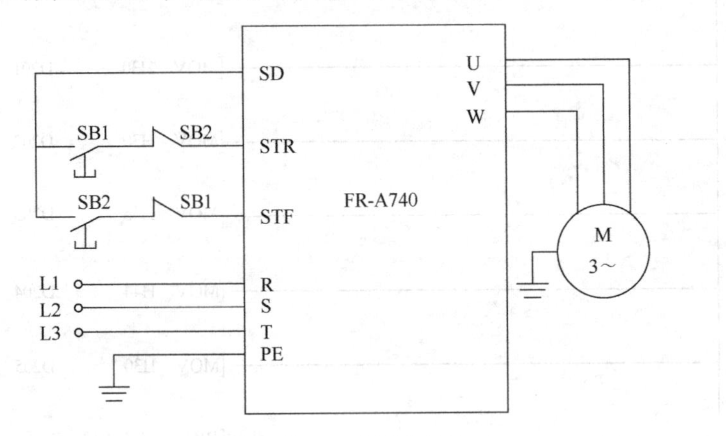

图 10-19 正反转控制图

10.2.6 使用变频器时，电动机制动控制

端子 P/+，PR 上虽然连接有内置制动电阻，但如果实施高频率的运行时，内置的制动电阻的热能力将不足，需要在外部安装专用制动电阻器(FR-ABR)。此时拆下端子 PR-PX 的短路片（7.5K 以下），将专用制动电阻器(FR-ABR)连接至端子 P/+，PR。

通过拆下端子 PR-PX 间的短路片，将不再使用（通电）内置制动电阻器。但是，没有必要将内置制动电阻器从变频器拆下。也没有必要将内置制动电阻器的引线从端子排上拆下。

请设定下述参数。

- Pr30 再生制动功能选择=“1”。
- Pr70 特殊再生制动使用率=“7.5K 以下：10%，11K 以上：6%”。

如图 10-20 所示，当合上 SB1 按钮时，KM 带电并自锁，三相异步电动机正转，当按下 SB2 按钮时，KM 断电，再生制动开始。

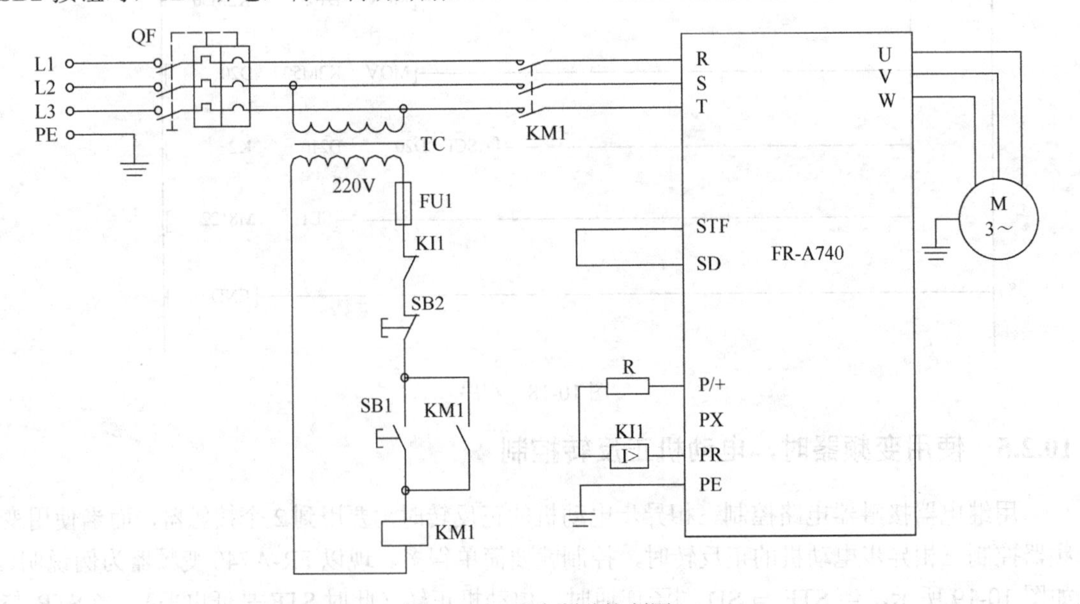

图 10-20 再生制动控制图

小结

① 掌握变频器的参数设定是正确使用变频器的前提。

② 理解变频器的“交－直－交”工作原理。

③ 掌握变频器控制面板调速、多段调速、模拟量调速和通信调速的应用场合以及其在运输站上的应用。

④ 掌握 PLC 控制变频器调速的接线方法，特别注意当 PLC 为晶体管输出时，若 PLC 为 PNP 输出，则要将变频器的输入调整 PNP 输入，同理若 PLC 为 NPN 输出，则要将变频器的输入调整 NPN 输入。

⑤ 通信调速的难点是理解各个控制字的含义，这是非常关键的，此外对变频器参数的正确设定也十分关键。

习题

1．简述变频器的“交－直－交”工作原理。

2．三相交流异步电动机有几种调速方式？

3．使用变频器时，一般有几种调速方式？

4．变频器电源输入端接到电源输出端后，有什么后果？

5．使用变频器时，其制动原理是什么？

6．使用变频器时，电动机的正反转怎样实现？

第11章 三菱FX系列PLC的其他应用技术

本章主要介绍三菱FX系列PLC在过程控制中的应用，以及其在速度测量中的应用。

11.1 三菱FX系列PLC在过程控制中的应用

11.1.1 PID控制原理简介

在过程控制中，按偏差的比例（P）、积分（I）和微分（D）进行控制的PID控制器（也称PID调节器）是应用最广泛的一种自动控制器。它具有原理简单、易于实现、适用面广、控制参数相互独立、参数选定比较简单、调整方便等优点；而且在理论上可以证明，对于过程控制的典型对象——“一阶滞后＋纯滞后”与“二阶滞后＋纯滞后”的控制对象，PID控制器是一种最优控制。PID调节规律是连续系统动态品质校正的一种有效方法，它的参数整定方式简便，结构改变灵活（如可为PI调节、PD调节等）。长期以来，PID控制器被广大科技人员及现场操作人员所采用，并积累了大量的经验。

PID控制器就是根据系统的误差，利用比例、积分、微分计算出控制量来进行控制。当被控对象的结构和参数不能完全掌握，或得不到精确的数学模型时、控制理论的其他技术难以采用时，系统控制器的结构和参数必须依靠经验和现场调试来确定，这时应用PID控制技术最为方便。即当我们不完全了解一个系统和被控对象，或不能通过有效的测量手段来获得系统参数时，最适合采用PID控制技术。

（1）比例（P）控制

比例控制是一种最简单、最常用的控制方式，如放大器、减速器和弹簧等。比例控制器能立即成比例地响应输入的变化量。但仅有比例控制时，系统输出存在稳态误差（Steady-state error）。

（2）积分（I）控制

在积分控制中，控制器的输出量是输入量对时间积累。对一个自动控制系统，如果在进入稳态后存在稳态误差，则称这个控制系统是有稳态误差的或简称有差系统（System with Steady-state Error）。为了消除稳态误差，在控制器中必须引入“积分项”。积分项对误差的运算取决于时间的积分，随着时间的增加，积分项会增大。所以即便误差很小，积分项也会随着时间的增加而加大，它推动控制器的输出增大，使稳态误差进一步减小，直到等于零。因此，采用比例+积分(PI)控制器，可以使系统在进入稳态后无稳态误差。

（3）微分（D）控制

在微分控制中，控制器的输出与输入误差信号的微分（即误差的变化率）成正比关系。自动控制系统在克服误差的调节过程中可能会出现振荡甚至失稳。其原因是由于存在有较大的惯性组件（环节）或有滞后(delay)组件，具有抑制误差的作用，其变化总是落后于误差的变化。解决的办法是使抑制误差的作用的变化“超前”，即在误差接近零时，抑制误差的作用就应该是零。这就是说，在控制器中仅引入“比例”项往往是不够的，比例项的作用仅是放大误差的幅值，因而需要增加的是“微分项”，它能预测误差变化的趋势，这样，具有比例+微分的控制器就能够提前使抑制误差的控制作用等于零，甚至为负值，从而避免被控量的严重超调。所以对有较大惯性或滞后的被控对象，比例+微分(PD)控制器能改善系统在调节过程中的动态特性。

（4）闭环控制系统特点

控制系统一般包括开环控制系统和闭环控制系统。开环控制系统(Open-loop Control System)是指被控对象的输出(被控制量)对控制器(controller)的输出没有影响，在这种控制系统中，不依赖将被控制量返送回来以形成任何闭环回路。闭环控制系统(Closed-loop Control System)的特点是系统被控对象的输出(被控制量)会返送回来影响控制器的输出，形成一个或多个闭环。闭环控制系统有正反馈和负反馈，若反馈信号与系统给定值信号相反，则称为负反馈（Negative Feedback）；若极性相同，则称为正反馈。一般闭环控制系统均采用负反馈，又称负反馈控制系统。可见，闭环控制系统性能远优于开环控制系统。

（5）PID 控制器的参数整定

PID 控制器的参数整定是控制系统设计的核心内容。它是根据被控过程的特性，确定 PID 控制器的比例系数、积分时间和微分时间的大小。PID 控制器参数整定的方法很多，概括起来有如下两大类：

一是理论计算整定法。它主要依据系统的数学模型，经过理论计算确定控制器参数。这种方法所得到的计算数据未必可以直接使用，还必须通过工程实际进行调整和修改。

二是工程整定法。它主要依赖于工程经验，直接在控制系统的试验中进行，且方法简单、易于掌握，在工程实际中被广泛采用。PID 控制器参数的工程整定方法，主要有临界比例法、反应曲线法和衰减法。这三种方法各有其特点，其共同点都是通过试验，然后按照工程经验公式对控制器参数进行整定。但无论采用哪一种方法所得到的控制器参数，都需要在实际运行中进行最后的调整与完善。

现在一般采用的是临界比例法。利用该方法进行 PID 控制器参数的整定步骤如下：

① 首先预选择一个足够短的采样周期让系统工作；

② 仅加入比例控制环节，直到系统对输入的阶跃响应出现临界振荡，记下这时的比例放大系数和临界振荡周期；

③ 在一定的控制度下通过公式计算得到 PID 控制器的参数。

（6）PID 控制器的主要优点

PID 控制器成为应用最广泛的控制器，它具有以下优点。

① PID 算法蕴涵了动态控制过程中过去、现在、将来的主要信息，而且其配置几乎最优。其中，比例（P）代表了当前的信息，起纠正偏差的作用，使过程反应迅速。微分（D）在信号变化时有超前控制作用，代表将来的信息。在过程开始时强迫过程进行，过程结束时减小超调，克服振荡，提高系统的稳定性，加快系统的过渡过程。积分（I）代表了过去积累的信息，它能消除静差，改善系统的静态特性。此三种作用配合得当，可使动态过程快速、平稳、准确，收到良好的效果。

② PID 控制适应性好，有较强的鲁棒性，对各种工业应用场合，都可在不同的程度上应用。特别适于“一阶惯性环节+纯滞后”和“二阶惯性环节+纯滞后”的过程控制对象。

③ PID算法简单明了，各个控制参数相对较为独立，参数的选定较为简单，形成了完整的设计和参数调整方法，很容易为工程技术人员所掌握。

④ PID 控制根据不同的要求，针对自身的缺陷进行了不少改进，形成了一系列改进的PID算法。例如，为了克服微分带来的高频干扰的滤波PID控制，为克服大偏差时出现饱和超调的PID积分分离控制，为补偿控制对象非线性因素的可变增益PID控制等。这些改进算法在一些应用场合取得了很好的效果。同时当今智能控制理论的发展，又形成了许多智能PID控制方法。

（7）PID的算法

PID控制器调节输出，保证偏差 e 为零，使系统达到稳定状态，偏差是给定值（SP）和过程变量（PV）的差。PID控制的原理基于以下公式：

$$M(t)=K_{\mathrm{C}}\cdot e+K_{\mathrm{C}}\int_{0}^{1}e\mathrm{d}t+M_{\mathrm{initial}}+K_{\mathrm{C}}\cdot\frac{\mathrm{d}e}{\mathrm{d}t}$$

式中，$M(t)$ 是PID回路的输出，K_{C} 是PID回路的增益，e 是PID回路的偏差（给定值与过程变量的差），M_{initial} 是PID回路输出的初始值。

由于以上的算式是连续量，必须将连续量离散化才能在计算机中运算，离散处理后的算式如下：

$$M_n=K_{\mathrm{C}}\cdot e_n+K_I\cdot\sum_{1}^{n}e_x+M_{\mathrm{initial}}+K_{\mathrm{D}}\cdot(e_n-e_{n-1})$$

式中，M_n 是在采样时刻 n，PID回路的输出的计算值；K_{C} 是PID回路的增益，K_I 是积分项的比例常数，K_{D} 是微分项的比例常数；e_n 是采样时刻 n 的回路的偏差值，e_{n-1} 是采样时刻 n–1的回路的偏差值，e_x 是采样时刻 x 的回路的偏差值；M_{initial} 是PID回路输出的初始值。

再对以上算式进行改进和简化，得出如下计算PID输出的算式：

$$M_n=MP_n+MI_n+MD_n$$

式中，M_n 是第 n 采样时刻的计算值，MP_n 是第 n 采样时刻的比例项值，MI_n 是第 n 采样时刻的积分项的值，MD_n 是第 n 采样时刻微分项的值。

11.1.2 利用PID指令编写过程控制程序

以下用一个例子说明PID指令在电炉温度闭环控制系统中的应用。

【例11-1】 电炉温度闭环控制系统如图11-1所示。PLC是主控单元，要保证电炉的温度在50℃，试编写程序。

【解】

电炉温度闭环控制系统的工作原理：PLC是主控单元，输出驱动电加热器给温度槽加热，由热电偶检测温度槽的温度模拟信号，经由模拟量模块AD转化后，PLC执行程序，调节温度槽的温度保持在50℃，图中的FX2N-4AD-TC模块与基本单元直接相连，槽位是0，它有4个通道，程序选择2通道作为热电偶的模拟电压采样，其他通道不用，因此FX2N-4AD-TC的BFM#0设定值为H3303（电压范围是–10～+10V）。

（1）软硬件配置

① 1套GX DEVELOPER V8.86；

② 1台FX2N-32MR　PLC；

③ 1台FX2N-4AD-TC；

④ 1 根编程电缆；

⑤ 1 台电炉。

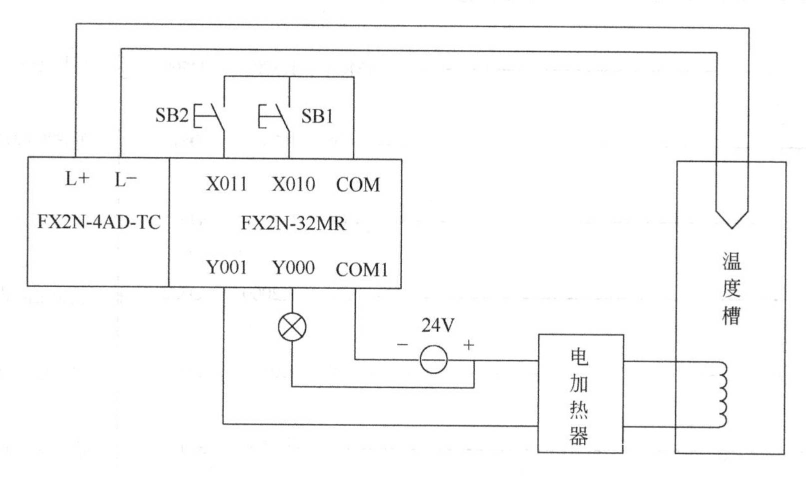

图 11-1 电炉温度闭环控制系统

（2）PID 指令简介

PID 运算指令（PID）参数见表 11-1。

表 11-1 PID 运算指令（PID）参数

指令名称	FNC NO.	[S1·]	[S2·]	[S3·]	[D·]
PID 运算	FNC88	D 目标值 SV	D 测定值 PV	D0~D975 参数	D 输出值 MV

用一个例子解释 PID 运算指令（PID）的使用方法，如图 11-2 所示，当 X1 闭合时，指令在达到采样时间后的扫描时进行 PID 运算。

[S1·]中的是设定目标值（SV），[S2·]中的是测定现在值（PV），[S3·]~ [S3·]+6 中的是设定控制参数，执行完程序时，运算输出结果（MV）被存放在[D·]中。

X1 [S1·] [S2·] [S3·] [D·]

PID	D0	D1	D100	D150

图 11-2 PID 运算指令示例

（3）程序编写

首先要确定 PID 设定的参数，见表 11-2。

表 11-2 PID 参数的内容

PID 控制设定内容				自动调节参数	PID 控制参数
目标值（SV）			[S1·]	500（50℃）	500（50℃）
参数设定	采样时间（Ts）		[S3·]	3000ms	500ms
	输入滤波（α）		[S3·]+2	70%	70%
	微分增益（K_D）		[S3·]+5	0	0
	输出上限		[S3·]+22	2000（2s）	2000（2s）
	输出下限		[S3·]+23	0	0
	动作方向（ACT）	输入变化量报警	[S3·]+1bit1	有效	有效
		输出变化量报警	[S3·]+1bit2	有效	有效
		输出值上下限设定	[S3·]+1bit5	有	有
输出值（MV）			[D·]	1800ms	根据运算

自动调节 PID 控制的程序如图 11-3 所示，在程序中，X010=ON，X010=OFF，先执行自动调节，然后进行 PID 运算（实际是 PI 运算）；若 X010=OFF，X010=ON，仅执行 PID 控制。

步	触点	指令	说明
0	M8002	[MOV K500 D500]	目标设定值
		[MOV K70 D512]	滤波时间常数设定
		[MOV K0 D515]	微分增益设定
		[MOV K2000 D532]	输出上限设定
		[MOV K0 D533]	输出值下限设定
26	X010	[PLS M0]	自动调节设定开始
29	X011（常闭） M0	[SET M1]	自动调节动作启动
		[MOV K3000 D510]	自动调节采样时间
		[MOV H30 D511]	执行自动调节开始
		[MOV K1800 D502]	自动调节输出值
47	M1（常闭）	[MOVP K500 D510]	通常动作时采样时间
53	M8002	[TO K0 K0 H3303 K1]	使用采样模块的2通道
63	M8000	[FROM K0 K10 D501 K1]	将2通道的数据采集到D501
73	M8002；X010（常闭） X011（常闭）	[RST D502]	PID初始化
80	X010；X011	[PID D500 D501 D510 D502]	PID运算中
		(M3)	
92	M1	[MOV D511 K2M10]	自动调节确定
	M14	[PLF M2]	自动调节结束
	M2	[RST M1]	转移到通常动作时的采样时间设定

```
        M3                                                    K2000
105 ────┤ ├──────────────────────────────────────────────────(T246        )

        T246
109 ────┤ ├──────────────────────────────────────────[RST     T246        ]
      │      │
      │  M3  │
      └──┤/├─┘

                                    M3
113 ─[<      T246      D502      ]──┤ ├──────────────────────(Y001        )  驱动加热器升温

        M8067
120 ────┤ ├──────────────────────────────────────────────────(Y000        )  错误发生

122 ─────────────────────────────────────────────────────────[END         ]
```

图 11-3　程序

11.2　三菱 FX 系列 PLC 在速度测量中的应用

以下用一个例子说明高速计数器在转速测量中的应用。

【例 11-2】 一台电动机上配有一台光电编码器（光电编码器与电动机同轴安装），试用 FX2N-32MT 测量电动机的转速。

【解】

由于光电编码器与电动机同轴安装，所以光电编码器的转述就是电动机的转速。

（1）软硬件配置

① 1 套 GX DEVELOPER V8.86；

② 1 台 FX2N-32MT　PLC；

③ 1 台光电编码器（1024 线）；

④ 1 根编程电缆。

接线图如图 11-4 所示。

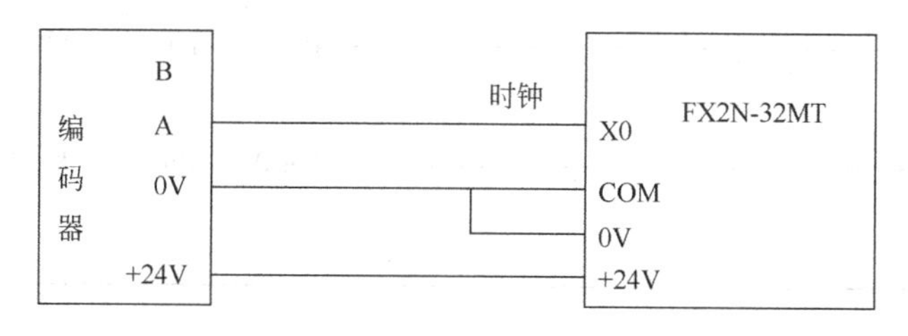

图 11-4　接线图

【关键点】 光电编码器的输出脉冲信号有+5V 和+24V（或者 18V），而 FX2N 的输入端的有效信号是 0V（NPN 接法时），在选用光电编码器时要注意最好不要选用+5V 输出的光电编码器。图 11-1 中的编码器是 NPN 型输出，这一点也非常重要，在选型时要注意。此外，编码器的 0V 端子要与 PLC 的 COM 短接。否则不能形成回路。

那么若只有+5V 输出的光电编码器是否可以直接用于以上回路测量速度呢？答案是不能，但经过三极管升压后是可行，具体解决方案读者自行思考。

（2）指令说明

在 FX 系列 PLC 中有一条指令 SPD 用于测量单位时间内的脉冲个数非常方便。脉冲速度检测指令（SPD）参数见表 11-3。

表 11-3　脉冲速度检测指令（SPD）参数表

指令名称	FNC NO.	[S1·]	[S2·]	[D·]
脉冲速度检测	FNC56	X X=X0~X5	K、H、KnY、KnM、KnS、T、C、D、V、Z	T、C、D、V、Z

用一个例子解释脉冲速度检测指令（SPD）的使用方法，如图 11-5 所示，当 X1 闭合时，D1 对 X0 由 OFF 到 ON 的动作计数，100ms 后，将其结果存入 D0。随之 D1 复位，再次对 X0 计数，D2 用于测量剩余时间。注意：在此被指定的输入 X0~X5 不能与高速计数器及中断输入重复使用。

X1　[S1·]　[S2·]　[D·]

SPD　X0　K100　D0

图 11-5　脉冲速度检测指令示例

（3）编写程序

本例的编程思路是，在 100ms 内高数计数器计数个数，转化成每分钟编码器旋转的圈数就是光电编码器的转速，也就是电动机的转速。光电编码器为 1024 线，也就是说，高数计数器每收到 1024 个脉冲，电动机就转 1 圈。电动机的转速公式如下：

$$n=\frac{N\times 10\times 60}{1024}=\frac{N\times 75}{128}$$

式中，n 为电动机的转速，N 为 100ms 内高数计数器计数个数（收到脉冲个数）。程序如图 11-6 所示。

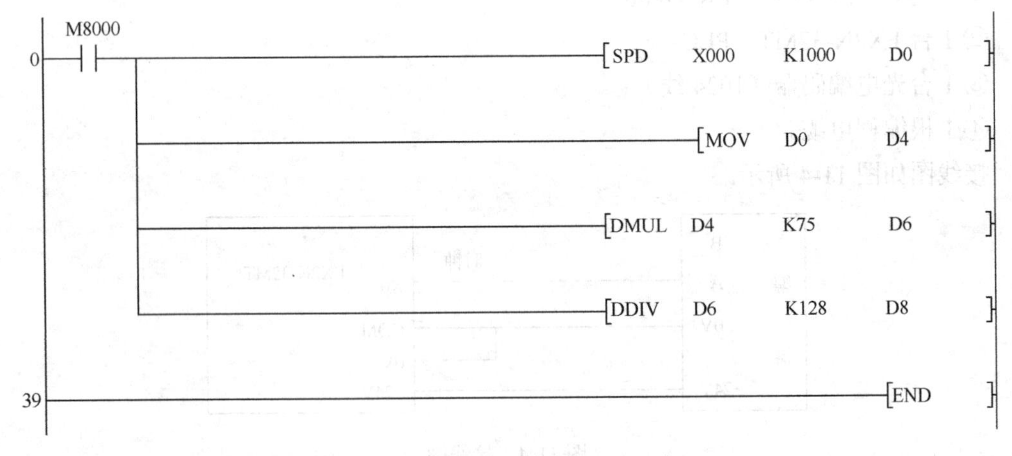

图 11-6　程序

小结

① 对 PID 概念的理解和 PID 三个参数的调节。

② PID 指令的各参数的含义。

③ SPD 指令的各参数的含义。

习题

1．PID 三个参数的含义是什么？

2．闭环控制有什么特点？

3．简述调整 PID 三个参数的方法。

4．简述 PID 控制器的主要优点。

5．某水箱的出水口的流量是变化的，注水口的流量可通过调节水泵的转速控制，水位的检测可以通过水位传感器完成，水箱最大盛水高度为 2m，要求对水箱进行水位控制，保证水位高度为 1.6m。用 PLC 作为控制器，FX2N-2AD 为模拟量输入模块，用于测量水位信号，用 FX2N-2DA 产生输出信号，控制变频器，从而控制水泵的输出流量。水箱的水位控制的原理图如图 11-7 所示。

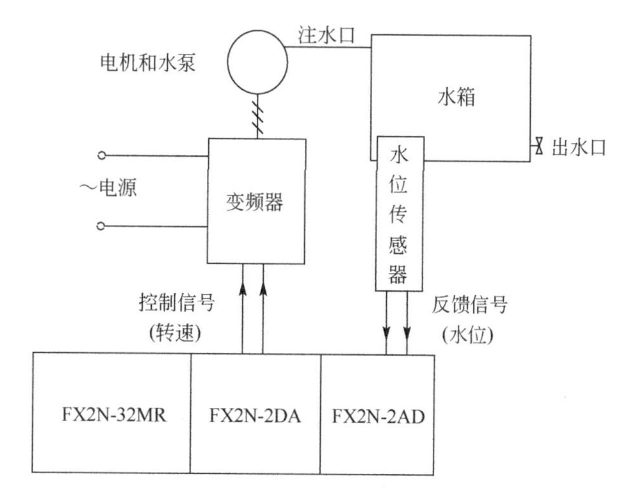

图 11-7　水箱的水位控制的原理图

参考文献

[1] 向晓汉等．电气控制与 PLC 技术基础．北京：清华大学出版社，2007.

[2] 向晓汉等．S7-300/400 PLC 基础与案例精选．北京：机械工业出版社，2011.

[3] 王万丽等．三菱 PLC 原理及应用．北京：人民邮电出版社，2009.

[4] 龚中华．三菱 FX/Q 系列 PLC 应用技术．北京：人民邮电出版社，2006.

[5] 周云水．跟我学 PLC 编程．北京：中国电力出版社，2009.

电气专业图书推荐

书名	定价/元	书号
电工电子技术全图解丛书——电子元器件检测技能速成全图解	46	978-7-122-10810-4
电工电子技术全图解丛书——万用表使用技能速成全图解	39	978-7-122-10809-8
电工电子技术全图解丛书——电工识图速成全图解	39	978-7-122-10812-8
电工电子技术全图解丛书——家电维修技能速成全图解	46	978-7-122-10807-4
电工电子技术全图解丛书——变频技术速成全图解	46	978-7-122-10808-1
电工电子技术全图解丛书——电工技能速成全图解	39	978-7-122-10827-2
电工电子技术全图解丛书——电子电路识图速成全图解	38	978-7-122-10818-0
电工电子技术全图解丛书——家装电工技能速成全图解	38	978-7-122-10811-1
电工电子技术全图解丛书——示波器使用技能速成全图解	38	978-7-122-10806-7
电工电子技术全图解丛书——电子技术速成全图解	46	978-7-122-10817-3
电工电子技术全图解丛书——PLC 技术速成全图解	38	978-7-122-12416-2
西门子 PLC 工业通信网络应用案例精讲（附光盘）	48	978-7-122-09965-5
西门子 PLC S7-200/300/400/1200 应用案例精讲（附光盘）	56	978-7-122-10896-8
图解易学 PLC 技术及应用（双色版）	46	978-7-125-12185-8

以上图书由**化学工业出版社 电气分社**出版。如需以上图书的内容简介和详细目录，或者更多的专业图书信息，请登录 www.cip.com.cn。如要出版新著，请与编辑联系。

地址：北京市东城区青年湖南街 13 号（100011）

购书咨询：010-64518888（传真：010-64519686）

编辑电话：010-64519274

投稿邮箱：qdlea2004@163.com